中 外 物 理 学 精 品 书 系

本 书 出 版 得 到 " 国 家 出 版 基 金 " 资 助

U0196805

国家出版基金项目
NATIONAL PUBLICATION FOUNDATION

中外物理学精品书系

前沿系列·68

相对论天体物理

袁业飞 编著

北京大学出版社
PEKING UNIVERSITY PRESS

图书在版编目 (CIP) 数据

相对论天体物理 / 袁业飞编著. -- 北京 : 北京大
学出版社，2024. 9. -- (中外物理学精品书系).
ISBN 978-7-301-35351-6

Ⅰ. O412.1；P14

中国国家版本馆 CIP 数据核字第 2024AP4088 号

书　　　名	相对论天体物理	
	XIANGDUILUN TIANTI WULI	
著作责任者	袁业飞 编著	
责 任 编 辑	刘啸	
标 准 书 号	ISBN 978-7-301-35351-6	
出 版 发 行	北京大学出版社	
地　　　址	北京市海淀区成府路 205 号　100871	
网　　　址	http://www.pup.cn	
电 子 邮 箱	zpup@pup.cn	
新 浪 微 博	@ 北京大学出版社	
电　　　话	邮购部 010-62752015　发行部 010-62750672　编辑部 010-62754271	
印 刷 者	北京中科印刷有限公司	
经 销 者	新华书店	
	730 毫米 ×980 毫米　16 开本　18. 75 印张　368 千字	
	2024 年 9 月第 1 版　2024 年 9 月第 1 次印刷	
定　　　价	65. 00 元	

序　言

物理学是研究物质、能量以及它们之间相互作用的科学。她不仅是化学、生命、材料、信息、能源和环境等相关学科的基础,同时还与许多新兴学科和交叉学科的前沿紧密相关。在科技发展日新月异和国际竞争日趋激烈的今天,物理学不再囿于基础科学和技术应用研究的范畴,而是在国家发展与人类进步的历史进程中发挥着越来越关键的作用。

我们欣喜地看到,随着中国政治、经济、科技、教育等各项事业的蓬勃发展,我国物理学取得了跨越式的进步,成长出一批具有国际影响力的学者,做出了很多为世界所瞩目的研究成果。今日的中国物理,正在经历一个历史上少有的黄金时代。

为积极推动我国物理学研究、加快相关学科的建设与发展,特别是集中展现近年来中国物理学者的研究水平和成果,在知识传承、学术交流、人才培养等方面发挥积极作用,北京大学出版社在国家出版基金的支持下于2009年推出了"中外物理学精品书系"项目。书系编委会集结了数十位来自全国顶尖高校及科研院所的知名学者。他们都是目前各领域十分活跃的知名专家,从而确保了整套丛书的权威性和前瞻性。

这套书系内容丰富、涵盖面广、可读性强,其中既有对我国物理学发展的梳理和总结,也有对国际物理学前沿的全面展示。可以说,"中外物理学精品书系"力图完整呈现近现代世界和中国物理科学发展的全貌,是一套目前国内为数不多的兼具学术价值和阅读乐趣的经典物理丛书。

"中外物理学精品书系"的另一个突出特点是,在把西方物理的精华要义"请进来"的同时,也将我国近现代物理的优秀成果"送出去"。这套丛书首次成规模地将中国物理学者的优秀论著以英文版的形式直接推向国际相关研究的主流领域,使世界对中国物理学的过去和现状有更多、更深入的了解,不仅充分展示出中国物理学研究和积累的"硬实力",也向世界主动传播我国科技文化领域不断创新发展的"软实力",对全面提升中国科学教育领域的国际形象起到一定的促进作用。

习近平总书记 2020 年在科学家座谈会上的讲话强调:"希望广大科学家和科技工作者肩负起历史责任,坚持面向世界科技前沿、面向经济主战场、面向国家重大需求、面向人民生命健康,不断向科学技术广度和深度进军。"中国未来的发展在于创新,而基础研究正是一切创新的根本和源泉。我相信"中外物理学精品书系"会持续努力,不仅可以使所有热爱和研究物理学的人们从书中获取思想的启迪、智力的挑战和阅读的乐趣,也将进一步推动其他相关基础科学更好更快地发展,为我国的科技创新和社会进步做出应有的贡献。

"中外物理学精品书系"编委会主任

中国科学院院士,北京大学教授

王恩哥

2022 年 7 月于燕园

献给我的父母，感谢他们给予我最初的科学启蒙！

内 容 提 要

相对论天体物理是以广义相对论为主要理论工具来研究弯曲时空中的物理过程和天文现象的学科. 相对论天体物理主要包括致密星(白矮星、中子星和黑洞)物理以及相对论宇宙学. 限于篇幅, 本书仅介绍并讨论了致密星物理, 具体包括施瓦西黑洞和克尔黑洞的时空性质、检验粒子在弯曲时空中的运动、相对论星的结构, 以及数值相对论基础——四维时空的3+1分解、黑洞的微扰理论和黑洞的相对论性吸积. 本书最后一章还介绍了相对论性的点爆炸. 这是伽马暴火球－激波模型最核心的理论基础.

本书可供相关领域的科研人员参考, 也可以用作天文学和物理学专业高年级研究生的教材或参考书.

前　　言

　　相对论天体物理是以广义相对论等引力理论为主要工具来研究弯曲时空中的物理过程和天文现象的学科. 必须用广义相对论来处理的物理过程包括黑洞视界附近的动力学和辐射过程, 中子星的结构、形成和演化, 双致密星 (中子星和黑洞) 的并合与引力辐射, 以及宇宙时空演化等涉及强引力场的物理过程.

　　相对论天体物理几乎伴随着广义相对论的诞生而诞生. 这是因为宇宙中存在各种极端的物理条件, 包括强引力和宇宙大尺度时空的演化. 到目前为止, 对广义相对论在强场下的检验都是通过天文观测进行的. 1915 年 11 月 25 日, 广义相对论正式发表. 一个月之后, 德国天文学家卡尔·施瓦西得到了著名的施瓦西解. 根据施瓦西解, 理论上存在黑洞这样的天体, 但是宇宙中有没有黑洞? 它们是怎么形成的? 这只有通过天体物理研究来回答. 恒星演化晚期通过引力塌缩形成黑洞是一种可能的途径. 在罗杰·彭罗斯于 1965 年通过提出 "俘获面" 概念证明了偏离球对称的致密天体的引力 (时空) 塌缩能形成时空奇点 (黑洞) 之后, 宇宙中有可能存在黑洞的观点才被物理学家和天文学家广泛接受.

　　与黑洞有关的天文观测最早来源于 20 世纪 60 年代类星体 3C 273 的发现, 超大质量黑洞 (10 ~ 100 亿倍太阳质量) 吸积周围气体释放引力能作为类星体中心能源的机制随即被提了出来, 现已成为类星体能源的主流模型. 同样在 20 世纪 60 年代, X 射线天文开始发展, 并发现了天鹅座 X-1, 这是第一个被发现的包含黑洞候选体的 X 射线双星. 在理论和观测的推动下, 相对论天体物理开始迅速发展, 随后也遇到了两个瓶颈: 一是引力波的探测; 二是黑洞视界存在的直接证据, 即黑洞成像观测. 引力波和黑洞是广义相对论最重要的两个理论预言, 通过天文观测验证广义相对论的这两个理论预言的重要性不言而喻. 但是引力波探测的难度在于引力波太弱了, 而黑洞成像观测的难度在于位于银河系距离尺度的恒星级黑洞和宇宙学距离尺度上的超大质量黑洞的视界都太小了. 激动人心的是, 近年来人类在引力波的探测、银河系中心大质量黑洞的探测, 以及近邻星系 M87 中心和银河系中心超大黑洞成像观测方面都取得了历史性突破, 这必将推动相对论天体物理再一次大发展.

　　我在 1999 年博士毕业留校工作之后, 开始在中国科学技术大学天体物理中心给本科生讲授 "广义相对论", 2003 年开始接替我的导师张家铝院士给研究生讲授 "相对论天体物理". 我曾在 1994 年秋季学期听张先生给我们主讲相对论天体物理.

张先生清晰的物理概念、深厚的物理功底、活跃的物理思想和高雅的物理品味, 对我产生了巨大的影响, 使我终身受益. 张先生当时主讲的内容包括相对论宇宙学、致密星物理、引力波基础和后牛顿天体力学. 我主讲的时候, 对内容做了一些调整. 当时系里已开设了专门的 "宇宙学" 课程, 为了避免内容重复, 我去掉了相对论宇宙学的内容. 最终讲授内容集中到了黑洞天体物理、中子星物理和引力波物理基础这三部分, 一方面是受课时所限, 另外一方面也是为了紧密围绕天文观测, 特别是黑洞视界附近的动力学及其辐射. 这也是我主要的研究课题, 特别是受到了国家杰出青年科学基金项目 "黑洞的相对论性吸积" (批准号: 11725312) 的资助. 本书的内容基本包括了我讲课的内容 (部分内容只在我课题组内部讲授过, 比如时空的 3+1 分解), 可能不很全面, 但应该是相对论天体物理最基础的部分. 为了避免内容重复, 广义相对论部分的内容可以参考北京大学物理学院陈斌教授编著的《广义相对论》[1]. 虽然史蒂文·温伯格在其经典教材《引力论与宇宙论》中宣称采用了非几何的观点讲授广义相对论, 将等效原理作为讨论广义相对论的基础[2], 我也深受其观点的影响, 曾采用《引力论与宇宙论》作为广义相对论的教材, 但实际上, 从几何的观点来看, 温伯格采用的是广义相对论中的标架表述. 为了更好地理解广义相对论, 并能娴熟地应用广义相对论开展相对论天体物理领域的研究, 比如数值相对论等, 我还是建议读者能学一点微分几何的基本概念. 本人推荐相对论专家舒茨写的《数学物理中的几何方法》, 这是专门为物理学家写的介绍现代微分几何的小册子[3].

　　本书的内容包含了我多年的研究成果. 我要感谢我的合作者和研究生们, 这里就不一一列举了. 我还要特别感谢北京大学物理学院天文学系的徐仁新教授, 在他的大力推荐下, 本书得以入选北京大学出版社的 "中外物理学精品书系", 这给了我撰写的巨大动力. 最后, 感谢北京大学出版社刘啸编辑的认真组织和宝贵意见.

　　本书不当之处恳请各位读者批评指正.

袁业飞

2024 年 5 月 8 日

于中国科学技术大学

目　　　录

第一章 广义相对论回顾

广义相对论是关于时空和引力的理论. 1915 年 11 月 25 日, 爱因斯坦 (Einstein) 向普鲁士科学院提交了一篇名为 "引力场方程" 的论文, 标志着广义相对论的正式建立 [4]. 在经典广义相对论中, 引力其实是一种四维弯曲空间 [黎曼 (Riemann) 空间] 的几何效应, 即所谓引力几何化. 也就是说, 自然界没有万有引力这种 "力", 检验粒子在所谓的引力场中的运动本质上是由四维时空的弯曲程度决定的. 在牛顿 (Newton) 力学适用范围内, 时空弯曲程度非常小, 近似平直, 时空弯曲效应可以用引力势能来模拟. 在太阳系中, 时空弯曲最大的地方是太阳表面. 在太阳表面, 用引力势来模拟时空弯曲效应与真正的时空弯曲效应相比, 误差近似为 $GM_\odot/(c^2 R_\odot) \sim 10^{-6}$. 因此, 在太阳系中, 牛顿万有引力是广义相对论的一个很好的近似描述, 我们需要在高于 $10^{-10} \sim 10^{-6}$ 的精度下寻找牛顿力学和广义相对论的差别, 这就是在弱场下对广义相对论进行检验.

当然, 在黑洞视界附近以及宇宙大尺度上, 时空弯曲效应显著, 如果继续用引力势来模拟时空弯曲效应, 偏差就非常明显. 特别是对整个宇宙时空来说, 宇宙时空度规随时间是演化的, 牛顿力学完全无法处理, 这时候我们必须在广义相对论的框架下讨论弯曲时空中的动力学过程及其相应的辐射特征, 并与天文观测对比, 在强场下对广义相对论进行检验.

在本章中, 我将简要回顾广义相对论引力几何化的基本思想, 重点讨论与局域测量有关的标架投影理论. 广义相对论的内容请参考经典教材或专著 [2,5-7,1,8].

§1.1 四维弯曲空间: 引力几何化

广义相对论是关于时空与物质相互作用的理论, 因此, 首要的问题是: 如何描述四维时空的弯曲?

欧几里得 (Euclid) 空间是三维的平直空间, 若取笛卡儿坐标系 $\{x^i\} = \{x^1, x^2, x^3\}$, 其中拉丁字母 $i, j, k, \cdots$ 代表 $1, 2, 3$, 则相邻两点之间的距离, 即线元的平方为

$$\mathrm{d}s^2 = (\mathrm{d}x^1)^2 + (\mathrm{d}x^2)^2 + (\mathrm{d}x^3)^2 = g_{ij}\mathrm{d}x^i\mathrm{d}x^j, \tag{1.1}$$

其中度规 $g_{ij} = \mathrm{diag}\{+1, +1, +1\}$. 这里我们采用爱因斯坦求和约定: 上下重复指标代表从 1 到 n 求和, 此处 $n = 3$ 为空间的维数. 度规函数 g 的分量一般是空间位置的函数: $g_{ij} = g_{ij}(x^1, x^2, x^3)$. 如果 g_{ij} 与位置无关, 则空间显然是平直的. 在选定

坐标系之后, g_{ij} 为常数是空间平直的充分条件, 但不是必要条件. 例如, 在欧几里得空间中, 若取球坐标 $\{x^i\} = \{r, \theta, \varphi\}$, 则空间线元的平方为

$$ds^2 = dr^2 + r^2 d\theta^2 + r^2 \sin^2 \theta d\varphi^2 = g_{ij} dx^i dx^j. \tag{1.2}$$

这里度规函数 $g_{ij} = \text{diag}\{1, r^2, r^2 \sin^2 \theta\}$ 虽然是坐标的函数, 但显然, 空间的性质并不依赖于坐标系的选择, 它描写的仍然是三维的平直时空, 唯一的缺点是在 $r = 0$ 以及 $\theta = 0, \pi$ 处, 该坐标失效. 根据黎曼几何我们知道, 空间的内禀曲率由四阶的黎曼曲率张量来刻画, 其中黎曼曲率张量由度规、度规对坐标的一阶导数和二阶导数构成. 黎曼曲率张量所有的分量为零是空间平直的充分必要条件.

闵可夫斯基 (Minkowski) 时空 (也称闵可夫斯基空间) 是 1+3 维的平直时空. 在闵可夫斯基空间中, 若空间部分的坐标仍取笛卡儿坐标: $\{x^\mu\} = \{t, x^1, x^2, x^3\}$, 其中希腊字母 $\mu, \nu, \lambda, \cdots$ 代表 $0, 1, 2, 3$, 则时空线元的平方为 (已取 $c = 1$)

$$ds^2 = -dt^2 + (dx^1)^2 + (dx^2)^2 + (dx^3)^2 = g_{\mu\nu} dx^\mu dx^\nu, \tag{1.3}$$

其中度规 $g_{\mu\nu} = \text{diag}\{-1, +1, +1, +1\}$. 如果在闵可夫斯基空间中, 空间部分的坐标取球坐标, $\{x^\mu\} = \{t, r, \theta, \varphi\}$, 则时空线元的平方为

$$ds^2 = -dt^2 + dr^2 + r^2 d\theta^2 + r^2 \sin^2 \theta d\varphi^2 = g_{\mu\nu} dx^\mu dx^\nu. \tag{1.4}$$

这里度规 $g_{\mu\nu} = \text{diag}\{-1, 1, r^2, r^2 \sin^2 \theta\}$.

在爱因斯坦的广义相对论中, 时空度规函数 $g_{\mu\nu}$ 由爱因斯坦场方程决定. 仅仅在爱因斯坦场方程发表一个月之后, 施瓦西 (Schwarzschild) 就得到了场方程的第一个严格解 [9], 该度规描述的是引力质量为 M 的球对称天体在它外部导致的弯曲时空的性质. 在施瓦西坐标下, 该时空线元的平方为

$$\begin{aligned} ds^2 = &-\left(1 - \frac{2GM}{r}\right) dt^2 + \left(1 - \frac{2GM}{r}\right)^{-1} dr^2 + r^2 d\theta^2 + r^2 \sin^2 \theta d\varphi^2 \\ = &\, g_{\mu\nu} dx^\mu dx^\nu. \end{aligned} \tag{1.5}$$

这里度规 $g_{\mu\nu} = \text{diag}\{-(1 - 2GM/r), (1 - 2GM/r)^{-1}, r^2, r^2 \sin^2 \theta\}$. 可以证明, 施瓦西时空的黎曼曲率张量不为零, 因此, 该时空为渐近平直的四维弯曲时空.

§1.2   测地线方程

爱因斯坦建议, 在四维的弯曲时空中, 给定相邻的两个初始点, 比如说 A 点和 B 点, 检验粒子走 A 点与 B 点之间的最短程线 $x^\mu(\lambda)$, 其中 λ 为曲线参数. 在黎曼时空中, "路程" 就是四维空间的固有时 τ. 短程线 $x^\mu(\lambda)$ 一般也称为测地线. 对质

量不为零的检验粒子, 它的测地线是类时的, 通常取 $\lambda = \tau$. 对于质量为零的检验粒子, 比如光子, 它的测地线是零 (null) 的, 即类光的. 因此, 决定检验粒子运动的作用量为

$$S[x^{\mu}(\lambda)] = \int_{A}^{B} \frac{\mathrm{d}\tau}{\mathrm{d}\lambda} \mathrm{d}\lambda = \int_{A}^{B} \left(-g_{\mu\nu} \frac{\mathrm{d}x^{\mu}}{\mathrm{d}\lambda} \frac{\mathrm{d}x^{\nu}}{\mathrm{d}\lambda} \right)^{1/2} \mathrm{d}\lambda. \tag{1.6}$$

对作用量做变分 $x^{\mu}(\lambda) \to x^{\mu}(\lambda) + \delta x^{\mu}(\lambda)$, 并取极值 $\delta S = 0$, 就可以得到粒子的测地线方程. 对 (1.6) 式进行变分, 得到

$$0 = \delta S = \frac{1}{2} \int_{A}^{B} \left\{ -g_{\mu\nu} \frac{\mathrm{d}x^{\mu}}{\mathrm{d}\lambda} \frac{\mathrm{d}x^{\nu}}{\mathrm{d}\lambda} \right\}^{-1/2} \left\{ -\frac{\partial g_{\mu\nu}}{\partial x^{\sigma}} \delta x^{\sigma} \frac{\mathrm{d}x^{\mu}}{\mathrm{d}\lambda} \frac{\mathrm{d}x^{\nu}}{\mathrm{d}\lambda} - 2g_{\mu\nu} \frac{\mathrm{d}\delta x^{\mu}}{\mathrm{d}\lambda} \frac{\mathrm{d}x^{\nu}}{\mathrm{d}\lambda} \right\} \mathrm{d}\lambda. \tag{1.7}$$

上式积分号中的第一项为 $\mathrm{d}\lambda/\mathrm{d}\tau$(对 $m \neq 0$ 粒子), 因此可改写为

$$0 = \delta S = -\int_{A}^{B} \left\{ \frac{1}{2} \frac{\partial g_{\mu\nu}}{\partial x^{\sigma}} \delta x^{\sigma} \frac{\mathrm{d}x^{\mu}}{\mathrm{d}\tau} \frac{\mathrm{d}x^{\nu}}{\mathrm{d}\tau} + g_{\mu\nu} \frac{\mathrm{d}\delta x^{\mu}}{\mathrm{d}\tau} \frac{\mathrm{d}x^{\nu}}{\mathrm{d}\tau} \right\} \mathrm{d}\tau = -\int_{A}^{B} \delta L_{\mathrm{eff}} \mathrm{d}\tau. \tag{1.8}$$

这里我们引入了有效拉格朗日量 (Lagrangian) L_{eff}:

$$L_{\mathrm{eff}} = \frac{1}{2} g_{\mu\nu} \frac{\mathrm{d}x^{\mu}}{\mathrm{d}\tau} \frac{\mathrm{d}x^{\nu}}{\mathrm{d}\tau}. \tag{1.9}$$

对 (1.8) 式中的积分进行分部积分, 并注意到在 A 点和 B 点 $\delta x^{\mu} = 0$, 有

$$0 = \delta S = -\int_{A}^{B} \left\{ \frac{1}{2} \frac{\partial g_{\mu\nu}}{\partial x^{\sigma}} \frac{\mathrm{d}x^{\mu}}{\mathrm{d}\tau} \frac{\mathrm{d}x^{\nu}}{\mathrm{d}\tau} - \frac{\partial g_{\sigma\nu}}{\partial x^{\rho}} \frac{\mathrm{d}x^{\rho}}{\mathrm{d}\tau} \frac{\mathrm{d}x^{\nu}}{\mathrm{d}\tau} - g_{\sigma\nu} \frac{\mathrm{d}^{2}x^{\nu}}{\mathrm{d}\tau^{2}} \right\} \delta x^{\sigma} \mathrm{d}\tau. \tag{1.10}$$

将上式二阶导数前面的度规函数提取出来, 进一步简化为

$$0 = \delta S = \int_{A}^{B} \left\{ \frac{\mathrm{d}^{2}x^{\nu}}{\mathrm{d}\tau^{2}} + \Gamma_{\mu\rho}^{\nu} \frac{\mathrm{d}x^{\mu}}{\mathrm{d}\tau} \frac{\mathrm{d}x^{\rho}}{\mathrm{d}\tau} \right\} g_{\sigma\nu} \delta x^{\sigma} \mathrm{d}\tau. \tag{1.11}$$

上式中出现了克里斯托弗 (Christoffel) 联络 $\Gamma_{\mu\rho}^{\nu}$, 它的定义为

$$\Gamma_{\mu\rho}^{\nu} = \frac{1}{2} g^{\nu\lambda} \left\{ \frac{\partial g_{\rho\lambda}}{\partial x^{\mu}} + \frac{\partial g_{\lambda\mu}}{\partial x^{\rho}} - \frac{\partial g_{\rho\mu}}{\partial x^{\lambda}} \right\}. \tag{1.12}$$

在 (1.11) 式中, 因为 δx^{σ} 任意, 据此我们得到测地线方程

$$\frac{\mathrm{d}^{2}x^{\nu}}{\mathrm{d}\tau^{2}} + \Gamma_{\mu\rho}^{\nu} \frac{\mathrm{d}x^{\mu}}{\mathrm{d}\tau} \frac{\mathrm{d}x^{\rho}}{\mathrm{d}\tau} = 0. \tag{1.13}$$

下面讨论另一种不需要求解克里斯托弗联络, 直接求解检验粒子的测地线的方法. 根据 (1.8) 式, 可以引入有效作用量

$$S_{\mathrm{eff}} = \int_{A}^{B} L_{\mathrm{eff}} \mathrm{d}\tau. \tag{1.14}$$

不难理解, 对有效作用量取变分并取极值 $\delta S_{\text{eff}} = 0$, 同样可以得到正确的测地线方程. 因此, 根据分析力学易知, 将有效拉格朗日量直接代入欧拉 – 拉格朗日 (Euler-Lagrange) 方程

$$\frac{\mathrm{d}}{\mathrm{d}\tau}\frac{\partial L_{\text{eff}}}{\partial \dot{x}^\mu} - \frac{\partial L_{\text{eff}}}{\partial x^\mu} = 0, \tag{1.15}$$

其中广义速度 $\dot{x}^\mu$ 定义为

$$\dot{x}^\mu \equiv \frac{\mathrm{d}x^\mu}{\mathrm{d}\tau}, \tag{1.16}$$

就可以得到正确的测地线方程, 而不需要求解克里斯托弗联络. 有效拉格朗日量可以看作弯曲空间中检验粒子的四维纯 "动能项". 因此, 在弯曲空间中, 检验粒子的拉格朗日量仅含动能项与检验粒子在弯曲空间中走短程线是等价的. 需要补充说明的是, 对无质量的粒子, 例如光子, $\mathrm{d}\tau = 0$, 上式中的固有时 τ 要用仿射参数 λ 代替, 同时要求

$$g_{\mu\nu}\frac{\mathrm{d}x^\mu}{\mathrm{d}\lambda}\frac{\mathrm{d}x^\nu}{\mathrm{d}\lambda} = 0. \tag{1.17}$$

在球对称弯曲时空中, 检验粒子的有效拉格朗日量为

$$2L_{\text{eff}} = -\left(1 - \frac{2GM}{r}\right)\dot{t}^2 + \left(1 - \frac{2GM}{r}\right)^{-1}\dot{r}^2 + r^2\dot{\theta}^2 + r^2\sin^2\theta\dot{\varphi}^2. \tag{1.18}$$

在上式中, 出现了 $\phi = -GM/r$ 的项. 在牛顿力学中, 它是引力势, 刻画了引力相互作用. 而在广义相对论中, 它是度规函数, 决定了四维时空的弯曲程度. 这就是引力几何化的基本思想.

下面说明在弱场近似下, 用引力势来刻画检验粒子的运动还是比较成功的. 在弱场近似下, 或者说时空弯曲不大的情况下, $\phi \ll 1$, 若粒子做非相对论性运动 ($v \ll 1$), 粒子的动能与势能同为一阶小量, 又有 $\mathrm{d}\tau \approx \mathrm{d}t$, 因此, 有效拉格朗日量近似为

$$2L_{\text{eff}} = -1 + \frac{2GM}{r} + \dot{r}^2 + r^2\dot{\theta}^2 + r^2\sin^2\theta\dot{\varphi}^2, \tag{1.19}$$

其中常数项 -1 代表检验粒子的静止质量, 可以吸收到有效拉格朗日量的定义中, 此时

$$L_{\text{eff}} = \frac{1}{2}\left(\frac{\mathrm{d}\boldsymbol{r}}{\mathrm{d}t}\right)^2 - \left(-\frac{GM}{r}\right) = T - \phi. \tag{1.20}$$

由上式可以看出, 在弱场近似下, 有效拉格朗日量由只含弯曲时空中的纯动能项退化为平直空间的动能项减去引力势能项, 即经典力学中的拉格朗日量. 这很好地体

现了引力几何化的物理思想: 在弯曲时空中, 检验粒子的运动完全由时空度规决定, 即由时空的弯曲程度决定. 在时空弯曲不明显的情况下, 例如在太阳系中, 我们并没有觉察到时空的弯曲, 但测量到了行星的曲线运动, 于是正如在经典力学中所做的那样, 我们引入万有引力来解释行星的运动, 这显然是一个很好的近似, 取得了巨大的成功. 但本质上, 行星的运动是由太阳周围被太阳弯曲了的四维时空决定的.

§1.3 引力场方程

爱因斯坦引力场方程是关于时空度规的偏微分方程组, 在给定物质场的能量 – 动量张量 (简称能动张量) 之后, 它决定了时空度规. 引力场方程的确立, 标志着广义相对论的正式建立. 当年爱因斯坦是如何得到引力场方程的呢? 从牛顿引力理论观点看, 度规就是引力势, 而我们知道, 决定引力势的方程就是泊松 (Poisson) 方程

$$\nabla^2 \phi = 4\pi G \rho. \tag{1.21}$$

因此, 泊松方程是爱因斯坦猜测引力场方程的出发点. 引力场方程应该是四维的、关于度规二次导数的张量方程, 且它在弱场和低速近似下, 应该回到泊松方程. 在和数学家希尔伯特 (Hilbert) 多次信件交流之后, 爱因斯坦在 1915 年 11 月 25 日提出了最终的广义相对论场方程:

$$G_{\mu\nu} \equiv R_{\mu\nu} - \frac{1}{2} g_{\mu\nu} R = \frac{8\pi G}{c^4} T_{\mu\nu}, \tag{1.22}$$

其中 $T_{\mu\nu}$ 为物质场的能动张量, $R_{\mu\nu}$ 和 R 分别为里奇 (Ricci) 曲率张量和里奇曲率标量, $G_{\mu\nu}$ 为著名的爱因斯坦张量. 爱因斯坦张量最重要的性质是 $G^\mu{}_{\nu;\mu} = 0$, 即 $G^\mu{}_\nu$ 的散度为零.

其实在 1915 年 11 月 20 日, 希尔伯特已通过最小作用量原理, 得到了正确的爱因斯坦引力场方程[10]. 他的讨论如下. 考虑包括物质场和引力场的系统, 系统的总作用量 S 应为物质场的作用量 S_M 和引力场的作用量 S_G 之和: $S = S_\mathrm{G} + S_\mathrm{M}$. 作用量应为标量, 因此, 引力场的作用量很自然应由里奇标量 R 组成:

$$S_\mathrm{G} = \frac{1}{8\pi G} \int R \sqrt{-g} \mathrm{d}^4 x, \tag{1.23}$$

其中积分号前面的系数为物质场和引力场之间的耦合常数. 对引力场做变分

$$g_{\mu\nu} \to g_{\mu\nu} + \delta g_{\mu\nu}, \tag{1.24}$$

则

$$\delta(\sqrt{-g} R) = \sqrt{-g} R_{\mu\nu} \delta g^{\mu\nu} + R \delta \sqrt{-g} + \sqrt{-g} g^{\mu\nu} \delta R_{\mu\nu}. \tag{1.25}$$

上式的最后一项含 $\delta R_{\mu\nu}$. 里奇曲率张量 $R_{\mu\nu}$ 由黎曼曲率张量缩并而来, 它的定义为

$$R^{\rho}{}_{\mu\lambda\nu} = \partial_{\lambda}\Gamma^{\rho}_{\nu\mu} + \Gamma^{\rho}_{\lambda\sigma}\Gamma^{\sigma}_{\nu\mu} - \partial_{\nu}\Gamma^{\rho}_{\lambda\mu} - \Gamma^{\rho}_{\nu\sigma}\Gamma^{\sigma}_{\lambda\mu}. \tag{1.26}$$

为了计算 $\delta R_{\mu\nu}$, 我们需要先计算克里斯托弗联络的变分:

$$\Gamma^{\rho}_{\nu\mu} \rightarrow \Gamma^{\rho}_{\nu\mu} + \delta\Gamma^{\rho}_{\nu\mu}. \tag{1.27}$$

因为联络的变分 $\delta\Gamma^{\rho}_{\nu\mu}$ 为两个联络之间的差, 因此它必须是一个张量, 根据张量的协变导数, 我们得到该变分的协变导数为

$$\nabla_{\lambda}(\delta\Gamma^{\rho}_{\nu\mu}) = \partial_{\lambda}(\delta\Gamma^{\rho}_{\nu\mu}) + \Gamma^{\rho}_{\lambda\sigma}\delta\Gamma^{\sigma}_{\nu\mu} - \Gamma^{\sigma}_{\lambda\nu}\delta\Gamma^{\rho}_{\sigma\mu} - \Gamma^{\sigma}_{\lambda\mu}\delta\Gamma^{\rho}_{\nu\sigma}. \tag{1.28}$$

根据上式, 不难证明

$$\delta R^{\rho}{}_{\mu\lambda\nu} = \nabla_{\lambda}(\delta\Gamma^{\rho}_{\nu\mu}) - \nabla_{\nu}(\delta\Gamma^{\rho}_{\lambda\mu}), \tag{1.29}$$

因此

$$\delta R_{\mu\nu} = (\delta\Gamma^{\lambda}_{\mu\nu})_{;\lambda} - (\delta\Gamma^{\lambda}_{\mu\lambda})_{;\nu}. \tag{1.30}$$

由此知 (1.25) 式的最后一项为

$$\begin{aligned}
\sqrt{-g}g^{\mu\nu}\delta R_{\mu\nu} &= \sqrt{-g}\left[(g^{\mu\nu}\delta\Gamma^{\lambda}_{\mu\nu})_{;\lambda} - (g^{\mu\nu}\delta\Gamma^{\lambda}_{\mu\lambda})_{;\nu}\right] \\
&= \frac{\partial}{\partial x^{\lambda}}\left(\sqrt{-g}g^{\mu\nu}\delta\Gamma^{\lambda}_{\mu\nu}\right) - \frac{\partial}{\partial x^{\nu}}\left(\sqrt{-g}g^{\mu\nu}\delta\Gamma^{\lambda}_{\mu\lambda}\right).
\end{aligned} \tag{1.31}$$

显然, 上式对空间积分等于零. 另外,

$$\delta\sqrt{-g} = \frac{1}{2}\sqrt{-g}g^{\mu\nu}\delta g_{\mu\nu}, \tag{1.32}$$

$$\delta g^{\mu\nu} = -g^{\mu\rho}g^{\nu\sigma}\delta g_{\rho\sigma}, \tag{1.33}$$

因此

$$\begin{aligned}
\delta S_{\mathrm{G}} &= \frac{1}{8\pi G}\int \mathrm{d}^4x\left\{-\sqrt{-g}R_{\mu\nu}g^{\mu\rho}g^{\nu\sigma}\delta g_{\rho\sigma} + \frac{1}{2}R\sqrt{-g}g^{\mu\nu}\delta g_{\mu\nu}\right\} \\
&= -\frac{1}{8\pi G}\int \mathrm{d}^4x\sqrt{-g}\left\{R^{\mu\nu} - \frac{1}{2}g^{\mu\nu}R\right\}\delta g_{\mu\nu}.
\end{aligned} \tag{1.34}$$

对物质场,

$$\delta S_{\mathrm{M}} = \int \mathrm{d}^4x\sqrt{-g}T^{\mu\nu}\delta g_{\mu\nu}. \tag{1.35}$$

上式也可以看作物质场能动张量的定义, 即物质场能动张量很普适的一个定义为

$$T^{\mu\nu} \equiv \frac{1}{\sqrt{-g}} \frac{\delta S_{\mathrm{M}}}{\delta g_{\mu\nu}}. \tag{1.36}$$

对总作用量变分并取极值 $\delta S = 0$, 我们最终得到正确的引力场方程, 特别是对引力场作用量变分的时候, 爱因斯坦张量 $G_{\mu\nu}$ 自动出现.

　　虽然希尔伯特比爱因斯坦早五天得到正确的引力场方程, 但是希尔伯特本人却非常大度地承认爱因斯坦对引力场方程的发现权, 并且向爱因斯坦表示了祝贺: "爱因斯坦已经提出了深刻的思想和独特的概念, 并发明了巧妙的方法来处理它们." 坦率地说, 希尔伯特的物理思想的确来自爱因斯坦, 即便如此, 从尊重历史的角度来说, 引力场方程应该叫作希尔伯特 – 爱因斯坦引力场方程.

§1.4　标架和局域测量

　　在广义相对论中, 为了满足广义协变原理, 所有物理量必须为张量, 而张量的分量随着坐标系的变换而变换, 是没有明确的物理意义的. 对于局域观测者来说, 观测到的物理量肯定与坐标系 (x^μ) 的选择无关, 因为观测量必须是标量. 这里局域观测者是指观测者所在的实验室足够小, 可以近似看作四维弯曲空间中的一点 P, 时空的潮汐效应基本可以忽略. 局域测量就发生在该实验室内: 观测者和被观测对象都位于该实验室内, 作为观测量的标量肯定与观测者的运动状态 —— 四速度 (u_μ)、被观测对象 (某张量, 例如电磁场张量 $F_{\mu\nu}$) 以及观测点的时空性质 $(g_{\mu\nu})$ 有关, 它们构成了局域测量的三要素. 因此, 观测量必须是由这三要素构成的标量.

　　既然观测量是标量, 不依赖于坐标系的选择, 那我们就选择以观测者所在位置为坐标原点的局域惯性系, 即所谓的自由落体参考系. 在该参考系中, 观测者的加速度为零, 引力效应完全抵消 (忽略引潮力), 在 P 点很小的范围内, 时空度规为闵可夫斯基度规. 我们先讨论时间方向的测量. 在局域惯性参考系中, 观测者相对坐标系是不动的, 它的四速度退化为 $u_\mu = (-1,0,0,0)$, 这启发我们可以将观测者的四速度 u_μ 的反方向 $-u_\mu$ 看作时间方向, 将要观测的物理量 (张量) 向该速度方向投影来提取出观测者时间方向的测量值. 以时间测量为例, 在 P 点的某观测者, 他的坐标为 $x^\mu(P)$, 四速度为 $u^\mu(P)$, 经过很小的时间间隔, P 点坐标变为 $x^\mu(P)+\mathrm{d}x^\mu(P)$, 即时空间隔为 $\mathrm{d}x^\mu(P)$. 那么观测者戴的手表测量到的时空间隔 $\mathrm{d}x^\mu(P)$ 所对应的时间 (ΔT) 是多长呢? 这里时空间隔 $\mathrm{d}x^\mu(P)$ 为被观测对象. 我们将 $\mathrm{d}x^\mu(P)$ 向 u_μ 方向投影:

$$\Delta T = -u_\mu \cdot \mathrm{d}x^\mu > 0. \tag{1.37}$$

首先 ΔT 是个标量, 在任何坐标系都相等. 其次, 既然在任何坐标系中 ΔT 的值都相等, 那么在局域惯性系中, 易知 $\Delta T = dt$, 即它的物理意义就是观测者戴的手表所测量到的时间间隔. 再举一个例子, 在实验室中, 某物理系统的能动张量为 $T^{\mu\nu}$. 将 $T^{\mu\nu}$ 向时间方向投影:

$$\rho = u_\mu u_\nu T^{\mu\nu}. \tag{1.38}$$

显然, ρ 是标量, 在局域惯性系中 $\rho = T^{00}$, 它的物理意义就是观测者所测量到的某物理系统的能量密度.

进一步讨论时空的测量. 在 P 点的局域惯性系中, 选择正交归一的坐标系 ξ^μ,

$$\begin{aligned}
\mathrm{d}s^2 = g_{\mu\nu}(P)\mathrm{d}x^\mu \mathrm{d}x^\nu &= \eta_{\mu\nu}(P)\mathrm{d}\xi^\mu \mathrm{d}\xi^\nu \\
&= -(\mathrm{d}\xi^0)^2 + (\mathrm{d}\xi^1)^2 + (\mathrm{d}\xi^2)^2 + (\mathrm{d}\xi^3)^2.
\end{aligned} \tag{1.39}$$

需要注意的是, 这样的坐标系有无穷多, 依赖于空间坐标系的选择. 坐标系选定之后, 在 P 点的切空间中, 四个方向的切矢量分别为

$$\begin{aligned}
\tilde{e}^\mu_{(0)} &= \left(\frac{\partial}{\partial \xi^0}\right)^\mu = (1,0,0,0), \\
\tilde{e}^\mu_{(1)} &= \left(\frac{\partial}{\partial \xi^1}\right)^\mu = (0,1,0,0), \\
\tilde{e}^\mu_{(2)} &= \left(\frac{\partial}{\partial \xi^2}\right)^\mu = (0,0,1,0), \\
\tilde{e}^\mu_{(3)} &= \left(\frac{\partial}{\partial \xi^3}\right)^\mu = (0,0,0,1),
\end{aligned} \tag{1.40}$$

其中括号中的数字只是切矢量的编号. "~" 强调它们是局域惯性系归一化的基矢量. 显然, 这四个切矢量是正交归一的:

$$\eta_{\mu\nu}\tilde{e}^\mu_{(a)}\tilde{e}^\nu_{(b)} = \eta_{ab}. \tag{1.41}$$

在局域惯性系中, 测量变得非常简单, 我们只须将物理量所对应的张量向这四个切矢量方向投影就可以了 (时间方向投影差一个负号). 也就是说, 这四个正交归一的切矢量就是观测者所携带的钟和三把尺子, 分别用于测量时间和三个相互垂直的空间方向的长度. 我们称这四个切矢量为标架. 例如, 在局域惯性系中某粒子的四动量为 $\tilde{P}^\mu$, 则观测者测量到的该粒子的能量和三动量分别就是四动量 $\tilde{P}^\mu$ 的零分量和空间分量:

$$\begin{aligned}
E &= -\eta_{\mu\nu}\tilde{e}^\mu_{(0)}\tilde{P}^\nu = \tilde{P}^0, \\
P^i &= \eta_{\mu\nu}\tilde{e}^\mu_{(i)}\tilde{P}^\nu = \tilde{P}^i.
\end{aligned} \tag{1.42}$$

显然 $E, \boldsymbol{P}$ 为四个标量.

回到一般坐标系, $\xi^\mu \to x^\mu(\xi^\nu)$, 有

$$g_{\mu\nu} = \eta_{\alpha\beta} \frac{\partial \xi^\alpha}{\partial x^\mu} \frac{\partial \xi^\beta}{\partial x^\nu}, \tag{1.43}$$

$$e^\mu_{(0)} = \frac{\partial x^\mu}{\partial \xi^\alpha} \tilde{e}^\alpha_{(0)} = u^\mu, \tag{1.44}$$

$$e^\mu_{(i)} = \frac{\partial x^\mu}{\partial \xi^\alpha} \tilde{e}^\alpha_{(i)}. \tag{1.45}$$

在 (1.44) 式中, 我们利用了 $\xi^0 \equiv \tau$ 的性质, 即局域惯性系中的时间坐标就是固有时. 回到一般坐标系中, 根据 (1.43) $\sim$ (1.45) 式, 标架正交归一的属性不会改变, 因为以下量为标量:

$$g_{\mu\nu} e^\mu_{(a)} e^\nu_{(b)} = \eta_{ab}. \tag{1.46}$$

在一般坐标系中, 测量也是将物理量所对应的张量向标架投影即可. 例如, 某粒子的四动量为 P^μ, 则观测者测量到该粒子的能量和三动量分别是

$$E = -g_{\mu\nu} e^\mu_{(0)} P^\nu = \tilde{P}^0,$$
$$P^i = g_{\mu\nu} e^\mu_{(i)} P^\nu = \tilde{P}^i. \tag{1.47}$$

它们与 (1.42) 式中量的物理含义完全一致: 它们是观测者测量到的粒子的能量和三动量. 不带括号的指标显然表示四维空间张量的分量, 应该用时空度规来升降. 为了方便起见, 我们规定用闵可夫斯基度规来升降带括号的指标, 即

$$e^{(a)}_\mu = \eta^{ab} e_{(b)\mu}. \tag{1.48}$$

这样可以将 (1.47) 式改写为更简洁的形式:

$$P^{(a)} = e^{(a)}_\mu P^\mu = \tilde{P}^a. \tag{1.49}$$

这样做的好处和可行性更本质的原因是带括号的数字原本只代表不同的标号, 但是由于 $P^{(a)} \equiv \tilde{P}^a$, 因此可以将 $P^{(a)}$ 的标号看作闵可夫斯基空间张量的指标.

再举一个例子: 速度测量. 假设某粒子在观测者所在的时空点的四速度为 u^μ, 则观测者所测量到的粒子的四速度为

$$u^{(a)} = e^{(a)}_\mu u^\mu = (u^{(0)}, u^{(1)}, u^{(2)}, u^{(3)}) \equiv \gamma(1, v^1, v^2, v^3), \tag{1.50}$$

其中 $\gamma = u^{(0)} = 1/\sqrt{1-v^2}$ 为被测量粒子的洛伦兹 (Lorentz) 因子. $\boldsymbol{v} = (v^1, v^2, v^3)$ 为被测量粒子的物理速度矢量:

$$v^i = \frac{u^{(i)}}{u^{(0)}}. \tag{1.51}$$

　　小结一下. 在一般坐标系中, 在确定观测者和观测对象之后, 局域测量的首要任务是选定标架: 四个正交归一的四维弯曲空间中的矢量, 其中一个为观测者的四速度, 它是类时矢量, 代表时间方向的测量, 是观测者所携带的钟. 另外三个是类空矢量, 它们代表空间方向的测量, 是观测者所携带的三把尺子. 选定标架之后, 测量就是将被测量的张量向标架上投影. 以对称的能动张量 $T^{\mu\nu}$ 为例, 它有 10 个独立的分量, 向标架投影之后, 得到 10 个独立的标量:

$$T^{(a)(b)} = e^{(a)}_{\mu} e^{(b)}_{\nu} T^{\mu\nu}, \tag{1.52}$$

这 10 个标量就是观测者的测量值.

　　在同一时空点可能存在另一个观测者, 假设第二个观测者 (Σ' 参考系) 相对第一个观测者 (Σ 参考系) 的相对物理速度为 $\boldsymbol{v}$, 则以四动量为例, 两个观测者测量到的粒子四动量之间差一个洛伦兹变换:

$$P'^{(a)} \equiv e'^{(a)}_{\mu} P^{\mu} = \Lambda^a{}_b(\boldsymbol{v}) P^{(b)}, \tag{1.53}$$

这里 $\Lambda^a{}_b(\boldsymbol{v})$ 是洛伦兹变换矩阵. 根据 (1.53) 式, 很容易得到

$$e'^{(a)}_{\mu} = \Lambda^a{}_b e^{(b)}_{\mu}. \tag{1.54}$$

因此, 可以根据洛伦兹变换得到新的参考系中的标架. (1.54) 式也进一步说明, 根据我们的标号规定和指标的升降规定, 带括号的标号 a 可以看作闵可夫斯基空间矢量的指标, 不带括号的指标 μ 就是四维弯曲空间张量的指标.

　　下面举例说明.

例 1.1　施瓦西时空中的引力红移测量.

　　假设观测者相对施瓦西坐标静止, 先确定观测者携带的标架. 施瓦西坐标 (t, r, θ, φ) 是相互正交的. 根据 $\mathrm{d}s^2 = \eta_{ab}\mathrm{d}x^{(a)}\mathrm{d}x^{(b)}$, 有

$$
\begin{aligned}
\mathrm{d}x^{(0)} &= e^{(0)}_{\mu}\mathrm{d}x^{\mu} = \left(1 - \frac{2GM}{r}\right)^{1/2}\mathrm{d}t = \sqrt{-g_{tt}}\mathrm{d}t, \\
\mathrm{d}x^{(1)} &= e^{(1)}_{\mu}\mathrm{d}x^{\mu} = \left(1 - \frac{2GM}{r}\right)^{-1/2}\mathrm{d}r = \sqrt{g_{rr}}\mathrm{d}r, \\
\mathrm{d}x^{(2)} &= e^{(2)}_{\mu}\mathrm{d}x^{\mu} = r\mathrm{d}\theta = \sqrt{g_{\theta\theta}}\mathrm{d}\theta, \\
\mathrm{d}x^{(3)} &= e^{(3)}_{\mu}\mathrm{d}x^{\mu} = r\sin\theta\mathrm{d}\varphi = \sqrt{g_{\varphi\varphi}}\mathrm{d}t.
\end{aligned}
\tag{1.55}
$$

因此, 观测者所携带的标架为

$$
\begin{aligned}
e^{(0)}_{\mu} &= \sqrt{-g_{tt}}(1,0,0,0), \qquad & e^{(1)}_{\mu} &= \sqrt{g_{rr}}(0,1,0,0), \\
e^{(2)}_{\mu} &= \sqrt{g_{\theta\theta}}(0,0,1,0), \qquad & e^{(3)}_{\mu} &= \sqrt{g_{\varphi\varphi}}(0,0,0,1).
\end{aligned}
\tag{1.56}
$$

通过指标升降, 得到标架逆变矢量的形式:

$$e^\mu_{(0)} = \frac{1}{\sqrt{-g_{tt}}}(1,0,0,0), \qquad e^\mu_{(1)} = \frac{1}{\sqrt{g_{rr}}}(0,1,0,0),$$

$$e^\mu_{(2)} = \frac{1}{\sqrt{g_{\theta\theta}}}(0,0,1,0), \qquad e^\mu_{(3)} = \frac{1}{\sqrt{g_{\varphi\varphi}}}(0,0,0,1). \tag{1.57}$$

另一种导出相对坐标静止的观测者的标架方法如下. 观测者相对坐标系静止, 因此他的四速度仅有时间分量: $u^\mu = (u^t, 0, 0, 0)$. 根据速度归一化 $g_{\mu\nu}u^\mu u^\nu = -1$, 得

$$e^\mu_{(0)} = u^\mu = \frac{1}{\sqrt{-g_{tt}}}(1,0,0,0). \tag{1.58}$$

类似可以得到其他 3 个类空的矢量, 见 (1.57) 式.

下面讨论施瓦西时空中光子的引力红移. 先讨论光子能量 (频率) 的测量. 光子的四动量为 $P^\mu = \hbar k^\mu$, 它是观测对象, 其中 k^μ 为四维波矢. 观测者测量到的光子四动量为 $P^{(a)} = (P^{(0)}, P^{(1)}, P^{(2)}, P^{(3)}) = (E, \boldsymbol{P})$, 即光子的能量为

$$E_{\text{obs}} = \hbar\nu = e^{(0)}_\mu P^\mu = -u_\mu P^\mu = -u^\mu(\text{obs})P_\mu(\text{obs}). \tag{1.59}$$

光子的引力红移涉及两个时空点: 发射点 (用 em 表示) 和观测点 (用 obs 表示). 光子在两个点之间沿测地线运动. 在发射点光子的能量为 $E_{\text{em}} = -u^\mu(\text{em})P_\mu(\text{em})$, 其中 $u^\mu(\text{em})$ 为光源的四速度. 因此, 光子的引力红移为

$$z \equiv \frac{\nu_{\text{em}}}{\nu_{\text{obs}}} - 1 = \frac{E_{\text{em}}}{E_{\text{obs}}} - 1 = \frac{-u^\mu(\text{em})P_\mu(\text{em})}{-u^\mu(\text{obs})P_\mu(\text{obs})} - 1. \tag{1.60}$$

根据光子在施瓦西时空中的拉格朗日量 $L_{\text{eff}} = g_{\mu\nu}\dot{x}^\mu\dot{x}^\nu/2$, 很容易证明光子动量协变零分量

$$P_0 = \frac{\partial L_{\text{eff}}}{\partial \dot{t}} = -\left(1 - \frac{2GM}{r}\right)\dot{t} \tag{1.61}$$

为常数. 如果光源相对坐标系静止, 即 $u^\mu(\text{em}) = (1/\sqrt{-g_{tt}}, 0, 0, 0)$, 则光子的引力红移为

$$z = \frac{u^0(\text{em})}{u^0(\text{obs})} - 1 = \frac{\sqrt{1 - 2GM/r_{\text{obs}}}}{\sqrt{1 - 2GM/r_{\text{em}}}} - 1. \tag{1.62}$$

例 1.2 宇宙学红移测量.

在膨胀宇宙中, 选用共动坐标系, 则膨胀宇宙的时空度规为如下标准的弗里德曼 – 罗伯逊 – 沃克 (Friedmann–Robertson–Walker) 度规:

$$ds^2 = -dt^2 + R^2(t)\left[\frac{dr^2}{1 - kr^2} + r^2 d\theta^2 + r^2 \sin^2\theta d\varphi^2\right], \tag{1.63}$$

其中 $R(t)$ 为宇宙尺度因子, k 为时空曲率. 从宇宙早期 t_{em} 时刻星系发射的光子经过长途跋涉, 在现今时刻 t_{obs} 被我们观测到. 假设星系和我们相对膨胀宇宙都是静止的, 没有本动速度, 则星系和地球上的观测者的四速度都为

$$u_{em}^{\mu} = u_{obs}^{\mu} = (1, 0, 0, 0). \tag{1.64}$$

光子在膨胀宇宙中的拉格朗日量为

$$2L_{eff} = -\dot{t}^2 + R^2(t)\left[\frac{\dot{r}^2}{1-kr^2} + r^2\dot{\theta}^2 + r^2\sin^2\theta\dot{\varphi}^2\right]. \tag{1.65}$$

代入欧拉 – 拉格朗日方程, 易证光子动量逆变矢量的零分量与宇宙尺度因子成反比 (留作习题):

$$P^0 = \dot{t} = \frac{\mathrm{d}t}{\mathrm{d}\lambda} = \frac{A}{R(t)}, \tag{1.66}$$

其中 A 为积分常数. 因此, 被观测到的光子的红移, 即宇宙学红移为

$$z = \frac{E_{em}}{E_{obs}} - 1 = \frac{P^0(t_{em})}{P^0(t_{obs})} - 1 = \frac{R(t_{obs})}{R(t_{em})} - 1. \tag{1.67}$$

§1.5　标 架 表 述

在广义相对论中, 根据广义协变原理, 将闵可夫斯基空间的张量方程改写为黎曼空间的方程, 就引入了引力效应. 具体来说, 就是做如下的替换:

$$T^a \to T^{\mu}, \quad \eta_{ab} \to g_{\mu\nu}, \quad \partial_a \to D_{\mu}, \tag{1.68}$$

其中 a, b, c 等拉丁字母表示洛伦兹张量的分量, μ, ν, λ 等希腊字母表示黎曼张量的分量, D_{μ} 为协变导数.

我们也可以在局域惯性系中写出包含引力效应的动力学方程, 用标架 $e_{(a)}^{\mu}$ 代替度规 $g_{\mu\nu}$, 这就是广义相对论的标架表述. 在时空某一点 P 的标架 $e_{(a)}^{\mu}$ 可以看作一个投影算符, 它将张量性的物理量投影为与张量分量数相等的坐标标量, 例如

$$g_{\mu\nu} \to \eta_{ab} = e_{(a)}^{\mu}e_{(b)}^{\nu}g_{\mu\nu}. \tag{1.69}$$

通过标架投影, 在 P 点消除了引力, 本质上这是等效原理的体现. 引力效应体现在潮汐效应上, 需要引进对标架的导数, 即我们需要在各时空点引进标架场, 等价地说, 需要引进自旋联络. 如何写出洛伦兹协变的导数是问题的关键.

在局域惯性系中, 任一物理场在洛伦兹变换下按如下法则变换:

$$\psi_n(x) \to \sum_m [D(\Lambda(x))]_{nm}\psi_m(x), \tag{1.70}$$

$D(\Lambda(x))$ 是洛伦兹群的矩阵表示. 考察与物理场导数有关的坐标标量 $e^\mu_{(a)}\partial_\mu\psi(x)$ 在洛伦兹变换下的行为:

$$\begin{aligned}
e^\mu_{(a)}\partial_\mu\psi(x) &\to \Lambda_a{}^b e^\mu_{(b)}(x)\partial_\mu\{D(\Lambda(x))\psi(x)\} \\
&= \Lambda_a{}^b e^\mu_{(b)}\{D(\Lambda(x))\partial_\mu\psi + [\partial_\mu D(\Lambda(x))]\psi(x)\},
\end{aligned} \tag{1.71}$$

我们计划引入的标架导数应该满足

$$D_a\psi(x) \to \Lambda_a{}^b D(\Lambda(x))D_b\psi(x). \tag{1.72}$$

根据 (1.71) 式, 我们可以构造如下形式的标架导数:

$$D_a \equiv e^\mu_{(a)}[\partial_\mu + \Gamma_\mu], \tag{1.73}$$

其中 Γ_μ 为满足如下洛伦兹变换规则的矩阵:

$$\Gamma_\mu(x) \to D(\Lambda)\Gamma_\mu(x)D^{-1}(\Lambda) - [\partial_\mu D]D^{-1}(\Lambda). \tag{1.74}$$

考察无穷小洛伦兹变换

$$\Lambda^a{}_b(x) = \delta^a_b + \omega^a{}_b(x), \tag{1.75}$$

其中 $\omega_{ab}(x) = -\omega_{ba}(x)$. 在这种情况下, 洛伦兹群表示矩阵 $D(\Lambda)$ 的形式如下:

$$D(\Lambda) = 1 + \frac{1}{2}\omega^{ab}(x)\sigma_{ab}, \tag{1.76}$$

其中 σ_{ab} 是关于 a, b 反对称的常数矩阵, 并且满足对易关系

$$[\sigma_{ab}, \sigma_{cd}] = \eta_{cb}\sigma_{ad} - \eta_{ca}\sigma_{bd} + \eta_{db}\sigma_{ca} - \eta_{da}\sigma_{cb}. \tag{1.77}$$

根据 (1.74) 式,

$$\Gamma_\mu(x) \to \Gamma_\mu(x) + \frac{1}{2}\omega^{ab}(x)[\sigma_{ab}, \Gamma_\mu(x)] - \frac{1}{2}\sigma_{ab}\partial_\mu\omega^{ab}(x). \tag{1.78}$$

注意到在洛伦兹变换下有

$$e^{(a)}_\mu(x) \to e^{(a)}_\mu(x) + \omega^a{}_b(x)e^{(b)}_\mu(x), \tag{1.79}$$

利用

$$\delta_b^a = e_\mu^{(a)} e_{(b)}^\mu, \tag{1.80}$$

得

$$e_{(b)}^\nu \partial_\mu e_{(a)\nu} \to e_{(b)}^\nu \partial_\mu e_{(a)\nu} + \omega_b{}^c e_{(c)}^\nu \partial_\mu e_{(a)\nu} + \omega_a{}^c e_{(b)}^\nu \partial_\mu e_{(c)\nu} + \partial_\mu \omega_{ab}(x). \tag{1.81}$$

将上式乘以 σ^{ab} 并利用对易关系, 得到

$$\Gamma_\mu(x) = \frac{1}{2} \sigma^{ab} e_{(a)}^\nu(x) \partial_\mu e_{(b)\nu}(x). \tag{1.82}$$

因此, 我们可以按如下步骤引入引力效应: 首先, 在局域惯性系中写出满足洛伦兹协变的方程. 其次, 将普通导数替换为协变导数

$$\mathrm{D}_a \equiv e_{(a)}^\mu \partial_\mu + \frac{1}{2} \sigma^{bc} e_{(b)}^\nu e_{(a)}^\mu \partial_\mu e_{(c)\nu}. \tag{1.83}$$

作为一个例子, 我们写出引力场中的狄拉克 (Dirac) 方程. 先写出局域惯性系中的狄拉克方程

$$\left(\mathrm{i} \gamma^a \partial_a - m \right) \psi = 0, \tag{1.84}$$

其中 ψ 为旋量场, γ^a 为 4×4 的狄拉克矩阵:

$$
\begin{aligned}
\gamma^0 = \begin{pmatrix} I_2 & 0 \\ 0 & -I_2 \end{pmatrix}, \quad & \gamma^1 = \begin{pmatrix} 0 & \sigma_x \\ -\sigma_x & 0 \end{pmatrix}, \\
\gamma^2 = \begin{pmatrix} 0 & \sigma_y \\ -\sigma_y & 0 \end{pmatrix}, \quad & \gamma^3 = \begin{pmatrix} 0 & \sigma_z \\ -\sigma_z & 0 \end{pmatrix},
\end{aligned}
\tag{1.85}
$$

I_2 为 2×2 的单位矩阵, $\sigma_i \, (i = 1, 2, 3)$ 为泡利 (Pauli) 矩阵. 洛伦兹群的旋量表示为

$$\sigma^{ab} = -\frac{\mathrm{i}}{4} \left[\gamma^a, \gamma^b \right], \tag{1.86}$$

因此

$$\mathrm{D}_a = e_{(a)}^\mu \partial_\mu + \frac{1}{2} \left(\omega_{bc} \right)_a \sigma^{bc} = e_{(a)}^\mu \partial_\mu + \frac{1}{2} \sigma^{bc} e_{(b)}^\nu e_{(a)}^\mu \partial_\mu e_{(c)\nu}. \tag{1.87}$$

于是, 引力场中的狄拉克方程为

$$\left(\mathrm{i} \gamma^a \mathrm{D}_a - m \right) \psi = 0. \tag{1.88}$$

§1.6 零 标 架

在 §1.4 中, 我们介绍了标架的概念. 从物理上来说, 标架就是四个投影算符: 一个类时, 三个类空. 纽曼 (Newman) 和彭罗斯 (Penrose) 发展了零标架的方法, 该方法的核心是由传统的标架构造了四个复数形式的零矢量作为新的标架. 纽曼和彭罗斯当年引入零标架的动机是零矢量与光锥有关, 反映了时空的性质和结构, 并且有可能引入自转基. 纽曼 – 彭罗斯零标架目前已广泛应用于广义相对论的黑洞解和引力辐射的研究.

下面给出零标架的定义. 假设在时空的任一点已选定了传统的标架 $e^\mu_{(a)}$, 这里 μ 为弯曲时空中的矢量指标 (活动指标), a 为四个测量投影算符的编号. 据此我们可以定义一个称为标架度规的标量矩阵 g_{ab}:

$$g_{ab} = g_{\mu\nu} e^\mu_{(a)} e^\nu_{(b)}. \tag{1.89}$$

由于 $e^\mu_{(a)}$ 线性独立, 且度规 $g_{\mu\nu}$ 非奇异, 因此标量矩阵 g_{ab} 也是非奇异的, 可以定义其逆矩阵:

$$g_{ab} g^{bc} = \delta^c_a. \tag{1.90}$$

现在我们可以用标架度规来升降标架指标. 容易验证与 (1.89) 式相对应的关系为

$$g_{\mu\nu} = g_{ab} e^{(a)}_\mu e^{(b)}_\nu. \tag{1.91}$$

对于观测者携带的四标架 (见 §1.4 的讨论), 容易验证

$$g_{ab} = \eta_{ab} = \mathrm{diag}(-1, +1, +1, +1), \tag{1.92}$$

其中 η_{ab} 为闵可夫斯基度规.

为了简洁起见, 我们将四个传统的标架矢量重新记为 $v^\mu \equiv e^\mu_{(0)}$, $i^\mu \equiv e^\mu_{(1)}$, $j^\mu \equiv e^\mu_{(2)}$, $k^\mu \equiv e^\mu_{(3)}$. 可以通过这四个矢量线性组合得到新的标架. 例如, 通过线性组合

$$e^\mu_{(0)} \equiv l^\mu = \frac{1}{\sqrt{2}} \left(v^\mu + i^\mu \right), \tag{1.93}$$

$$e^\mu_{(1)} \equiv n^\mu = \frac{1}{\sqrt{2}} \left(v^\mu - i^\mu \right), \tag{1.94}$$

得到新的标架矢量 $e^\mu_{(0)}$ 和 $e^\mu_{(1)}$. 新的标架矢量 l^μ 和 n^μ 是零矢量:

$$l^\mu l_\mu = n^\mu n_\mu = 0, \tag{1.95}$$

并且满足归一化条件

$$l^\mu n_\mu = -1. \tag{1.96}$$

下面继续由标架矢量 j^μ 和 k^μ 构造另外两个零矢量. 由两个类空矢量线性组合是得不到零矢量的, 我们必须将实数域拓展到复数域, 引入两个复共轭的零矢量 m^μ 和 $\bar{m}^\mu$:

$$m^\mu \equiv e^\mu_{(3)} = \frac{1}{\sqrt{2}} \left(j^\mu + \mathrm{i} k^\mu \right), \tag{1.97}$$

$$\bar{m}^\mu \equiv e^\mu_{(4)} = \frac{1}{\sqrt{2}} \left(j^\mu - \mathrm{i} k^\mu \right). \tag{1.98}$$

容易验证 m^μ 和 $\bar{m}^\mu$ 都是零矢量:

$$m^\mu m_\mu = \bar{m}^\mu \bar{m}_\mu = 0, \tag{1.99}$$

并且满足归一化条件

$$m^\mu \bar{m}_\mu = 1. \tag{1.100}$$

根据我们的定义, 新的标架度规为

$$g_{ab} = \begin{bmatrix} 0 & -1 & 0 & 0 \\ -1 & 0 & 0 & 0 \\ 0 & 0 & 0 & +1 \\ 0 & 0 & +1 & 0 \end{bmatrix}. \tag{1.101}$$

根据 (1.91) 式, 可以将时空协变度规用零标架矢量表示为

$$g_{\mu\nu} = -l_\mu n_\nu - l_\nu n_\mu + m_\mu \bar{m}_\nu + m_\nu \bar{m}_\mu, \tag{1.102}$$

而时空逆变度规用零标架矢量表示为

$$g^{\mu\nu} = -l^\mu n^\nu - l^\nu n^\mu + m^\mu \bar{m}^\nu + m^\nu \bar{m}^\mu. \tag{1.103}$$

对克尔 (Kerr) 时空, 在博耶－林德奎斯特 (Boyer-Lindquist) 坐标系中 (参见第三章), 一个常用的零标架为

$$l^\mu = \frac{1}{\Delta} \left(r^2 + a^2, \Delta, 0, a \right), \tag{1.104}$$

$$n^\mu = \frac{1}{2\rho^2} \left(r^2 + a^2, -\Delta, 0, a \right), \tag{1.105}$$

$$m^\mu = \frac{1}{\sqrt{2}} \frac{1}{r + \mathrm{i} a \cos\theta} \left(\mathrm{i} a \sin\theta, 0, 1, \frac{\mathrm{i}}{\sin\theta} \right), \tag{1.106}$$

这就是金纳斯利 (Kinnersley) 标架. 纽曼 – 彭罗斯标架中的基本物理量是外尔 (Weyl) 张量投影到纽曼 – 彭罗斯标架. 外尔张量 $C_{\mu\nu\rho\sigma}$ 是黎曼张量无迹的部分, 它对任何两个指标的缩并都为零:

$$C_{\mu\nu\rho\sigma} = R_{\mu\nu\rho\sigma} - \frac{1}{2} \left(g_{\mu\rho} R_{\nu\sigma} - g_{\mu\sigma} R_{\nu\rho} - g_{\nu\rho} R_{\mu\sigma} + g_{\nu\sigma} R_{\mu\rho} \right)$$
$$+ \frac{1}{6} R \left(g_{\mu\rho} g_{\nu\sigma} - g_{\mu\sigma} g_{\nu\rho} \right). \tag{1.107}$$

根据广义相对论我们知道, 在真空中, 里奇张量和里奇标量等于零, 外尔张量与黎曼张量等价, 它有 10 个独立的分量. 纽曼 – 彭罗斯使用零标架, 用外尔张量构造了 5 个复标量, 也称为纽曼 – 彭罗斯量:

$$\begin{aligned}
\Psi_0 &= C_{pqrs} l^p m^q l^r m^s, \\
\Psi_1 &= C_{pqrs} l^p n^q l^r m^s, \\
\Psi_2 &= C_{pqrs} l^p m^q \bar{m}^r n^s, \\
\Psi_3 &= C_{pqrs} l^p n^q \bar{m}^r n^s, \\
\Psi_4 &= C_{pqrs} n^p \bar{m}^q n^r \bar{m}^s.
\end{aligned} \tag{1.108}$$

反之, 外尔张量可以完全由这 5 个复标量来表示, 详见钱德拉塞卡 (Chandrasekhar) 的专著[11], 这里不再赘述. 这 5 个复标量在讨论黑洞的微扰理论时特别有用.

为了理解外尔标量的物理意义, 考察在远离源的平直时空中沿着 z 轴传播的引力波. 在横向无迹规范下, 非零的黎曼张量分量为

$$R_{0i0j} = -\frac{1}{2c^2} \ddot{h}_{ij}^{\mathrm{TT}}, \tag{1.109}$$

其中 $h_{11} = -h_{22} = h_+$, $h_{12} = h_{21} = h_\times$. 在真空中 $R_{\mu\nu} = 0$, 所以外尔张量和黎曼张量是一样的. 使用零标架投影, 得到

$$\Psi_0 = -\frac{1}{2c^2} \left(\ddot{h}_+ + \mathrm{i} \ddot{h}_\times \right), \tag{1.110}$$

$$\Psi_4 = -\frac{1}{8c^2} \left(\ddot{h}_+ - \mathrm{i} \ddot{h}_\times \right), \tag{1.111}$$

而 $\Psi_1 = \Psi_2 = \Psi_3 = 0$. 同样地, 将里奇张量 $R_{\mu\nu}$ 投影到零标架上, 得到

$$\Phi_{00} = -\frac{1}{2} R_{\mu\nu} l^\mu l^\nu, \tag{1.112}$$

$$\Phi_{01} = -\frac{1}{2} R_{\mu\nu} l^\mu m^\nu, \tag{1.113}$$

$$\Phi_{02} = -\frac{1}{2} R_{\mu\nu} m^\mu m^\nu, \tag{1.114}$$

$$\Phi_{11} = -\frac{1}{4}R_{\mu\nu}\left(l^{\mu}q^{\nu} + m^{\mu}\bar{m}^{\nu}\right), \tag{1.115}$$

$$\Phi_{12} = -\frac{1}{2}R_{\mu\nu}q^{\mu}m^{\nu}, \tag{1.116}$$

$$\Phi_{22} = -\frac{1}{2}R_{\mu\nu}q^{\mu}q^{\nu}. \tag{1.117}$$

由于零标架的正交归一性条件, 在上式的定义中, 可以用它的无迹部分替换里奇张量:

$$Q_{\mu\nu} = R_{\mu\nu} - \frac{1}{4}g_{\mu\nu}R. \tag{1.118}$$

由于在真空中, 里奇张量等于零, 所以在距离源很远的地方, 所有的 Φ_{ab} 都是零. 因此, 在广义相对论中, 只有两个辐射自由度, 它们用复标量 Ψ_4, 或等价地用 Ψ_0 来描述. 在辐射区, Ψ_0 与 Ψ_4^* 成正比.

从 (1.111) 式可以发现, Ψ_4 的螺旋度 $s = -2$, 而在辐射区, Ψ_0 的螺旋度 $s = +2$. 广义相对论是纯张量性的理论, 但在张量 – 矢量 – 标量性的引力理论中, 一些其他的纽曼 – 彭罗斯量在辐射区可能不等于零. 考虑弱引力波的黎曼张量的最一般形式, 并对线性化的黎曼张量使用比安基 (Bianchi) 恒等式, 能够证明黎曼张量有六个独立的实分量, 可以方便地选择为两个实标量 Ψ_2 和 Φ_{22}, 以及复标量 Ψ_3 和 Ψ_4. 实标量 Ψ_2 和 Φ_{22} 具有零螺旋度, 并且描述了引力标量张量理论中可能出现的辐射自由度 [例如在布兰斯 – 迪克 (Brans-Dicke) 理论中 $\Phi_{22} \neq 0$, $\Psi_2 = 0$]. Ψ_3 是复标量, 它的螺旋度 $s = 1$, 它的共轭复标量的螺旋度 $s = -1$. 它描述了可以出现在张量 – 矢量理论中的无质量矢量辐射自由度的两个自由度. 最后, 正如我们所看到的, Ψ_4 及其复共轭描述了广义相对论的标准 $s = \pm 2$ 辐射自由度.

第二章 施瓦西黑洞

爱因斯坦于 1915 年 11 月 25 日发表了决定时空如何弯曲的引力场方程, 代表着广义相对论的正式建立. 一个月之后, 德国天文学家施瓦西通过求解真空引力场方程, 得到了引力质量为 M 的球对称天体外面的时空是如何弯曲的. 根据施瓦西解, 假设星体的引力质量在施瓦西半径 $2GM/c^2$ 之内, 那么物质, 包括光, 一旦越过该半径就有去无回, 也就是以施瓦西半径为半径的球面是单向膜, 其内部的信号无法传播出去, 我们称之为视界. 从字面意思理解, 它是我们能看到的该天体最内的边界了. 另外, 跨过黑洞视界的物质最终会落入中心的一点, 即奇点. 这就是经典广义相对论中黑洞的概念. 黑洞最本质的特征就是存在奇点和视界.

根据施瓦西解, 理论上存在黑洞这样的天体. 但是黑洞是怎么形成的? 恒星演化晚期通过引力塌缩是否能形成黑洞? 1939 年, 奥本海默 (Oppenheimer) 和沃尔科夫 (Volkoff) 通过数值计算表明, 中子星质量存在上限, 即奥本海默极限, 类似白矮星存在的钱德拉塞卡极限. 同年, 奥本海默和斯奈德 (Snyder) 在广义相对论框架下研究了质量大于 0.7 倍太阳质量中子星的球对称塌缩. 为了简单起见, 他们假设塌缩过程中星体内部压强可以忽略. 最终计算表明, 在随着星体一起塌缩的观测者看来, 中子星在毫秒量级的时间内就会塌缩到一点. 这一点的密度无限大, 广义相对论在该点失效, 我们称之为奇点. 但是许多人对此提出疑问, 例如, 苏联物理学家栗弗席兹 (Lifshitz) 和卡拉特尼科夫 (Khalatnikov) 等人认为球对称的条件过于苛刻, 现实中并不存在. 类似地, 惠勒 (Wheeler) 也表明了他的担忧: 塌缩的星体会不断将自身物质转换为引力辐射而最终蒸发殆尽. 有关黑洞存在性的理论研究陷入了停滞.

正是在此时, 彭罗斯做出了革命性的工作. 他放弃了球对称物质的假设, 仅对塌缩星体的能量密度提出正定的要求, 为此他引入新的数学方法 —— 拓扑学来研究相关问题, 并创造性地提出 "俘获面" 概念. 在 1965 年的文章中, 彭罗斯假设一开始物质按照球对称分布形式进行引力塌缩, 此时无限远处观测者只可接收到施瓦西半径之外的信号. 当物质收缩到施瓦西半径以内时, 周围的时空便出现一个闭合的类空二维曲面, 即俘获面. 俘获面一旦形成, 即使物质的分布发生变化, 如偏离球对称等, 也会一直存在下去. 而在正定的能量密度条件下, 俘获面内部的所有物质随着时间推移最终都会汇集到径向坐标的原点, 故时空的奇点是不可避免的. 该结果被称为彭罗斯奇异性定理, 它表明若初始数据非常不平直, 具有俘获面, 且物质场满足合理的条件, 则爱因斯坦方程意味着时空奇点是不可避免的. 从此之后, "黑洞" 一词被物理学家和天文学家广泛接受.

人们对于与黑洞有关的实际观测最早来源于 20 世纪 60 年代类星体 3C 273 的发现. 在彭罗斯提出了有关黑洞的一系列理论后, 超大质量黑洞吸积周围气体释放引力能成为解释类星体的主流模型. 自黑洞模型被用于解释类星体以后, 天文学家大胆猜测大多数星系中心, 包括我们的银河系中心都存在超大质量黑洞. 另一方面, 20 世纪 60 年代, 贾科尼 (Giacconi) 开创了 X 射线天文观测, 发现天鹅座 X-1 为 X 射线源. 天鹅座 X-1 很可能是由恒星级黑洞和正常恒星组成的双星系统, 黑洞吸积周围的伴星的气体, 释放引力能并最终加热被吸积的气体, 高温气体发射被观测到的 X 射线.

在 20 世纪 90 年代早期, 望远镜的角分辨率不足以在空间上区分彼此相距在银河系中心黑洞的施瓦西半径量级的物体, 故只能通过观测黑洞附近的恒星与气体的轨道来确定银河系中心物体产生的引力势能, 得到黑洞的质量. 若银河系中心确实存在超大质量黑洞, 则周围星体的速度应与其距离中心半径的平方根成反比, 正如太阳周围的行星一样. 因此对于银河系中心附近星体速度的观测成为确定黑洞存在的关键. 20 世纪 90 年代, 根策尔 (Genzel) 与盖兹 (Ghez) 率领各自的团队分别在位于智利的欧洲南方天文台与位于夏威夷的凯克天文台开始了关于银河中心星体轨道的观测. 两个团队主要进行近红外波段的观测, 并且率先发展应用了斑点成像技术以抵消大气波动的影响, 此技术要求在极短的时间 (约 0.1 s) 内对目标天体进行曝光成像, 然后将得到的一系列图片用移位加法处理, 最终获得更清晰的图像. 这项技术成为在空间上分辨银河系中心人马座 A* 周围星体的有力手段. 由于斑点成像技术的极短曝光时间使得只有最亮的星体能够成像, 为了长期追踪单个恒星的轨道, 根策尔和盖兹的团队使用了自适应光学技术. 利用该技术可以消除地球大气波动的影响, 可延长曝光时间并利用光谱仪来研究恒星, 从而得到它们的径向运动速度. 运用新技术后, 两个团队分别对单一恒星轨道进行了长达 26 年 (1992—2018年) 的追踪观测, 观测结果为银河系中心存在超大质量黑洞的假设提供了运动学层面的有力证明. 此外两个团队利用精确的恒星轨道数据, 对广义相对论进行了检验, 结果观测与理论符合得非常好! 这是一个了不起的观测成果. 彭罗斯、根策尔与盖兹因为对黑洞的理论和观测研究分享了 2020 年诺贝尔物理学奖.

随着技术的发展与观测水平的提高, 人们逐渐在天文观测中得到了黑洞存在的越来越多的证据. 2019 年 4 月 10 日, 事件视界望远镜 (EHT) 合作组发表了首张超大质量黑洞照片.

在本章中, 我们将介绍黑洞的基本物理性质以及黑洞视界附近弯曲时空检验粒子的运动和辐射转移. 这是我们理解黑洞视界附近观测现象的基础.

§2.1 施瓦西坐标的优缺点

形如下式的时空线元平方为施瓦西解的标准形式:

$$ds^2 = -\left(1 - \frac{2GM}{r}\right)dt^2 + \left(1 - \frac{2GM}{r}\right)^{-1}dr^2 + r^2d\theta^2 + r^2\sin^2\theta d\varphi^2. \quad (2.1)$$

经过坐标变换

$$r = \rho\left(1 + \frac{GM}{2\rho}\right)^2, \quad (2.2)$$

我们也可以将其表示为所谓的 "各向同性" 的形式:

$$ds^2 = -\frac{(1 - GM/2\rho)^2}{(1 + GM/2\rho)^2}dt^2 + \left(1 + \frac{GM}{2\rho}\right)^4(d\rho^2 + \rho^2d\theta^2 + \rho^2\sin^2\theta d\varphi^2). \quad (2.3)$$

根据广义协变原理, 任何坐标系都是等价的. 即便如此, 施瓦西解的标准形式仍然是我们最常用的, 因为施瓦西坐标最 "接近" 平直空间的球坐标.

首先观测到史瓦西度规没有交叉项, 对相对坐标静止的观测者来说, 时空中两个相邻点 x^μ 和 $x^\mu + dx^\mu$ 间的时间测量 (dT) 和空间测量 (dL) 是分离的, 即 $ds^2 = -dT^2 + dL^2$, 其中两点之间的固有距离为

$$\begin{aligned}
dL^2 &= \left(1 - \frac{2GM}{r}\right)^{-1}dr^2 + r^2d\theta^2 + r^2\sin^2\theta d\varphi^2 \\
&\equiv \left(1 - \frac{2GM}{r}\right)^{-1}dr^2 + r^2d\Omega_2^2,
\end{aligned} \quad (2.4)$$

$d\Omega_2^2$ 为二维球面上的立体角微元. 如果 $dr = 0$, 则有

$$dL^2 = r^2d\Omega_2^2 = r^2d\theta^2 + r^2\sin^2\theta d\varphi^2. \quad (2.5)$$

因此, 在史瓦西半径 r 为常数的球面上, 球面坐标 (θ, φ) 与平直空间的球面坐标的几何意义完全相同. 例如, 我们可以通过测量球面上的大圆的周长 (S), 根据 $S = 2\pi r$, 或者测量球面的面积 (A), 根据 $A = 4\pi r^2$ 来测量球面的 "半径". 我们称根据球面几何测量的半径为有效半径, 这是因为 r 并不是真正意思上的半径 —— 球面上的任何一点到球心的距离. 在视界之外, 如果 $d\Omega_2^2 = 0$, 则不同球面上相邻两点之间的距离为

$$dL = \left(1 - \frac{2GM}{r}\right)^{-1/2}dr \neq dr. \quad (2.6)$$

而在视界之内, $1 - 2GM/r < 0$, (2.6) 式根本就没有意义! 这是因为在视界之内, $\mathrm{d}x^\mu = (0, \mathrm{d}r, 0, 0)$ 变成了类时矢量, 即 $\mathrm{d}r$ 方向变成了时间方向, r 具有了时间坐标的性质.

在视界之外, 相对坐标静止的观测者测量到的时间间隔 $\mathrm{d}T \equiv \mathrm{d}x^{(0)}$ 为

$$\mathrm{d}T = \sqrt{1 - \frac{2GM}{r}}\,\mathrm{d}t \to \mathrm{d}t(r \to \infty), \tag{2.7}$$

因此我们可以将 t 看作无穷远处静止观测者的时钟记录的时间. 当然, 在视界之内, (2.7) 式也没有意义, 因为在视界之内, $\mathrm{d}x^\mu = (\mathrm{d}t, 0, 0, 0)$ 变成了类空矢量, 即 $\mathrm{d}t$ 方向变成了空间方向, t 具有了空间坐标的性质.

施瓦西坐标也存在明显的缺陷. 从 (2.1) 式可以看出, 施瓦西度规函数在 $r = 0$ 处明显发散, 存在奇异性. 在广义相对论中我们知道, 在 $r = 0$ 处, 黎曼曲率张量是发散的, 时空性质存在奇异性, 该奇异性是时空的内禀性质, 无法通过坐标变换而消除.

另外, 在 $r = R_S = 2GM$(视界) 处,

$$g_{tt} = 0, \quad g^{tt} = \infty, \quad g_{rr} = \infty, \quad g^{rr} = 0, \tag{2.8}$$

即时空度规在 $r = R_S$ 处也存在奇异性. 但是经计算, 黎曼曲率张量在视界面上是有限的, 是正常的, 不存在几何上的奇异性. 因此度规函数在视界面上的奇异性是由坐标选择不当造成的, 可以通过坐标变换消除掉. 从物理的角度来看, 视界外的某点 r_0 到视界面的径向距离是有限的:

$$\Delta L(r_0 \to R_S) = \int_{R_S}^{r_0} \frac{1}{\sqrt{1 - 2GM/r}}\,\mathrm{d}r = \sqrt{r_0(r_0 - R_S)} - \frac{R_S}{2}\ln\left(\frac{R_S}{r_0}\right). \tag{2.9}$$

另外, 对在无穷远处静止的自由下落的质点, 在下落过程中, 坐标时和固有时都是半径的函数: $t = t(r)$, $\tau = \tau(r)$. 如图 2.1 所示, 它从 r_0 沿着径向下落到坐标半径为 r 处 $(r \geqslant 0)$ 的固有时是有限的留作 (留作习题):

$$\Delta\tau = \tau - \tau_0 = \frac{2}{3\sqrt{2GM}}\left(r_0^{3/2} - r^{3/2}\right). \tag{2.10}$$

作为比较, 质点从 r_0 沿着径向下落到坐标半径为 r 处 $(r \geqslant R_S)$ 的坐标时是发散的 (留作习题):

$$\Delta t = t - t_0 = -\frac{2}{3\sqrt{2M}}(r^{3/2} - r_0^{3/2} + 6Mr^{1/2} - 6Mr_0^{1/2})$$

$$+ 2M\ln\frac{[r^{1/2} + (2M)^{1/2}][r_0^{1/2} - (2M)^{1/2}]}{[r_0^{1/2} + (2M)^{1/2}][r^{1/2} - (2M)^{1/2}]} \to \infty(r \to R_S). \tag{2.11}$$

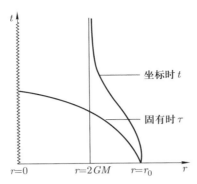

图 2.1 施瓦西时空中从 r_0 处自由下落的质点的坐标时 $t(r)$ 和固有时 $\tau(r)$ 随坐标半径 r 的函数关系. 质点在无穷远处的速度为零

坐标时在视界面上发散, 说明它在视界面上不适用. 这并不奇怪, 因为坐标时 t 是对时空的纯数学描述. 根据流形 (空间概念的精确化) 的定义, 我们并不需要覆盖全空间的坐标. 由于坐标时在视界面上不适用, 它将时空人为地分为两个区域. 视界面是否具有物理意义, 还需要我们从物理上进行分析.

光锥是分析时空结构的工具. 光锥的定义是 $\mathrm{d}s^2 = -\mathrm{d}\tau^2 \leqslant 0$, 经过时空中某点 P 的类时测地线在 P 点的切线方向必须在 P 点的光锥之内, 而类光测地线则与 P 点的光锥相切. 时空中另一点 Q 如果在 P 点的光锥之外, 则 Q 点与 P 点之间的时空间隔是类空的, 不存在因果联系. 在球对称时空中, 选取 t-r 平面, 在该平面中 θ, φ 坐标已压缩, 即平面中的一个点代表一个二维的球面. 在闵可夫斯基时空中, 选取球坐标, 则在 t-r 平面中, 任何一点的光锥都是由斜率为 ± 1 的直线 ($\mathrm{d}t/\mathrm{d}r = \pm 1$) 围成, 其中未来光锥的开口方向沿着 t 坐标方向.

对于施瓦西时空, 光锥曲线方程由 $\mathrm{d}s^2 = 0$ 给出:

$$\frac{\mathrm{d}t}{\mathrm{d}r} = \pm \frac{1}{1 - \dfrac{2GM}{r}}, \tag{2.12}$$

其中光锥的开口方向由 $\mathrm{d}t = 0$ 或者 $\mathrm{d}r = 0$ 给出 $\mathrm{d}s^2 < 0$ 来判断: 如果 $\mathrm{d}r = 0$ 给出 $\mathrm{d}s^2 < 0$, 则光锥的开口方向沿着 t 坐标方向; 反之, 则光锥的开口方向沿着 r 坐标方向. 根据 (2.12) 式, 在视界之外, 光锥的开口方向沿着 t 方向, 在无穷远处, 时空渐近平直, 光锥半顶角为 $45°$, 随着半径的减小, 光锥的开口越来越小, 在视界面上, 光锥退化为一条沿着 t 方向的直线 (见图 2.2). 在视界之内, 光锥的开口方向沿着 r 方向, 在视界面上, 光锥的半顶角为 $90°$, 在 $r = GM$ 处, 光锥的半顶角为 $45°$, 随着半径的减小, 光锥的开口越来越小, 在 $r = 0$ 的奇点处, 光锥退化为一条沿着 r 方向的直线.

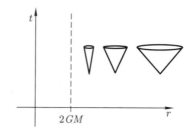

图 2.2　施瓦西坐标中视界之外的光锥曲线的开口大小随坐标半径的改变

积分 (2.12) 式可以得到解析的光锥曲线:

$$\pm t = r + 2GM \ln|r - 2GM| + \text{常数}. \qquad (2.13)$$

从图 2.3 可以看出, 在视界之外, 当 $t \to \infty$ 时, 没有一条光锥线能穿过视界面. 在视界之内, 任何粒子, 包括光子都不可能静止于内部区域, 但 t 增加或者 t 减小的事件都是类时的, 物理上都可能发生.

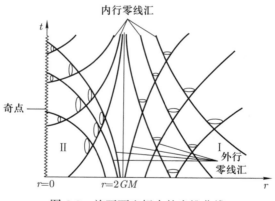

图 2.3　施瓦西坐标中的光锥曲线

§2.2　爱丁顿 – 芬克尔斯坦坐标

为了消除施瓦西坐标在视界面上的坐标奇异性, 爱丁顿 (Eddington) 在 20 世纪 20 年代、芬克尔斯坦 (Finkelstein) 在 20 世纪 50 年代, 分别提出了爱丁顿 – 芬克尔斯坦内行和外行坐标. 爱丁顿 – 芬克尔斯坦的这两套坐标的关键是将内行和外行的零测地线 (光锥线) 变成斜率为 ± 1 的直线, 从而消除坐标在视界面上的奇异性. 其中爱丁顿 – 芬克尔斯坦内行坐标 $(\bar{t}, r, \theta, \varphi)$ 将内行的光锥线变成斜率为 -1

的直线:

$$\frac{\mathrm{d}t}{\mathrm{d}\bar{t}} = \frac{1}{1 - \dfrac{2GM}{r}} \quad \Rightarrow \quad \frac{\mathrm{d}\bar{t}}{\mathrm{d}r} = -1. \tag{2.14}$$

具体的坐标变换为

$$\bar{t} = t + 2GM \ln |r - 2GM|. \tag{2.15}$$

选取爱丁顿 – 芬克尔斯坦内行坐标 $(\bar{t}, r, \theta, \varphi)$ 后, 施瓦西解的时空线元平方为

$$\mathrm{d}s^2 = -\left(1 - \frac{2GM}{r}\right)\mathrm{d}\bar{t}^2 + \frac{4GM}{r}\mathrm{d}\bar{t}\mathrm{d}r + \left(1 + \frac{2GM}{r}\right)\mathrm{d}r^2 + r^2\mathrm{d}\Omega_2^2. \tag{2.16}$$

爱丁顿 – 芬克尔斯坦内行坐标 $(\bar{t}, r, \theta, \varphi)$ 的好处是明显的: (1) 在 $r = 2GM$ 处, 不再出现坐标奇点. (2) 在 $0 < r < \infty$ 区域, $(\bar{t}, r)$ 都是好坐标, 而施瓦西坐标只是在 $2GM < r < \infty$ 区域才是好坐标. (3) 内行零测地线变为斜率为 -1 的直线 $\bar{t} = -r + $ 常数. (4) 可以描述粒子 (包括光子) 从视界外落入黑洞奇点的整个过程, 这也是为什么称之为内行坐标的原因 (见图 2.4).

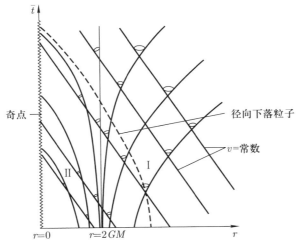

图 2.4 爱丁顿 – 芬克尔斯坦内行坐标中的光锥曲线

类似地, 可以引入爱丁顿 – 芬克尔斯坦外行坐标 $(t^*, r, \theta, \varphi)$:

$$t^* = t - 2GM \ln |r - 2GM|. \tag{2.17}$$

选取爱丁顿 – 芬克尔斯坦外行坐标 $(t^*, r, \theta, \varphi)$ 后, 施瓦西解的时空线元平方为

$$\mathrm{d}s^2 = -\left(1 - \frac{2GM}{r}\right)\mathrm{d}t^{*2} - \frac{4GM}{r}\mathrm{d}t^*\mathrm{d}r + \left(1 + \frac{2GM}{r}\right)\mathrm{d}r^2 + r^2\mathrm{d}\Omega_2^2, \tag{2.18}$$

其中外行零测地线变为斜率为 +1 的直线 (见图 2.5):

$$t^* = r + 常数.$$

(2.19)

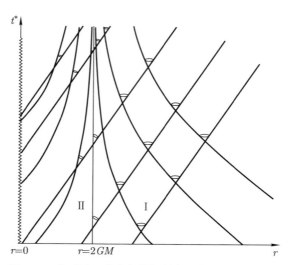

图 2.5   爱丁顿 – 芬克尔斯坦外行坐标中的光锥曲线

进一步选取内行零坐标 (advanced null coordinates) (v, r, θ, φ):

$$v = \bar{t} + r,$$

(2.20)

时空线元平方变为

$$ds^2 = -\left(1 - \frac{2GM}{r}\right)dv^2 + 2dvdr + r^2 d\Omega_2^2.$$

(2.21)

在该坐标中, 内行的零测地线变为水平线.

类似地, 引入外行零坐标 (retarded null coordinates) (w, r, θ, φ):

$$w = t^* - r,$$

(2.22)

时空线元平方变为

$$ds^2 = -\left(1 - \frac{2GM}{r}\right)dw^2 - 2dwdr + r^2 d\Omega_2^2.$$

(2.23)

在该坐标中, 外行零测地线变为水平线.

§2.3 克鲁斯卡尔坐标和彭罗斯图

爱丁顿 – 芬克尔斯坦内行坐标和外行坐标通过坐标延拓, 都消除了在视界面上的坐标奇异性, 但它们只能单独描述黑洞和白洞. 由于坐标选择是任意的, 那是否存在一个坐标系, 可以描写球对称天体周围的最大弯曲时空? 这里 "最大" 的意思是, 经过时空中任一点的所有测地线沿着两个方向能够到达无限远处或者奇点. 下面我们要讨论的克鲁斯卡尔 (Kruskal) 坐标就能够描写最大的球对称时空.

先采用内行零坐标和外行零坐标 (v, w, θ, φ), 则施瓦西时空线元平方为

$$ds^2 = -\left(1 - \frac{2GM}{r}\right) dv dw + r^2 d\Omega_2^2. \tag{2.24}$$

再将两个零坐标变换为新的类时和类空坐标 $(\tilde{t}, \tilde{x})$:

$$\tilde{t} = \frac{1}{2}(v + w), \tag{2.25}$$

$$\tilde{x} = \frac{1}{2}(v - w), \tag{2.26}$$

则施瓦西时空线元平方为

$$ds^2 = -\left(1 - \frac{2GM}{r}\right)(d\tilde{t}^2 - d\tilde{x}^2) + r^2 d\Omega_2^2. \tag{2.27}$$

从上式可以看出, 选取该坐标系, 时空度规会在视界面上出现坐标奇异性. 为了消除坐标奇异性, 先进行如下的坐标变换:

$$v' = v'(v) = \exp(v/4GM), \tag{2.28}$$

$$w' = w'(w) = -\exp(-w/4GM), \tag{2.29}$$

因此有

$$ds^2 = -\frac{16G^2M^2}{r} \exp(-r/2GM) dv' dw' + r^2 d\Omega_2^2. \tag{2.30}$$

再将两个新的零坐标 (v', w') 变换为新的类时和类空坐标 (T, X):

$$T = \frac{1}{2}(v' + w'), \tag{2.31}$$

$$X = \frac{1}{2}(v' - w'), \tag{2.32}$$

最终得到施瓦西时空线元平方为

$$ds^2 = -\frac{16G^2M^2}{r} \exp(-r/2GM)(dT^2 - dX^2) + r^2 d\Omega_2^2. \tag{2.33}$$

坐标 (T, X, θ, φ) 就是著名的克鲁斯卡尔坐标.

如果令 $\mathrm{d}\Omega_2^2 = 0$, 在 (T, X) 平面, 容易看出施瓦西时空与平直空间是共形的, 因此, 光锥的斜率处处都是 $\mathrm{d}T/\mathrm{d}X = \pm 1$, 该结果非常有利于理解施瓦西时空的结构.

根据坐标变换过程, 容易证明

$$T^2 - X^2 = -(r - 2GM)\exp(r/4GM) \tag{2.34}$$

以及

$$\frac{T}{X} = \tanh\left(\frac{t}{4GM}\right). \tag{2.35}$$

从 (2.34) 式可以看出一些等施瓦西坐标半径 (r 为常数) 曲线对应 (T, X) 平面的双曲线或直线:

$$r = 0: \quad T^2 - X^2 = 2GM, \tag{2.36}$$

$$r = 2M: \quad T^2 - X^2 = 0, \tag{2.37}$$

$$r < 2M: \quad T^2 - X^2 = -(r - 2GM)\exp(r/4GM) > 0, \tag{2.38}$$

$$r > 2M: \quad T^2 - X^2 = -(r - 2GM)\exp(r/4GM) < 0. \tag{2.39}$$

另外, 从 (2.35) 式可以看出, 等施瓦西时间 (t 为常数) 曲线对应 (T, X) 平面过原点的直线, 其中 $t \to \infty$ 对应 (T, X) 平面过原点的斜率为 1 直线, $t \to -\infty$ 对应 (T, X) 平面过原点的斜率为 -1 直线. 另外, $t = 0$ 对应 $X = 0$ 和 $T = 0$ 的两条直线.

图 2.6 显示了在 (T, X) 平面中 r 为常数和 t 为常数的一些特征曲线以及一些时空点的光锥. 该图清晰地显示了球对称时空的全局结构. 首先, 过原点的斜率为 $+1$ 的直线既代表 $r = 2GM$ 的视界面, 又代表 $t = \infty$ 的无穷未来, 而原点的斜率为 -1 的直线既代表 $r = 2GM$ 的视界面, 又代表 $t = -\infty$ 的无穷过去. 两条视界面 (或者无穷过去或未来) 将时空分为右上左下四个区域 I, II, III, IV:

$$
\begin{aligned}
&\text{I}: \quad 2GM < r < \infty, \quad -\infty < t < \infty, \quad X > 0, \quad -\infty < T < \infty, \\
&\text{II}: \quad 0 < r < 2GM, \quad -\infty < t < \infty, \quad T > 0, \quad -\infty < X < \infty, \\
&\text{III}: \quad 2GM < r < \infty, \quad -\infty < t < \infty, \quad X < 0, \quad -\infty < T < \infty, \\
&\text{IV}: \quad 0 < r < 2GM, \quad -\infty < t < \infty, \quad T < 0, \quad -\infty < X < \infty,
\end{aligned}
\tag{2.40}
$$

其中 III 区可以看作 I 区的空间镜像, IV 区可以看作 II 区的时间反演. 根据光锥的开口可以分析, 在 I 区, $t = t_0 > 2GM$ 的双曲线在光锥之内, 因此在 I 区, 施瓦西坐标半径既可以增加也可以减少, 但是 $t = t_0$ 的直线在光锥之外, 因此在 I 区施

瓦西时间 t 只能增加; 在 II 区, $r = r_0 < 2GM$ 的双曲线在光锥之外, 因此在 II 区, 施瓦西坐标半径 r 只能减少, 但是 $t = t_0$ 为常数的直线在光锥之内, 因此在 II 区施瓦西时间 t 既可以增加也可以减少; III 区与 I 区比较类似, $r > 2GM$, 施瓦西坐标半径既可以增加也可以减少, 但施瓦西时间 t 只能减少; IV 区与 II 区比较类似, $r < 2GM$, 施瓦西坐标半径只能增加, 不能减少, 但施瓦西时间 t 既可以增加也可以减少. 根据上面的分析, II 区为黑洞内部时空, IV 区为白洞内部时空, I 区为黑洞 (或白洞) 外部时空, 而 III 区为 I 区的镜像时空.

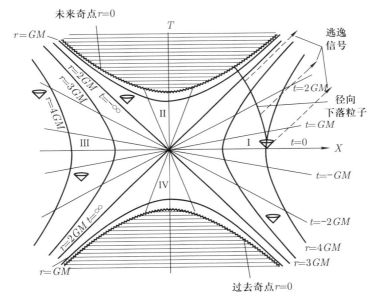

图 2.6 克鲁斯卡尔图

在寻找克鲁斯卡尔坐标的过程中, 如果我们做了坐标变换

$$v'' = \arctan\left(\frac{v'}{\sqrt{2GM}}\right), \tag{2.41}$$

$$w'' = \arctan\left(\frac{w'}{\sqrt{2GM}}\right), \tag{2.42}$$

则将无限大坐标范围缩小为有限的坐标范围:

$$-\pi/2 < v'' < +\pi/2, \tag{2.43}$$

$$-\pi/2 < w'' < +\pi/2, \tag{2.44}$$

$$-\pi < v'' + w'' < +\pi. \tag{2.45}$$

经过这样新的坐标变换之后, 克鲁斯卡尔图就变为彭罗斯图 (见图 2.7). 在彭罗斯图中, 时空依然与平直空间共形. 另外, 彭罗斯图最大的优点就是将时空图画在有限的坐标区域. 很多广义相对论教材对此都有详细介绍, 这里不再赘述.

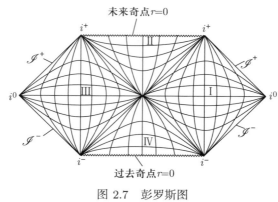

图 2.7　彭罗斯图

§2.4　黑洞时空中的潮汐效应

在质点自由落体参考系, 即局域惯性系中, 根据等效原理, 引力效应可以消除. 但对于相邻的两个质点来说, 虽然它们都走测地线, 但是它们之间的潮汐效应无法消除, 因为潮汐效应与时空的黎曼曲率张量有关, 是无法通过坐标变换消除的, 它反映了时空的弯曲效应, 值得我们深入研究. 另外, 从天体物理的角度, 星系中心大质量黑洞瓦解周围的恒星 (TDE), 观测上表现为多电磁波段的暂现源, 是非常重要的一种天文现象, 是我们研究黑洞视界附近强场效应的重要的探针. 特别是对一颗周围几乎没有什么气体可供其吸积, 基本不活跃的黑洞来说, 如果突然发生 TDE 事件, 将点亮黑洞周围的时空, 便于我们通过电磁辐射探测, 甚至中微子探测和引力波探测研究黑洞的性质.

2.4.1　牛顿力学中的引潮力

假设距离质量为 M 的中心天体 r_0 的位置有一个大小不能忽略的小天体, 考虑小天体受到中心天体的引潮力. 为了简化起见, 我们考虑相邻两质点受到中心天体的万有引力的差值. 如图 2.8 所示建立坐标系: 坐标原点选为小天体的质心, 从中心天体引力中心到小天体质心的连线方向为 z 方向. z 方向上一点 $(0,0,z)$ 处单位质量受到的中心天体的万有引力与坐标原点处单位质量受到的中心天体的万有引力

的差值为 $(z \ll r_0)$

$$f_z \equiv -\frac{GM}{(r_0 + z)^2} + \frac{GM}{r_0^2} \approx 2z\frac{GM}{r_0^3}, \tag{2.46}$$

其中 f_z 就是单位质量受到中心天体引潮力的 z 分量. 同理, y 方向上偏离原点的一点 $(0, y, 0)$ 单位质量受到中心天体的万有引力与坐标原点处单位质量受到中心天体的万有引力的差值为 $(y \ll r_0)$

$$f_y = -y\frac{GM}{r_0^3}. \tag{2.47}$$

x 方向上偏离原点的一点 $(x, 0, 0)$ 处单位质量受到中心天体的万有引力与坐标原点处单位质量受到中心天体的万有引力的差值为 $(x \ll r_0)$

$$f_x = -x\frac{GM}{r_0^3}. \tag{2.48}$$

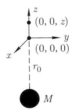

图 2.8 牛顿力学中的引潮力. 坐标原点与质量为 M 的中心天体的距离为 r_0, 与坐标原点相邻的 $(0, 0, z)$ 点与原点处单位质量受到中心天体的引力差值为 f_z, 它是引潮力在 z 方向的分量

下面更解析地讨论中心天体产生的引潮力. 坐标 (x, y, z) 处单位质量的引力势能为

$$\phi(x, y, z) = -\frac{GM}{\sqrt{(r_0 + z)^2 + x^2 + y^2}}, \tag{2.49}$$

则该点处相距 Δx^i 的两点单位质量受到中心天体的引潮力为

$$f^i = \Delta x^j \partial_j F^i(0, 0, 0) = -\Delta x^j \partial_j \partial^i \phi(0, 0, 0) \equiv -K^i{}_j \Delta x^j, \tag{2.50}$$

其中引潮力张量 $K^i{}_j$ 的定义为

$$K^i{}_j \equiv \partial^i \partial_j \phi(0, 0, 0). \tag{2.51}$$

因此

$$\frac{\mathrm{d}^2 \Delta x^i}{\mathrm{d}t^2} + K^i{}_j \Delta x^j = 0. \tag{2.52}$$

2.4.2　广义相对论中的潮汐效应

检验粒子在弯曲时空中走类时测地线, 考察由测地线汇构成的二维曲面 S, 通俗地说, 曲面 S 铺满了不同的测地线. 曲面坐标可以选为 (τ, ν), 其中 τ 是沿着测地线的固有时, ν 代表不同的测地线. 在曲面 S 上任一点 P: $x^\mu(\tau, \nu)$ 处引入两个矢量

$$u^\alpha \equiv \left(\frac{\partial x^\alpha}{\partial \tau}\right)_\nu, \quad \xi^\alpha \equiv \left(\frac{\partial x^\alpha}{\partial \nu}\right)_\tau. \tag{2.53}$$

显然 u^μ 为经过 P 点的测地线在该点的切矢量, 即粒子的四速度, ξ^μ 是相邻两个质点的间隔矢量. 在广义相对论中, 已经证明 ξ^μ 随时间的演化方程, 即测地线偏离方程为

$$\frac{\mathrm{D}^2 \xi^\alpha}{\mathrm{D}\tau^2} = R^\alpha{}_{\beta\gamma\delta} u^\beta u^\delta \xi^\gamma. \tag{2.54}$$

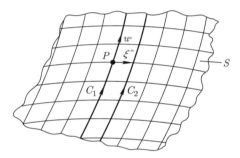

图 2.9　由测地线汇构成的二维曲面 S. C_1 与 C_2 为相邻的两条测地线. 在 P 点处, u^α 为 C_1 在该点的切矢量, 而 ξ^α 为 C_1 与 C_2 两条测地线间的间隔矢量, 即经过相同固有时后, 两个质点之间的位置差

测地线间隔矢量 ξ^α 是弯曲空间的一般四矢量, 为了讨论纯空间的潮汐效应, 需要将 ξ^α 投影到观测者的空间方向. 考虑质点静止参考系, 即观测者与质点的速度相同, 观测者的空间投影算符为 $h_{\mu\nu} = g_{\mu\nu} + u_\mu u_\nu$. 将 ξ^α 投影到空间方向, 得到类空的测地线间隔矢量 η^α:

$$\eta^\alpha = h^\alpha{}_\beta \xi^\beta. \tag{2.55}$$

下面证明 $\mathrm{D}\xi^\alpha/\mathrm{D}\tau = \mathrm{D}\eta^\alpha/\mathrm{D}\tau$. 详细证明如下:

$$\begin{aligned}
\frac{\mathrm{D}\xi^\alpha}{\mathrm{D}\tau} &= \nabla_u \xi^\alpha = \nabla_u(\eta^\alpha - u^\alpha u_\beta \xi^\beta) \\
&= \nabla_u \eta^\alpha - u^\alpha u_\beta \nabla_u \xi^\beta \\
&= \nabla_u \eta^\alpha - u^\alpha u_\beta \nabla_\xi u^\beta \\
&= \nabla_u \eta^\alpha = \frac{\mathrm{D}\eta^\alpha}{\mathrm{D}\tau}.
\end{aligned} \tag{2.56}$$

另外,

$$R^\alpha_{\ \beta\gamma\delta}u^\beta u^\gamma \xi^\delta = R^\alpha_{\ \beta\gamma\delta}u^\beta u^\gamma (\eta^\delta - u^\delta u_\sigma \xi^\sigma) = R^\alpha_{\ \beta\gamma\delta}u^\beta u^\gamma \eta^\delta. \tag{2.57}$$

在上式第二步, 我们利用了黎曼张量的反对称性. 因此, 纯空间方向的测地线偏离方程为

$$\frac{\mathrm{D}^2\eta^\alpha}{\mathrm{D}\tau^2} = R^\alpha_{\ \beta\gamma\delta}u^\beta u^\gamma \eta^\delta. \tag{2.58}$$

为了讨论三个空间方向的潮汐效应, 我们需要建立观测者的标架. 沿着测地线不同的点, 时间方向都选测地线的切向, 即四速度方向. 也可以这么理解: 在某点 P 我们选定了时间方向 u^μ, 下一时刻的时间方向可以通过平行移动上一时刻的 u^μ 得到, 即 $\mathrm{D}e^\alpha_{(0)}/\mathrm{D}\tau = \mathrm{D}u^\alpha/\mathrm{D}\tau = 0$. 类似地, 在 P 点选定了标架中的三个类空的矢量之后, 我们也可以通过沿着测地线平行移动得到下一个时空点的标架:

$$\frac{\mathrm{D}}{\mathrm{D}\tau}e^\alpha_{(i)} = 0, \quad i = 1, 2, 3. \tag{2.59}$$

这样, 在测地线上任何一点, 我们都有一套标架用于时空测量. 将方程 (2.58) 投影到三个空间方向, 得到

$$\frac{\mathrm{D}^2\eta^{(i)}}{\mathrm{D}\tau^2} = R^\alpha_{\ \beta\gamma\delta}u^\beta u^\delta e^{(i)}_\alpha e^\gamma_{(j)}\eta^{(j)} = K^i_{\ j}\eta^{(j)}, \tag{2.60}$$

其中潮汐效应矩阵为

$$K^i_{\ j} \equiv R^\alpha_{\ \beta\gamma\delta}u^\beta u^\gamma e^{(i)}_\alpha e^\delta_{(j)}. \tag{2.61}$$

在施瓦西黑洞中, 如果观测者相对坐标静止, 根据测地线偏离方程, 可以得到黑洞视界附近的潮汐效应. 取施瓦西坐标, 施瓦西时空的非零黎曼张量分量为 (还有根据对称性易得的其他分量):

$$R_{trtr} = -\frac{2GM}{r^3}, \tag{2.62}$$

$$R_{t\theta t\theta} = \frac{GM}{r}\left(1 - \frac{2GM}{r}\right), \tag{2.63}$$

$$R_{t\varphi t\varphi} = \frac{GM}{r}\left(1 - \frac{2GM}{r}\right)\sin^2\theta, \tag{2.64}$$

$$R_{r\theta r\theta} = -\frac{GM}{r}\left(1 - \frac{2GM}{r}\right)^{-1}, \tag{2.65}$$

$$R_{r\varphi r\varphi} = -\frac{GM}{r}\left(1 - \frac{2GM}{r}\right)^{-1}\sin^2\theta, \tag{2.66}$$

$$R_{\theta\varphi\theta\varphi} = 2GMr\sin^2\theta. \tag{2.67}$$

对相对坐标静止的观测者有 $U^\mu = (U^0, 0, 0, 0) = (1/\sqrt{1 - 2GM/r}, 0, 0, 0)$, 因此

$$\frac{\mathrm{D}^2 \delta x^{(r)}}{\mathrm{D}\tau^2} = R_{rttr} e^r_{(r)} U^t U^t e^r_{(r)} \delta x^{(r)} = \frac{2GM}{r^3} \delta x^{(r)}, \tag{2.68}$$

$$\frac{\mathrm{D}^2 \delta x^{(\theta)}}{\mathrm{D}\tau^2} \delta x^{(\theta)} = R_{\theta tt\theta} e^\theta_{(\theta)} U^t U^t e^\theta_{(\theta)} \delta x^{(\theta)} = -\frac{GM}{r^3} \delta x^{(\theta)}, \tag{2.69}$$

$$\frac{\mathrm{D}^2 \delta x^{(\varphi)}}{\mathrm{D}\tau^2} \frac{GM}{r^3} = R_{\varphi tt\varphi} e^\varphi_{(\varphi)} U^t U^t e^\varphi_{(\varphi)} \delta x^{(\varphi)} = -\frac{GM}{r^3} \delta x^{(\varphi)}. \tag{2.70}$$

从 (2.68) $\sim$ (2.70) 式可知, 在天体落入黑洞视界的过程中, 由于潮汐效应, 天体在径向被拉伸, 在其他两个球面方向被压缩.

§2.5　施瓦西时空中检验粒子的运动

2.5.1　动力学方程

在弯曲时空中, 检验粒子 (包括有质量粒子和无质量粒子) 走测地线 $x^\mu(\lambda)$, 其中 λ 为粒子在四维空间中的运动曲线的参数, 对有质量的粒子, λ 可以取为粒子的固有时 τ, 对无质量的粒子, 例如光子, λ 就是一般的曲线参数 (仿射参数). $x^\mu(\lambda)$ 由测地线方程决定. 下面我们从分析力学的角度讨论检验粒子在弯曲时空中的运动. 可以将施瓦西坐标 (t, r, θ, φ) 看作检验粒子的广义坐标, 将相应的检验粒子的四速度 $(\dot{x}^\mu \equiv \mathrm{d}x^\mu/\mathrm{d}\lambda)$ 看作粒子的广义速度.

在施瓦西时空中, 粒子的拉格朗日量为

$$L_{\mathrm{eff}} = \frac{1}{2} g_{\mu\nu}(x^\sigma) \frac{\mathrm{d}x^\mu}{\mathrm{d}\lambda} \frac{\mathrm{d}x^\nu}{\mathrm{d}\lambda}. \tag{2.71}$$

代入欧拉 – 拉格朗日方程 $(\mu = 0, 1, 2, 3)$

$$\frac{\mathrm{d}}{\mathrm{d}\tau} \left(\frac{\partial L}{\partial \dot{x}^\mu} \right) - \left(\frac{\partial L}{\partial x^\mu} \right) = 0, \tag{2.72}$$

就可以得到四个动力学方程, 其中 $\mu = 2$, 即 θ 方向的动力学方程为

$$r^2 \ddot{\theta} + 2r\dot{r}\dot{\theta} - r^2 \sin\theta\cos\theta\dot{\varphi}^2 = 0. \tag{2.73}$$

不失一般性, 假设开始时粒子在赤道面内运动, 即定义粒子一开始所在的平面就为赤道面, $\theta = \pi/2, \dot{\theta} = 0$, 则由 (2.73) 式可知, $\ddot{\theta} = 0$, 粒子将一直保持在赤道面内运动. 因此, $p_\theta = r^2\dot{\theta} = 0$, 这是我们得到的第一个首积分.

t 方向的动力学方程 $(\mu = 0)$ 为

$$\left(1 - \frac{2GM}{r} \right) \dot{t} = E = 常数. \tag{2.74}$$

这是我们得到的第二个首积分 E. 这个积分很容易看出, 因为 t 为循环坐标, 对应的正则动量 $p_t \equiv \partial L_{\text{eff}}/\partial \dot{t}$ 为守恒量. 我们也可以根据对称性得到该守恒量: 我们知道 $K^{\mu}_{(t)} = (1,0,0,0)$ 为基灵 (Killing) 矢量, 则必有与之对应的守恒动量

$$K^{\mu}_{(t)} p_{\mu} = p_t = -E. \tag{2.75}$$

对有质量的粒子来说, 如果取 $\lambda = \tau$, 积分常数 E 的物理含义是 $r = \infty$ 处粒子的单位质量的能量 $\gamma = \dot{t} = \mathrm{d}t/\mathrm{d}\tau$.

$\mu = 3$, 即 φ 方向的动力学方程为

$$r^2 \dot{\varphi} = L = \text{常数}. \tag{2.76}$$

这次我们得到了第三个首积分. 这个积分也很容易看出, 因为 φ 为循环坐标, 对应的正则动量 $p_{\varphi} \equiv \partial L_{\text{eff}}/\partial \dot{\varphi}$ 为守恒量. 我们也可以根据对称性得到该守恒量: 我们知道 $K^{\mu}_{(\varphi)} = (0,0,0,1)$ 为基灵矢量, 则必有与之对应的守恒量

$$K^{\mu}_{(\varphi)} p_{\mu} = p_{\varphi} = L. \tag{2.77}$$

这里 L 的物理含义是粒子单位质量的有效角动量, 后面会进一步讨论.

由于等效的拉格朗日量 L_{eff} 不显含 λ, 因此, 与之对应的哈密顿量 H 为守恒量:

$$H = p_{\mu} \dot{x}^{\mu} - L_{\text{eff}} = \frac{1}{2} g_{\mu\nu} p^{\mu} p^{\nu} = -\frac{1}{2} \epsilon = \text{常数}. \tag{2.78}$$

对于无质量的粒子来说, $\mathrm{d}s^2 = 0$, 因此 $\epsilon = 0$. 对于有质量的粒子来说, 根据速度归一化, $g_{\mu\nu}(\mathrm{d}x^{\mu}/\mathrm{d}\tau)(\mathrm{d}x^{\nu}/\mathrm{d}\tau) = -1$, 如果我们取 $\lambda = \tau$, 则 $\epsilon = 1$.

总之, 检验粒子在弯曲时空运动时的自由度为 4, 4 个运动积分都找到了! 检验粒子在弯曲时空中运动的基本方程小结如下:

$$\left(1 - \frac{2GM}{r}\right)\frac{\mathrm{d}t}{\mathrm{d}\lambda} = E, \tag{2.79}$$

$$r^2 \frac{\mathrm{d}\varphi}{\mathrm{d}\lambda} = L, \tag{2.80}$$

$$\left(\frac{\mathrm{d}r}{\mathrm{d}\lambda}\right)^2 = E^2 - \left(\epsilon + \frac{L^2}{r^2}\right)\left(1 - \frac{2GM}{r}\right), \tag{2.81}$$

$$\theta = \frac{\pi}{2}. \tag{2.82}$$

下面简单讨论一下积分常数 E, L 的物理意义. 根据观测量理论, 对有质量粒子, 相对坐标静止的观测者测量到的粒子的四动量的零分量为

$$p^{(0)} = e^{(0)}_{\mu} p^{\mu} = \frac{E}{\sqrt{1 - \dfrac{2GM}{r}}} \to E \quad (r \to \infty). \tag{2.83}$$

从上式可以看出, E 是无穷远处观测者测量到的粒子单位质量的能量. 坐标静止的观测者测量到的粒子四动量 φ 方向分量为

$$p^{(\varphi)} = \frac{L}{r}. \tag{2.84}$$

因为施瓦西坐标半径 r 可以理解为有效半径, 因此我们将 L 理解为有效的粒子单位质量的角动量. 对无质量的粒子, E, L 分别正比于粒子 (例如光子) 的能量和角动量, 这点从它们的比值 $L/E \equiv b$ 为碰撞参数可以看出 (见后面的讨论).

2.5.2　有质量粒子的运动

先定性分析一下粒子落入黑洞过程中的速度变化. 相对坐标静止的观测者测量到的粒子的径向速度为

$$v^r = \frac{U^{(r)}}{U^{(0)}} = \frac{U^r}{E} = \left[1 - \frac{1}{E^2} \left(1 - \frac{2GM}{r} \right) \left(1 + \frac{L^2}{r^2} \right) \right]^{1/2} \to 1, \quad \text{当 } r \to 2GM. \tag{2.85}$$

观测者测量到的粒子的环向速度为

$$v^\varphi = \frac{U^{(\varphi)}}{U^{(0)}} = \left(1 - \frac{2GM}{r} \right)^{1/2} \frac{L}{rE} \to 0, \quad \text{当 } r \to 2GM. \tag{2.86}$$

从上两式可以看出, 无论粒子初始的角动量有多大, 当粒子下落到视界面上的时候, 都有径向物理速度接近光速, 而环向速度接近零. 这个结论与牛顿力学差别很大, 是强引力场中特有的现象. 在牛顿力学中, 无论初始角动量多么小, 在粒子下落过程中, 由于角动量守恒, 粒子的环向速度都会越来越大, 最终径向速度为零 (近日点).

先讨论径向运动, 即角动量 $L = 0$ 的情形, 此时

$$\frac{\mathrm{d}r}{\mathrm{d}\tau} = \pm \left(E^2 - 1 + \frac{2GM}{r} \right)^{1/2}, \tag{2.87}$$

其中前面的正负号取决于粒子是向外运动还是向内运动. 如果在无穷远处粒子静止下落, 则 $E = 1$,

$$\frac{\mathrm{d}r}{\mathrm{d}\tau} = - \left(\frac{2GM}{r} \right)^{1/2}. \tag{2.88}$$

下面继续讨论非径向运动 ($L \neq 0$), 即一般情况下的运动. 为了与经典力学中的结果对比, 我们将径向运动方程写为如下的形式:

$$\frac{1}{2} \left(\frac{\mathrm{d}r}{\mathrm{d}\tau} \right)^2 = \frac{1}{2} E^2 - V_{\text{eff}}(r; L), \tag{2.89}$$

其中等效势为

$$V_{\text{eff}}(r; L) = \frac{1}{2} - \frac{GM}{r} + \frac{L^2}{2r^2} - \frac{GML^2}{r^3}. \tag{2.90}$$

与经典牛顿力学的结果比较, (2.90) 式的第一项和最后一项是额外多出来的项, 第二项对应牛顿力学中万有引力势, 第三项对应离心势. 第一项的常数是因为在相对论中, 粒子的能量包含粒子的静止质量的贡献:

$$\frac{1}{2}E^2 = \frac{1}{2}\frac{p^2 + m^2}{m^2} = \frac{1}{2} + \frac{p^2}{2m} = \frac{1}{2} + E_{\text{Newt}}, \tag{2.91}$$

其中 E_{Newt} 为牛顿力学中自由粒子的能量. (2.90) 式中的最后一项是纯广义相对论项, 随着 r 的减少, 该项开始显著, 广义相对论效应必然也开始显著. 将该项与前一项相比, 得到它们的比值为 $\frac{2GM}{r}$, 因此, 当粒子靠近黑洞视界时, 广义相对论将占主导, 并且该项前面的负号表明, 它的效应是 "吸引" 效应. 在 $r \gg 2GM$ 的时候, 该项可以看作对牛顿力学的修正项, 比如, 它将导致水星近日点的进动. 几个典型 L 值时的等效势曲线见图 2.10.

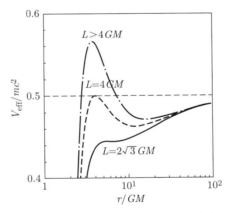

图 2.10 有质量粒子在球对称时空中运动时, 径向运动的等效势曲线 $V_{\text{eff}}(r, L)$. 其中 $L = 2\sqrt{3}GM$ 时, 对应最小稳定圆轨道情形, $L = 4GM$ 时, 势能的最大值与无穷远处的值相等, 都为 0.5

下面我们以 $L > 4GM$ 为例, 定性讨论一下质点可能的运动. 当 $E^2/2 > V_{\max}$, 即从无穷远处入射粒子能量比较高, 高于势能的极大值时, 粒子将越过势垒最终被黑洞俘获. 当 $0.5 < E^2/2 < V_{\max}$, 从无穷远处入射粒子能量低于势能的极大值时, 粒子将经过最靠近黑洞的径向折返点 (turning point), 最终被黑洞散射到无穷远处. 当 $V_{\min} < E^2/2 < 0.5$ 时, 粒子处于束缚态轨道, 粒子在近星点和远星点之间不断地运动. 当 $E^2/2 = V_{\min}$ 时, 粒子恰好做圆轨道运动.

下面讨论弯曲时空中的圆轨道运动. 粒子在做圆轨道运动时, 径向速度为零,

$\frac{1}{2}E^2 = V_{\text{eff}}(r_c, L)$，而且等效势对半径 r 的一阶导数 $\left.\dfrac{\mathrm{d}V_{\text{eff}}}{\mathrm{d}r}\right|_{r_c} = 0$，其中 r_c 为圆轨道半径. 不难得到圆轨道半径为

$$r_{c\pm} = \frac{L^2 \pm \sqrt{L^4 - 12G^2M^2L^2}}{2GM}. \tag{2.92}$$

显然，当 $L > 2\sqrt{3}GM$ 时，存在两个圆轨道. 根据等效势的二阶导数可以判断，$r = r_{c+}$ 时，$V''(r) > 0$，该圆轨道为稳定圆轨道，$r = r_{c-}$ 时，$V''(r) < 0$，该圆轨道为不稳定圆轨道. 当 $L = 2\sqrt{3}GM$ 时，两个圆轨道重合，该势能极值点为势能曲线的拐点，该圆轨道为最小稳定圆轨道. 当 $L \leqslant 2\sqrt{3}GM$ 时，不存在圆轨道.

最小稳定圆轨道的半径为

$$r_{\text{ms}} = \frac{L^2}{2M} = 6GM. \tag{2.93}$$

粒子在最小稳定圆轨道上运动时，$E^2 = 2V(r_{\text{ms}}, L) = 8/9$，因此，单位质量粒子的引力结合能为

$$E_{\text{bind}} = 1 - E = 0.0572. \tag{2.94}$$

也就是说，如果在无穷远处，静止粒子的能量 $E = 1, L > 0$，当它经过各种物理过程损失能量和角动量，最终落入最小稳定圆轨道时，根据初末态的能量守恒可以判断，在整个过程中通过释放引力能的产能率为 5.72%.

可以证明，当 $L = 4GM$ 时，不稳定圆轨道处对应的势能极大值恰好为 0.5，即粒子从无穷远处静止下落 $(E = 1, L = 4GM)$ 时，粒子恰好可以越过势能最高点而被黑洞俘获. 下面讨论引力俘获问题. 粒子从无穷远处以不同的方向向黑洞入射，假设入射角 $\varphi \ll 1$，则入射粒子的碰撞参数的定义为

$$b \equiv \lim_{r \to \infty} r \sin \varphi \approx r\varphi. \tag{2.95}$$

在无穷远处，$E \approx (1 - v_\infty^2)^{-1/2} = \gamma_\infty$，而

$$\left(\frac{\mathrm{d}r}{\mathrm{d}\tau}\right)^2 \approx E^2 - 1, \tag{2.96}$$

$$\left(\frac{\mathrm{d}\varphi}{\mathrm{d}\tau}\right)^2 \approx \frac{L^2}{r^4}, \tag{2.97}$$

因此，有

$$L = bv_\infty\gamma_\infty, \tag{2.98}$$

即两个运动积分 E, L 现在用两个无穷远处的具有明确物理意义的参数 v_∞, b 来表示. 对于无穷远处的非相对论粒子, $v_\infty \ll 1$, $E \approx 1$, 根据粒子被黑洞俘获的条件 $L \leqslant 4GM$, 得到粒子被俘获的最大碰撞参数为

$$b_{\max} = \frac{4GM}{v_\infty}. \tag{2.99}$$

最终我们得到粒子被黑洞俘获的截面为

$$\sigma_{\text{cap}} = \frac{4\pi(2GM)^2}{v_\infty^2}. \tag{2.100}$$

作为比较, 在牛顿力学中, 若星体的质量和半径分别为 M_*, R_*, 从无穷远处入射的粒子的轨迹为抛物线. 如果抛物线的近星点小于等于星体的半径 R_*, 则粒子就会被星体俘获, 据此分析, 容易得到星体的俘获截面为 (留作习题)

$$\sigma_{\text{Newt}} = \pi R_*^2 \left(1 + \frac{2GM}{v_\infty^2 R_*}\right). \tag{2.101}$$

2.5.3 光子的运动

对于无质量的粒子, 例如光子, 它们在球对称弯曲时空中的基本运动方程为

$$\frac{\mathrm{d}t}{\mathrm{d}\lambda} = \frac{E}{1 - \dfrac{2GM}{r}}, \tag{2.102}$$

$$\frac{\mathrm{d}\varphi}{\mathrm{d}\lambda} = \frac{L}{r^2}, \tag{2.103}$$

$$\left(\frac{\mathrm{d}r}{\mathrm{d}\lambda}\right)^2 = E^2 - \frac{L^2}{r^2}\left(1 - \frac{2GM}{r}\right). \tag{2.104}$$

对于粒子的测地线 $x^\mu(\lambda)$, 当然可以取不同的曲线参数, 例如, $x^\mu(L\lambda)$ 代表同一条测地线. 我们将 $L\lambda$ 定义为新的曲线参数, 仍然用 λ 表示, 并引入粒子的碰撞参数 $b \equiv L/E$, 则粒子的运动方程可以简化为

$$\frac{\mathrm{d}t}{\mathrm{d}\lambda} = \frac{1}{b\left(1 - \dfrac{2GM}{r}\right)}, \tag{2.105}$$

$$\frac{\mathrm{d}\varphi}{\mathrm{d}\lambda} = \frac{1}{r^2}, \tag{2.106}$$

$$\left(\frac{\mathrm{d}r}{\mathrm{d}\lambda}\right)^2 = \frac{1}{b^2} - \frac{1}{r^2}\left(1 - \frac{2GM}{r}\right) \equiv \frac{1}{b^2} - V_{\text{eff}}(r), \tag{2.107}$$

其中我们引入了光子的等效势 (见图 2.11).

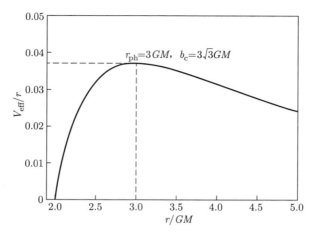

图 2.11 光子在球对称时空中运动时径向的等效势曲线 $V_{\mathrm{eff}}(r)$, 其中 $r_{\mathrm{ph}} = 3GM$ 为光子不稳定圆轨道半径, $b_{\mathrm{c}} = 3\sqrt{3}GM$ 为对应的临界碰撞参数

我们先来解释一下参数 b 的物理含义的确为碰撞参数. 在无穷远处, 入射粒子 (例如光子) 的角动量为

$$L^2 = |\boldsymbol{r} \times \boldsymbol{p}|^2 = b^2|\boldsymbol{p}|^2 = b^2E^2, \tag{2.108}$$

其中我们利用了 b 为碰撞参数的定义 (见图 2.12), 以及对相对论粒子 $|\boldsymbol{p}|^2 = E^2$. 根据新的光子的基本运动方程可以看出, 光子的轨迹只与光子的碰撞参数有关. 不同的碰撞参数决定了不同的光子轨迹, 而与能量无关. 这从物理上是可以理解的, 只要碰撞参数相同, 光子的轨道与它们的频率无关, 否则就会产生引力分光.

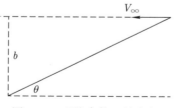

图 2.12 碰撞参数 b 的定义

根据光子的等效势曲线可以看出, 光子在引力场中存在一个不稳定的圆轨道, 光子圆轨道半径为 $r_{\mathrm{ph}} = 3GM$, 对应的光子的碰撞参数为 $b_{\mathrm{c}} = 3\sqrt{3}GM$. 对 $r > r_{\mathrm{ph}}$ 的光子, 当它们向无穷处运动时, 可以逃逸到无穷远处. 当它们向黑洞入射时, 它们的结局与碰撞参数有关: 如果 $b > b_{\mathrm{c}}$, 光子向内运动的时候会碰到势垒而改变运动方向, 向外运动, 即存在径向的折返点; 如果 $b \leqslant b_{\mathrm{c}}$, 光子向内运动的时候会越过势垒而落入黑洞, 即被黑洞俘获. 对 $2GM < r < r_{\mathrm{ph}}$ 的光子, 当它们向黑洞视界方向

运动时, 可以畅通无阻地落入黑洞. 但它们向外运动时, 如果 $b > b_c$, 它们在光子半径之内会碰到势垒而改变运动方向最终落入黑洞, 只有当 $b \leqslant b_c$ 时, 它们才可以越过势垒逃逸到无穷远处.

为了形象地表示光子圆轨道半径附近光子的运动, 我们下面讨论在 $r_{\rm ph}$ 附近相对坐标静止的光源发出的光被黑洞吸收的情况 (见图 2.13). 假设光源的坐标为 $r_{\rm em}$, 且光源在局域惯性系中的发射是各向同性的. 我们用相对光源静止的观测者测量的光子出射方向与径向的夹角 ψ 来表示光子不同的出射方向, 有

$$v^r = \cos \psi, \quad v^\varphi = \sin \psi. \tag{2.109}$$

另外, 根据测量理论,

$$v^\varphi = \frac{p^{(\varphi)}}{p^{(t)}} = \left(1 - \frac{2GM}{r}\right)^{1/2} \frac{b}{r} = \sin \psi. \tag{2.110}$$

对 $r_{\rm em} \geqslant r_{\rm ph}$ 的光源, 如果光子不被黑洞吸收, 根据上面的讨论, 我们要求光子向外发射 ($v^r > 0$), 或者向内发射 ($v^r < 0$) 但 $b > b_c$. 根据 (2.110) 式, 当 $v^r < 0$ 时, 等价于要求

$$\sin \psi > \frac{3\sqrt{3}GM}{r_{\rm em}} \left(1 - \frac{2GM}{r_{\rm em}}\right)^{1/2}. \tag{2.111}$$

对 $2GM < r_{\rm em} < r_{\rm ph}$ 的光源, 如果光子不被黑洞吸收, 根据上面的讨论, 我们要求光子向外发射 ($v^r > 0$) 且 $b < b_c$. 则根据 (2.110)式, 等价于要求

$$\sin \psi < \frac{3\sqrt{3}GM}{r_{\rm em}} \left(1 - \frac{2GM}{r_{\rm em}}\right)^{1/2}. \tag{2.112}$$

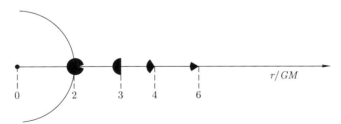

图 2.13 黑洞视界附近光源的吸收角. 假设光源发射是各向同性的, 光子的出射角位于图中黑色区域的光将最终被黑洞俘获

§2.6 引力塌缩和黑洞形成

前面介绍过, 1939 年, 奥本海默和合作者得到了中子星的质量上限 —— 奥本

海默极限, 并且计算了中子星塌缩成奇点的过程, 下面我们就讨论中子星的球对称塌缩.

球对称星体的时空线元平方的一般形式为

$$ds^2 = -C(r,t)dt^2 + D(r,t)dr^2 + 2E(r,t)drdt + r^2 d\Omega_2^2. \tag{2.113}$$

在奥本海默和斯奈德的模型中, 每个粒子都在星体的自引力下做自由落体运动, 因此我们选用共动坐标系. 在共动坐标系中, 每个粒子 "静止": $dr = 0$, dt 为固有时间隔, 即 $\boldsymbol{r}$ = 常矢, $t = \tau$, 以及 $g_{00} = -1$. 粒子的四速度为 $u^\mu = (1,0,0,0)$. 由测地线方程我们知道, $\partial g_{i0}/\partial t = 0$. 因此, 度规函数 $E(r,t) = E(r)$. 适当选择新的时间坐标 $t' = t + f(r)$, 可以使得 $drdt'$ 的交叉项为零, 即球对称塌缩的相对论星的时空线元平方可以写作

$$ds^2 = -dt^2 + U(r,t)dr^2 + V(r,t)d\Omega_2^2. \tag{2.114}$$

这里的坐标称为高斯正则坐标. 相对论星体内部的物态采用理想流体近似, 即

$$T_{\mu\nu} = pg_{\mu\nu} + (\rho + p)u_\mu u_\nu. \tag{2.115}$$

在中子星的塌缩过程中, 引力占主导, 为了简化起见, 忽略中子星内部的压强, 也就是采用所谓的无压尘埃模型. 在该模型中, $T^{\mu\nu}$ 只有 $T^{00} = \rho$ 不为零, 其他分量为零. 将 $T^{\mu\nu}$ 代入引力场方程就可以求解星体的塌缩过程.

先计算非零的里奇张量:

$$R_{rr} = \frac{V''}{V} - \frac{V'^2}{2V^2} - \frac{U'V'}{2UV} - \frac{\ddot{U}}{2} + \frac{\dot{U}^2}{4U} - \frac{\dot{U}\dot{V}}{2V}, \tag{2.116}$$

$$R_{\theta\theta} = -1 + \frac{V''}{2U} - \frac{U'V'}{4U^2} - \frac{\ddot{V}}{2} - \frac{\dot{U}\dot{V}}{4U}, \tag{2.117}$$

$$R_{tt} = \frac{\ddot{U}}{2U} + \frac{\ddot{V}}{V} - \frac{\dot{U}^2}{4U^2} - \frac{\dot{V}^2}{2V^2}, \tag{2.118}$$

$$R_{tr} = \frac{\dot{V}'}{V} - \frac{V'\dot{V}}{2V^2} - \frac{\dot{U}V'}{2UV}. \tag{2.119}$$

将 $T^{\mu\nu}$ 代入引力场方程, 有

$$R_{\mu\nu} = 8\pi G \left(T_{\mu\nu} - \frac{1}{2}g_{\mu\nu}T^\lambda{}_\lambda \right) \equiv 8\pi G S_{\mu\nu}, \tag{2.120}$$

其中物质源张量 $S_{\mu\nu}$ 的分量为

$$S_{rr} = \rho \frac{U(r,t)}{2}, \quad S_{\theta\theta} = \rho \frac{V(r,t)}{2},$$

$$S_{\varphi\varphi} = S_{\theta\theta}\sin^2\theta, \quad S_{tt} = \frac{\rho}{2}.$$

根据能动量守恒 $T^\mu_{0;\mu} = 0$, 得到

$$\rho V(r,t)\sqrt{U(r,t)} = 常数. \tag{2.121}$$

假设星体在塌缩过程中保持均匀, 则有 $\rho = \rho(t)$, 因此根据 (2.121) 式, 可以假设

$$U(r,t) = R^2(t)f(r), \quad V(r,t) = S^2(t)g(r). \tag{2.122}$$

利用 $R_{tr} = 0$, 我们得到 $S(t) = R(t)$.

令 $g(r) = \tilde{r}^2$, 则时空线元平方为

$$ds^2 = -dt^2 + R^2(t)[f(r)dr^2 + r^2 d\Omega_2^2]. \tag{2.123}$$

将之代入引力场方程, 得到

$$\frac{f'(r)}{rf^2(r)} + \ddot{R}R(t) + 2\dot{R}^2(t) = 4\pi G R^2(t)\rho(t), \tag{2.124}$$

$$\left[\frac{1}{r^2} - \frac{1}{rf^2(r)} + \frac{f'}{2rf^2(r)}\right] + \ddot{R}R(t) + 2\dot{R}^2(t) = 4\pi G R^2(t)\rho(t), \tag{2.125}$$

$$\ddot{R}(t) = -\frac{4\pi G}{3}\rho(t)R(t). \tag{2.126}$$

上述方程的唯一解为

$$ds^2 = -dt^2 + R^2(t)\left[\frac{1}{1-kr^2}dr^2 + r^2 d\Omega_2^2\right]. \tag{2.127}$$

由能动量守恒方程, 得到

$$\rho(t)R^3(t) = 常数. \tag{2.128}$$

该结果基本与物质主导的宇宙膨胀解一致.

由 (2.124)~(2.125) 式得

$$\dot{R}^2(t) = -k + \frac{8\pi G}{3}\rho(t=0)R^{-1}(t) = -k + \frac{8\pi G}{3}\rho(t)R^2(t). \tag{2.129}$$

根据初始条件 $R(t=0) = 1$, $\dot{R}(t=0) = 0$, 得

$$k = \frac{8\pi G}{3}\rho(0), \quad \dot{R}^2(t) = k[R^{-1}(t) - 1]. \tag{2.130}$$

最终解得

$$t = \frac{\psi + \sin\psi}{2\sqrt{k}}, \tag{2.131}$$

$$R = \frac{1}{2}(1 + \cos\psi). \tag{2.132}$$

当 $\psi = \pi$ 时, $R = 0$, 即星体塌缩到一点. 塌缩时间 (共动时) 为

$$t(R=0) = \frac{\pi}{2\sqrt{k}} = \frac{\pi}{2}\left(\frac{3}{8\pi G\rho(0)}\right)^{1/2}. \tag{2.133}$$

对中子星来说, 核区的密度高于核密度, 取典型值 $\rho = 10^{14}$ g/cm³, 代入 (2.133) 式得到 $t \approx 2 \times 10^{-4}$ s! 也就是说, 一旦中子星的质量超过其临界质量, 则星体会在不到一毫秒的时间 (随着星体一道塌缩的共动观测者测量到的时间) 内球对称塌缩为黑洞.

第三章　克尔黑洞的时空性质

在本章中, 我们将讨论描述旋转黑洞的克尔解. 通过直接求解爱因斯坦场方程轴对称的真空解得到克尔解是一个相对长的过程, 感兴趣的读者可以参看综述性文献 [12]. 这里我们将介绍纽曼和贾尼斯 (Janis) 从施瓦西解出发, 通过复数的坐标变换, 得到克尔解的方法. 该方法的核心是采用了零标架.

§3.1　克尔解: 复坐标变换

施瓦西解的内行爱丁顿 – 芬克尔斯坦坐标下的时空线元平方为 (取 $G = 1$)

$$\mathrm{d}s^2 = -(1 - 2M/r)\mathrm{d}v^2 + 2\mathrm{d}v\mathrm{d}r + r^2\mathrm{d}\Omega_2^2, \tag{3.1}$$

即相应的度规函数为

$$g_{\mu\nu} = \begin{bmatrix} -(1 - 2M/r) & 1 & 0 & 0 \\ 1 & 0 & 0 & 0 \\ 0 & 0 & r^2 & 0 \\ 0 & 0 & 0 & r^2\sin^2\theta \end{bmatrix}, \tag{3.2}$$

其逆矩阵为

$$g^{\mu\nu} = \begin{bmatrix} 0 & 1 & 0 & 0 \\ 1 & \left(1 - \dfrac{2M}{r}\right) & 0 & 0 \\ 0 & 0 & \dfrac{1}{r^2} & 0 \\ 0 & 0 & 0 & \dfrac{1}{r^2\sin^2\theta} \end{bmatrix}. \tag{3.3}$$

选如下的零标架:

$$l^\mu = (0, 1, 0, 0) = \delta_1^\mu, \tag{3.4}$$

$$n^\mu = \left(-1, -\frac{1}{2}(1 - 2M/r), 0, 0\right) = -\delta_0^\mu - \frac{1}{2}(1 - 2M/r)\delta_1^\mu, \tag{3.5}$$

$$m^\mu = \frac{1}{\sqrt{2}r}\left(0, 0, 1, \frac{\mathrm{i}}{\sin\theta}\right) = \frac{1}{\sqrt{2}r}\left(\delta_2^\mu + \frac{\mathrm{i}}{\sin\theta}\delta_3^\mu\right). \tag{3.6}$$

下一步是进行复坐标变换, 因此需要将 r 看作复数:

$$l^\mu = \delta_1^\mu, \tag{3.7}$$

$$n^\mu = -\delta_0^\mu - \frac{1}{2}\left[1 - m\left(r^{-1} + \bar{r}^{-1}\right)\right]\delta_1^\mu, \tag{3.8}$$

$$m^\mu = \frac{1}{\sqrt{2}\bar{r}}\left(\delta_2^\mu + \frac{\mathrm{i}}{\sin\theta}\delta_3^\mu\right). \tag{3.9}$$

进行复坐标变换, 且要求新坐标 v', r' 为实变量,

$$v \to v' = v + \mathrm{i}a\cos\theta, \quad r \to r' = r + \mathrm{i}a\cos\theta, \quad \theta \to \theta', \quad \varphi \to \varphi', \tag{3.10}$$

则根据矢量在坐标变换下的规则

$$l'^\mu = \frac{\partial x'^\mu}{\partial x^\nu}l^\nu, \tag{3.11}$$

得到新坐标基下的零标架为

$$l'^\mu = \delta_1^\mu, \tag{3.12}$$

$$n'^\mu = -\delta_0^\mu - \frac{1}{2}\left(1 - \frac{2Mr'}{r'^2 + a^2\cos^2\theta}\right)\delta_1^\mu, \tag{3.13}$$

$$m'^\mu = \frac{1}{\sqrt{2\left(r' + \mathrm{i}a\cos\theta\right)}}\left(-\mathrm{i}a\sin\theta\left(\delta_0^\mu + \delta_1^\mu\right) + \delta_2^\mu + \frac{\mathrm{i}}{\sin\theta}\delta_3^\mu\right). \tag{3.14}$$

从新的零标架易得新的度规, 即内行爱丁顿 – 芬克尔斯坦形式的克尔度规, 用线元表示为

$$\mathrm{d}s^2 = -\left(1 - \frac{2Mr}{\rho^2}\right)\mathrm{d}v^2 + 2\mathrm{d}v\mathrm{d}r - \frac{2Mr}{\rho^2}\left(2a\sin^2\theta\right)\mathrm{d}v\mathrm{d}\bar{\varphi} - 2a\sin^2\theta\mathrm{d}r\mathrm{d}\bar{\varphi}$$

$$+ \rho^2\mathrm{d}\theta^2 + \left[\left(r^2 + a^2\right)\sin^2\theta + \frac{2Mr}{\rho^2}\left(a^2\sin^4\theta\right)\right]\mathrm{d}\bar{\varphi}^2, \tag{3.15}$$

其中

$$\rho^2 = r^2 + a^2\cos^2\theta, \quad \bar{\varphi} = \varphi. \tag{3.16}$$

§3.2 克尔解的三种形式

从内行爱丁顿 – 芬克尔斯坦形式的克尔度规出发, 经过不同的坐标变换, 可以得到其他形式的克尔度规. 先做如下的坐标变换: $(v, r, \theta, \bar{\varphi}) \to (t, r, \theta, \varphi)$,

$$\mathrm{d}v = \mathrm{d}\tilde{t} + \mathrm{d}r = \mathrm{d}t + \frac{2Mr + \Delta}{\Delta}\mathrm{d}r, \tag{3.17}$$

$$\mathrm{d}\bar{\varphi} = \mathrm{d}\varphi + \frac{\mu}{\Delta}\mathrm{d}r, \tag{3.18}$$

其中

$$\Delta = r^2 - 2Mr + a^2, \tag{3.19}$$

且 r 和 θ 保持不变. 最终得到了著名的博耶 – 林德奎斯特形式的克尔解:

$$ds^2 = -\frac{\Delta}{\rho^2} \left(\mathrm{d}t - a\sin^2\theta\mathrm{d}\varphi\right)^2 + \frac{\sin^2\theta}{\rho^2} \left[\left(r^2 + a^2\right)\mathrm{d}\varphi - a\mathrm{d}t\right]^2$$
$$+ \frac{\rho^2}{\Delta}\mathrm{d}r^2 + \rho^2\mathrm{d}\theta^2. \tag{3.20}$$

克尔本人最早得到的克尔解是用笛卡儿坐标 $(\bar{t}, x, y, z)$ 表示的:

$$ds^2 = -\mathrm{d}\bar{t}^2 + \mathrm{d}x^2 + \mathrm{d}y^2 + \mathrm{d}z^2$$
$$- \frac{2Mr^3}{r^4 + a^2z^2} \left(\mathrm{d}\bar{t}^2 + \frac{r}{a^2 + r^2}(x\mathrm{d}x + y\mathrm{d}y)\right.$$
$$\left. + \frac{a}{a^2 + r^2}(y\mathrm{d}x - x\mathrm{d}y) + \frac{z}{r}\mathrm{d}z\right)^2, \tag{3.21}$$

其中

$$\bar{t} = v - r, \tag{3.22}$$

$$x = r\sin\theta\cos\varphi + a\sin\theta\sin\varphi, \tag{3.23}$$

$$y = r\sin\theta\sin\varphi - a\sin\theta\cos\varphi, \tag{3.24}$$

$$z = r\cos\theta. \tag{3.25}$$

该线元平方更一般的形式为

$$ds^2 = \eta_{\mu\nu}\mathrm{d}x^\mu\mathrm{d}x^\nu + \lambda l_\mu l_\nu \mathrm{d}x^\mu\mathrm{d}x^\nu, \tag{3.26}$$

其中 l^μ 是由闵可夫斯基度规 $\eta_{\mu\nu}$ 定义的零矢量:

$$\eta_{\mu\nu}l^\mu l^\nu = 0. \tag{3.27}$$

对克尔解,

$$\lambda = \frac{2Mr^3}{r^4 + a^2z^2}, \tag{3.28}$$

$$l_\mu = \left(1, \frac{rx + ay}{a^2 + y^2}, \frac{ry - ax}{a^2 + y^2}, \frac{z}{r}\right). \tag{3.29}$$

对施瓦西解,

$$\lambda = 2m/r, \tag{3.30}$$

$$l_\mu = (1, x/r, y/r, z/r). \tag{3.31}$$

下一节继续讨论克尔解的基本性质.

§3.3 克尔解的基本性质

博耶 – 林德奎斯特形式对于研究克尔解的基本性质是最有用的. 很明显该解中含两个参数 M 和 a. 如果我们令 $a = 0$, 克尔解就退化到施瓦西坐标下的施瓦西解, 因此 M 被理解为引力质量. 如果 $a = $ 常数, $M \to 0$, 则克尔解退化为

$$\mathrm{d}s^2 = -\mathrm{d}t^2 + \frac{\left(r^2 + a^2 \cos^2 \theta\right)^2}{\left(r^2 + a^2\right)} \mathrm{d}r^2 + \left(r^2 + a^2 \cos^2 \theta\right)^2 \mathrm{d}\theta^2 + \left(r^2 + a^2\right) \sin^2 \theta \mathrm{d}\varphi^2. \tag{3.32}$$

可以看出, 该时空线元的空间部分就是椭球坐标下的平直时空. 椭球坐标与笛卡儿坐标的变换关系为

$$x = \left(r^2 + a^2\right)^{1/2} \sin \theta \cos \varphi, \tag{3.33}$$

$$y = \left(r^2 + a^2\right)^{1/2} \sin \theta \sin \varphi, \tag{3.34}$$

$$z = r \cos \theta. \tag{3.35}$$

在该椭球坐标中, $r = 0, \theta = \pi/2$ 对应

$$x = a \cos \varphi, \quad y = a \sin \varphi, \quad z = 0. \tag{3.36}$$

克尔解中的度规函数不包含 t 和 φ, 因此克尔解是静态和轴对称的. 换句话说, $\partial/\partial t$ 和 $\partial/\partial \varphi$ 都是基灵矢量场. 克尔度规还存在如下的离散对称性: $t \to -t, \varphi \to -\varphi$, 则 $\mathrm{d}s^2$ 保持不变, 或者 $t \to -t, a \to -a$, 则 $\mathrm{d}s^2$ 保持不变. 这表明克尔时空的对称轴就是黑洞的转动轴, 其中 a 沿着转动方向.

为了看出 a 的物理含义, 我们在牛顿理论中考虑两个参考系: 静止参考系 $Oxyz$ 和转动参考系 $Ox'y'z'$, 两者在原点和 z 轴重合, 转动参考系相对于静止参考系以恒定的角速度 ae_z 旋转, 如图 3.1 所示. 于是图中的 P 点在两个参考系中的坐标 (r, φ, z) 和 (r', φ', z') 的关系为

$$r' = r, \quad \varphi' = \varphi - at, \quad z' = z. \tag{3.37}$$

在静止参考系中, 平直时空的线元为

$$\mathrm{d}s^2 = -\mathrm{d}t^2 + \left(\mathrm{d}r^2 + r^2 \mathrm{d}\varphi^2 + \mathrm{d}z^2\right). \tag{3.38}$$

根据坐标变换 (3.37) 式, 在转动参考系中时空线元为

$$\mathrm{d}s^2 = -\left(1 - a^2 r^2\right) \mathrm{d}t^2 + 2ar^2 \mathrm{d}\varphi' \mathrm{d}t + \left(\mathrm{d}r^2 + r^2 \mathrm{d}\varphi'^2 + \mathrm{d}z^2\right). \tag{3.39}$$

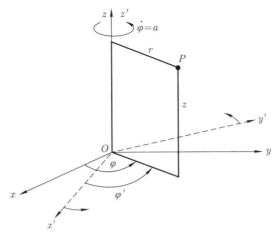

图 3.1 牛顿理论中的转动坐标系. 转动坐标系 $Ox'y'z'$ 相对静止坐标系 $Oxyz$ 以恒定的角速度 $a\boldsymbol{e}_z$ 旋转

在转动参考系中出现了交叉项 $-2ar^2\mathrm{d}\varphi'\mathrm{d}t$, 与参考系的自转有关. 我们再来看克尔度规中的交叉项. 在 a 比较小的近似下,

$$\left[+\frac{\Delta}{\rho^2}2a\sin^2\theta - \frac{\sin^2\theta}{\rho^2}\left(r^2+a^2\right)2a\right]\mathrm{d}\varphi\mathrm{d}t \approx \frac{4Ma}{r}\mathrm{d}\varphi\mathrm{d}t. \tag{3.40}$$

对比牛顿理论中转动参考系的结果, a 与黑洞的转动有关. 不过, 需要注意的是, 这种对比不是很严谨, 只是给我们一些启发和暗示. 从量纲分析, a 的量纲为单位质量的角动量. 从此以后, 我们将 a 理解为转动黑洞的比角动量.

克尔解另一个特性是与施瓦西解一样是渐近平直的. 在笛卡儿坐标系中, 标准球极坐标 R 定义为

$$R^2 = x^2 + y^2 + z^2. \tag{3.41}$$

它与博耶 – 林德奎斯特坐标中的 r 关系为

$$R^2 = r^2 + a^2\sin^2\theta. \tag{3.42}$$

显然, R 与 r 是渐近等价的, 在施瓦西解中, R 与施瓦西坐标 r 也是等价的. 根据克尔度规, 可以看出克尔时空是渐近平直的:

$$g_{\mu\nu} \to \eta_{\mu\nu}, \quad \text{当 } R \to \infty. \tag{3.43}$$

进一步讨论克尔解表示旋转天体外部真空解的看法. 有许多独立的讨论都表明 a 与转动天体的角速度有关, Ma 与角动量有关 (对无穷远处的观测者). 一种

观点是将克尔解与在弱场极限下均匀密度旋转球体外的引力场的楞瑟 (Lense) 和塞灵 (Thirring) 解进行比较. 另一种观点是基于孤立源的多极矩的定义. 在广义相对论中, 给出多极矩的严格定义遇到一些困难, 实际计算中提出了许多不同的定义, 然而, 它们都导致角动量与克尔度规中的 Ma 成正比. 我们已经知道, 在弱场极限中, g_{00} 中的 $1/R$ 项决定了场的总质量. 也可以证明, 在某些情况下, $g_{0\mu}, \mu = 1,2,3$ 中的 $1/R$ 项决定了角动量的分量. 将克尔解展开为 $1/R$ 的多项式, 我们发现

$$ds^2 = -\left(1 - \frac{2M}{R} + \cdots\right)dt^2 + \frac{4Ma}{R^3}(x\mathrm{d}y - y\mathrm{d}z)\mathrm{d}t + \cdots. \tag{3.44}$$

我们再次看到总角动量正比于 Ma.

§3.4　克尔时空的结构: 奇点、无限红移面和视界

计算克尔时空的与黎曼曲率有关的标量 $R^{\mu\nu\rho\sigma}R_{\mu\nu\rho\sigma}$, 我们发现当 $\rho = 0$ 的时候, 该标量为无穷大. 因此克尔时空存在一个内禀的奇点:

$$\rho^2 = r^2 + a^2\cos^2\theta = 0, \tag{3.45}$$

即 $r = 0, \theta = \pi/2$. 在笛卡儿坐标系中该奇点为

$$x^2 + y^2 = a^2, \quad z = 0, \tag{3.46}$$

即该奇点在笛卡儿坐标系中为环形奇点.

下面给出无限红移面的定义. 前面提到克尔时空存在一个类时的基灵矢量, $K_{(t)}^\mu = (1,0,0,0) = \partial_t$. 在无限红移面上 $K_{(t)}^\mu$ 变为零矢量,

$$g_{\mu\nu}K_{(t)}^\mu K_{(t)}^\nu = 0, \tag{3.47}$$

即在无限红移的两边, $K_{(t)}^\mu$ 由类时矢量变成了类空矢量. 根据 (3.47) 式, 得到

$$g_{00} = \left(r^2 - 2Mr + a^2\cos^2\theta\right)/\rho^2, \tag{3.48}$$

因此无限红移面为

$$r = r_{S_\pm} = M \pm \sqrt{M^2 - a^2\cos^2\theta}. \tag{3.49}$$

在施瓦西极限下, $a \to 0$, 最外面的无限红移面 S_+ 退化为 $r = 2M$, 里面的无限红移面 S_- 退化为 $r = 0$. 无限红移面是轴对称的, S_+ 在赤道处具有半径 $2M$, 在两极处具有半径 $M + \sqrt{M^2 - a^2}$ (假设 $a^2 < M^2$), 显然 S_- 完全包含在 S_+ 内. 这里我们不讨论 $a^2 > M^2$ 的裸奇点情况.

下面给出视界的定义. 对某超曲面 $S: f(x^\mu) = 0$, 该曲面的法矢量为 $n_\mu = \dfrac{\partial f}{\partial x^\mu}$. 如果 n_μ 为零矢量, 则 S 面就是视界面. 这是因为 S 面上的切矢量与零矢量 n_μ 正交, 因此它们只能是类空矢量, 或者正比于 n_μ. 根据视界的定义,

$$g^{\mu\nu}\frac{\partial f}{\partial x^\mu}\frac{\partial f}{\partial x^v} = 0, \tag{3.50}$$

由此得

$$g^{11} = -\frac{\Delta}{\rho^2} = -\frac{r^2 - 2Mr + a^2}{r^2 + a^2\cos^2\theta} = 0, \tag{3.51}$$

因此有

$$\Delta = r^2 - 2Mr + a^2 = 0. \tag{3.52}$$

据此得到视界面的半径为

$$r = r_\pm = M \pm \sqrt{M^2 - a^2}. \tag{3.53}$$

在施瓦西极限下, $a \to 0$, 两个视界面退化为 $r_+ = 2M$ 和 $r_- = 0$, 由此可以得出, 在施瓦西解中, 无限红移面和视界面重合. 克尔时空的结构如图 3.2 所示.

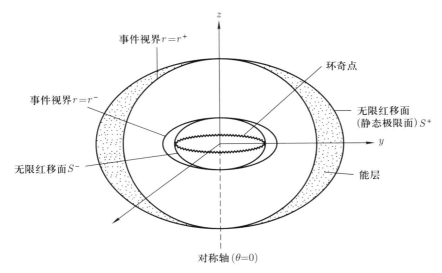

图 3.2 克尔时空的结构. 从外到里分别为: 外无限红移面 S_+、外视界面 r_+、内视界面 S_-、内无限红移面 S_-. 最里面的是环奇点

在外无限红移面和外视界面之间包裹着一个区域, 称为能层 (ergosphere). 在无穷远处, 一个静止的观测者的零标架 $e^\mu_{(0)} = \partial_t$, 即在无穷远处, 基灵矢量 $K^\mu_{(t)} = \partial_t$

就是观测者的时间投影矢量. 例如, $E = K_\mu^{(t)} P^\mu$ 就是无穷远处观测者所测量到的四动量为 P^μ 的粒子的能量. 在能层内, 基灵矢量 $K_{(t)}^\mu = \partial_t$ 为类空矢量, 导致

$$E = K_\mu^{(t)} P^\mu < 0 \tag{3.54}$$

可能存在, 即存在对于无穷远处观测者而言负能量的粒子!

彭罗斯据此提出了从黑洞提取能量的彭罗斯机制. 彭罗斯机制的关键过程是, 一个粒子 (0) 从能层外面进入能层之内, 该粒子的动量为 $P^{(0)\mu}$, 它在能层之内分裂为动量分别为 $P^{(1)\mu}$ 和 $P^{(2)\mu}$ 的两个粒子, 能动量守恒给出

$$P^{(0)\mu} = P^{(1)\mu} + P^{(2)\mu}. \tag{3.55}$$

假设粒子 (2) 的能量为负, 即 $E^{(2)} = K_\mu^{(t)} P^{(2)\mu}$, 则由能量守恒式 (3.55), 可以推出

$$E^{(1)} = K_\mu^{(t)} P^{(1)\mu} > E^{(0)} = K_\mu^{(t)} P^{(0)\mu}. \tag{3.56}$$

如果粒子 (1) 从能层中逃逸出来, 它的能量就大于一开始进入能层的初始粒子 (0) 的能量. 问题是, 粒子 (1) 的能量从哪儿来? 后面我们可以证明, 在能层内粒子的能量为负, 要求该粒子的速度基本接近光速, 另外, 该粒子的轨道角动量与黑洞的角动量方向相反, 当该粒子落入黑洞之后, 黑洞的自转减慢. 因此, 粒子 (1) 的能量本质上来自黑洞的转动能, 即转动能是黑洞的一种 "内能", 原则上可以通过彭罗斯过程不断提取出来.

外无限红移面又称为静态极限面. 这是因为由于转动黑洞导致的时空拖曳效应, 在外无限红移面之内, 不存在静态的观测者. 考察只有 φ 方向运动的观测者, $\mathrm{d}\varphi \neq 0$, 但 $\mathrm{d}r = \mathrm{d}\theta = 0$. 引入观测者的坐标角速度

$$\Omega \equiv \frac{\mathrm{d}\varphi}{\mathrm{d}t} = \frac{U^\varphi}{U^t}. \tag{3.57}$$

由速度归一化条件 $U^\mu U_\mu = -1$, 得

$$-1 = \left(U^t\right)^2 \left[g_{tt} + 2\Omega g_{t\varphi} + \Omega^2 g_{\varphi\varphi}\right]. \tag{3.58}$$

这是关于 Ω 的一元二次方程, 两个解为

$$\Omega_{\min}^{\max} = \frac{-g_{t\varphi} \pm \left(g_{t\varphi}^2 - g_{tt}g_{\varphi\varphi}\right)^{1/2}}{g_{\varphi\varphi}}, \tag{3.59}$$

即 Ω 的取值范围为 $\Omega_{\min} < \Omega < \Omega_{\max}$. 在弱场近似下有

$$-\frac{c}{r\sin\theta} < \Omega < \frac{c}{r\sin\theta}, \tag{3.60}$$

即观测的速度不能超光速.

根据 (3.59) 式可知, 当 $g_{tt} = 0$ 时, $\Omega_{\min} = 0$, 即满足 $g_{tt} = 0$ 的面为静态极限面. 显然, 静态极限面与外无限红移面重合.

克尔真空解的特性总结如下:

(1) 克尔时空是静态的, 即存在基灵矢量 ∂_t;

(2) 克尔时空是轴对称的, 即存在基灵矢量 ∂_φ;

(3) 时间度规在离散变换 $t \to -t, \varphi \to -\varphi$ 以及 $t \to -t, a \to -a$ 下保持不变, 存在离散对称性;

(4) 具有引力质量 M, 也称为几何质量;

(5) 克尔解表示具有角动量的天体的外场, 自转与 a 有关, 角动量与 Ma 有关;

(6) 克尔解渐近平直;

(7) 内禀奇点为环奇点 $x^2 + y^2 = a, z = 0$;

(8) 具有两个无限红移面 $r_{S\pm} = M \pm \sqrt{M^2 - a^2 \cos^2 \theta}$, 外无限红移面 r_{S_+} 也是静态极限面;

(9) 在不存在裸奇点的情况下 $(a^2 < M^2)$, 有两个事件视界面 $r_\pm = M \pm \sqrt{M^2 - a^2}$.

§3.5 克尔时空中的观测者与标架

采用几何单位制 $G = c = 1$, 在博耶 – 林德奎斯特坐标系中, 克尔度规也经常写成形式[13]

$$ds^2 = -(1 - 2Mr/\Sigma)dt^2 - \left(4Mar\sin^2\theta/\Sigma\right)dtd\varphi$$
$$+(\Sigma/\Delta)dr^2 + \Sigma d\theta^2 + \left(r^2 + a^2 + 2Ma^2r\sin^2\theta/\Sigma\right)\sin^2\theta d\varphi^2, \quad (3.61)$$

或者逆变的形式

$$\left(\frac{\partial}{\partial s}\right)^2 = -\frac{A}{\Sigma\Delta}\left(\frac{\partial}{\partial t}\right)^2 - \frac{4Mar}{\Sigma\Delta}\left(\frac{\partial}{\partial t}\right)\left(\frac{\partial}{\partial\varphi}\right) + \frac{\Delta}{\Sigma}\left(\frac{\partial}{\partial r}\right)^2$$
$$+\frac{1}{\Sigma}\left(\frac{\partial}{\partial\theta}\right)^2 + \frac{\Delta - a^2\sin^2\theta}{\Sigma\Delta\sin^2\theta}\left(\frac{\partial}{\partial\varphi}\right)^2, \quad (3.62)$$

其中度规函数 Δ, Σ, A 的具体定义为

$$\Delta \equiv r^2 - 2Mr + a^2, \quad (3.63)$$

$$\Sigma \equiv r^2 + a^2\cos^2\theta, \quad (3.64)$$

$$A \equiv \left(r^2 + a^2\right)^2 - a^2\Delta\sin^2\theta. \quad (3.65)$$

对于一个任意的稳态、轴对称、渐近平直的时空, 可以统一用如下的标准形式来表示:

$$ds^2 = -e^{2\nu}dt^2 + e^{2\psi}(d\varphi - \omega dt)^2 + e^{2\mu_1}dt^2 + e^{2\mu_2}d\theta^2. \tag{3.66}$$

对于克尔度规,

$$e^{2\nu} = \Sigma\Delta/A, \quad e^{2\psi} = \sin^2\theta A/\Sigma, \tag{3.67}$$

$$e^{2\mu_1} = \Sigma/\Delta, \quad e^{2\mu_2} = \Sigma, \quad \omega = 2Mar/A. \tag{3.68}$$

在克尔时空中, 一般来说, 吸积流既有环向运动又有径向运动. 我们这里引入三种不同的观测者所携带的标架. 第一种是局部不旋转的参考系 (LNRF)[13], 又称零角动量观测者 (ZAMO). 在博耶 – 林德奎斯特坐标系中, 零角动量观测者的径向速度和 θ 方向的速度为零, 但由于时空拖曳效应, 它的环向角速度为 ω, 这里 ω 为克尔时空中的度规函数, 即它的四速度为 $u^\mu = e^{-\nu}(1,0,0,\omega)$. 由该观测者携带的正交归一的标架为

$$e^\mu_{(0)} = \left(e^{-\nu}, 0, 0, e^{-\nu}\omega\right), \tag{3.69}$$

$$e^\mu_{(1)} = \left(0, e^{-\mu_1}, 0, 0\right), \tag{3.70}$$

$$e^\mu_{(2)} = \left(0, 0, e^{-\mu_2}, 0\right), \tag{3.71}$$

$$e^\mu_{(3)} = \left(0, 0, 0, e^{-\psi}\right). \tag{3.72}$$

与之相对应的四个逆变标架矢量为

$$e^{(0)}_\mu = (e^\nu, 0, 0, 0), \tag{3.73}$$

$$e^{(1)}_\mu = (0, e^{\mu_1}, 0, 0), \tag{3.74}$$

$$e^{(2)}_\mu = (0, 0, e^{\mu_2}, 0), \tag{3.75}$$

$$e^{(3)}_\mu = \left(-\omega e^\psi, 0, 0, e^\psi\right). \tag{3.76}$$

第二种参考系是所谓的公转参考系 (CRF), 即具有坐标角速度 $\Omega = u^\varphi/u^t$ 的观测者所携带的标架. 该观测者相对于 LNRF 的物理速度 (仅有环向分量) 为

$$V^{(\varphi)} = e^{\psi-\nu}(\Omega - \omega). \tag{3.77}$$

可以通过洛伦兹变换从 LNRF 标架得到 CRF 标架: $e^\mu_{(a)}(\text{CRF}) = \Lambda_a{}^b\, e^\mu_{(b)}(\text{LNRF})$. 这里 $\Lambda_a{}^b$ 为同一时空点具有相对运动速度 $V^{(\varphi)}$ 的两个观测者之间的洛伦兹变换矩

阵:

$$\Lambda_a{}^b = \begin{bmatrix} \gamma_\varphi & 0 & 0 & \gamma_\varphi\beta_\varphi \\ 0 & 1 & 0 & 0 \\ 0 & 0 & 1 & 0 \\ \gamma_\varphi\beta_\varphi & 0 & 0 & \gamma_\varphi \end{bmatrix}. \tag{3.78}$$

根据洛伦兹变换, 得到 CRF 标架为

$$e^\mu_{(0)} = \left(\gamma_\varphi \mathrm{e}^{-\nu}, 0, 0, \gamma_\varphi(\omega\mathrm{e}^{-\nu} + \beta_\varphi\mathrm{e}^{-\psi})\right), \tag{3.79}$$

$$e^\mu_{(1)} = \left(0, \mathrm{e}^{-\mu_1}, 0, 0\right), \tag{3.80}$$

$$e^\mu_{(2)} = \left(0, 0, \mathrm{e}^{-\mu_2}, 0\right), \tag{3.81}$$

$$e^\mu_{(3)} = \left(\gamma_\varphi\beta_\varphi \mathrm{e}^{-\nu}, 0, 0, \gamma_\varphi(\beta_\varphi\omega\mathrm{e}^{-\nu} + \mathrm{e}^{-\psi})\right). \tag{3.82}$$

与之相对应的四个逆变标架矢量为

$$e_\mu^{(0)} = \left(\gamma_\varphi(\mathrm{e}^\nu + \beta_\varphi\omega\mathrm{e}^\psi), 0, 0, -\gamma_\varphi\beta_\varphi\mathrm{e}^\psi\right), \tag{3.83}$$

$$e_\mu^{(1)} = \left(0, \mathrm{e}^{\mu_1}, 0, 0\right), \tag{3.84}$$

$$e_\mu^{(2)} = \left(0, 0, \mathrm{e}^{\mu_2}, 0\right), \tag{3.85}$$

$$e_\mu^{(3)} = \left(-\gamma_\varphi(\beta_\varphi\mathrm{e}^\nu + \omega\mathrm{e}^\psi), 0, 0, \gamma_\varphi\mathrm{e}^\psi\right). \tag{3.86}$$

第三种参考系是相对 CRF 具有径向速度的参考系, 我们称之为 LRF. 该观测者的四速度为 $u^\mu = (u^t, u^r, 0, u^\varphi)$. 假设该观测者相对 CRF 的径向物理速度为 $V^{(r)} \equiv V$. 可以通过洛伦兹变换从 CRF 标架得到 LRF 标架: $e^\mu_{(a)}(\mathrm{LRF}) = \Lambda_a{}^b\, e^\mu_{(b)}(\mathrm{CRF})$. 这里 $\Lambda_a{}^b$ 为同一时空点具有相对运动速度 $V^{(\varphi)}$ 的两个观测者之间的洛伦兹变换矩阵:

$$\Lambda_a{}^b = \begin{bmatrix} \gamma_r & \gamma_r\beta_r, & 0 & 0 \\ \gamma_r\beta_r & \gamma_r, & 0 & 0 \\ 0 & 0 & 1 & 0 \\ 0 & 0 & 0 & 1 \end{bmatrix}. \tag{3.87}$$

根据洛伦兹变换, 得到 LRF 标架为

$$e^\mu_{(0)} = \left(\gamma_r\gamma_\varphi\mathrm{e}^{-\nu}, \gamma_r\beta_r\mathrm{e}^{-\mu_1}, 0, \gamma_r\gamma_\varphi(\omega\mathrm{e}^{-\nu} + \beta_\varphi\mathrm{e}^{-\psi})\right), \tag{3.88}$$

$$e^\mu_{(1)} = \left(\gamma_r\gamma_\varphi\beta_r\mathrm{e}^{-\nu}, \gamma_r\mathrm{e}^{-\mu_1}, 0, \gamma_r\gamma_\varphi\beta_r(\omega\mathrm{e}^{-\nu} + \beta_\varphi\mathrm{e}^{-\psi})\right), \tag{3.89}$$

$$e^\mu_{(2)} = \left(0, 0, \mathrm{e}^{-\mu_2}, 0\right), \tag{3.90}$$

$$e^\mu_{(3)} = \left(\gamma_\varphi\beta_\varphi\mathrm{e}^{-\nu}, 0, 0, \gamma_\varphi(\beta_\varphi\omega\mathrm{e}^{-\nu} + \mathrm{e}^{-\psi})\right). \tag{3.91}$$

与之相对应的四个逆变标架矢量为

$$e_\mu^{(0)} = \left(\gamma_r \gamma_\varphi (\mathrm{e}^\nu + \beta_\varphi \omega \mathrm{e}^\psi), -\gamma_r \beta_r \mathrm{e}^{\mu_1}, 0, -\gamma_r \gamma_\varphi \beta_\varphi \mathrm{e}^\psi \right), \tag{3.92}$$

$$e_\mu^{(1)} = \left(-\gamma_r \gamma_\varphi \beta_r (\mathrm{e}^\nu + \beta_\varphi \omega \mathrm{e}^\psi), \gamma_r \mathrm{e}^{\mu_1}, 0, \gamma_r \gamma_\varphi \beta_r \beta_\varphi \mathrm{e}^\psi \right), \tag{3.93}$$

$$e_\mu^{(2)} = (0, 0, \mathrm{e}^{\mu_2}, 0), \tag{3.94}$$

$$e_\mu^{(3)} = \left(-\gamma_\varphi (\beta_\varphi \mathrm{e}^\nu + \omega \mathrm{e}^\psi), 0, 0, \gamma_\varphi \mathrm{e}^\psi \right). \tag{3.95}$$

第四章　克尔黑洞中检验粒子的运动

§4.1　赤道面中的检验粒子的运动

在讨论检验粒子在克尔时空的任意运动之前, 为了简单起见, 我们先讨论检验粒子在赤道面上的运动. 在赤道面上, $\theta = \pi/2$, 粒子的自由度为 3, 可以选检验粒子的广义坐标为 (t, r, φ). 检验粒子的弯曲时空的拉格朗日量为

$$2L = -\left(1 - \frac{2M}{r}\right)\dot{t}^2 - \frac{4aM}{r}\dot{t}\dot{\varphi} + \frac{r^2}{\Delta}\dot{r}^2 + \left(r^2 + a^2 + \frac{2Ma^2}{r}\right)\dot{\varphi}^2, \tag{4.1}$$

其中 $\dot{x}^\mu \equiv \mathrm{d}x^\mu/\mathrm{d}\lambda$, λ 为曲线参数. 由于 L 不显含 t 和 φ, 即 t 和 φ 为循环坐标, 相应的正则动量 p_t 和 p_φ 守恒:

$$p_t \equiv \frac{\partial L}{\partial \dot{t}} = 常数 \equiv -E, \tag{4.2}$$

$$p_\varphi \equiv \frac{\partial L}{\partial \dot{\varphi}} = 常数 \equiv L. \tag{4.3}$$

根据以上两式, 可以反解得到用 E, L 表示的 $\dot{t}$ 和 $\dot{\varphi}$ 的表达式:

$$\dot{t} = \frac{\left(r^3 + a^2 r + 2Ma^2\right)E - 2aML}{r\Delta}, \tag{4.4}$$

$$\dot{\varphi} = \frac{(r - 2M)L + 2aME}{r\Delta}. \tag{4.5}$$

第三个运动积分可以由系统四速度归一化 $u^\mu u_\mu = -1$ 得到. 本质上第三个运动积分来自系统的哈密顿量 $H = L = -m^2/2$. 将 (4.4) 和 (4.5) 式代入 (4.1) 式, 得到径向运动方程

$$r^3 \left(\frac{\mathrm{d}r}{\mathrm{d}\lambda}\right)^2 = R(r; E, L), \tag{4.6}$$

其中

$$R \equiv E^2 \left(r^3 + a^2 r + 2Ma^2\right) - 4aMEL - (r - 2M)L^2 - m^2 r\Delta. \tag{4.7}$$

可以将 R 看作赤道面内径向运动的等效势. 例如, 赤道面内粒子做圆轨道运动的条件为

$$R = 0, \quad \frac{\mathrm{d}R}{\mathrm{d}r} = 0. \tag{4.8}$$

根据上式, 可以解出 E 和 L 所满足的条件为

$$\bar{E} = \frac{r^2 - 2Mr \pm a\sqrt{Mr}}{r\left(r^2 - 3Mr \pm 2a\sqrt{Mr}\right)^{1/2}}, \tag{4.9}$$

$$\bar{L} = \pm\frac{\sqrt{Mr}\left(r^2 \mp 2a\sqrt{Mr} + a^2\right)}{r\left(r^2 - 3Mr \pm 2a\sqrt{Mr}\right)^{1/2}}. \tag{4.10}$$

上两式中的正号对应共转轨道 (直接轨道), 即粒子的轨道角动量与黑洞自转角动量平行, 负号对应反转轨道.

利用 (4.4) 和 (4.5) 式, 容易得到粒子做圆轨道运动时,

$$\Omega \equiv \frac{\mathrm{d}\varphi}{\mathrm{d}t} = \frac{\dot{t}}{\dot{\varphi}} = \pm\frac{M^{1/2}}{r^{3/2} \pm aM^{1/2}}. \tag{4.11}$$

(4.9) 式中 $\bar{E}$ 是粒子单位质量的能量. 对光子, 因为 $m = 0$, 因此做圆轨道运动的条件为 (4.9) 式中的分母等于零:

$$r^2 - 3Mr \pm 2a\sqrt{Mr} = 0. \tag{4.12}$$

求解上式得到光子圆轨道半径

$$r_{\mathrm{ph}} = 2M\left\{1 + \cos\left[\frac{2}{3}\cos^{-1}(\mp a/M)\right]\right\}. \tag{4.13}$$

对 $a = 0$, $r_{\mathrm{ph}} = 3M$, 对 $a = M$, $r_{\mathrm{ph}} = M$ (共转轨道) 或者 $4M$ (反转轨道).

对于 $r > r_{\mathrm{ph}}$, 不是所有的圆形轨道都是束缚的. 对非束缚的圆形轨道, $E > 1$, 给定一个无穷小的向外扰动, 在这样一个轨道上的粒子将沿着渐近双曲轨迹逃逸到无穷大. 对于 $r > r_{\mathrm{mb}}$ 存在束缚的圆轨道, 其中 r_{mb} 为 $E = 1$ 的临界束缚圆轨道的半径:

$$r_{\mathrm{mb}} = 2M \mp a + 2M^{1/2}(M \mp a)^{1/2}. \tag{4.14}$$

还要注意 r_{mb} 是所有抛物线 $(E = 1)$ 轨道的最小近日点. 在天体物理问题中, 从无穷远处来的粒子是非常接近抛物线的, 因为 $v_\infty \ll c$. 任何穿透到 $r < r_{\mathrm{mb}}$ 的抛物线轨迹都必须直接进入黑洞. 对于 $a = 0$, $r_{\mathrm{mb}} = 4M$; 对于 $a = M$, $r_{\mathrm{mb}} = M$ (共转轨道) 或 $5.83M$ (反转轨道). 即使束缚的圆形轨道也不都是稳定的.

稳定圆轨道条件为

$$\frac{\mathrm{d}^2R}{\mathrm{d}r^2} \leqslant 0. \tag{4.15}$$

根据方程 (4.7), 我们得到

$$1 - (\bar{E})^2 \geqslant \frac{2}{3} \frac{M}{r}, \tag{4.16}$$

其中等号对应最小稳定圆轨道情形. 将 (4.9) 式代入上式, 并求解关于 $\sqrt{r}$ 的四次方程, 得到最小稳定圆轨道半径为

$$r_{\mathrm{ms}} = M \left(3 + Z_2 \mp \left[(3 - Z_1)(3 + Z_1 + 2Z_2) \right]^{1/2} \right\}, \tag{4.17}$$

其中

$$Z_1 \equiv 1 + \left(1 - \frac{a^2}{M^2} \right)^{1/3} \left[\left(1 + \frac{a}{M} \right)^{1/3} + \left(1 - \frac{a}{M} \right)^{1/3} \right], \tag{4.18}$$

$$Z_2 \equiv \left(3 \frac{a^2}{M^2} + Z_1^2 \right)^{1/2}. \tag{4.19}$$

对于 $a = 0$, $r_{\mathrm{ms}} = 6M$; 对于 $a = M$, $r_{\mathrm{ms}} = M$ (共转轨道) 或 $9M$ (反转轨道).

在讨论黑洞吸积过程的时候, 产能率是个非常重要的参数. 利用 (4.16) 式将 (4.9) 式中的 r 消去, 得到粒子处于最小稳定圆轨道时的能量为

$$\frac{a}{M} = \mp \frac{4\sqrt{2} \left(1 - \tilde{E}^2 \right)^{1/2} - 2\tilde{E}}{3\sqrt{3} \left(1 - \tilde{E}^2 \right)}. \tag{4.20}$$

对共转轨道, 粒子能量 $\tilde{E}$ 随着黑洞自转的增加而下降, 从 $\sqrt{8/9}(a = 0)$ 下降到 $\sqrt{1/3}(a = M)$, 而对反转轨道, 从 $\sqrt{8/9}$ 下降到 $\sqrt{25/27}$. 粒子的最大引力结合能为 $1 - \tilde{E}$, 对自转最快的黑洞 $a = M$, 粒子的最大引力结合能为 $1 - 1/\sqrt{3} \approx 42.3\%$! 这是物质从无穷远处 $(v_\infty \ll c)$ 被黑洞吸积最终落入最小稳定圆轨道所释放的能量. 粒子从 r_{ms} 坠入黑洞的过程中释放的能量可以忽略不计.

需要强调的是, 这里的半径是博耶 – 林德奎斯特半径, 虽然在 $a \to M$ 时, $r_{\mathrm{ms}}, r_{\mathrm{mb}}, r_{\mathrm{ph}}$ 和 r_+ 都趋近于 M (见图 4.1), 其实它们位于不同的时空区域, 它们之间的真实物理距离是很大的. 事实上, 在 $r_{\mathrm{ph}}, r_{\mathrm{mb}}$ 和 r_{ms} 处的轨道都位于视界之外并且各不相同. 图 4.2 显示了 $a/M = 0.9, 0.99, 0.999$ 和 1 时 $\theta = \pi/2, t = $ 常数的赤道面 (二维弯曲空间) 嵌入三维欧几里得空间的情况. 当 $a \to M$ 时, $r_{\mathrm{ph}}, r_{\mathrm{mb}}$ 和 r_{ms} 处的轨道分别位于不同的径向距离处, 但整个流形中 $r \leqslant r_{\mathrm{ms}}$ 部分会奇异地投影到博耶 – 林德奎斯特坐标 $r = M$ 位置. 当 $a \to M$ 时, r_{ms} 和 r_{mb} 之间的径向固有距离趋于无穷大, r_{ms} 和 r_{e} 之间也是如此, 这里 r_{e} 为能层在赤道面的外半径. r_{mb} 和 r_{ph} 之间的固有距离保持有限且非零, r_{ph} 和 r_+ 之间也是如此. 这些无穷大在物理上并不重要, 因为一个下落的粒子会沿着类时曲线运动, 而这些无穷大距离是在类空方向上的.

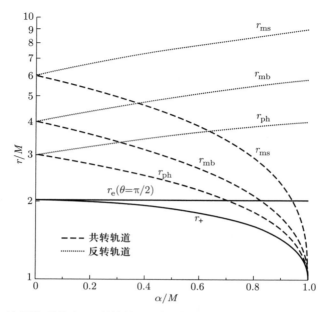

图 4.1 在赤道面上围绕质量为 M 的旋转黑洞做圆轨道运动的半径与黑洞自转 a/M 的关系. 虚线和点线分别表示共转轨道和反转轨道,其中 $r_{\rm ms}$ 为最小稳定圆轨道半径,$r_{\rm mb}$ 为最内束缚圆轨道半径,$r_{\rm ph}$ 为最内光子圆轨道半径. 实线表示事件视界 (r_+) 和能层在赤道面上的边界 ($r_{\rm e}$)[13]

下面研究当黑洞自转 a 非常接近 M 时,$r_+,r_{\rm ph},r_{\rm mb}$ 和 $r_{\rm ms}$ 的极限行为. 假设 $a = M(1 - \delta)$,则可以使用以下公式:

$$r_+ \approx M\left[1 + (2\delta)^{1/2}\right], \quad r_{\rm ph} \approx M\left[1 + 2\left(\frac{2}{3}\delta\right)^{1/2}\right], \tag{4.21}$$

$$r_{\rm mb} \approx M\left[1 + 2\delta^{1/2}\right], \quad r_{\rm ms} \approx M\left[1 + (4\delta)^{1/3}\right]. \tag{4.22}$$

下面计算 $r = M(1 + \varepsilon)$ 到视界面 $r_+ = M(1 + \sqrt{2\delta})$ 的物理距离:

$$d_{r_+ \to r} = \int_{r_+ = M[1 + \sqrt{2\delta}]}^{r = M(1+\varepsilon)} \frac{r\,{\rm d}r}{\sqrt{\Delta}} \to M \ln \frac{\sqrt{\varepsilon^2 - 2\delta} + \varepsilon}{\sqrt{2\delta}}. \tag{4.23}$$

利用这些公式,可以得出 r_+ 和 $r_{\rm ph}$ 之间的适当径向距离为 $\frac{1}{2}M\ln 3$,$r_{\rm ph}$ 和 $r_{\rm mb}$ 之间的距离为 $M\ln\left[\left(1 + 2^{1/2}\right)/3^{1/2}\right]$,$r_{\rm mb}$ 和 $r_{\rm ms}$ 之间的距离则在 $\delta \to 0$ 时趋于 $M\ln\left[2^{7/6}\left(2^{1/2} - 1\right)\delta^{-1/6}\right]$,如图 4.2 所示.

$r = M$ 处的轨道之间的能量也是不同的. 通过适当地取方程 (4.9) 和 (4.10) 的

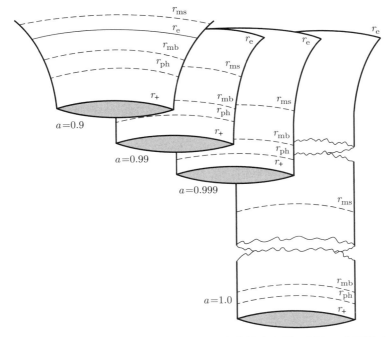

图 4.2 旋转黑洞 $(a \to 1)$ 的"平面"$\theta = \pi/2, t =$ 常数的嵌入图. 这里 a 表示以 M 为单位的黑洞角动量. 博耶 – 林德奎斯特径向坐标 r 仅决定了"管道"的周长. 当 $a \to M$ 时, $r_\mathrm{ms}, r_\mathrm{mb}$ 和 r_ph 上的轨道都具有相同的周长和坐标半径, 尽管正如嵌入图清楚显示的那样, 它们实际上是不同的[13]

极限, 可以得到以下结果:

$$E \to 3^{-1/2}, \quad L \to 2M/3^{1/2} \quad (在 \ r = r_\mathrm{ms} \ 处当 \ a \to M), \tag{4.24}$$

$$E \to 1, \quad L \to 2M \quad (在 \ r = r_\mathrm{mb} \ 处当 \ a \to M), \tag{4.25}$$

$$E \to \infty, \quad L \to 2ME \quad (在 \ r = r_\mathrm{ph} 处当 \ a \to M). \tag{4.26}$$

对旋转黑洞, 一个非常有趣的特性是在能层中存在负能量的状态. 根据 (4.7) 式求解 E 得到

$$E = \frac{2aML + \left(L^2 r^2 \Delta + m^2 r \Delta + r^3 \dot{r}^2\right)^{1/2}}{r^3 + a^2 r + 2Ma^2}. \tag{4.27}$$

为了得到 $E < 0$, 要求 $L < 0$, 以及

$$L^2 r^2 \Delta + m^2 r \Delta + r^3 \dot{r}^2 < 4a^2 M^2 L^2, \tag{4.28}$$

即要求不等式 (4.28) 的左边尽可能小, 这就要求 $m \to 0$(高度相对论性粒子) 以及 $\dot{r} \to 0$. 结果发现负能量的边界在 $r = 2M = r_\mathrm{e}(\theta = \pi/2)$. 事实上, 对于所有的 θ 值, 我们可以证明静态极限 r_e 是包含负能量轨道的区域的边界. 总之, 负能量态存在的条件是: 粒子轨道位于能层之内、粒子位于反转轨道, 以及粒子接近光速运动. 负能量的粒子落入黑洞, 导致黑洞的自转减少、能量减少.

§4.2 克尔时空中粒子运动的一般方程

下面我们具体讨论转动黑洞时空中检验粒子的运动情况. 在博耶 – 林德奎斯特坐标 $\{x^\mu\} = \{x^0, x^1, x^2, x^3\} = \{t, r, \theta, \varphi\}$ 下质量为 M、单位质量的角动量为 a 的转动黑洞的时空度规 (克尔度规) 为 (取自然单位制 $G = c = 1$):

$$
g_{\mu\nu} = \begin{bmatrix}
-(1 - 2Mr/\Sigma) & 0 & 0 & -2aMr\sin^2\theta/\Sigma \\
0 & \Sigma/\Delta & 0 & 0 \\
0 & 0 & \Sigma & 0 \\
-2aMr\sin^2\theta/\Sigma & 0 & 0 & \left[(r^2 + a^2) + 2a^2Mr\sin^2\theta/\Sigma\right]\sin^2\theta
\end{bmatrix},
\tag{4.29}
$$

$$
g^{\mu\nu} = \begin{bmatrix}
-A/\Sigma\Delta & 0 & 0 & -2aMr/\Sigma\Delta \\
0 & \Delta/\Sigma & 0 & 0 \\
0 & 0 & 1/\Sigma & 0 \\
-2aMr/\Sigma\Delta & 0 & 0 & \left(\Delta - a^2\sin^2\theta\right)/\Sigma\Delta\sin^2\theta
\end{bmatrix},
\tag{4.30}
$$

其中 $\Delta \equiv r^2 - 2Mr + a^2, \Sigma \equiv r^2 + a^2\cos^2\theta, A \equiv \left(r^2 + a^2\right)^2 - a^2\Delta\sin^2\theta$.

克尔时空中检验粒子的拉格朗日量为

$$
2L = -\left(1 - \frac{2Mr}{\Sigma}\right)\dot{t}^2 - \frac{4aMr\sin^2\theta}{\Sigma}\dot{t}\dot{\varphi} + \frac{\Sigma}{\Delta}\dot{r}^2 + \Sigma\dot{\theta}^2
$$
$$
+ \left(r^2 + a^2 + \frac{2a^2Mr}{\Sigma}\sin^2\theta\right)\sin^2\theta\dot{\varphi}^2.
\tag{4.31}
$$

上式可以理解为广义坐标为 (t, r, θ, φ) 的力学系统的拉格朗日量. 为了求解检验粒子的动力学方程, 需要寻找四个运动积分.

由于 L 不显含 "时间" λ, 第一个运动积分是系统的哈密顿量 H:

$$
H \equiv \dot{x}^\mu p_\mu - L = \frac{1}{2}g_{\mu\nu}p^\mu p^\nu = -\frac{1}{2}\varepsilon.
\tag{4.32}
$$

对于有质量粒子来说, $\varepsilon = 1$, 对于无质量粒子, 例如光子来说, $\varepsilon = 0$. 总之, ε 可以看作我们得到的第一个运动积分, 类似于经典力学中的能量 $H = E$.

由于克尔黑洞的时空度规函数不显含坐标 t 和 φ, 即 t 和 φ 是循环坐标, 因此我们立即得到两个守恒量 $p_t = \dfrac{\partial L}{\partial \dot{t}}$ 和 $p_\varphi = \dfrac{\partial L}{\partial \dot{\varphi}}$:

$$p_t = -\left(1 - \frac{2Mr}{\Sigma}\right)\dot{t} - \frac{2aMr\sin^2\theta}{\Sigma}\dot{\varphi} = -E, \tag{4.33}$$

$$p_\varphi = -\frac{2aMr\sin^2\theta}{\Sigma}\dot{t} + \left(r^2 + a^2 + \frac{2a^2Mr}{\Sigma}\sin^2\theta\right)\sin^2\theta\,\dot{\varphi} = L_z. \tag{4.34}$$

也可以通过基灵矢量得到两个守恒量, 即

$$p_t = -K_{(t)}^\mu p_\mu = -E, \quad p_\varphi = -K_{(\varphi)}^\mu p_\mu = L_z. \tag{4.35}$$

到目前为止, 我们得到了四个运动积分中的三个: ε, E, L_z.

下面我们试图通过求解哈密顿 – 雅可比方程, 得到检验粒子在克尔时空中的第四个运动积分, 也就是最后一个运动积分: 卡特 (Carter) 常数. 在克尔时空中, 哈密顿 – 雅可比方程为

$$2\frac{\partial S}{\partial \tau} = \frac{A}{\Sigma\Delta}\left(\frac{\partial S}{\partial t}\right)^2 + \frac{4aMr}{\Sigma\Delta}\left(\frac{\partial S}{\partial t}\right)\left(\frac{\partial S}{\partial \varphi}\right) - \frac{\Delta - a^2\sin^2\theta}{\Sigma\Delta\sin^2\theta}\left(\frac{\partial S}{\partial \varphi}\right)^2$$
$$-\frac{\Delta}{\Sigma}\left(\frac{\partial S}{\partial r}\right)^2 - \frac{1}{\Sigma}\left(\frac{\partial S}{\partial \theta}\right)^2. \tag{4.36}$$

上式可以改写为如下的形式:

$$2\frac{\partial S}{\partial \tau} = \frac{1}{\Sigma\Delta}\left[(r^2 + a^2)\frac{\partial S}{\partial t} + a\frac{\partial S}{\partial \varphi}\right]^2 - \frac{1}{\Sigma\sin^2\theta}\left[(a\sin^2\theta)\frac{\partial S}{\partial t} + \frac{\partial S}{\partial \varphi}\right]^2$$
$$-\frac{\Delta}{\Sigma}\left(\frac{\partial S}{\partial r}\right)^2 - \frac{1}{\Sigma}\left(\frac{\partial S}{\partial \theta}\right)^2. \tag{4.37}$$

采用分离变量法求解哈密顿 – 雅可比方程. 假设:

$$S(t, r, \theta, \varphi) = \frac{1}{2}\varepsilon\tau - Et + L_z\varphi + S_r(r) + S_\theta(\theta), \tag{4.38}$$

代入哈密顿 – 雅可比方程, 得到

$$\varepsilon\rho^2 = \frac{1}{\Delta}\left[(r^2 + a^2)E - aL_z\right]^2 - \frac{1}{\sin^2\theta}\left(aE\sin^2\theta - L_z\right)^2$$
$$-\Delta\left(\frac{\mathrm{d}S_r}{\mathrm{d}r}\right)^2 - \left(\frac{\mathrm{d}S_\theta}{\mathrm{d}\theta}\right)^2. \tag{4.39}$$

利用恒等式

$$\left(aE\sin^2\theta - L_z\right)^2\sin^{-2}\theta = \left(L_z^2\sin^{-2}\theta - a^2E^2\right)\cos^2\theta + \left(L_z - aE\right)^2, \tag{4.40}$$

整理方程 (4.39), 得

$$\left\{ \Delta \left(\frac{\mathrm{d}S_r}{\mathrm{d}r}\right)^2 - \frac{1}{\Delta}\left[\left(r^2+a^2\right)E - aL_z\right]^2 + \left(L_z - aE\right)^2 + \varepsilon r^2 \right\}$$
$$+ \left\{ \left(\frac{\mathrm{d}S_\theta}{\mathrm{d}\theta}\right)^2 + \left(L_z^2 \sin^{-2}\theta - a^2 E^2\right)\cos^2\theta + \varepsilon a^2 \cos^2\theta \right\} = 0. \qquad (4.41)$$

这样我们就得到了第四个积分常数 —— 卡特常数:

$$\Delta \left(\frac{\mathrm{d}S_r}{\mathrm{d}r}\right)^2 - \frac{1}{\Delta}\left[\left(r^2+a^2\right)E - aL_z\right]^2 + \left(L_z - aE\right)^2 + \varepsilon r^2 = -Q, \qquad (4.42)$$

$$\left(\frac{\mathrm{d}S_\theta}{\mathrm{d}\theta}\right)^2 + \left(L_z^2 \sin^{-2}\theta - a^2 E^2\right)\cos^2\theta + \varepsilon a^2 \cos^2\theta = Q, \qquad (4.43)$$

即

$$\left(\frac{\mathrm{d}S_r}{\mathrm{d}r}\right)^2 = \frac{1}{\Delta^2}\left[\left(r^2+a^2\right)E - aL_z\right]^2 - \frac{1}{\Delta}\left[Q + \left(L_z - aE\right)^2 + \varepsilon r^2\right]$$
$$\equiv \frac{R(r)}{\Delta^2}, \qquad (4.44)$$

$$\left(\frac{\mathrm{d}S_\theta}{\mathrm{d}\theta}\right)^2 = Q - \left(L_z^2 \sin^{-2}\theta - a^2 E^2 + \varepsilon a^2\right)\cos^2\theta$$
$$\equiv \Theta(\theta). \qquad (4.45)$$

最终母函数 S 为

$$S = \frac{1}{2}\varepsilon\tau - Et \pm L_z\varphi \pm \int^r \frac{\sqrt{R(r;Q)}}{\Delta}\mathrm{d}r \pm \int^\theta \sqrt{\Theta(\theta;Q)}\mathrm{d}\theta. \qquad (4.46)$$

下面由母函数 S 求检验粒子在克尔时空中的测地线方程 $x^\mu(\tau)$. 由 $\frac{\partial S}{\partial Q} = C_1$, 得

$$\pm \int_{r_0}^r \frac{\mathrm{d}r}{\sqrt{R(r)}} = \pm \int_{\theta_0}^\theta \frac{\mathrm{d}\theta}{\sqrt{\Theta(\theta)}}. \qquad (4.47)$$

由 $\frac{\partial S}{\partial E} = C_2$, 得

$$t - t_0 = \pm\frac{1}{2}\int_{r_0}^r \frac{\partial R}{\partial E}\frac{\mathrm{d}r}{\Delta\sqrt{R}} \pm \int_{\theta_0}^\theta \frac{\partial \Theta}{\partial E}\frac{\mathrm{d}\theta}{\sqrt{\Theta}}$$
$$= (\tau - \tau_0)E \pm 2M\int_{r_0}^r r\left[r^2 E - a\left(L_z - aE\right)\right]\frac{\mathrm{d}r}{\Delta\sqrt{R}}. \qquad (4.48)$$

由 $\dfrac{\partial S}{\partial L_z} = C_3$, 得

$$\varphi - \varphi_0 = \mp \frac{1}{2} \int_{r_0}^r \frac{\partial R}{\partial L_z} \frac{\mathrm{d}r}{\Delta \sqrt{R}} \mp \frac{1}{2} \int_{\theta_0}^\theta \frac{\partial \Theta}{\partial L_z} \frac{\mathrm{d}\theta}{\sqrt{\Theta}}$$

$$= \pm a \int_{r_0}^r \left[\left(r^2 + a^2\right) E - aL_z \right] \frac{\mathrm{d}r}{\Delta \sqrt{R}} \pm \int_{\theta_0}^\theta \left(L_z \sin^{-2} \theta - aE \right) \frac{\mathrm{d}\theta}{\sqrt{\Theta}}. \quad (4.49)$$

由 $\dfrac{\partial S}{\partial \varepsilon} = C_4$, 得

$$\tau - \tau_0 = \pm \int_{r_0}^r r^2 \frac{\mathrm{d}r}{\sqrt{R}} \pm a^2 \int_{\theta_0}^\theta \cos^2 \theta \frac{\mathrm{d}\theta}{\sqrt{\Theta}}. \quad (4.50)$$

方程组 (4.47) ∼ (4.47) 就是检验粒子在克尔时空中积分形式的测地线方程.

检验粒子的四动量为 $p_\mu = \dfrac{\partial S}{\partial x^\mu}$:

$$p_t = \frac{\partial S}{\partial t} = -E, \quad (4.51)$$

$$p_r = \frac{\partial S}{\partial r} = \pm \frac{\sqrt{R(r)}}{\Delta}, \quad (4.52)$$

$$p_\theta = \frac{\partial S}{\partial \theta} = \pm \sqrt{\Theta(\theta)}, \quad (4.53)$$

$$p_\varphi = \frac{\partial S}{\partial \varphi} = L_z. \quad (4.54)$$

进一步整理得到广义速度满足的方程:

$$\Sigma^2 \dot{r}^2 = R, \quad (4.55)$$

$$\Sigma^2 \dot{\theta}^2 = \Theta, \quad (4.56)$$

$$\Sigma \dot{\varphi} = \frac{1}{\Delta} \left[2aMrE + (\Sigma - 2Mr) L_z \sin^{-2} \theta \right]$$

$$= \left(L_z \sin^{-2} \theta - aE \right) + a\Delta^{-1} P, \quad (4.57)$$

$$\Sigma \dot{t} = \frac{1}{\Delta} \left(AE - 2aMrL_z \right)$$

$$= a \left(L_z - aE \sin^2 \theta \right) + \left(r^2 + a^2 \right) \Delta^{-1} P, \quad (4.58)$$

其中

$$R(r) = P^2 - \Delta \left[\varepsilon r^2 + Q + (L_z - aE)^2 \right],$$
$$\Theta(\theta) = Q - \cos^2 \theta \left[a^2 \left(\varepsilon - E^2 \right) + L_z \sin^{-2} \theta \right], \quad (4.59)$$
$$P = E \left(r^2 + a^2 \right) - L_z a.$$

以上方程组就是广泛使用的克尔时空中检验粒子微分形式的测地线方程.

最后我们简单提一下, 现在我们知道, 卡特常数与克尔时空中存在一个基灵张量有关, 该基灵张量为

$$K_{\mu\nu} = 2\Sigma l_{(\mu} n_{\nu)} + r^2 g_{\mu\nu}, \tag{4.60}$$

这里下标中的圆括号 "()" 表示张量的对称化. r 为博耶 – 林德奎斯特坐标中的半径. l_μ 和 n_ν 为纽曼 – 彭罗斯零标架矢量. 卡特常数就是与该基灵张量 $K_{\mu\nu}$ 相对应的运动积分:

$$Q = K_{\mu\nu} u^\mu u^\nu. \tag{4.61}$$

§4.3　束缚态轨道运动

在本节中, 我们讨论围绕黑洞做轨道运动的条件和性质[14].

4.3.1　束缚态轨道条件

对有质量的粒子, 粒子测地线的仿射参数可以选为

$$\tau = m\lambda. \tag{4.62}$$

可以将 $R(r)$ 表示为不显含黑洞质量和粒子质量的形式. $R(r)$ 的具体表达式为

$$R(r) = \left(E^2 - m^2\right) r^4 + 2m^2 M r^3 + \left[a^2\left(E^2 - m^2\right) - L_z^2 - Q\right] r^2$$
$$+ 2M\left[(aE - L_z)^2 + Q\right] r - a^2 Q. \tag{4.63}$$

将上式两边同除以 $m^2 M^4$, 得到

$$R(r)/(m^2 M^4) = \left(\hat{E}^2 - 1\right)\hat{r}^4 + 2\hat{r}^3 + \left[\hat{a}^2\left(\hat{E}^2 - 1\right) - \hat{L_z}^2 - \hat{Q}\right]\hat{r}^2$$
$$+ 2\left[(\hat{a}\hat{E} - \hat{L_z})^2 + \hat{Q}\right]\hat{r} - \hat{a}^2\hat{Q}, \tag{4.64}$$

其中

$$\hat{E} = E/m, \tag{4.65}$$

$$\hat{L}_z = L_z/Mm, \quad \hat{Q} = Q/M^2 m^2, \tag{4.66}$$

$$\hat{r} = r/M, \quad \hat{a} = a/M. \tag{4.67}$$

在下面的讨论中, 可以令 $m = M = 1$, 等价于加 "ˆ" 的变量. 因为 $m^2 = 1 > 0$, 因此检验粒子轨道运动是类时的. 我们可以用等效势来讨论粒子处于束缚态轨道时运动积分 E, L_z 和 Q 所满足的条件.

我们首先讨论径向等效势 $V(r)$, 这里 $V(r)$ 定义为 $\dot{r} = 0$, 也就是 $R(r) = 0$ 时 E 的值. 将 $R(r)$ 整理为 E 的二项式的形式:

$$R(r) = \left[r^4 + a^2 \left(r^2 + 2r\right)\right] E^2 - 4aL_z rE$$
$$+ a^2 L_z^2 - \left(r^2 + Q + L_z^2\right) \left(r^2 - 2r + a^2\right). \tag{4.68}$$

显然 E 有两个非零的根:

$$V_\pm(r, L_z, Q) = \frac{4aL_z r \pm \sqrt{D}}{2\left[r^4 + a^2 \left(r^2 + 2r\right)\right]}. \tag{4.69}$$

上式中的判别式 D 只依赖于 L_z^2:

$$D = 4r\Delta \left\{L_z^2 r^3 + \left(r^2 + Q\right) \left[r^3 + a^2 (r+2)\right]\right\}. \tag{4.70}$$

检验粒子的测地线运动要求 $R(r) \geqslant 0$. 如果判别式 D 为负, 则 $R(r)$ 恒大于零, 满足此要求. 如果判别式 $D > 0$, 则方程 (4.55) 有两个根 $V_\pm$, 能量 E 须满足如下的两个条件之一:

$$E \geqslant V_+(r, L_z, Q), \quad \text{或者} \quad E \leqslant V_-(r, L_z, Q). \tag{4.71}$$

粒子的运动方程存在如下的离散对称性:

$$E, L_z, Q \leftrightarrow -E, -L_z, Q, \tag{4.72}$$

等价于 $t, L_z \leftrightarrow -t, -L_z$.

我们现在证明, 如果 $E^2 \geqslant 1 (0 \leqslant a \leqslant 1)$, 则运动是非束缚的. 该结论取决于转折点数目的最大值. 根据 (4.69) 式, 因为 $\sqrt{D} \to 2r^4$, 易见 $V_+ \to 1$. 如图 4.3 所示, 只有在给定能量值 $(E \geqslant 1)$ 时出现三个或更多的转折点时, 才有可能出现 $E \geqslant 1$ 的束缚态. 事实上, 下面将证明, 最多只可能存在两个转折点. $E \leqslant -1$ 也满足 $E^2 \geqslant 1$. 根据 (4.72) 式, 如果我们的定理对 $E \geqslant 1$ 成立, 它也必然对 $E \leqslant -1$ 成立.

通过引入新的变量 x:

$$r = 1 + x, \tag{4.73}$$

可以将 $R(r)$ 表示为新坐标 x 的函数 $R(x)$. 将 (4.73) 式代入 (4.55) 式, 得到

$$R(x) = \sum_{n=0}^{4} c_n x^n$$
$$= \left(E^2 - 1\right) x^4 + \left(4E^2 - 2\right) x^3 + \left[\left(6 + a^2\right) E^2 - a^2 - L_z^2 - Q\right] x^2$$
$$+ \left[\left(4 + 2a^2\right) \left(E^2 - 1\right) + 6 + 2a^2 E^2 - 4aL_z E\right] x$$
$$+ \left[\left(2aE - L_z\right)^2 + \left(E^2 + 1 + Q\right) \left(1 - a^2\right)\right]. \tag{4.74}$$

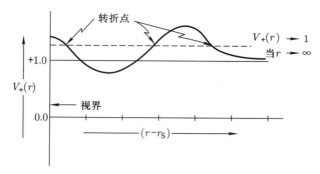

图 4.3   有效径向势的示意图. 如果它能束缚一个能量大于 1 的粒子 (虚线), 则至少需要三个转折点. 我们通过证明在 $E > 1$ 时最多可能有两个转折点来证明这种势是不可能的[14]

如果将实多项式表示为如上式的降幂的形式 (不包含系数为零的项), 若其中某项后面跟随的另一项符号相反, 将称之为 "符号改变". 经典代数理论告诉我们, 一个实系数多项式的正根数不多于其符号改变数. 根据 (4.74) 式, 若 $E \geqslant 1$, 则 $c_4 = E^2 - 1 > 0, c_3 = 4E^2 - 2 > 0$, 所以最大可能的符号改变数为 $c_4(+), c_3(+), c_2(-), c_1(+), c_0(-)$, 即要求 $c_2 < 0, c_0 < 0$ 以及 $c_1 > 0$. 因此

$$c_1 - (c_0 + c_2) > 0 \quad 或 \quad Qa^2 > 3E^2 - 1 > 0. \tag{4.75}$$

但是, 如果 $a = 0$, (4.75) 式显然不成立. 如果 $0 \leqslant a \leqslant 1$, (4.75) 式给出 $Q > 0$, 但这与 $c_0 < 0$ 相矛盾. 最终的结论是 $R(x)$ 最多只能有两个正根. 这样我们证明了对 $r \geqslant 1$, 即在视界之外, 最多只有两个正根, 如果 $E \geqslant 1$, 在视界之外不存在束缚态.

若 $E^2 < 1$, 则 $c_4 < 0$, 因此 (4.74) 式最大的符号改变数为 $c_4(-), c_3(+), c_2(-), c_1(+), c_0(-)$. $c_3 > 0$ 要求 $E^2 > 1/2$. 同理, 要求 (4.75) 式仍要满足, 即 c_2, c_1 和 c_0 不可能有我们前面设想的正负号, 即在视界之外, $R(x)$ 最多只能有三个正根, 因此只可能存在一个束缚态.

下面讨论 θ 方向的运动方程. 根据 (4.56) 式, 要求

$$\Theta(\theta) = Q - \left(L_z^2 \sin^{-2} \theta - a^2 E^2 + a^2 \right) \cos^2 \theta \geqslant 0. \tag{4.76}$$

与讨论径向运动方程时引入等效势类似, 可以引入 θ 方向的等效势 $V(\theta)$. 用等效势 $V(\theta)$ 将 $\Theta(\theta)$ 整理为

$$\Theta(\theta) = a^2 \cos^2 \theta \left[E^2 - V^2(\theta) \right]. \tag{4.77}$$

等效势 $V(\theta)$ 的定义如下:

$$V^2(\theta) = 1 + a^{-2} \left(L_z^2 \sin^{-2} \theta - Q \cos^{-2} \theta \right). \tag{4.78}$$

根据 (4.77) 和 (4.78) 式可知, 只有在赤道面内 ($\cos\theta = 0$), 且 $Q = 0$ [否则 $V(\theta)$ 发散] 时, 才可能有

$$E^2 < V^2(\theta). \tag{4.79}$$

根据 (4.78) 式, 在 $\theta \neq \pi/2$, 即检验粒子不仅限于赤道面上运动时, 有 $Q > 0$. 这是因为

$$E^2 > V^2(\pi/2) = -\infty \tag{4.80}$$

恒成立 (除非 $Q = 0$), 即除了 $Q = 0$ 都有

$$E^2 \geqslant V^2(\theta). \tag{4.81}$$

相反, 如果 $Q < 0$, 则有

$$V^2(\theta) > 1, \tag{4.82}$$

此时有

$$E^2 \geqslant V^2 \geqslant 1, \tag{4.83}$$

在这种情况下粒子轨道是非束缚的. 因此, 对束缚态轨道, 我们要求

$$Q \geqslant 0. \tag{4.84}$$

下面做个小结. 粒子轨道位于赤道面之内的充要条件是 $Q = 0$. $Q > 0$ 时, 等效势 $V^2(\theta)$ 如图 4.4 所示. 如果 $L_z = 0$, 粒子才能到达 ($\theta = 0, \pi$) 轴. 从图 4.4 可以看出, 当 $Q = 0$ 时, 轨道保持在赤道面内, 而当 $Q > 0$ 时, 粒子轨道反复地穿过赤平面, 并与之相交.

4.3.2 球轨道

本小节将讨论克尔时空中检验粒子的球形轨道. 球形轨道即粒子的径向坐标为常数, 例如 $r = r_0 = $ 常数. 一方面为了简单起见, 另一方面为了突出转动时空的效应, 我们将讨论极端克尔情况: $a = 1$.

稳定球轨道须满足的条件如下:

$$R(r_0) = 0, \tag{4.85}$$

$$\left.\frac{\partial R}{\partial r}\right|_{r=r_0} = 0, \tag{4.86}$$

$$\left.\frac{\partial^2 R}{\partial r^2}\right|_{r=r_0} < 0. \tag{4.87}$$

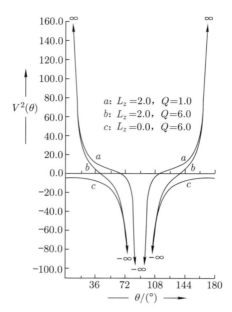

图 4.4 $Q > 0$ 时, θ 方向的等效势. 只当 $L_z = 0$ 时, 有限能量的粒子才能到达轴 ($\theta = 0°, 180°$).
黑洞自转为 $a = 1$[14]

显然, 对于非稳定球轨道, 要求

$$\left.\frac{\partial^2 R}{\partial r^2}\right|_{r=r_0} > 0. \tag{4.88}$$

临界情况

$$\left.\frac{\partial^2 R}{\partial r^2}\right|_{r=r_0} = 0 \tag{4.89}$$

对应最小稳定球轨道.

在下面的讨论中, 我们只对正根解感兴趣, 即满足 (4.71) 式的解. 根据 (4.71) 式很容易确定负根解的性质. 解方程 (4.85) 和 (4.86) 同时消除了四个未知数 E, Q, L_z 和 r 中的两个, 例如:

$$E = E(r, Q), \tag{4.90}$$

$$L_z = L_z(r, Q). \tag{4.91}$$

加上轨道稳定性的要求, 即 (4.87) 式和束缚态轨道的要求 ($Q \geqslant 0$) 决定了四维未知变量空间中的一个二维曲面. 图 4.5 给出了三维变量空间 (r, Q, L_z) 中该二维曲面的一个例子. 根据上一小节的讨论, 该二维曲面与 $Q = 0$ 平面的交线代表赤道面内的轨道. 对于 $r \geqslant 9$, 有两条这样的交线, 分别代表与黑洞共转 ($L_z > 0$) 和反转 ($L_z < 0$) 的赤道面内的轨道.

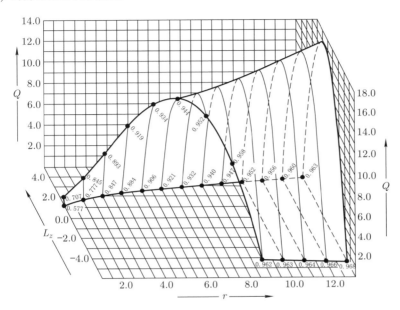

图 4.5 满足稳定球轨道条件时二维变量曲面 $[L_z = L_z(r, Q)]$ 的一部分. 图中显示了半径为整数时最小和最大束缚轨道的能量值. 对于小半径, 只有共转的轨道 ($L_z > 0$) 是稳定的[14]

对于给定半径, 能量沿曲面单调变化. 共转的赤道轨道的结合能 ($1 - E$) 最大. 对于给定的大于等于 9 的半径, 反转的赤道轨道具有最小的结合能 (见图 4.6). 对于小于 9 的半径, 反转轨道是不稳定的. 相反, 轨道位于有效径向势的拐点, 即满足 (4.89) 式的轨道为最小稳定球轨道 (对于给定的小于 9 的半径). 这些轨道的集合构成了曲面开口的弯曲边缘.

在半径比较大, 即 $r \gg 1$ 时, 所有以上的讨论等价于施瓦西黑洞情形下的结果, 即

$$Q(r) = \frac{r^2}{r - 3} - L_z^2 \geqslant 0,$$

$$E^2(r) = 1 - \frac{r - 4}{r(r - 3)}. \tag{4.92}$$

稳定的轨道一直延伸到视界面, 即 $r = 1$ 处. 对贴近视界面 ($r \to 1$) 的球轨道, 有

$$2/\sqrt{3} \leqslant L_z \leqslant \sqrt{2}, \tag{4.93}$$

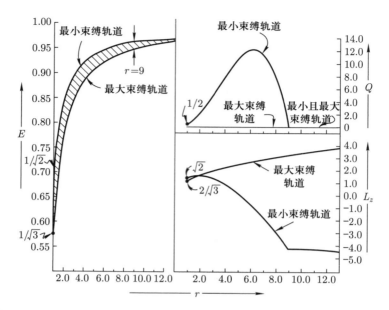

图 4.6 处于最小和最大引力束缚态的球面轨道的运动积分. 从 L_z 与 r 的图 4.4 和图 4.5 中可以看出, 所有半径小于 5.3 的轨道都是共转轨道 $(L_z > 0)$[14]

$$Q = \frac{3}{4}L_z^2 - 1, \tag{4.94}$$

$$E = \frac{1}{2}L_z. \tag{4.95}$$

L_z 的下限来自 $Q \geqslant 0$ 的限制. 为了理解 L_z 的上限 $\sqrt{2}$, 必须考虑视界外但很靠近视界的轨道. 令 $r = 1 + \lambda$ 以及 $0 < \lambda \ll 1$, 可以看出这一点:

$$\left.\frac{\partial^2 R}{\partial r^2}\right|_{r=1+\lambda} = 2\left(L_z^2 - 2\right)\lambda + O\left(\lambda^2\right). \tag{4.96}$$

应用轨道稳定性条件给出上限值 $L_z = \sqrt{2}$. 不难理解, 对于

$$-\sqrt{2} \leqslant L_z \leqslant -2/\sqrt{3}, \tag{4.97}$$

(4.96) 式给出了 $E \leqslant V_-$ 的解. 由 (4.92) 式可知, 在施瓦西情况下, 角动量的平方 $L_z^2 + Q$ 仅与半径有关. 相反, 由 (4.94)~(4.95) 式可知, 对贴近视界面的轨道, $L_z^2 + Q$ 在极端克尔情况下变化接近 2 倍.

4.3.3 节点的进动: 坐标拖曳效应

楞瑟和塞灵已经证明, 在弱场近似下, 由于黑洞自转, 圆形轨道的节点 (轨道与

赤道面的交点) 每轨道周期进动了如下的角度:

$$\Delta\Omega \approx 2\left(\frac{a}{M}\right)\left(\frac{M}{r}\right)^{3/2}. \tag{4.98}$$

该效应称为楞瑟 – 塞灵进动.

下面在严格的广义相对论框架下讨论楞瑟 – 塞灵进动. 假设 θ 是递减的. 将 (4.57) 式除以 (4.56) 式, 得到

$$\frac{\mathrm{d}\varphi}{\mathrm{d}\theta} = -\frac{L_z \sin^{-2}\theta - E + P\Delta^{-1}}{\left[Q - \cos^2\theta\left(1 - E^2 + L_z^2 \sin^{-2}\theta\right)\right]^{1/2}}. \tag{4.99}$$

令

$$z = \cos^2\theta, \tag{4.100}$$

并假设 $\theta \leqslant \frac{1}{2}\pi$, 积分 (4.99) 式得到

$$\varphi = \frac{1}{2}L_z \int \frac{\mathrm{d}z}{(1-z)Y(z)} + \frac{P\Delta^{-1} - E}{2}\int \frac{\mathrm{d}z}{Y(z)}, \tag{4.101}$$

其中

$$Y(z) = \left[\beta z^3 - (\alpha + \beta)z^2 + Qz\right]^{1/2}. \tag{4.102}$$

上式中 $\alpha = L_z^2 + Q$, $\beta = 1 - E^2$. θ 的转折点出现在 (4.99) 式的分母等于零的时候, 或者等价地说, 当

$$\beta z^2 - (\alpha + \beta)z + Q = 0 \tag{4.103}$$

时. 由于 α, β 和 Q 都是非负的, 且 $\alpha \geqslant Q$, (4.103) 式的根 $z_\pm$ 是实数且非负. 运动发生的范围 z 包括赤道值 $z = 0$:

$$0 \leqslant z \leqslant z_-. \tag{4.104}$$

(4.104) 式对应于纬度完全振荡变化的四分之一, 即四分之一轨道. 从 (4.57) 式可以清楚地看出, 在每四分之一振荡中, 方位角的变化量是相同的, 也就是说, 无论 $\dot{\theta}$ 和 $\theta - \frac{1}{2}\pi$ 的符号是什么, 人们都会得到相同的 $\Delta\varphi$.

使用椭圆函数积分, 可以将 (4.101) 式在纬度的四分之一振荡期间内的方位角 (φ) 作为纬度 (θ) 的表达式写为如下更简洁的形式:

$$\Delta\varphi = \frac{1}{(\beta z_+)^{1/2}}\left[L_z \Pi\left(-z_-, k\right) + \left(P\Delta^{-1} - E\right)K(k)\right], \tag{4.105}$$

其中

$$k^2 = z_-/z_+, \tag{4.106}$$

而

$$K(k) = \int_0^{\pi/2} \frac{\mathrm{d}x}{\left(1 - k^2 \sin^2 x\right)^{1/2}}, \tag{4.107}$$

$$\Pi(n,k) = \int_0^{\pi/2} \frac{\mathrm{d}x}{\left(1 + n \sin^2 x\right)\left(1 - k^2 \sin^2 x\right)^{1/2}} \tag{4.108}$$

分别是第一类和第三类完全椭圆积分. 如果 $\Delta\varphi$ 为正, 则称为共转轨道. (4.105) 右边第一项正比于 L_z, 因此该项的正负号取决于 L_z 的正负号. 我们可以证明, 对于满足 $(E \geqslant V_+)$ 的球轨道, 第二项总是正的. 当 L_z 为负时, 第一项优于第二项, 即使 L_z 趋近于零, 它所乘的积分也会增大, 因此第一项仍然占主导地位. 由此可见, L_z 的正负决定了 $\Delta\varphi$ 的正负, 从而决定了一个轨道是否共转. 如果 θ 和 φ 的频率相等, $\Delta\varphi$ 就等于 $\frac{1}{2}\pi$. 因此, 频率之比一般由下式给出:

$$\nu_\varphi / \nu_\theta = \frac{|\Delta\varphi|}{\frac{1}{2}\pi}. \tag{4.109}$$

将 E, L_z 和 Q 的值代入不同的轨道, 我们会发现

$$\frac{\nu_\varphi}{\nu_\theta} \begin{cases} < 1, & L_z < 0, \\ > 1, & L_z > 0. \end{cases} \tag{4.110}$$

上式表明当自转不为零时, 节点总是被拖曳. 节点在每个节点周期内的进动角为

$$\Delta\Omega = 2\pi \left| \frac{\nu_\varphi}{\nu_\theta} - 1 \right|. \tag{4.111}$$

正如人们所预料的那样, 当运动积分值连续变化时, $\Delta\Omega$ 总是连续变化的. 然而, 当 L_z 经过零时, ν_φ/ν_θ 经历一个有限的不连续. 图 4.7 显示了最小束缚轨道时 $\Delta\Omega$ 和 ν_φ/ν_θ 的对比行为. 最紧密束缚的轨道的 ν_φ/ν_θ 没有显示出不连续性, 因为这些轨道都是共转的.

半径较大时, 可以用它们的施瓦西值代替 E, L_z 和 Q. (4.93), (4.105), (4.109), (4.111) 式中, $\Delta\Omega$ 的前导项就是楞瑟 – 塞灵结果 (4.98) 式, 其中 $a = M = 1$. 对比 (4.98) 式, 牛顿理论中质量四极矩的影响

$$\Delta\Omega \propto \frac{\cos i}{r^2}, \tag{4.112}$$

其中 i 为倾角. (4.112) 式的 $\Delta\Omega$ 与 (4.98) 式的不同之处在于: (1) 对半径的高阶依赖性; (2) 依赖于轨道的倾角, 例如, 对于极轨道, 节点不会回归; (3) 节点的旋转方向取决于轨道粒子的运动 —— 节点的运动与方位角速度相反.

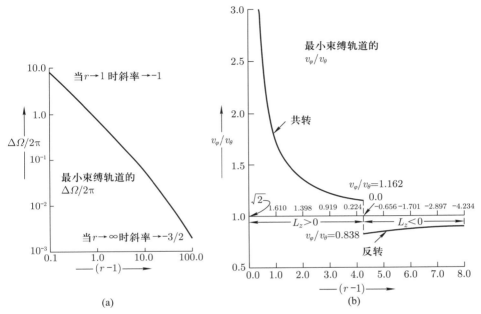

(a)   (b)

图 4.7 (a) 节点每转一圈的拖曳角度与到视界面的距离的关系. $\Delta\Omega$ 随着轨道半径的减小而不断增大. (b) φ 和 θ 频率之比与到视界面的距离的关系. 它在从反转到共转轨道的转变过程中, 从一个小于 1 的值不连续地变化到一个大于 1 的值[14]

半径较小时, 只有 Δ^{-1} 项 (4.105) 式发散. 由 (4.69) 式可得 $r = 1 + \lambda$ 处的有效势 (在 $r = 1$ 处展开) 为

$$V(r) \approx \frac{1}{2} L_z + \frac{\partial V}{\partial r} \lambda + \frac{1}{2} \frac{\partial^2 V}{\partial r^2} \lambda^2. \tag{4.113}$$

因为 $V(r)$ 的斜率在 $r = 1 + \lambda$ 处等于零,

$$\lambda \approx -\frac{\partial V}{\partial r} \Big/ \frac{\partial^2 V}{\partial r^2}, \tag{4.114}$$

因此

$$E = V(r) \approx \frac{1}{2} L_z - \frac{1}{2} \frac{\partial^2 V}{\partial r^2} \lambda^2 = \frac{1}{2} L_z + O\left(\lambda^2\right). \tag{4.115}$$

使用它来估算 P 的大小, 近似到 λ 的一阶项, 不难发现

$$P\Delta^{-1} = L_z \lambda^{-1} + O(1). \tag{4.116}$$

由此得到了渐近公式

$$\frac{\nu_\varphi}{\nu_\theta} \approx \frac{1}{r-1} \frac{2K(k)}{\pi \left(\beta z_+\right)^{1/2}}. \tag{4.117}$$

将视界轨道的值 [见 (4.93)～(4.95) 式] 代入上式, 得到 $(r-1)^{-1}$ 的系数从约 $0.817(L_z = 2/\sqrt{3})$ 变化为约 $0.835(L_z = \sqrt{2})$.

　　贴近视界面的球轨道的轨迹如图 4.8 所示. 粒子在球体上描绘出一个螺旋轨道. 当粒子接近最大纬度时, 螺旋环之间的角间隔减小. 到达最大纬度后, 粒子开始蜿蜒下降到最小纬度, 最小纬度位于赤道平面下方, 与最大值对称. 使用 (4.93)～(4.95) 式, 以及 (4.100), (4.103) 和 (4.104) 式, 我们在图 4.9 中绘制了视界面上轨道的最大纬度.

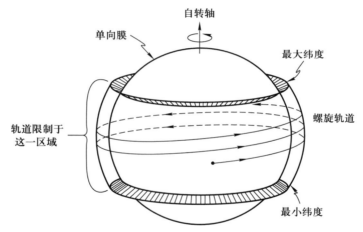

图 4.8　球面轨道靠近视界面的路径示意图 (未按比例绘制)[14]

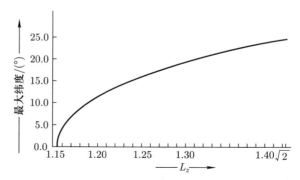

图 4.9　轨道在视界面处的最大纬度 (− 最小纬度)[14]

从方程 (4.60), (4.71), (4.69) 可知, $P\Delta^{-1}$ 在视界处总是发散的. (4.56) 式除以 (4.57) 式得

$$\frac{\mathrm{d}\varphi}{\mathrm{d}t} \approx \frac{1}{2} \quad (r \approx 1). \tag{4.118}$$

从这里可以看出, 任何一种反转轨道都是不可能的: 时空拖曳效应迫使视界附近的粒子总是沿与黑洞自转方向相同的方向旋转. 与弱场区域不同, 一般情况下 $\Delta\Omega$ 不仅取决于半径. 例如, 对 $r = 9$, $\Delta\Omega/2\pi$ 从 0.0814 (反转赤道轨道) 减小到 0.0607(共转赤道轨道).

下面继续讨论轨道的周期. 通过对 (4.56) 式的积分得到合适的 θ 周期. 将方程 (4.56) 乘以 $\cos^2\theta\sin^2\theta$, 并进行变量变换 (4.100), 得到

$$\dot{z}^2 = \frac{4}{(r^2+z)^2}Y(z), \tag{4.119}$$

如 (4.101) 中的 $Y(z)$. 因此, 除了差一个正负号, 有

$$\mathrm{d}\tau = \frac{(r^2+z)\,\mathrm{d}z}{2Y(z)}. \tag{4.120}$$

积分上式得到

$$\frac{1}{4}\tau_{\theta,p} = \int_0^z -\frac{(r^2+z)\,\mathrm{d}z}{2Y(z)}, \tag{4.121}$$

用椭圆函数表示为

$$\tau_{\theta,p} = \frac{4}{(\beta z_+)^{1/2}}\left(r^2+z_+\right)K(k) - 4\left(\frac{z_+}{\beta}\right)^{1/2}E(k), \tag{4.122}$$

其中

$$E(k) = \int_0^{\pi/2}\left(1-k^2\sin^2 x\right)^{1/2}\mathrm{d}x \tag{4.123}$$

是第二类完全椭圆积分. 将 (4.58) 式除以 (4.56) 式得到坐标周期. 整理可得

$$\tau_{\theta,c} = 4\left[E\left(\frac{z_+}{\beta}\right)^{1/2} + \frac{1}{(\beta z_+)^{1/2}}\left[L_z + P\Delta^{-1}\left(r^2+1\right) - E\right]\right]K(k)$$
$$-4E\left(\frac{z_+}{\beta}\right)^{1/2}E(k). \tag{4.124}$$

通过以合适的方位周期划分 $\tau_{\theta,p}$,

$$\nu_\varphi/\nu_\theta = \tau_\theta/\tau_\varphi \tag{4.125}$$

由 (4.105) 和 (4.109) 式给出, 坐标周期也是如此. 上述期限参照 $\mu = m = 1$. 时间的标度律与 (4.65)~(4.67) 式类似. 利用 (4.67) 式将 (4.56) 式转化为与质量无关的形式

$$\hat{\rho}^2 \frac{\mathrm{d}\hat{\theta}}{\mathrm{d}\hat{\lambda}} = (\hat{\Theta})^{1/2}, \tag{4.126}$$

其中 $\hat{\theta}$ 是用插入符号变量表示的函数 θ. 极坐标角已经与尺度无关了. 从 (4.59) 和 (4.105) 式可以看出,

$$\hat{\rho}^2 = M^{-2}\rho^2, \tag{4.127}$$

$$\hat{\Theta} = (Mm)^{-2}\Theta. \tag{4.128}$$

由此可知, (4.56) 式可以通过下式转换为形式 (4.126):

$$\mathrm{d}\hat{\lambda} = mM^{-1}\mathrm{d}\lambda = M^{-1}\mathrm{d}\tau, \tag{4.129}$$

其中第二个等式由 (4.62) 式得出. 由此得

$$\mathrm{d}\hat{\lambda} = \mathrm{d}\hat{\tau}, \tag{4.130}$$

或

$$\mathrm{d}\hat{\tau} = M^{-1}\mathrm{d}\tau. \tag{4.131}$$

同样, 由 (4.58), (4.59), (4.67) 式, 有

$$\mathrm{d}\hat{t} = M^{-1}\mathrm{d}t. \tag{4.132}$$

(4.130), (4.131) 与 (4.67) 式构成了适用于 $m^2 > 0$ 测地线的一般规则. 图 4.10 显示了半径 $\leqslant 30$ 的最小束缚轨道的周期. 这里我们看到, 先前提到的 ν_φ/ν_θ 中的不连续完全是由 ν_φ 中的不连续造成的.

§4.4　克尔时空中的零测地线

在本节中, 我们将讨论克尔时空中的零测地线, 特别是我们关心从黑洞周围辐射的光子如何到达无穷远处的观测者而被我们观测到[15].

对于光子, 由于积分常数 $\varepsilon = 0$, 因此克尔度规中光子的轨道需要用三个运动积分常数来描述, 它们分别是无穷远处光子的能量

$$E = -p_t, \tag{4.133}$$

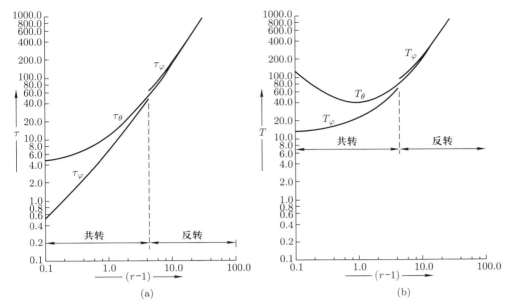

图 4.10 最小束缚轨道的 θ, φ 周期 [坐标周期 (a) 和固有周期 (b)]. φ 周期大于 (小于) 反转 (共转) 轨道的 θ 周期. 对于最紧密束缚的轨道 (未显示), 它们都是共转且位于赤道面的轨道, φ 周期处处小于 θ 周期[14]

以及与光子轨道角动量相关的两个运动积分

$$L_z = p_\varphi, \quad Q = p_\theta^2 - a^2 E^2 \cos^2 \theta + L_z^2 \cot^2 \theta, \tag{4.134}$$

其中 (r, θ, φ, t) 是通常的博耶 – 林德奎斯特坐标, p_μ 是 4 动量. 我们现在用自然单位 $c = G = M = 1$. 由于光子的轨迹与能量无关, 可以用两个无量纲参数 $\lambda = L_z/E$ 和 $q = Q/E^2$ 来描述. 两个参数 q 和 λ 非常简单地与两个碰撞参数 α 和 β 相关, 这两个参数描述了在无限远处接收光线的观测者所看到的图像在天球 (照相版) 上的视位置[16,11] (见图 4.11):

$$\alpha = -\left(\frac{r p^{(\varphi)}}{p^{(t)}} \right)_{r \to \infty} = -\frac{\lambda}{\sin \theta_{\text{obs}}}, \tag{4.135}$$

$$\beta = \left(\frac{r p^{(\theta)}}{p^{(t)}} \right)_{r \to \infty} = \left(q + a^2 \cos^2 \theta_{\text{obs}} - \lambda^2 \cot^2 \theta_{\text{obs}} \right)^{1/2} = p_{\theta_{\text{obs}}}, \tag{4.136}$$

其中 θ_{obs} 是观测者在无穷远处的角坐标, $p^{(\alpha)}$ 是 4 动量在无穷远处观测者携带的标架上的投影分量. 到达观测者的每一个光子轨迹都是 (α, β) 平面上的一个点.

为简单起见, 我们仅限讨论克尔时空中位于赤道面薄吸积盘的辐射. 由于系统的轴对称性, 我们只需要计算光子在 r-θ 平面的轨迹. 假设光子的发射位置为

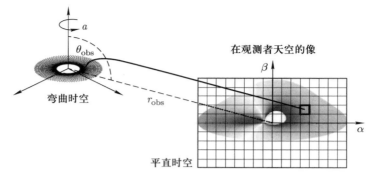

图 4.11　像平面的碰撞参数 α 和 β, 其中 β 轴平行于黑洞自转方向

$(r_{\mathrm{em}}, \theta_{\mathrm{em}})$, 观测者的位置为 $(r_{\mathrm{obs}} \to \infty, \theta_{\mathrm{obs}})$. 因此我们需要求解如下的积分形式的轨道方程[17]:

$$\pm \int_{r_{\mathrm{em}}}^{\infty} \frac{\mathrm{d}r}{\sqrt{R(r, \lambda, q)}} = \pm \int_{\theta_{\mathrm{em}}}^{\theta_{\mathrm{obs}}} \frac{\mathrm{d}\theta}{\sqrt{\Theta(\theta, \lambda, q)}}, \qquad (4.137)$$

其中

$$R(r, \lambda, q) = r^4 + \left(a^2 - \lambda^2 - q\right) r^2 + 2\left[q + (\lambda - a)^2\right] r - a^2 q, \qquad (4.138)$$

$$\Theta(\theta, \lambda, q) = \left[q + (a \cos\theta)^2 - (\lambda \cot\theta)^2\right]. \qquad (4.139)$$

注意, 上述积分方程两边的正负号分别与 $\mathrm{d}r$ 和 $\mathrm{d}\theta$ 的符号相同, 并且符号在 r 或 θ 方向的转折点改变正负号. 所谓的转折点是满足 $R(r) = 0$ 或 $\Theta(\theta) = 0$ 的点. 特别需要强调的是, $R(r)$ 和 $\Theta(\theta) \sin^2\theta$ 分别是 r 和 $\cos\theta$ 的四次多项式, 因此 (4.137) 式可以表示为标准的椭圆函数[11].

现在让我们分别考虑方程 (4.137) 中的两个积分.

4.4.1　θ 积分

为了对 θ 进行积分, 必须先要知道光子轨迹在 θ 方向的转折点. 令 (4.139) 式等于零, 得到 θ 方向转折点满足的方程为

$$q = (\lambda \cot\theta)^2 - (a \cos\theta)^2. \qquad (4.140)$$

图 4.12 显示了 $\lambda = 0, \lambda^2 > a^2$ 和 $\lambda^2 < a^2$ 三种情况下的转折点曲线. 从图 4.12 可见, 当 $q > 0$ 时, 光子轨道将与赤道平面 ($\theta = \pi/2$) 相交, 并可能围绕赤道平面对称振荡 ($\pi/2 - \theta_0 \leqslant \theta \leqslant \pi/2 + \theta_0$, 其中 $0 < \theta_0 < \pi/2$). 当 $q < 0$ 时, 光子轨道将不与赤道面相交, 并被限制在两个同轴锥之间: $0 \leqslant \theta_1 \leqslant \theta \leqslant \theta_2 < \pi/2$ 或者

$\pi/2 \leqslant \theta_3 \leqslant \theta \leqslant \theta_4 < \pi$, 其中 $\theta_1 + \theta_4 = \theta_2 + \theta_3 = \pi$. 赤道面的轨迹用 $q = 0$ 表示. 也有 $q = 0$ 和 $\lambda \leqslant a$ 的轨道不在赤道平面上, 但终止于奇点[11]. 由 $\Theta \geqslant 0$, 可得

$$K \equiv q + (a - \lambda)^2 \geqslant 0. \tag{4.141}$$

上式取等号对应光子沿对称轴运动.

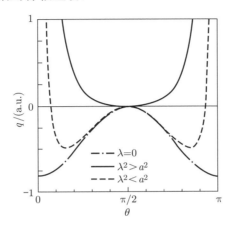

图 4.12 在 (q, θ) 平面 θ 的转折点轨迹作为 λ 的函数. $\Theta \geqslant 0$ 要求只允许在曲线上方运动

假设观测者的方位角为 $0 < \theta_{\mathrm{obs}} < \pi/2$ ($\theta_{\mathrm{obs}} > \pi/2$ 情形可以通过将 $a \to -a$ 得到), 此时我们必须考虑 $q > 0$ 的光子轨道, 因为光子来自赤道面内的吸积盘. 在这种情况下, θ 积分可以用第一类雅可比椭圆积分表示[11]. 先做变量代换, 将 θ 替换为 $\mu = \cos\theta$, 则有

$$I_\mu = \int \frac{\mathrm{d}\mu}{\sqrt{\Theta_\mu}}, \tag{4.142}$$

其中 ($q > 0$)

$$\Theta_\mu = a^2 \left(\mu_-^2 + \mu^2\right)\left(\mu_+^2 - \mu^2\right) \quad \left(0 \leqslant \mu^2 \leqslant \mu_+^2\right), \tag{4.143}$$

以及

$$\mu_\pm^2 = \frac{1}{2a^2}\left\{\left[\left(\lambda^2 + q - a^2\right)^2 + 4a^2 q\right]^{1/2} \mp \left(\lambda^2 + q - a^2\right)\right\}. \tag{4.144}$$

直接积分 (4.142) 式, 得到

$$\int \frac{\mathrm{d}\mu}{\sqrt{\Theta_\mu}} = -\frac{1}{a\left(\mu_+^2 + \mu_-^2\right)^{1/2}} F\left(\arccos\left(\mu/\mu_+\right) \mid m_\theta\right)$$
$$= -\frac{1}{a\left(\mu_+^2 + \mu_-^2\right)^{1/2}} \mathrm{cn}^{-1}\left(\mu/\mu_+ \mid m_\theta\right), \tag{4.145}$$

其中 $F(\varphi \mid m)$ 为第一类椭圆函数, 而

$$m_\theta = \mu_+^2 / \left(\mu_+^2 + \mu_-^2 \right) . \tag{4.146}$$

4.4.2　r 积分

要将径向积分转化为椭圆函数, 首先需要求出方程 $R(r) = 0$ 的四个根. 为此, 我们定义了六个辅助常量:

$$C(a, \lambda, q) = (a - \lambda)^2 + q, \tag{4.147}$$

$$D(a, \lambda, q) = \frac{2}{3} \left(q + \lambda^2 - a^2 \right), \tag{4.148}$$

$$E(a, \lambda, q) = \frac{9}{4} D^2 - 12 a^2 q, \tag{4.149}$$

$$F(a, \lambda, q) = -\frac{27}{4} D^3 - 108 a^2 q D + 108 C^2, \tag{4.150}$$

$$A(a, \lambda, q) = \frac{1}{3} \left(\frac{F - \sqrt{F^2 - 4E^3}}{2} \right)^{\frac{1}{3}} + \frac{1}{3} \left(\frac{F + \sqrt{F^2 - 4E^3}}{2} \right)^{\frac{1}{3}}, \tag{4.151}$$

$$B(a, \lambda, q) = \sqrt{A + D}. \tag{4.152}$$

在 (4.151) 式中, 如果 $\left(F^2 - 4E^3 \right) < 0, A$ 仍然是实数, 因为它的第二项是第一项的复共轭.

根据这些, 方程 $R(r) = 0$ 的四个根分别为:

$$r_a = \frac{1}{2} B - \frac{1}{2} \sqrt{-A + 2D - 4C/B}, \tag{4.153}$$

$$r_b = \frac{1}{2} B + \frac{1}{2} \sqrt{-A + 2D - 4C/B}, \tag{4.154}$$

$$r_c = -\frac{1}{2} B - \frac{1}{2} \sqrt{-A + 2D + 4C/B}, \tag{4.155}$$

$$r_d = -\frac{1}{2} B + \frac{1}{2} \sqrt{-A + 2D + 4C/B}. \tag{4.156}$$

由于 $R(r = 0) = -a^2 q < 0$ 和 $R(r \to \pm\infty) > 0$ $(q > 0)$, 上述最后两个根总是实数. 因此, 必须考虑三种类型的径向积分.

第一种情况为四个实数根情形. 设根按降序排列为 $r_1 = r_{\min}, r_2, r_3, r_4 (r_1 > r_2 > r_3 > r_4)$, 则径向积分为

$$\int_{r_1}^{r'} \frac{\mathrm{d}r}{\sqrt{R}} = \frac{2}{\sqrt{(r_1 - r_3)(r_2 - r_4)}} \operatorname{sn}^{-1} \left(\sqrt{\frac{(r_2 - r_4)(r' - r_1)}{(r_1 - r_4)(r' - r_2)}} \middle| m_4 \right), \tag{4.157}$$

其中

$$m_4 = \frac{(r_2 - r_3)(r_1 - r_4)}{(r_2 - r_4)(r_1 - r_3)}. \tag{4.158}$$

第二种情况为两个不同的单根 (r_1 和 $r_2 < r_1$) 和一个二重根 ($r_3 = -(r_1+r_2)/2$) (因为 r_3 的系数等于零, $r_1 + r_2 + 2r_3 = 0$), $r_1 > 0$, $r_2 < 0$ 和 $|r_2| > r_1$, 则径向积分为

$$\int \frac{\mathrm{d}r}{(r - r_3)\sqrt{(r - r_1)(r - r_2)}} = -\frac{1}{\sqrt{(r_1 - r_3)(r_2 - r_3)}} \ln \left(\frac{\sqrt{(r - r_1)(r - r_2)}}{r_3 - r} \right.$$
$$\left. + \frac{r_3^2 + r_1 r_2 + 2r_3 r}{(r_3 - r)\sqrt{(r_1 - r_3)(r_2 - r_3)}} \right). \tag{4.159}$$

第三种情况为两个复根和两个实根 (一正一负). 根据 (4.153)∼(4.156) 式, 我们将它们写成

$$r_a = u - \mathrm{i}w, \quad r_b = u + \mathrm{i}w,$$
$$r_c = -u - v, \quad r_d = -u + v \quad (u > 0, v > 0, w > 0), \tag{4.160}$$

则径向积分为

$$\int_{r'}^{\infty} \frac{\mathrm{d}r}{\sqrt{Q_1 Q_2}} = \frac{1}{w\sqrt{\lambda_1 - \lambda_2}} \left[\mathrm{sn}^{-1}\left(\sqrt{1 - 1/\lambda_1} \mid m_2 \right) \right.$$
$$\left. - \mathrm{sn}^{-1}\left(\sqrt{\frac{1 - 1/\lambda_1}{Q_1(r')}} B_1(r') \mid m_2 \right) \right], \tag{4.161}$$

其中

$$m_2 = \frac{\lambda_1}{\lambda_1 - \lambda_2}, \tag{4.162}$$
$$Q_1(r) = \left(r^2 - 2ur + u^2 + w^2 \right), \tag{4.163}$$
$$Q_2(r) = \left(r^2 + 2ur + u^2 - v^2 \right), \tag{4.164}$$
$$\lambda_{1,2} = \frac{1}{2w^2} \left(\pm\sqrt{(4u^2 + w^2 - v^2)^2 + 4v^2 w^2} + (4u^2 + w^2 - v^2) \right). \tag{4.165}$$

Q_1 和 Q_2 是通过下式定义的:

$$Q_2 - \lambda_i Q_1 = (1 - \lambda_i) B_i^2, \tag{4.166}$$

其中

$$B_1(r) = r + u\frac{1 + \lambda_1}{1 - \lambda_1}, \quad B_2(r) = r + u\frac{1 + \lambda_2}{1 - \lambda_2}. \tag{4.167}$$

4.4.3   求解光子在 r-θ 平面的运动轨迹

考虑如下形式的轨道方程 $r'\left(\theta'\right)$:

$$\pm \int_{r_{\mathrm{in}}}^{r'} \frac{\mathrm{d}r}{\sqrt{R(r,\lambda,Q)}} = \pm \int_{\theta_{\mathrm{in}}}^{\theta'} \frac{\mathrm{d}\theta}{\sqrt{\Theta(\theta,\lambda,Q)}} = P, \tag{4.168}$$

其中 $\left(r_{\mathrm{in}},\theta_{\mathrm{in}}\right)$ 为初始积分值. 设 P 为沿轨道的曲线参数, 则根据 (4.145) 式, θ 可以用 P 表示为

$$\cos\theta = \mu_{+}\,\mathrm{cn}\left(a\sqrt{\mu_{+}^{2}+\mu_{-}^{2}}\,P \pm \Psi_{0}\,\middle|\,m_{\theta}\right), \tag{4.169}$$

其中

$$\Psi_{0} = \mathrm{cn}^{-1}\left(\left.\frac{\cos\theta_{\mathrm{in}}}{\mu_{+}}\,\right|\,m_{\theta}\right). \tag{4.170}$$

(4.169) 式中的 "+" 表示 θ 先减少, 遇到转折点之后再增加的轨道, 即图 4.13 中曲线 3 或曲线 4, 对应 $\beta > 0$; 表达式中的 "–" 表示 θ 一直减少, 没有遇到转折点的轨道, 即图 4.13 中曲线 1 或曲线 2, 对应 $\beta < 0$.

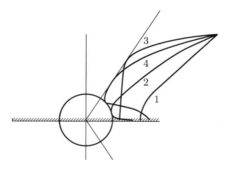

图 4.13   在 r-θ 平面光子的运动轨道. 它们取决于从吸积盘到远处观测者的轨迹中是否存在径向和 θ 方向的转折点: 曲线 1 没有转折点; 曲线 2 存在一个径向转折点; 曲线 3 存在 θ 方向的转折点; 曲线 4 径向和 θ 方向都存在转折点

同样, $r(P)$ 也可以根据径向积分求解. 假设观测者在无穷远处, 首先是有四个实根的情形:

$$r = \frac{r_{1}\left(r_{2}-r_{4}\right) - r_{2}\left(r_{1}-r_{4}\right)\mathrm{sn}^{2}\left(\frac{1}{2}P\sqrt{\left(r_{2}-r_{4}\right)\left(r_{1}-r_{3}\right)} - \xi_{0}\,\middle|\,m_{4}\right)}{r_{2}-r_{4} - \left(r_{1}-r_{4}\right)\mathrm{sn}^{2}\left(\frac{1}{2}P\sqrt{\left(r_{2}-r_{4}\right)\left(r_{1}-r_{3}\right)} - \xi_{0}\,\middle|\,m_{4}\right)}, \tag{4.171}$$

其中

$$\xi_0 = \mathrm{sn}^{-1}\left(\sqrt{\frac{(r_2 - r_4)}{(r_1 - r_4)}} \,\middle|\, m_4\right). \tag{4.172}$$

钱德拉塞卡 (1983 年)[11] 对两个相等的实根的情形进行了深入的讨论, 它对应于 $r=$ 常数的不稳定轨道, 没有实际意义.

其次是有两个实根的情形:

$$r = u\frac{\dfrac{w}{2u}(1 + \lambda_2)(\lambda_1 - 1)\sqrt{\lambda_1}\mathcal{S} + (\lambda_1 + 1)\sqrt{\lambda_1 \mathcal{C}^2 - \lambda_2}}{(\lambda_1 - 1)\sqrt{\lambda_1 \mathcal{C}^2 - \lambda_2} - 2\dfrac{u}{w}\sqrt{\lambda_1}\mathcal{S}}, \tag{4.173}$$

其中

$$\mathcal{S} = \mathrm{sn}\,(\Omega_r P - \Pi_0 \mid m_2), \tag{4.174}$$

$$\mathcal{C} = \mathrm{cn}\,(\Omega_r P - \Pi_0 \mid m_2), \tag{4.175}$$

$$\Pi_0 = \mathrm{sn}^{-1}\left(\sqrt{1 - 1/\lambda_1} \mid m_2\right), \tag{4.176}$$

$$\Omega_r = w\sqrt{\lambda_1 - \lambda_2}. \tag{4.177}$$

(4.169) 式结合 (4.171) 或 (4.173) 式用 P 的单值函数给出闭合形式的轨道. 这是使用雅可比椭圆函数 $\mathrm{sn}(u \mid m)$ 和 $\mathrm{cn}(u \mid m)$ 而不是它们的逆函数的主要优点. 我们强调, 不需要担心光子轨迹中存在径向和/或方位转折点, 因为椭圆函数是单值的, 这将自动处理 (4.137) 式中的正负号.

§4.5 相对论性宽发射线轮廓

处于中等吸积率 ($0.01 \sim 0.3$ 爱丁顿吸积率) 的黑洞系统一般认为存在光学厚、几何薄的吸积盘. 对活动星系核, 吸积盘产生特征温度为 $k_{\mathrm{B}}T \sim (0.01 \sim 0.1)$ keV 的准黑体谱, 而对 X 射线双星, 则产生特征温度为 $k_{\mathrm{B}}T \sim 1$ keV 的准黑体谱, 参见第八章的讨论.

在黑洞吸积系统, 除了准黑体辐射, 还观测到了高能的非热辐射: 幂律的一直延伸到 ~ 100 keV 的硬 X 射线辐射. 这些高能辐射可能来自吸积盘上方的高温的晕, 晕中高能的相对论性电子逆康普顿 (Compton) 散射来自吸积盘的热辐射, 产生了幂律的硬 X 射线辐射. 来自热晕的硬 X 射线辐射可以被我们直接观测到, 它们也会照射相对较冷的吸积盘, 部分电离吸积盘光球层, 产生 X 射线反射成分. X 射线反射谱主要包括丰富的 X 射线荧光发射线、辐射复合发射线, 以及自由 – 自由辐射和康普顿散射的连续谱. 我们这里将要讨论的是反射成分中比较强的铁的 K 壳层发射线, 特别是能量为 6.4 keV 的铁的 Kα 荧光线. 来自吸积盘内区的铁的 Kα 荧光线在吸积盘转动导致的多普勒效应和黑洞周围弯曲时空导致的强引力透镜、引力红移和坐标拖曳效应的联合影响下, 产生了非常宽的、不对称的双峰发射线轮廓 (见图 4.14). 由于越靠近黑洞视界, 引力势阱越深, 辐射线在低能段被红移得非常厉害. 在黑洞最内稳定圆轨道内, 吸积气体向内径向加速, 气体密度直线下降, 导致等离子体中离子被完全光致电离, 另外, 来自该区域的大部分辐射也会落入黑洞, 很难被观测到, 因此, X 射线的反射谱在黑洞最内稳定圆轨道处截断[18]. 由于黑洞最内稳定圆轨道仅依赖于黑洞的自转, 因此我们可以通过测量相对论性宽铁线来测量黑洞的自转, 这是目前测量黑洞自转最精确的方法之一.

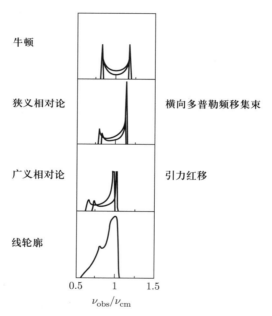

图 4.14　相对论性宽铁线. 宽铁线的轮廓由牛顿多普勒频移、狭义相对论中的横向多普勒频移和相对论集束效应、广义相对论中的引力红移、强引力透镜, 以及坐标拖曳效应共同引起. 从上到下第一幅图显示的是来自非相对论性圆盘上两个窄环由于多普勒频移效应产生的对称的双峰; 第二幅图显示了横向多普勒频移和相对论集束效应; 第三幅图显示了引力红移效应. 最后将各个半径处的发射线叠加起来就产生了相对论性的宽铁线轮廓[18]

　　对黑洞吸积系统 X 射线反射谱的研究主要是由观测驱动的. 欧洲航天局的 X 射线天文台 EXOSAT (European X-ray Observatory SATellite) 首次发现第一个黑洞 X 射线双星天鹅座 X-1 的铁线被展宽了, 英国剑桥大学的法比安 (Fabian) 教授第一个提出在施瓦西时空中相对论宽铁线的模型. 日本的 X 射线卫星 ASCA (Advanced

Satellite for Cosmology and Astrophysics) 由于具有较高的能谱分辨率, 首次成功测量到了来自活动星系核 MCG–6-30-15 的相对论性宽铁线的谱线轮廓 (见图 4.15). 后来人们在很多亮的活动星系核、X 射线双星, 甚至中子星吸积系统中都发现了相对论性宽铁线.

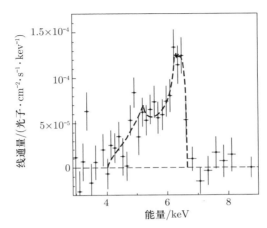

图 4.15 日本 ASCA X 射线卫星观测到来自 I 型活动星系核 MCG6-30-15 的相对论性宽铁线[19]. 该发射线非常宽, 线宽达到 10^5 km/s, 并且被展宽到非常低能端. 图中的虚线为法比安等 (1989) 的模型给出的谱线轮廓[20]

比较符合实际的 X 射线反射模型应该包括冕的几何和辐射谱. 对冕的路灯模型, 需要给定冕的高度和硬 X 射线幂律谱的谱指数, 观测者的倾角, 即观测者视线方向与黑洞自转方向的夹角, 吸积盘气体中金属元素丰度, 以及黑洞的自转. 在下面的计算中, 取观测者倾角为 θ_{obs}, 并假设吸积盘为光学厚、几何薄的标准盘, 盘的内半径为 ISCO: $r_{\mathrm{ms}}(a)$. 由于吸积盘是厚的, 我们不考虑多次穿过吸积盘的辐射, 铁线的辐射假设在流体静止参考系中是各向同性、单能的, 静止能量为 E_0, 表面发射率 $\epsilon(r)$ 是幂律的:

$$\epsilon(r) = \frac{\epsilon_0}{4\pi} r^{-p}, \quad r_{\mathrm{ms}} \leqslant r \leqslant r_{\mathrm{out}}, \tag{4.178}$$

其中 ϵ_0 是一个常数, p 是发射率指数, 并且假设发射区域位于 r_{ms} 到 r_{out} 之间. 需要指出的是, 相对论性宽铁线的轮廓只依赖于无量纲化的黑洞自转 a 和半径 r, 它们都是用黑洞质量来无量纲化的, 因此, 谱线轮廓不依赖于黑洞的质量.

用光线追踪法计算相对论性宽铁线的步骤如下: 第一步, 将像平面 α-β 剖分为很多的网格, 取任意网格中心处 α 和 β 的值, 根据 (4.135)~(4.136) 式, 计算零测地线的运动积分常数 λ, q. 第二步, 在 (4.169) 式中令 $\theta = \theta_{\mathrm{em}} = \pi/2$, 得到

$$a\sqrt{\mu_+^2 + \mu_-^2}\, P_{\mathrm{em}} \pm \Psi_0 = K\left(m_\theta\right). \tag{4.179}$$

根据上式可以计算零测地线的曲线参数值 $P_{\rm em}$. 如果 $\beta > 0$, 上式就取 "$-$" 号; 如果 $\beta < 0$, 上式则取 "$+$" 号. 第三步, 根据 (4.171) 或 (4.173) 式, 计算发射点的位置 $r_{\rm em} = r(P_{\rm em})$ (实际上从未遇到过两个相等实根的极限情况). 第四步, 计算观测的光子频率 (能量) 与发射频率之间的比值 g:

$$g = \frac{\nu_{\rm obs}}{\nu_{\rm em}} = \frac{r^{3/4} \left(r^{3/2} - 3r^{1/2} + 2a\right)^{1/2}}{1 - \Omega_{\rm K}\lambda}, \tag{4.180}$$

其中 $\Omega_{\rm K}$ 是赤道面内共转圆轨道的开普勒角速度,

$$\Omega_{\rm K} = \frac{1}{a + r^{3/2}}. \tag{4.181}$$

最后一步, 根据刘维尔 (Liouville) 定理, 有

$$\frac{I_{\nu_{\rm obs}}}{\nu_{\rm obs}^3} = \frac{I_{\nu_{\rm em}}}{\nu_{\rm em}^3}, \tag{4.182}$$

则每个像素的亮度为 $\epsilon(r)g^4\delta\left(E_{\rm obs} - gE_0\right)$. 对每个像素的亮度求和, 就得到了总观测能谱分布为

$$F_{\rm obs}\left(E_{\rm obs}\right) = \int_{\text{像平面}} \epsilon(r)g^4\delta\left(E_{\rm obs} - gE_0\right)\mathrm{d}\varXi, \tag{4.183}$$

其中 E_0 是静止能量, $\mathrm{d}\varXi$ 是观测者天空中吸积盘所张的立体角. 图 4.16 显示了克尔黑洞中相对论性的宽铁线轮廓的理论计算结果.

4.5.1　相对性辐射转移方程

如果黑洞的吸积率比较低, 低于 0.001 个爱丁顿吸积率, 则吸积模式为径移占优吸积流 (ADAF, advection dominated accretion flow), 吸积流中气体的密度偏低, 对电磁辐射是光学薄的, 详见第八章的讨论. 来自 ADAF 中等离子体的辐射主要有同步辐射和韧致辐射. 辐射峰值主要在近红外和毫米波波段. 银河系中心黑洞人马座 Sgr A* 和近邻的星系 M87 中心黑洞 M87* 的吸积模式就是 ADAF. 在给黑洞拍照的时候, 我们需要理论上计算吸积流的射电图像, 需要处理辐射转移问题[21].

给定光子的两个运动积分值, 它的四维波矢为

$$k_\mu = g_{\mu\nu}\frac{\mathrm{d}x^\nu}{\mathrm{d}\sigma} = (k_t, k_r, k_\theta, k_\varphi) = \left(-1, \pm\frac{\sqrt{R}}{\Delta}, \pm\sqrt{\varTheta}, \lambda\right), \tag{4.184}$$

其中 σ 是光子测地线的仿射参数, E 被吸收到 σ 中. 上式中正负号与 $\mathrm{d}r$, $\mathrm{d}\theta$ 相同. 假设观测者在无穷远处观察到的光子频率是 $\nu_{\rm obs}$, 那么在流体的静止参考系 (LRF)

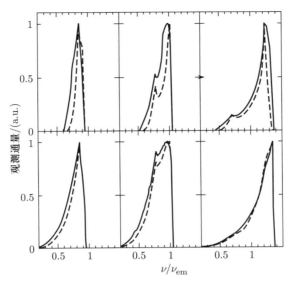

图 4.16 相对论性铁 Kα 发射线的谱线轮廓. 第一排显示的是黑洞自转 $a = 0.2$ 的结果, 第二排为黑洞自转 $a = 0.998$ 的结果. 两排中从左到右分别显示的是观测者倾角 $\theta_{\rm obs}$ 为 $10°$, $30°$, $75°$ 的结果. 实线为 $p = 3$ 的结果, 而虚线为其他辐射率的结果. 吸积盘的内半径为 $r_{\rm ms}$, 外半径为 $15M$

中局部的发射频率是

$$\nu_{\rm em} = -(k_\mu u^\mu)\nu_{\rm obs}, \tag{4.185}$$

其中 u^μ 是流体的四速度. 在 LRF 中, 辐射传递方程为[21]

$$\frac{{\rm d}I(\nu_{\rm em})}{{\rm d}L} = -\kappa(\nu_{\rm em})I(\nu_{\rm em}) + \eta(\nu_{\rm em}), \tag{4.186}$$

其中 I 是光子的辐射强度, ${\rm d}L$ 是光子在 LRF 中传播的物理距离. 利用 $\mathcal{I} \equiv I/\nu^3$ 是洛伦兹不变量, 上面的方程可以重写为

$$\frac{{\rm d}\mathcal{I}(\nu_{\rm em})}{{\rm d}L} = -\kappa(\nu_{\rm em})\mathcal{I}(\nu_{\rm em}) + \frac{\eta(\nu_{\rm em})}{\nu_{\rm em}^3}. \tag{4.187}$$

由于我们已取 $c = 1$, 有

$$\frac{{\rm d}L}{{\rm d}\sigma} = \frac{{\rm d}x^{(0)}}{{\rm d}\sigma} = \frac{{\rm d}x^\mu}{{\rm d}\sigma} e_\mu^{(0)}({\rm LRF}) = -k_\mu u^\mu. \tag{4.188}$$

因此, 在弯曲时空中的辐射转移方程为[21]

$$\begin{aligned}
\frac{{\rm d}\mathcal{I}(\nu_{\rm em})}{{\rm d}\sigma} &= -k_\mu u^\mu[-\kappa(\nu_{\rm em})\mathcal{I}(\nu_{\rm em}) + \eta(\nu_{\rm em})/\nu_{\rm em}^3] \\
&= [-\nu_{\rm em}\kappa(\nu_{\rm em})\mathcal{I}(\nu_{\rm em}) + \eta(\nu_{\rm em})/\nu_{\rm em}^2]/\nu_{\rm obs}. \tag{4.189}
\end{aligned}$$

众所周知 $\mathcal{I}, \nu\kappa(\nu)$, 以及 $\eta(\nu)/\nu^2$ 都是洛伦兹不变量[21], 因此, 上面的辐射传递方程最终写成洛伦兹不变形式.

因为

$$\Sigma \frac{\mathrm{d}r}{\mathrm{d}\sigma} = \pm\sqrt{R}, \tag{4.190}$$

$$\frac{\mathrm{d}r}{\mathrm{d}P} = \pm\sqrt{R}, \tag{4.191}$$

因此有

$$\mathrm{d}\sigma = -\Sigma\mathrm{d}P. \tag{4.192}$$

引入

$$\widetilde{\kappa} = \nu_{\mathrm{em}}\kappa(\nu_{\mathrm{em}})/\nu_{\mathrm{obs}}, \quad \widetilde{\eta} = \eta(\nu_{\mathrm{em}})/(\nu_{\mathrm{em}}^2 \nu_{\mathrm{obs}}), \tag{4.193}$$

最终得到转移方程的形式解为

$$\mathcal{I}_{\mathrm{obs}} = \int_0^{P_{\max}} \exp\left(-\int_{P'}^{P_{\max}} \widetilde{\kappa}(P'')\Sigma\mathrm{d}P''\right)\widetilde{\eta}(P')\Sigma\mathrm{d}P', \tag{4.194}$$

其中 $P_{\max}$ 是从无穷远处追踪到最里面的发射位置的最大轨迹积分值.

§4.6 偏振的辐射转移

在黑洞盘冕模型中, 反射成分必然导致 X 反射辐射具有偏振, 可以被 X 射线偏振测量卫星, 例如美国宇航局的成像 X 射线偏振探测器 (IXPE) 观测到.

本节将讨论光子偏振矢量 f^α 在真空中的辐射转移. 由于电磁波是横波, 要求在传播过程中, f^α 与波矢垂直, 另外, 要求 f^α 沿着测地线平行移动. 在实际计算中, 我们尽量利用光子沿着测地线传播过程中的运动积分来简化计算[22-23].

假设 f^α 为偏振矢量, 采用纽曼 – 彭罗斯零标架 $\{l^\alpha, n^\alpha, m^\alpha, \overline{m}^\alpha\}$, 矢量 f^α 的模长为

$$\boldsymbol{f} \cdot \boldsymbol{f} = -2[(\boldsymbol{f} \cdot \boldsymbol{l})(\boldsymbol{f} \cdot \boldsymbol{n}) - (\boldsymbol{f} \cdot \boldsymbol{m})(\boldsymbol{f} \cdot \overline{\boldsymbol{m}})]. \tag{4.195}$$

克尔度规与其他任何 D 型真空时空一样, 存在一个保形基灵旋量, 这使得我们可以用一种非常简单的方式确定偏振矢量沿零测地线的平行移动. 这是因为沃克 – 彭罗斯定理告诉我们: 如果 k 是仿射参数化的零测地线, f 与 k 正交并沿着它平行传播, 那么在 D 型时空中, 如下的量沿着测地线是守恒的[24]:

$$K_{\mathrm{WP}} = 2\left[(\boldsymbol{k} \cdot \boldsymbol{l})(\boldsymbol{f} \cdot \boldsymbol{n}) - (\boldsymbol{k} \cdot \boldsymbol{m})(\boldsymbol{f} \cdot \overline{\boldsymbol{m}})\right]\Psi_2^{-1/3}, \tag{4.196}$$

即

$$k^{\alpha} \nabla_{\alpha} K_{\mathrm{WP}} = 0. \tag{4.197}$$

在方程 (4.196) 中, Ψ_2 是在克尔时空中唯一不为零的外尔 (Weyl) 标量:

$$\Psi_2 = -\frac{Mr}{|\rho|^6} \left(r^2 - 3a^2 \cos^2\theta \right) - \mathrm{i}\frac{aM\cos\theta}{|\rho|^6} \left(3r^2 - a^2 \cos^2\theta \right) = -\frac{M}{\rho^{*3}}, \tag{4.198}$$

这里我们采用了博耶 – 林德奎斯特坐标 (t, r, θ, φ), 以及

$$|\rho|^2 \equiv \rho\rho^* = r^2 + a^2 \cos^2\theta. \tag{4.199}$$

根据沃克 – 彭罗斯定理可以导出两个推论. 推论一是, 在变换 $\boldsymbol{f} \to \boldsymbol{f} + C\boldsymbol{k}$ 下, K_{WP} 不变, 其中 C 是一任意函数. 证明是直接的, 应用恒等式 $\boldsymbol{k} \cdot \boldsymbol{k} = 0$ 和方程 (4.195) 即可. 推论二是, 在克尔时空中, 沃克 – 彭罗斯定理意味着

$$|K_{\mathrm{WP}}|^2 = M^{-2/3} \left[Q + (L_z - aE)^2 \right] (\boldsymbol{f} \cdot \boldsymbol{f}), \tag{4.200}$$

其中 $E = -k_t$ 是无穷远处守恒的能量, $L_z = k_{\varphi}$ 是沿着黑洞自转轴方向守恒的角动量, $Q = k_{\theta}^2 + L_z^2 \cot^2\theta - a^2 E^2 \cos^2\theta$ 是卡特常数. 推论二的证明如下. 根据在文献 [11] 的 §60 中推论 2 的证明, 我们有

$$|K_{\mathrm{WP}}|^2 = 2 |\Psi_2|^{-2/3} (\boldsymbol{k} \cdot \boldsymbol{m})(\boldsymbol{k} \cdot \overline{\boldsymbol{m}})(\boldsymbol{f} \cdot \boldsymbol{f}). \tag{4.201}$$

于是, 定义

$$S \equiv \frac{k_{\varphi}}{\sin\theta} + a\sin\theta\, k_t = \frac{L_z}{\sin\theta} - a\sin\theta\, E, \tag{4.202}$$

$$T \equiv k_{\theta} = \mathrm{sign}(k_{\theta})\sqrt{Q + a^2 E^2 \cos^2\theta - L_z^2 \cot^2\theta}, \tag{4.203}$$

易得

$$(\boldsymbol{k} \cdot \boldsymbol{m})(\boldsymbol{k} \cdot \overline{\boldsymbol{m}}) = \frac{1}{2|\rho|^2} \left(S^2 + T^2 \right). \tag{4.204}$$

可以验证

$$S^2 + T^2 = Q + (L_z - aE)^2 = \text{常数}, \tag{4.205}$$

以及

$$|\Psi_2|^{-2/3} = M^{-2/3}|\rho|^2. \tag{4.206}$$

将方程 (4.204)～(4.206) 代入方程 (4.201), 就证明了 (4.200) 式的恒等式.

定义

$$K_{\mathrm{WP}} \equiv (-M)^{-1/3} (K_1 + \mathrm{i} K_2), \tag{4.207}$$

其中 K_1 和 K_2 是实常数. 将 (4.198) 式代入方程 (4.196), 得到

$$K_1 + \mathrm{i} K_2 = 2\rho^* \left[(\boldsymbol{k} \cdot \boldsymbol{l})(\boldsymbol{f} \cdot \boldsymbol{n}) - (\boldsymbol{k} \cdot \boldsymbol{m})(\boldsymbol{f} \cdot \overline{\boldsymbol{m}}) \right]. \tag{4.208}$$

用博耶 – 林德奎斯特坐标中的矢量分量表示, 我们有

$$
\begin{aligned}
K_1 + \mathrm{i} K_2 = \frac{1}{r + \mathrm{i} a \cos\theta} \Big\{ & \left(r^2 + a^2 \right) \left(k_r f_t - k_t f_r \right) + a \left(k_r f_\varphi - k_\varphi f_r \right) \\
& + \frac{\mathrm{i}}{\sin\theta} \left[k_\theta f_\varphi - k_\varphi f_\theta - a \sin^2\theta \left(k_t f_\theta - k_\theta f_t \right) \right] \Big\},
\end{aligned}
\tag{4.209}
$$

以上过程已利用了

$$k_\alpha f^\alpha = 0. \tag{4.210}$$

方程 (4.209) 是非常有用的, 因为 k_α 为光子的波矢, 根据方程 (4.184), 它完全由光子的守恒量 λ, q 决定.

为求解光子偏振的传播, 取 $\boldsymbol{f}$ 为单位极化矢量, 即 $\boldsymbol{f} = \boldsymbol{A}/A$, 其中 $\boldsymbol{A}$ 为振幅矢量. 矢量 $\boldsymbol{f}$ 满足 (4.210) 式, 以及

$$k^\alpha \nabla_\alpha f^\beta = 0, \tag{4.211}$$

说明偏振矢量沿着光线是平行传播的. 虽然对于任意极化辐射 $\boldsymbol{f}$ 是复数, 对于线偏振光束, 它可以选择为实数矢量. 因此, 我们假设 $\boldsymbol{f}$ 是实数, 其中

$$f_\alpha f^\alpha = 1. \tag{4.212}$$

根据四矢量 $\boldsymbol{f}$ 的定义, 它不能完全被确定, 可以差 $\boldsymbol{k}$ 的一个倍数, 这是因为 $\boldsymbol{k}$ 满足测地线方程, 且是零矢量. 在变换 $\boldsymbol{f} \to \boldsymbol{f}' = \boldsymbol{f} + C\boldsymbol{k}$ 下, 显然 $\boldsymbol{f}'$ 仍满足方程 (4.210) 和 (4.212) . 然而, 如果要求 $\boldsymbol{f}'$ 仍满足平行传播方程 (4.211), 则要求 C 必须满足 $k^\alpha \nabla_\alpha C = 0$, 即 C 沿零测地线必须是常数.

因为有了沃克 – 彭罗斯定理, 我们不需要直接解偏振矢量的传播方程 (4.211). 相反, 方程 (4.209) 和 (4.210) 可以用来确定偏振矢量. 方程 (4.209) 等价于两个实方程. 然后, 与方程 (4.210) 一起, 我们有三个方程, 不足以确定 f^α 的四个分量. 矢量 f^α 仅能被确定到差波矢量 k^α 的一个倍数. 不过, 这种自由度并不影响物理测量, 因为电磁波是横波, k^α 的一个倍数只改变 f^α 沿光方向分量的传播和本地时间

方向[5]. 因此, 相差 k^α 的一个倍数导致的不确定性并不影响我们做出物理解释. 事实上, 我们可以利用这个 "规范自由度" 来简化计算, 比如选择一种方便形式的 f^α. 因此, 方程 (4.209) 和 (4.210) 足以求解 f^α 的物理分量. 在得到积分常数 K_1 和 K_2 之后, 方程 (4.209) 和 (4.210) 可以用来确定 f^α 在测地线上任何位置的分量.

因为我们已经假设 $\boldsymbol{f} \cdot \boldsymbol{f} = 1$, 通过方程 (4.200), (4.205) 和 (4.207), 我们有

$$K_1^2 + K_2^2 = S^2 + T^2 = Q + (L_z - aE)^2. \tag{4.213}$$

第五章 相对论星的结构

§5.1 相对论星的结构方程

流体力学平衡时标与热力学平衡时标相差 20 多倍, 因此星体容易先达到流体静力学平衡. 对白矮星和中子星这样由费米子的费米简并压与引力抗衡的致密天体来说, 理想费米气体的粒子数密度 n 与费米子的简并压 p_{F} 之间的关系 (已取原子单位 $\hbar = c = 1$) 为

$$n = \frac{p_{\mathrm{F}}^3}{3\pi^2}. \tag{5.1}$$

因此费米动量 (p_{F}) 和费米能 (E_{F})(先假设费米子是非相对论的) 分别为

$$p_{\mathrm{F}} = (3\pi^2 n)^{1/3}, \quad E_{\mathrm{F}} = \frac{p_{\mathrm{F}}^3}{2m} = \frac{(3\pi^2 n)^{2/3}}{2m}, \tag{5.2}$$

其中 m 为费米子的质量.

对白矮星, 典型质量密度为 $\rho \sim 10^6$ g·cm^{-3}. 经计算, 其费米温度

$$T_{\mathrm{F}} \sim 10^9 \text{ K} \gg T_{\mathrm{surf}} \sim 10^4 \text{ K}, \tag{5.3}$$

即粒子的费米温度远大于白矮星的表面特征温度. 同样估算, 对中子星, 其典型质能密度为 $\rho \sim 10^{14}$ g·cm^{-3}, 其费米温度

$$T_{\mathrm{F}} \sim 10^{11} \text{ K} \gg T_{\mathrm{surf}} \sim 10^6 \text{ K}. \tag{5.4}$$

同样, 中子星内部中子的费米温度远大于中子星的表面温度. 因此, 对致密的费米星来说, 除非在一些特殊的条件下 (例如刚诞生的中子星内部), 其星体内部的费米子可以取零温近似, 即费米子是完全简并的. 在零温近似下, 星体的状态方程 (质能密度和压强) 仅为粒子数密度的函数:

$$\rho = \rho(n, T) \approx \rho(n), \tag{5.5}$$

$$p = p(n, T) \approx P(n). \tag{5.6}$$

对于球对称的相对论星来说, 其外部时空度规为施瓦西时空, 星体内部的时空性质依赖于星体的状态方程. 对于球对称的静态时空, 其时空度规的一般形式为

$$\mathrm{d}s^2 = -\mathrm{e}^{2\nu(r)}\mathrm{d}t^2 + \mathrm{e}^{2\lambda(r)}\mathrm{d}r^2 + r^2\mathrm{d}\Omega_2^2, \tag{5.7}$$

其中 $\nu(r)$ 和 $\lambda(r)$ 为待求的度规函数.

假设星体内部的物质为理想流体, 理想流体的能动张量为

$$T^{\mu\nu} = pg^{\mu v} + (p + \rho)u^\mu u^\nu, \tag{5.8}$$

其中 u^μ 为流体的四速度. 对流体元静止参考系,

$$T^{(a)(b)} = \mathrm{diag}(\rho, p, p, p), \tag{5.9}$$

明显可以看出这是理想流体.

将理想流体的能动张量 $T^{\mu\nu}$ 代入爱因斯坦场方程, 得到

$$\mathrm{e}^{-2\lambda}\left(\frac{1}{r^2} - \frac{2}{r}\frac{\mathrm{d}\lambda}{\mathrm{d}r}\right) - \frac{1}{r^2} = -8\pi G\rho, \tag{5.10}$$

$$\mathrm{e}^{-2\lambda}\left(\frac{1}{r^2} + \frac{2}{r}\frac{\mathrm{d}\nu}{\mathrm{d}r}\right) - \frac{1}{r^2} = 8\pi Gp, \tag{5.11}$$

$$\frac{\mathrm{d}p}{\mathrm{d}r} = -(\rho + p)\frac{\mathrm{d}\nu}{\mathrm{d}r}. \tag{5.12}$$

待求的未知量有 $\nu(r), \lambda(r), \rho(r)$ 和 $p(r)$. 以上三个方程附加上流体的状态方程 $\rho(p)$, 方程组就是封闭可解的.

下面我们将该方程组整理为物理意义更清楚的形式. 将方程 (5.10) 的两边同乘以 r^2, 并整理得到

$$\frac{\mathrm{d}}{\mathrm{d}r}\left(r\mathrm{e}^{-2\lambda}\right) = 1 - 8\pi G\rho r^2. \tag{5.13}$$

积分上式, 得到

$$r\mathrm{e}^{-2\lambda} = r - 2\int_0^r 4\pi G\rho r^2\mathrm{d}r. \tag{5.14}$$

引入参数 $m(r)$ (它的物理含义稍后解释):

$$m(r) \equiv \int_0^r 4\pi\rho r^2\mathrm{d}r, \tag{5.15}$$

则可以将度规函数 $\lambda(r)$ 表示为 $m(r)$ 的函数:

$$\mathrm{e}^{-2\lambda} = 1 - \frac{2Gm(r)}{r}. \tag{5.16}$$

将方程 (5.11)~(5.12) 联立, 解得

$$\frac{\mathrm{d}p}{\mathrm{d}r} = -\frac{G(\rho + p)\left(m + 4\pi r^3 p\right)}{r^2\left(1 - \dfrac{2Gm}{r}\right)}, \tag{5.17}$$

$$\frac{\mathrm{d}\nu}{\mathrm{d}r} = \frac{G(m + 4\pi r^3 p)}{r^2\left(1 - \dfrac{2Gm}{r}\right)}. \tag{5.18}$$

方程组 (5.15)~(5.18) 就是著名的托尔曼 – 奥本海默 – 沃尔科夫 (Tolman-Oppenh-eimer-Volkoff) 方程组, 即相对论星的结构方程, 简称 TOV 方程组. 特别是方程 (5.17) 就是相对论星的流体静力学平衡方程. 恢复量纲, 该式为

$$\frac{\mathrm{d}p}{\mathrm{d}r} = -\frac{G(\rho + p/c^2)\left(m + 4\pi r^3 p/c^2\right)}{r^2\left(1 - \dfrac{2Gm}{rc^2}\right)} \rightarrow -\frac{G\rho m}{r^2} \quad (c \rightarrow \infty). \tag{5.19}$$

由于牛顿的万有引力是一种超距相互作用, 在上式中令光速等于无穷大, 相对论性的流体静力学平衡方程就回到了牛顿力学中的流体静力学平衡方程. 从 (5.17) 式可以看出, 压强也变成了引力源! 这在广义相对论中是很自然的, 因为压强 p 对流体的能动张量有贡献.

另外需要指出的是, 在星体的内部,

$$\mathrm{e}^{2\nu} \neq \left(1 - \frac{2Gm(r)}{r}\right). \tag{5.20}$$

在无穷远处 $\nu(r \rightarrow \infty) = 0$, 积分 (5.18) 式, 得到

$$\nu(r) = \int_r^\infty G\left[\frac{m + 4\pi r^3 p}{r^2\left(1 - \dfrac{2Gm}{r}\right)}\right]\mathrm{d}r. \tag{5.21}$$

在星体的外面, $m(r \geqslant R) = M$, $p(r \geqslant R) = 0$, 因此

$$\nu(r \geqslant R) = \int_r^\infty \frac{GM}{r^2\left(1 - \dfrac{2GM}{r}\right)}\mathrm{d}r = \frac{1}{2}\ln\left(1 - \frac{2GM}{r}\right), \tag{5.22}$$

即

$$\mathrm{e}^{2\nu} = 1 - \frac{2GM}{r} \quad (r > R). \tag{5.23}$$

可以看出, 星体外面的度规为施瓦西度规, 其中引力质量就是

$$M \equiv \int_0^R 4\pi\rho r^2 \mathrm{d}r. \tag{5.24}$$

TOV 方程组整体是非线性的, 只能数值求解. 该方程组的边界条件为

$$m(r = 0) = 0, \tag{5.25}$$

$$P(r = 0) = P_c \quad [\text{等价于 } \rho(r = 0) = \rho_c], \tag{5.26}$$

$$\nu(r = 0) = \nu_0 \quad (\text{任选值}). \tag{5.27}$$

数值积分时, 从 $r = 0$ 处开始积分, 一直积分到星体的表面 $r = R$ 处, 压强 $P(R) = 0$ 为止. ν_0 的值在数值计算的时候可以任意取, 这是因为方程 (5.18) 对 ν 是线性的, 其他方程又不依赖 ν 的值. 可以通过要求在星体表面必须有

$$\nu(R) = \frac{1}{2} \ln \left(1 - \frac{2GM}{R} \right) \tag{5.28}$$

来修正.

§5.2 相对论星的总质能

在 (5.15) 式中我们引入了 $m(r)$. 到目前为止, 我们只知道 $m(R)$ 为外部观测者测量到的星体的引力质量, 比如, 我们可以通过开普勒第三定律来测量中子星的引力质量 M. 下面讨论可以将 $m(r)$ 看作相对论星在坐标半径 r 之内的总质能.

在星体内部半径 $r - r + \mathrm{d}r$ 之间的固有体积微元为

$$\mathrm{d}V = 4\pi r^2 \mathrm{e}^\lambda \mathrm{d}r = 4\pi r^2 \left(1 - \frac{2m}{r} \right)^{-1/2} \mathrm{d}r, \tag{5.29}$$

因此, 星体内部总的粒子数为

$$N = \int n(r)\mathrm{d}V = \int n(r)4\pi r^2 \left(1 - \frac{2m}{r} \right)^{-1/2} \mathrm{d}r, \tag{5.30}$$

由此得星体的总静止质量为 $M_0 = m_0 N$, 其中 m_0 为粒子的静止质量. 而星体在半径 r 之内的总内能为

$$U(r) = \int_0^r \varepsilon\left(r'\right) \mathrm{d}V = \int_0^r 4\pi r'^2 \mathrm{e}^\lambda \varepsilon(r')\mathrm{d}r'. \tag{5.31}$$

设星体内部流体单位体积的内能为 ϵ, 即流体的质能密度 $\rho = nm_0 + \epsilon$, 则之前我们引入的

$$m(r) = \int_0^r 4\pi\rho r^2 \mathrm{d}r = \int_0^r 4\pi\left(nm_0 + \varepsilon\right)r^2 \mathrm{d}r. \tag{5.32}$$

显然 $m(r) \neq m_0(r) + U(r)$. 如果我们猜测 $m(r)$ 为星体的总质能, 并假设星体半径 r 之内的引力能为 $V(r)$, 则根据能量守恒, 下式应该成立:

$$m(r) = m_0(r) + U(r) + V(r). \tag{5.33}$$

下面我们检查一下 $V(r) = m(r) - m_0(r) - U(r)$ 是否真的是星体的引力能:

$$V = m(r) - m_0(r) - U(r)$$

$$= \int_0^r 4\pi \rho r'^2 dr' - \int_0^r 4\pi \rho r'^2 \left(1 - \frac{2m}{r'}\right)^{-1/2} dr'$$

$$= \int_0^r 4\pi \rho r'^2 \left[1 - \left(1 - \frac{2m}{r'}\right)^{-\frac{1}{2}}\right] dr'. \tag{5.34}$$

在局域惯性系中, 系统的总质能等于其静能与内能相加, 没有引力能, 即在局域惯性系中引力可以消除, 但是这里 V 是星体的整体引力能, 可以不为零.

我们在弱场近似, 即牛顿近似下检查一下 $V(r)$ 是否是星体的自引力能:

$$V(r) = - \int_0^r 4\pi r'^2 \left[\frac{m(r')}{r'} + \frac{3m^2(r')}{2r'^2} + \cdots\right] \rho(r') dr'$$

$$\approx - \int_0^r 4\pi r'^2 \frac{m(r')}{r'} \rho(r') dr'$$

$$= - \int_0^r \frac{m(r')}{r'} dm(r'). \tag{5.35}$$

在牛顿力学中, $Gm(r)/r$ 为星体内部 r 处单位质量的引力能, 而在该处厚度为 dr 的球壳内的质量为 $dm(r)$, 因此 (5.35) 式中的 $V(r)$ 就是星体半径 r 之内的总自引力能. 据此我们可以大胆推测, 根据 (5.15) 式, 也可参见 (5.32) 式, 引入的 $m(r)$ 就是星体半径 r 之内的总质能, 即星体的总能量等于其总静能、总内能和总自引力能之和. 因此, 星体达到流体静力学平衡之后, 星体的总的引力结合能为

$$E_{\rm g} = -U - V = M_0 - M. \tag{5.36}$$

如果将 $m(r)$ 看作星体半径 r 之内的总质能, 我们可以根据最小能量原理来推导相对论星的流体静力学平衡方程, 即方程 (5.17). 如果我们能成功的话, 将是一石三鸟: 第一, 进一步确认 $m(r)$ 就是星体半径 r 之内的总质能; 第二, 从能量的观点重新得到相对论星的流体静力学平衡方程, 并可以讨论星体稳定性问题; 第三, 可以研究相对论星引力能的释放, 可用于相关天体物理问题研究.

根据最小能量原理, 假设星体是由 N 个同一种静止质量为 m_0 的粒子组成的自引力束缚系统, 通过调整粒子在星体内部数密度的分布 $n(r)$ (变分 δn), 最终得到星体的总质能 M 的值最小 ($\delta M = 0$), 即星体达到流体静力学平衡. 因此星体平衡的条件和稳定平衡的条件如下:

$$\left(\frac{\delta M}{\delta n}\right)_N = 0, \quad \text{平衡态}, \tag{5.37}$$

$$\left(\frac{\delta^2 M}{\delta n^2}\right)_N > 0, \quad \text{稳定态}. \tag{5.38}$$

这是带有约束条件的极值问题, 可以用拉格朗日乘子法讨论. 星体的总质能和总静止质量 (等价于总粒子数) 分别为

$$M = \int_0^\infty 4\pi\rho r^2 \mathrm{d}r, \tag{5.39}$$

$$M_0 = \int_0^\infty 4\pi n(r) m_0 r^2 \left(1 - \frac{2m(r)}{r}\right)^{-1/2} \mathrm{d}r. \tag{5.40}$$

下面根据 δn 得到 $\delta\rho$, 并最终得到 δM 和 δM_0. 由热力学第二定律 (取零温近似), 有

$$\mathrm{d}\left(\frac{\varepsilon}{n}\right) = -p\,\mathrm{d}\left(\frac{1}{n}\right), \tag{5.41}$$

易得

$$\delta\varepsilon = \frac{(\varepsilon + p)}{n}\delta n. \tag{5.42}$$

进一步根据 $\rho = nm_0 + \varepsilon$, 得到

$$\delta\rho = \frac{\rho + p}{n}\delta n, \tag{5.43}$$

因此有

$$\delta M = \int_0^\infty 4\pi r^2 \delta\rho\,\mathrm{d}r, \tag{5.44}$$

$$\delta M_0 = m_0 \int_0^\infty 4\pi r^2 \delta n \left(1 - \frac{2m}{r}\right)^{-1/2} \mathrm{d}r + \int_0^\infty 4\pi r^2 n \delta\left(1 - \frac{2m}{r}\right)^{-1/2} \mathrm{d}r$$

$$= m_0 \int_0^\infty 4\pi r^2 \left(1 - \frac{2m(r)}{r}\right)^{-1/2} \frac{n}{\rho + p}\delta\rho(r)\mathrm{d}r$$

$$+ m_0 \int_0^\infty 4\pi n r \left(1 - \frac{2m(r)}{r}\right)^{-3/2} \left[\int_0^r 4\pi r'^2 \delta\rho(r')\mathrm{d}r'\right]\mathrm{d}r. \tag{5.45}$$

在 (5.45) 式中出现了一个对半径 r 的二重积分, 交换 r 与 r' 的积分次序, 并交换符号 $r \leftrightarrow r'$, 得到

$$\int_0^\infty \mathrm{d}r \int_0^r \mathrm{d}r' 4\pi n r \left(1 - \frac{2m}{r}\right)^{-3/2} 4\pi r'^2 \delta\rho\left(r'\right)$$

$$= \int_0^\infty \mathrm{d}r' \int_{r'}^\infty \mathrm{d}r 4\pi n r \left(1 - \frac{2m}{r}\right)^{-3/2} 4\pi r'^2 \delta\rho\left(r'\right)$$

$$= \int_0^\infty \mathrm{d}r \int_r^\infty \mathrm{d}r' 4\pi n r' \left(1 - \frac{2m}{r'}\right)^{-3/2} 4\pi r^2 \delta\rho(r). \tag{5.46}$$

根据拉格朗日乘子法, 星体平衡的条件为

$$\delta M - \lambda \delta M_0 = 0. \tag{5.47}$$

将 (5.46) 式代入 (5.45) 式, 则星体平衡的条件为

$$\delta M - \lambda \delta M_0 = \int_0^\infty 4\pi r^2 \left\{ 1 - \frac{\lambda n}{\rho + p} \left(1 - \frac{2m}{r} \right)^{-1/2} \right.$$
$$\left. - m_0 \lambda \int_r^\infty 4\pi r' n \left(1 - \frac{2m}{r'} \right)^{-3/2} \mathrm{d}r' \right\} \delta\rho \,\mathrm{d}r = 0. \tag{5.48}$$

将拉格朗日乘子 λ 移到方程的左边, 有

$$\frac{1}{\lambda} = \frac{n m_0}{p + \rho} \left(1 - \frac{2m}{r} \right)^{-\frac{1}{2}} + \int_r^\infty 4\pi r n m_0 \left(1 - \frac{2m}{r} \right)^{-3/2} \mathrm{d}r. \tag{5.49}$$

将上式对 r 微分, 得到

$$0 = \frac{\partial}{\partial r} \left[\frac{n}{p + \rho} \left(1 - \frac{2m}{r} \right)^{-\frac{1}{2}} \right] - 4\pi r n \left(1 - \frac{2m}{r} \right)^{-\frac{3}{2}}. \tag{5.50}$$

利用 $\mathrm{d}(\rho/n) = -p \,\mathrm{d}(1/n)$, 进一步整理, 最终得到了相对论星的流体静力学平衡方程:

$$\frac{\mathrm{d}p}{\mathrm{d}r} = -\frac{G(\rho + p)\left(m + 4\pi p r^3 \right)}{r^2 \left(1 - \frac{2m}{r} \right)}. \tag{5.51}$$

下面讨论拉格朗日乘子 λ 的物理意义. (5.49) 式是 (5.50) 式的积分方程, λ 就是积分常数. 根据定义, λ 是一个无量纲的常数, 根据 (5.49) 式, 可以在星体表面附近 $(r \to R)$ 计算 λ 的值. 在星体表面附近, $p \approx 0, \epsilon \approx 0$, $\rho \approx n m_0$, 因此有

$$\lambda = \left(1 - \frac{2M}{R} \right)^{\frac{1}{2}} = \frac{1}{1 + z(R)}, \tag{5.52}$$

其中 $z(R)$ 为星体表面的引力红移. 另外, 根据 (5.47) 式,

$$\eta \equiv 1 - \lambda = \frac{\delta(M_0 - M)}{\delta M_0} = \frac{\delta E_{\mathrm{g}}}{\delta M_0} = \frac{z(R)}{1 + z(R)}. \tag{5.53}$$

上式清晰地表明, $1 - \lambda$ 为星体吸积单位质量的气体, 重新达到新的流体静力学平衡之后所释放的引力结合能的比例, 即 η 为从无穷远处吸积气体的产能率. 我们在 2004 年证明 (5.53) 式即使在星体处于暗物质晕中也成立, 即该结果是普适的 [25]. 在牛顿近似下,

$$\eta = 1 - \lambda \approx \frac{GM}{R}, \tag{5.54}$$

此即星体表面单位质量的引力势能的绝对值.

§5.3 多方球理论

对白矮星来说, 由于它的致密参数还比较小, 用牛顿近似下的流体静力学平衡方程讨论白矮星的内部结构, 得到的白矮星的最大质量还是足够精确的. 钱德拉塞卡当年就是用莱恩 – 埃姆登 (Lane-Emden) 方程得到了白矮星的最大质量, 即钱德拉塞卡极限[26]. 莱恩 – 埃姆登方程就是牛顿力学中的流体静力学平衡方程结合流体的状态方程采用多方状态方程的产物. 但对中子星这样的相对论星来说, 我们必须采用 TOV 方程组求解其内部结构, 得到中子星的最大质量, 即奥本海默极限[27]. 当年奥本海默就是假设中子星由纯理想的中子气体组成, 采用 TOV 方程组, 得到了中子星的最大质量约为 0.7 倍太阳质量. 当然, 为了简单起见, 作为零级近似, 也可以采用莱恩 – 埃姆登方程讨论中子星的结构. 这么处理的最大好处就是莱恩 – 埃姆登方程在很多情况下都存在解析解, 即使不存在解析解, 我们也能得到大多数标度关系.

其实在钱德拉塞卡之前, 莱恩 – 埃姆登方程已经提出, 并被应用于恒星结构的研究. 下面推导莱恩 – 埃姆登方程, 并讨论我们感兴趣的一些解. 对于球对称自引力束缚系统, 流体静力学平衡方程为

$$\frac{\mathrm{d}p(r)}{\mathrm{d}r} = -\frac{Gm(r)\rho(r)}{r^2}. \tag{5.55}$$

将 (5.55) 式变形为微分 – 积分方程

$$\frac{r^2}{\rho(r)}\frac{\mathrm{d}p(r)}{\mathrm{d}r} = -Gm(r) = -G\int_0^r 4\pi r'^2 \rho(r')\mathrm{d}r', \tag{5.56}$$

再对方程两边对半径 r 求导, 得到二阶的微分形式的流体静力学平衡方程:

$$\frac{\mathrm{d}}{\mathrm{d}r}\left(\frac{r^2}{\rho(r)}\frac{\mathrm{d}p(r)}{\mathrm{d}r}\right) = -G4\pi r^2 \rho(r). \tag{5.57}$$

该二阶微分方程的边界条件为

$$\rho(r=0) = \rho_0, \quad \frac{\mathrm{d}p}{\mathrm{d}r}(r=0) = 0, \tag{5.58}$$

即需要提供星体中心的质量密度 ρ_0, 以及星体中心的总质量为零, 导致星体中心的压强梯度也为零.

假设在星体内部状态方程为统一的多方状态方程 $p = K\rho^\gamma$, 将该多方状态方程代入流体静力学平衡方程, 求解星体的结构, 该问题就是著名的多方球理论. 先将方程无量纲化. 质量密度就用星体中心的质量密度无量纲化:

$$\frac{\rho}{\rho_0} \equiv \theta^{\frac{1}{\gamma-1}}. \tag{5.59}$$

半径用 α 参数无量纲化, 即

$$\frac{r}{\alpha} \equiv \xi, \tag{5.60}$$

其中

$$\alpha \equiv \left[\frac{K}{4\pi G} \left(\frac{\gamma}{\gamma - 1} \right) \right]^{1/2} \rho_0^{(\gamma-2)/2}. \tag{5.61}$$

无量纲化的流体静力学平衡方程为

$$\frac{1}{\xi^2} \frac{\mathrm{d}}{\mathrm{d}\xi} \left[\xi^2 \frac{\mathrm{d}\theta}{\mathrm{d}\xi} \right] = -\theta^n, \tag{5.62}$$

这就是著名的莱恩－埃姆登方程, 这里 $n \equiv 1/(\gamma - 1)$. 方程的边界条件为 $\xi = 0$ 时, $\theta(\xi = 0) = 1$, 以及 $\dfrac{\mathrm{d}\theta}{\mathrm{d}\xi}(\xi = 0) = 0$. 方程的数值求解很简单, 直接从星体中心 $\xi = 0$ 处开始不断向外积分莱恩－埃姆登方程. 对 $n < 5$, 解 $\theta(\xi)$ 随着半径 ξ 增加不断减小, 并且在某个有限值 ξ_n^* 处, $\theta(\xi^*) = 0$, 即密度降为零, 相应于到达星体的表面, 星体的半径为

$$R = \alpha \xi_n^*, \tag{5.63}$$

则星体的总质量为

$$\begin{aligned} M &= \int_0^R 4\pi r^2 \rho(r) \mathrm{d}r = 4\pi \rho_0 \alpha^3 \int_0^{\xi^*} \xi^2 \theta^n \mathrm{d}\xi \\ &= 4\pi \rho_0^{\frac{(3\gamma-4)}{2}} \left(\frac{K\gamma}{4\pi G(\gamma - 1)} \right)^{3/2} M_n^*. \end{aligned} \tag{5.64}$$

这里 M_n^* 为无量纲的数值积分:

$$M_n^* \equiv \int_0^{\xi^*} \xi^2 \theta^n \mathrm{d}\xi = - \left. \xi^2 \frac{\mathrm{d}\theta}{\mathrm{d}\xi} \right|_{\xi = \xi_n^*}. \tag{5.65}$$

上式的第二步已经利用了莱恩－埃姆登方程.

根据 (5.64) 和 (5.65) 式, 消去 ρ_0, 得到

$$\left(\frac{GM}{M_n^*} \right)^{n-1} \left(\frac{R}{\xi_n^*} \right)^{3-n} = \frac{[(n+1)K]^n}{4\pi G}. \tag{5.66}$$

我们讨论多方指数为 $\gamma = 5/3$ 和 $\gamma = 4/3$ 两种典型情况 (见表 5.1). 如果状态方程的多方指数为 $\gamma = 5/3$, 对应 $n = 1.5$, 在这种情况下, 星体的质量和半径与中心质量密度的标度关系如下:

$$M \propto \rho_0^{1/2}, \quad R \propto \rho_0^{-1/6}, \tag{5.67}$$

表 5.1 多方球理论

n	ξ_n^*	M_n^*
1.5	3.65	2.71
3	6.90	2.02

即随着中心密度的增加, 星体的质量不断增加, 但半径不断减小, 星体变得越来越致密. 如果多方指数为 $\gamma = 4/3$, 对应 $n = 3$, 在这种情况下, 星体的质量和半径与中心质量密度的标度关系如下:

$$M \propto \rho_0^0 = \text{常数}, \quad R \propto \rho_0^{-1/3}, \tag{5.68}$$

即星体的质量为常数, 不再随着中心质量密度的增加而增加, 而星体的半径随着密度的 1/3 次幂不断下降, 星体越来越致密, 会变得不稳定, 继续塌缩下去. 以上的讨论给出星体的最大质量为

$$M_{\max} = M_3^* 4\pi \left(\frac{K}{\pi G} \right)^{3/2}. \tag{5.69}$$

作为莱恩 – 埃姆登方程的应用, 我们来讨论白矮星的结构. 以碳氧白矮星为例, 白矮星内部主要由碳核、氧核和电子组成. 在白矮星的典型密度下, 电子是相对论性的, 碳核和氧核是非相对论性的. 白矮星内部的压强主要由电子简并压提供, 而质量主要由原子核提供. 对碳氧白矮星, 电子数密度和重子数密度的比值为 2, 即如果将原子核的质量分给电子的话, 每个电子能分到两个重子, 我们定义电子的平均分子量 $\mu_{\mathrm{e}} = 2$, 即电子的数密度 n_{e} 为

$$n_{\mathrm{e}} = \frac{\rho}{\mu_{\mathrm{e}} m_{\mathrm{B}}}. \tag{5.70}$$

电子的费米动量为

$$p_{\mathrm{F}} = (3\pi^2 n_{\mathrm{e}})^{1/3} \hbar = \hbar \left(\frac{3\pi^2}{\mu_{\mathrm{e}} m_{\mathrm{B}}} \right)^{1/3} \rho^{1/3}. \tag{5.71}$$

统计物理告诉我们, 完全简并电子的压强为[28]

$$
\begin{aligned}
p_{\mathrm{e}} &= \frac{8\pi}{h^3} \int_0^{p_{\mathrm{F}}} \frac{p^2 c^2}{3\sqrt{m_{\mathrm{e}}^2 c^4 + p^2 c^2}} p^2 \mathrm{d}p \\
&= \frac{m_{\mathrm{e}} c^2}{\lambda_{\mathrm{e}}^3} \frac{1}{96\pi^2} \left[\sinh \xi_{\mathrm{F}} - 8 \sinh (\xi_{\mathrm{F}}/2) + 3\xi_{\mathrm{F}} \right] \\
&= \frac{m_{\mathrm{e}} c^2}{\lambda_{\mathrm{e}}^3} \frac{1}{8\pi^2} \left\{ \tilde{p}_{\mathrm{F}} \left(1 + \tilde{p}_{\mathrm{F}}^2 \right)^{1/2} \left(2\tilde{p}_{\mathrm{F}}^2/3 - 1 \right) + \ln \left[\tilde{p}_{\mathrm{F}} + \left(1 + \tilde{p}_{\mathrm{F}}^2 \right)^{1/2} \right] \right\} \\
&\equiv \frac{m_{\mathrm{e}} c^2}{\lambda_{\mathrm{e}}^3} \phi(\tilde{p}_{\mathrm{F}}),
\end{aligned}
\tag{5.72}
$$

其中 $\lambda_e = \hbar/m_e c$ 为电子的康普顿波长, $\tilde{p}_F$ 为电子无量纲化的费米动量, $\tilde{p}_F \equiv p_F/m_e c$, 而 ξ_F 的定义为

$$\xi_F = 4\sinh^{-1}(\tilde{p}_F). \tag{5.73}$$

同理, 简并电子的内能密度为

$$
\begin{aligned}
u_e &= \frac{8\pi}{h^3} \int_0^{p_F} \sqrt{m_e^2 c^4 + p^2 c^2} p^2 \mathrm{d}p \\
&= \frac{m_e c^2}{\lambda_e^3} \frac{1}{32\pi^2} \left(\sinh\xi_F - \xi_F\right) \\
&= \frac{m_e c^2}{\lambda_e^3} \frac{1}{8\pi^2} \left\{ \tilde{p}_F \left(1+\tilde{p}_F^2\right)^{1/2} \left(2\tilde{p}_F^2 + 1\right) - \ln\left[\tilde{p}_F + \left(1+\tilde{p}_F^2\right)^{1/2}\right] \right\} \\
&\equiv \frac{m_e c^2}{\lambda_e^3} \chi(\tilde{p}_F).
\end{aligned}
\tag{5.74}
$$

容易验证, 当 $\tilde{p}_F \ll 1$, 即简并电子为非相对论性粒子时,

$$
\begin{aligned}
\phi(\tilde{p}_F) &= \frac{1}{15\pi^2} \left(\tilde{p}_F^5 - \frac{5}{14}\tilde{p}_F^7 + \frac{5}{24}\tilde{p}_F^9 \cdots\right), \\
\chi(\tilde{p}_F) &= \frac{1}{3\pi^2} \left(\tilde{p}_F^3 + \frac{3}{10}\tilde{p}_F^5 - \frac{3}{56}\tilde{p}_F^7 \cdots\right),
\end{aligned}
\tag{5.75}
$$

当 $\tilde{p}_F \gg 1$, 即简并电子为极端相对论性粒子时,

$$
\begin{aligned}
\phi(\tilde{p}_F) &= \frac{1}{12\pi^2} \left(\tilde{p}_F^4 - \tilde{p}_F^2 + \frac{3}{2}\ln 2\tilde{p}_F \cdots\right), \\
\chi(\tilde{p}_F) &= \frac{1}{4\pi^2} \left(\tilde{p}_F^4 + \tilde{p}_F^2 - \frac{1}{2}\ln 2\tilde{p}_F \cdots\right).
\end{aligned}
\tag{5.76}
$$

先估算一下电子开始变得相对论性时的临界密度 ρ_c. 当电子开始变得相对论性时, $p_F \sim m_e c$, 此时的电子数密度为

$$n_e = \frac{8\pi}{3h^3} p_F^3 = \frac{1}{3\pi^2} \left(\frac{m_e c}{\hbar}\right)^3 = \frac{1}{3\pi^2} \lambda_e^{-3} \approx 5.87 \times 10^{35} \ \mathrm{m}^{-3}, \tag{5.77}$$

其中 $\lambda_e = \hbar/m_e c = 3.86 \times 10^{-13}$ m 为电子的康普顿波长. 相应的临界质量密度为

$$\rho_c = n_e \mu_e m_B = \frac{1}{3\pi^2} \frac{\mu_e m_B}{\lambda_e^3} = 9.80 \times 10^8 \mu_e \ \mathrm{kg \cdot m^{-3}}, \tag{5.78}$$

这里 $m_B = 1.67 \times 10^{-27}$ kg 为核子质量. 将 $p_F = m_e c$ 代入 (5.72) 式, 可以估算 $\rho = \rho_c$ 时, 白矮星内部的临界压强为

$$p_c \approx \frac{0.77}{15\pi^2} \frac{m_e c^2}{\lambda_e^3} \approx 7.37 \times 10^{17} \ \mathrm{Pa}. \tag{5.79}$$

因此, 当密度比较低 $(\rho \ll \rho_{\mathrm{c}})$ 时, 电子是非相对论性的 $(\tilde{p}_{\mathrm{F}} \ll 1)$, 则白矮星的状态方程为

$$p = \frac{1}{15\pi^2} \frac{p_{\mathrm{F}}^5}{\hbar^3 m_{\mathrm{e}}} = \frac{(3\pi^2)^{2/3}}{5m_{\mathrm{e}}} \frac{\hbar^2}{(\mu_{\mathrm{e}} m_{\mathrm{B}})^{5/3}} \rho^{5/3} \equiv K\rho^{5/3}. \tag{5.80}$$

而当密度比较高 $(\rho \gg \rho_{\mathrm{c}})$ 时, 电子是极端相对论性的 $(\tilde{p}_{\mathrm{F}} \gg 1)$, 则白矮星的状态方程为

$$p = \frac{1}{12\pi^2} \frac{p_{\mathrm{F}}^4 c}{\hbar^3} = \frac{(3\pi^2)^{1/3}}{4} \frac{\hbar c}{(\mu_{\mathrm{e}} m_{\mathrm{B}})^{4/3}} \rho^{4/3} \equiv K\rho^{4/3}. \tag{5.81}$$

根据多方球理论, 当密度比较低 $(\rho \ll \rho_{\mathrm{c}})$ 时, 白矮星状态方程的多方指数为 5/3, 随着白矮星中心密度的增加, 白矮星的质量按中心密度的 1/2 次幂增加. 当密度增加到 $\rho \gg \rho_{\mathrm{c}}$ 时, 白矮星状态方程的多方指数为 4/3, 随着白矮星中心密度的增加, 白矮星的质量不再增大, 达到最大值, 即白矮星的质量存在如下的钱德拉塞卡极限:

$$M_{\mathrm{Ch}} = \frac{\sqrt{3\pi}}{2} M_3^* \frac{m_{\mathrm{Pl}}^3}{(\mu_{\mathrm{e}} m_{\mathrm{B}})^2} = 5.83 \mu_{\mathrm{e}}^{-2} M_{\odot}, \tag{5.82}$$

其中 $m_{\mathrm{Pl}} = \sqrt{\hbar c/G} = 2.18 \times 10^{-8}$ kg 为普朗克质量. 对氦白矮星、碳氧白矮星, $\mu_{\mathrm{e}} = 2$, 钱德拉塞卡质量为 $M_{\mathrm{Ch}} = 1.46 M_{\odot}$. 对铁白矮星, $\mu_{\mathrm{e}} = 56/26 = 2.15$, 钱德拉塞卡质量为 $M_{\mathrm{Ch}} = 1.26 M_{\odot}$.

白矮星达到最大质量的时候, 内部的电子已经变得相对论性, 也就是说这时候白矮星的平均密度已经超过临界密度 ρ_{c}, 这对白矮星的半径给出了很强的限制. 根据 (5.78) 式以及 (5.82) 式, 白矮星的半径

$$R_{\mathrm{WD}} \leqslant \left(\frac{3M_{\mathrm{Ch}}}{4\pi\rho_{\mathrm{c}}}\right)^{1/3} = 2.3 \frac{m_{\mathrm{Pl}}}{\mu_{\mathrm{e}} m_{\mathrm{B}}} \frac{1}{\lambda_{\mathrm{e}}} \approx 1.2 \times 10^4 \mu_{\mathrm{e}}^{-1} \text{ km}. \tag{5.83}$$

综上所述, 根据白矮星的理论, 已经得到白矮星的最大质量和相应的半径. 理论结果与观测符合得非常好.

§5.4 中 子 星

5.4.1 朗道的讨论

中子星的概念最早在 1932 年由物理学家朗道提出 [29], 也有科学家考证朗道在中子发现之前的 1931 年 3 月就提出了类似巨型原子核的致密星的概念 [30]. 中

子星和白矮星本质上都属于费米星, 这是因为它们都是由内部的费米子提供费米简并压与引力抗衡, 维持流体静力学平衡. 对于费米星来说, 朗道给出了一个非常物理的、简洁的理论推导, 得到费米星的最大质量和相应半径的估算公式, 体现了一个大物理学家的物理洞察力. 朗道的讨论如下.

假设一颗半径为 R 的恒星中有 N 个费米子, 费米子的质量为 m_F, 而每个费米子分到的质量为 $\mu_F m_B$, 即费米子的分子量为 μ_F. 费米星中费米子的数量密度为 $n \sim N/R^3$. 每个费米子的体积 $\sim 1/n$ (泡利不相容原理), 根据海森堡不确定性原理, 费米子的动量 $\sim \hbar n^{1/3}$. 因此, 气体粒子在相对论状态下的费米能量为

$$E_F \sim \hbar c n^{1/3} \sim \frac{\hbar c N^{1/3}}{R}. \tag{5.84}$$

每个费米子的引力能为

$$E_G \sim -\frac{G M \mu_F m_B}{R}, \tag{5.85}$$

其中 $M = N \mu_F m_B$. 请注意, 即使压力来自电子, 星体的大部分质量也由重子提供. 星体处于平衡态时, 要求系统总能量 E_{tot} 最低, 这里系统的总能量为

$$E_{tot} = E_F + E_G = \frac{\hbar c N^{1/3}}{R} - \frac{G N (\mu_F m_B)^2}{R} \equiv C \frac{1}{R}, \tag{5.86}$$

其中

$$C(N) \equiv \hbar c N^{1/3} - G N (\mu_F m_B)^2, \tag{5.87}$$

$C(N)$ 是与 N 有关的常数 (与星体半径无关). 假设当 $N = N_c$ 时, $C(N_c) = 0$, 则根据上式可以看出, 当 $N < N_c$ 时, $C(N) > 0$, 当 $N > N_c$ 时, $C(N) < 0$.

注意, 从 (5.86) 式可见, 费米子的总能量正比于 $1/R$. 如果 $N < N_c$, $C > 0$, 则星体的半径若增加, 则星体的总能量减小, 系统会越稳定, 因此星体一直膨胀, 最终导致费米子变成非相对论性的粒子, 所以 $E_F \sim p_F^2 \sim 1/R^2$. 最终导致随着 R 的增加, E_G 占主导地位, 然后 E 变为负值, 并且在 $R \to \infty$ 时, $E \to 0$. 因此, 在有限值 R 处会有一个稳定的平衡 (见图 5.1).

当 $N > N_c$ 时, $C < 0$, 则星体的半径若减少, 星体的总能量进一步减小, 系统越来越不稳定, 即星体不存在平衡态, 导致引力塌缩开始. 因此, 当 $E_{tot} = 0$ 时, 就是上面讨论两种情况的临界点, 即星体达到最大质量, 根据 (5.86) 式星体达到最大质量时粒子数和质量分别为

$$N_{max} \sim N_c = \left(\frac{\hbar c}{G \mu_F^2 m_B^2} \right)^{3/2} \sim \frac{m_{Pl}^3}{\mu_F^3 m_B^3} \sim 2 \times 10^{57} \mu_F^{-3}, \tag{5.88}$$

$$M_{max} \sim N_{max} m_B \sim \frac{m_{Pl}^3}{\mu_F^2 m_B^2} \sim 1.5 M_\odot \, \mu_F^{-2}. \tag{5.89}$$

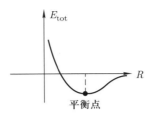

图 5.1 当 $N < N_c$ 时, 星体的总能量随着半径的变化. 在半径比较小时, 星体内部的费米子是相对论性的, 星体的总能量大于零, 处于不稳定的状态. 随着半径的增加, 费米子变成非相对论粒子, 系统的势能开始占主导, 系统总能量小于零, 并在某个半径处处于稳定的平衡态

除了与组成有关的数值因素外, 简并费米星的最大质量只取决于基本常数.

当质量 M 趋近 M_{max} 时, 费米子必须为相对论性的粒子, 即 $p_F \geqslant m_F c$, 这就要求

$$R \leqslant \frac{\hbar}{m_F c} \frac{m_{Pl}}{\mu_F m_B} \approx \begin{cases} 5 \times 10^8 \text{ cm}, & m = m_e, \\ 3 \times 10^5 \text{ cm}, & m = m_n. \end{cases} \tag{5.90}$$

因此有两种不同的引力塌缩形式: 一种是白矮星的塌缩, 可能导致 Ia 型超新星爆发. 另一种是中子星的塌缩, 导致黑洞的形成. 在这两种情况下 $M_{max} \sim M_\odot$.

5.4.2 奥本海默极限

对于中子星来说, 最简单的模型就是假设中子星由纯理想的自由中子气体组成. 这就是当年奥本海默采用的中子星模型[27]. 中子星的内部压强由中子简并压提供, 其质量也由所有中子提供, 则类似上面的讨论, 根据多方球理论, 中子星的最大质量应该为

$$M_{NS} \sim \frac{\sqrt{3\pi}}{2} M_3^* \frac{m_{Pl}^3}{m_n^2} \sim 5.83 M_\odot. \tag{5.91}$$

同理, 中子星的半径满足

$$R_{NS} \leqslant 2.3 \frac{m_{Pl}}{m_n} \frac{\hbar}{m_n c} \approx 6.3 \text{ km}. \tag{5.92}$$

实际上, 前面已经提到, 中子星已经非常致密了, 接近要塌缩成为黑洞, 牛顿力学已不再适用, 这时候需要广义相对论版的流体静力学平衡方程来求解中子星的结构. 另外, 在中子星内部, 中子是相对论性的, 中子星核区的质能密度需要包括中子星内能的贡献, 而并不是简单地为中子静能 ($\rho \neq n_n m_n$), 因此参数化的纯中子气体

的状态方程为

$$p = \frac{m_{\mathrm{n}}c^2}{\lambda_{\mathrm{n}}^3}\frac{1}{96\pi^2}\left[\sinh\xi_{\mathrm{F}} - 8\sinh\left(\xi_{\mathrm{F}}/2\right) + 3\xi_{\mathrm{F}}\right],$$

$$\rho = \frac{u_{\mathrm{n}}}{c^2} = \frac{m_{\mathrm{n}}c^2}{\lambda_{\mathrm{n}}^3}\frac{1}{32\pi^2}(\sinh\xi_{\mathrm{F}} - \xi_{\mathrm{F}}),$$

(5.93)

其中 $\lambda_{\mathrm{n}} = \hbar/m_{\mathrm{n}}c$ 为中子的康普顿波长, $\xi_{\mathrm{F}} = 4\sinh^{-1}(p_{\mathrm{F}}/m_{\mathrm{n}}c)$ 为中子的无量纲费米动量. 美国物理学家奥本海默在 1939 年数值求解了 TOV 方程组, 得到了中子星的结构, 发现中子星的最大质量约为 $0.7M_{\odot}$ (见图 5.2), 现在称之为奥本海默极限[27], 相应的中心密度 $\rho_0 \approx 6 \times 10^{15}$ g/cm^3.

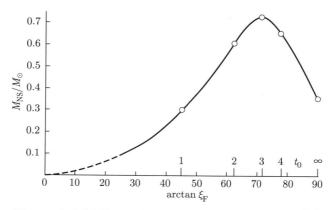

图 5.2   奥本海默极限. 中子星质量与中心密度的关系图[27]

5.4.3   中子星的结构

中子星在结构上大致分为三个明显的区域 (见图 5.3): (1) 外壳层, 由点阵的原子核和相对论简并电子费米流体组成, 最大密度为中子滴密度 ($\rho_{\mathrm{drip}} = 4.3 \times 10^{11}$ g·cm^{-3}). (2) 内壳层, 由原子核、电子和超流中子组成, 一般认为最大密度在核密度 ($\rho_{\mathrm{nuc}} = 2.8 \times 10^{14}$ g·cm^{-3}) 附近, 为 2.4×10^{14} g·cm^{-3}. 也有研究表明当壳层中物质密度只达到 1.7×10^{11} g·cm^{-3} 时, 原子核就开始解离成核子了. (3) 核区, 由超流中子、质子和普通电子组成, 核区密度可达 $5 \sim 10$ 倍核密度. 另外, 由于极高的费米压, 核区也可能含有超子[31]、更重的强子共振态, 或自由的上、下、奇异夸克, π 和 K 介子凝聚也可能存在.

中子星物质的状态方程是一个基本的输入量, 输出包括中子星的质量范围、质量 – 半径关系、转动惯量, 以及中子星冷却曲线 (加上其他微观条件). 这些输出量是可以与天文观测相比较的, 并进而对致密物质理论提供限制. 在低于中子滴密度时中子星的状态方程一般认为比较清楚[32], 但对更致密物质的性质我们知之甚少.

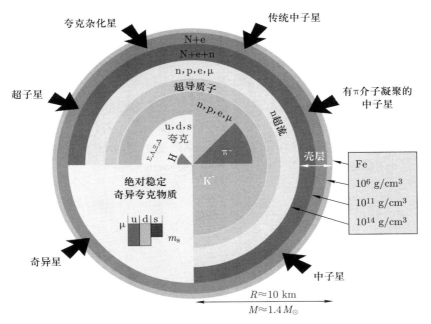

图 5.3 中子星的内部结构. 中子星的基本结构包括外壳层 (富中子原子核 + 电子)、内壳层 (富中子原子核 + 游离的中子 + 电子) 和核区 (核子 + 电子)

中子星核区超致密物态的特点是: 高同位旋不对称、粒子处于 β 平衡态、可能存在奇异物质. 目前对超致密物质的研究主要还是理论方面. 理论研究还有很多不确定性因素, 例如是应用非相对论性的方法, 还是相对论性的场方法? 选择什么样合适的多体处理技术? 中子星内部的重子、介子组成是什么? 是不是存在夸克核? 是不是存在 π 和 K 凝聚[33]?

下面假设中子星核区主要由核子和电子组成, 讨论中子星的状态方程.

5.4.4 中子星核区的状态方程

(1) 处于 β 平衡的 $\mathrm{npe^-}$ 理想气体.

中子星不可能是由纯中子组成的, 因为质子的质量要小于中子的质量, 自由中子通过 β 衰变到质子和电子: $\mathrm{n \rightarrow p + e^- + \bar{\nu}_e}$. 在中子星内部, 由于核区密度比较高, 只需要大约百分之十几的中子衰变为等量的质子和电子, 就将导致电子的费米能 E_F^e 达到中子和质子的质量差, 这时候 β 衰变和逆 β 衰变达到化学平衡, 即

$$\mathrm{n \rightarrow p + e^- + \bar{\nu}_e}, \quad \mathrm{p + e^- \rightarrow n + \nu_e}. \tag{5.94}$$

系统达到 β 平衡, 即化学反应平衡之后, 上式两边的化学势相等, 即中子的化学势等于质子的化学势加上电子的化学势:

$$\mu_{\mathrm{n}} = \mu_{\mathrm{p}} + \mu_{\mathrm{e}}. \tag{5.95}$$

我们之所以忽略了中微子的贡献, 主要是因为中微子的能量约为 $\epsilon_{\mathrm{v}} \sim k_{\mathrm{B}}T$, 对于年老的中子星, 在强简并的情形下, 可以取零温近似, 中微子的作用可以忽略不计.

我们也可以根据系统达到化学平衡时, 总能量达到最小值得到化学平衡条件. 假设中子星内部是由理想的中子、质子和电子组成的费米气体. 粒子的数密度和内能分别为 ($\hbar = c = 1$)

$$
\begin{aligned}
n_i &= \frac{1}{\pi^2} \int_0^{p_{\mathrm{F}}^i} p^2 \mathrm{d}p = \frac{p_{\mathrm{F}}^{i\,3}}{3\pi^2} \quad (i = \mathrm{n}, \mathrm{p}, \mathrm{e}), \\
\epsilon_i &= \frac{1}{\pi^2} \int_0^{p_{\mathrm{F}}^i} \sqrt{p^2 + m_i^2}\, p^2 \mathrm{d}p \quad (i = \mathrm{n}, \mathrm{p}, \mathrm{e}),
\end{aligned} \tag{5.96}
$$

其中 p_{F}^i 为编号为 i 的粒子的费米动量. 系统的总能量为

$$\epsilon_{\mathrm{tot}} = \epsilon_{\mathrm{n}} + \epsilon_{\mathrm{p}} + \epsilon_{\mathrm{e}}. \tag{5.97}$$

当系统达到化学平衡时,

$$
\begin{aligned}
0 = \frac{\mathrm{d}\epsilon_{\mathrm{tot}}}{\mathrm{d}n_{\mathrm{n}}} &= \sqrt{(p_{\mathrm{F}}^{\mathrm{n}})^2 + m_{\mathrm{n}}^2} - \sqrt{(p_{\mathrm{F}}^{\mathrm{p}})^2 + m_{\mathrm{p}}^2} - \sqrt{(p_{\mathrm{F}}^{\mathrm{e}})^2 + m_{\mathrm{e}}^2} \\
&= E_{\mathrm{F}}^{\mathrm{n}} - E_{\mathrm{F}}^{\mathrm{p}} - E_{\mathrm{F}}^{\mathrm{e}},
\end{aligned} \tag{5.98}
$$

即 $\mu_{\mathrm{n}} = \mu_{\mathrm{p}} + \mu_{\mathrm{e}}$. 这里我们已经利用了 $\mathrm{d}n_{\mathrm{n}} = -\mathrm{d}n_{\mathrm{p}} = -\mathrm{d}n_{\mathrm{e}}$.

因此, 中子星内部并不是由百分之百的中子组成, 而是由大部分的中子和少量的质子以及与质子数相等的电子组成. 在给定核区的重子数密度 n_{B} 之后, 可以根据重子数守恒 ($n_{\mathrm{B}} = n_{\mathrm{n}} + n_{\mathrm{p}}$)、电荷守恒 ($n_{\mathrm{p}} = n_{\mathrm{e}}$), 以及 β 平衡计算质子数密度与中子数密度的比值.

注意, 上式只适用于系统的温度近似为零, 费米子处于强简并的情况. 在系统温度 $T \approx 0$ 时, 可以忽略中微子的影响, 因为辐射的中微子的能量 $\epsilon_{\mathrm{v}} \sim T \approx 0\,\mathrm{K}$. 对于高温质子、中子和正负电子对系统, 中微子的影响不能忽略, 占主导的两个 β 过程为

$$\mathrm{n} + \mathrm{e}^+ \to \mathrm{p} + \bar{\mathrm{v}}_{\mathrm{e}}, \quad \mathrm{p} + \mathrm{e}^- \to \mathrm{n} + \mathrm{v}_{\mathrm{e}}. \tag{5.99}$$

根据以上两个过程的反应率达到动态平衡的条件, 我们得到了一个新的、解析的 β 平衡条件: $\mu_{\mathrm{n}} = \mu_{\mathrm{p}} + 2\mu_{\mathrm{e}}$[34].

中子星核区的密度已经高于原子核的密度, 核子之间的强相互作用非常强, 核子 (中子和质子) 已经不能当作理想的自由气体处理了. 我们需要量子多体理论来处理核子之间的相互作用.

(2) 非相对论的势方法.

通过核物理散射实验, 可以测量核子之间的相互作用. 一般事先假设存在一些模型参数的核子之间的两体 (V_{ij}) 或三体 V_{ijk} 相互作用势, 然后通过拟合实验数据, 得到模型参数[35]. 因此, 核子系统的哈密顿量为

$$\hat{H} = \sum_i \frac{-\hbar^2}{2m} \nabla_i^2 + \sum_{i<j} V_{ij} + \sum_{i<j<k} V_{ijk}. \tag{5.100}$$

接下来的任务是求解薛定谔 (Schrödinger) 方程

$$\hat{H}|\Psi\rangle = E|\Psi\rangle. \tag{5.101}$$

这是量子多体问题, 方程很难求解, 一般通过变分法求解: 先根据系统的特点猜测变分试验波函数 $|\Psi_{\mathrm{v}}\rangle$, 它由作用于非微扰基态的两体相关算符 $\hat{F}_{ij}$ 的对称积构造而成, 即

$$|\Psi_{\mathrm{v}}\rangle = \left[S \prod_{i<j} \hat{F}_{ij} \right] |\Phi\rangle, \tag{5.102}$$

其中 $|\Phi\rangle$ 为反对称费米气体波函数. 相关算符 $\hat{F}_{ij}$ 包含变分参数, 给定重子数密度 n, 对这些变分参数取变分, 得到每个重子的平均能量取最小值[35]:

$$E_{\mathrm{v}}(n) = \min \left\{ \frac{\langle \Psi_{\mathrm{v}}|\hat{H}|\Psi_{\mathrm{v}}\rangle}{\langle \Psi_{\mathrm{v}} \mid \Psi_{\mathrm{v}}\rangle} \right\}. \tag{5.103}$$

显然, $E_{\mathrm{v}}(n)$ 大于系统真实的基态能量 E_0, 但它最逼近 E_0, 可近似当作系统的基态. 于是系统的状态方程为

$$\varepsilon(n) = n\left(E_{\mathrm{v}}(n) + m_{\mathrm{B}}\right), \tag{5.104}$$

$$p(n) = n^2 \frac{\partial}{\partial n} E_{\mathrm{v}}(n). \tag{5.105}$$

非相对论的势方法的优点是, 相互作用势是通过核物理实验得到的, 比较符合实际情况. 缺点是, 核物理实验都是在地球上的实验室得到的, 当外推到中子星核区核物质密度时, 可能并不适用. 一个主要的区别是, 中子星致密核物质是高度同位旋不对称的, 中子数要远大于质子数, 实验室中的核物质基本是同位旋对称的. 另一个缺点是它本质上是非相对论性的理论, 而在中子星核区, 核子是相对论性粒

子. 当我们将非相对论的理论外推到高密度的时候, 根据状态方程计算的致密核物质的声速有可能超光速, 这违背因果律, 是非物理的. 因此需要发展相对论性的核相互作用理论.

(3) 相对论平均场理论.

相对论平均场理论提供了对有限核和核物质整体性质的实际描述. 除了它在低能物理现象上的成功之外, 为了得到核物质的状态方程, 这些模型经常被外推到极高密度和温度区域, 这对天体物理尤其是致密星物理的研究是必需的. 相对论平均场模型最早是由瓦莱卡 (Walecka) (1974 年) 提出来的, 现被称为瓦莱卡模型[36]. 在该模型中, 核子通过交换两种介子 (即标量介子 σ 和矢量介子 ω) 来传递相互作用. 核子和介子间的相互作用势由汤川 (Yukawa) 耦合给出. 采用文献 [37] 中的符号, 系统的拉氏密度为

$$\mathscr{L} = \bar{\psi} \left[\mathrm{i}\gamma_\mu \left(\partial^\mu + \mathrm{i}g_\omega \omega^\mu \right) - (m - g_\sigma \sigma) \right] \psi + \frac{1}{2} \left(\partial_\mu \sigma \partial^\mu \sigma - m_\sigma^2 \sigma^2 \right)$$
$$- \frac{1}{4} \omega_{\mu\nu} \omega^{\mu\nu} + \frac{1}{2} m_\omega^2 \omega_\mu \omega^\mu, \tag{5.106}$$

其中

$$\omega_{\mu\nu} = \partial_\mu \omega_\nu - \partial_\nu \omega_\mu. \tag{5.107}$$

这里 ψ, σ, ω 分别定义为核子场、标量介子场和矢量介子场, 它们的质量分别为 m, m_σ, m_ω. 标量介子提供了核子之间的吸引相互作用, 矢量介子提供了核子之间的排斥相互作用. 由欧拉 – 拉格朗日方程得到核子的动力学方程 (有源的狄拉克方程)

$$\left[\gamma_\mu \left(\mathrm{i}\partial^\mu - g_\omega \omega^\mu \right) - (m - g_\sigma \sigma) \right] \psi(x) = 0, \tag{5.108}$$

以及介子场的动力学方程 [有源的克莱因 – 戈尔登 (Klein-Gordon) 方程]

$$\left(\Box + m_\sigma^2 \right) \sigma(x) = g_\sigma \langle \bar{\psi}(x)\psi(x) \rangle, \tag{5.109}$$

$$\left(\Box + m_\omega^2 \right) \omega_\mu(x) = g_\omega \langle \bar{\psi}(x)\gamma_\mu\psi(x) \rangle. \tag{5.110}$$

很明显, 以上三个耦合在一起的非线性微分方程是非常复杂的. 一般采用相对论平均场近似, 在该近似中, 介子场被处理为经典场, 场算符 σ, ω 用相应的期望值代替. 对静态、均匀并处于基态的致密物质来说, 可以处理为静止的无限物质系统, 用场量的期望值代替其自身, 即 $\sigma \to \langle \sigma \rangle, \omega \to \langle \omega \rangle = \delta_{0\mu} \langle \omega_\mu \rangle$. 这是一个非常好的近似. 由于系统的平移不变性, 对介子场的微分为零. 由于转动对称性, 矢量场的空间分量也为零, 因此

$$\sigma = \frac{g_\sigma}{m_\sigma^2} \langle \bar{\psi}_{\mathrm{p}}\psi_{\mathrm{p}} \rangle \equiv \frac{g_\sigma}{m_\sigma^2} n_{\mathrm{s}}, \tag{5.111}$$

$$\omega_0 = \frac{g_\omega}{m_\omega^2} \langle \psi_{\mathrm{p}}^+ \psi_{\mathrm{p}} \rangle \equiv \frac{g_\omega}{m_\omega^2} n_{\mathrm{B}}, \tag{5.112}$$

$$0 = [\mathrm{i}\gamma_\mu \partial^\mu - (m - g_\sigma\sigma) + (g_\omega\eta^0\omega_0)]\psi(r), \tag{5.113}$$

其中 n_{s} 和 n_{B} 分别为标量数密度和重子数密度. 最后得到系统的状态方程:

$$\epsilon = \langle T_{00} \rangle = \frac{1}{2}m_\sigma^2\sigma^2 + \frac{1}{2}m_\omega^2\omega^2 + \frac{2}{\pi^2}\int_0^{p_{\mathrm{F}}} \sqrt{p^2 + m^{*2}}\, p^2 \mathrm{d}p, \tag{5.114}$$

$$p = \sum_{i=1}^{3} \frac{1}{3}\langle T_{ii} \rangle = -\frac{1}{2}m_\sigma^2\sigma^2 + \frac{1}{2}m_\omega^2\omega^2 + \frac{2}{3\pi^2}\int_0^{p_{\mathrm{F}}} p^4 \mathrm{d}p / \sqrt{p^2 + m^{*2}}, \tag{5.115}$$

其中 $T^{\mu\nu}$ 为系统的能动张量.

相对论平均场理论中的耦合常数由核物质的经验饱和特性代数地给出, 这是相对论平均场理论最独特的优点. 瓦莱卡模型也可以推广到包括同位旋矢量介子 ρ, 因此可以讨论核子之间的对称能. 但是众所周知, 瓦莱卡模型并不完美, 它预言的核物质的压缩模量 K 太大了. 有两种途径可以解决这一问题. 首先, 在拉氏量中引进标量场的三次、四次方自相互作用项, 这使得理论预言的 K 值与实验值相一致 (BB 模型)[38]. 其次, 引入超子和 Δ 共振态. 文献 [39] 提出了另一种非线性模型 (ZM 模型). 在该模型中, 非线性包含在核子的有效质量和标量场的联系之中. 因此, ZM 模型的拉氏量没有添加项, 它的自由参量较少. ZM 模型也得到了核物质合适的 K 值和核子的有效质量.

5.4.5 强磁场中的致密核物质

磁陀星 (magnetar) 是强磁场中子星, 它的表面磁场高达 $10^{11} \sim 10^{12}$ T. 因此人们推测中子星内部可能存在超过 10^{14} T 甚至更高的磁场. 我们通过研究强磁场对中子星热演化的影响并与 X 射线观测相比较, 得到部分并不太老的中子星内部磁场的量级约为 10^{15} T[40]. 文献 [41] 采用线性的 σ-ω-ρ 模型, 并取相对论哈特里 (Hartree) 近似, 详细研究了强磁场中低温、对称核物质和处于 β 平衡不对称核物质的整体性质. 在本小节中, 我们应用两种非线性的模型: σ-ω-ρ 模型和 ZM 模型, 讨论超强磁场对不对称核物质状态方程, 以及中子星整体性质的影响[42].

在沿 z 轴的均匀磁 B 中, 遵循文献 [37] 的符号, 非线性 σ-ω-ρ 模型的拉氏密度为

$$\begin{aligned}
\mathscr{L} = {} & \psi\left[\mathrm{i}\gamma_\mu\left(\mathrm{D}^\mu + \mathrm{i}g_\omega\omega^\mu + \mathrm{i}\frac{g_\rho}{2}\rho^\mu \cdot \tau\right) - m^*\right]\psi \\
& + \frac{1}{2}\left(\partial_\mu\sigma\partial^\mu\sigma - m_\sigma^2\sigma^2\right) - \frac{1}{3}b\sigma^3 - \frac{1}{4}c\sigma^4 \\
& - \frac{1}{4}\omega_{\mu\nu}\omega^{\mu\nu} + \frac{1}{2}m_\omega^2\omega_\mu\omega^\mu - \frac{1}{4}\rho_{\mu\nu} \cdot \rho^{\mu\nu} + \frac{1}{2}m_\rho^2\rho_\mu \cdot \rho^\mu,
\end{aligned} \tag{5.116}$$

其中

$$\omega_{\mu\nu} = \partial_\mu \omega_\nu - \partial_\nu \omega_\mu, \tag{5.117}$$

$$\rho_{\mu\nu} = \partial_\mu \rho_\nu - \partial_\nu \rho_\mu + g_\rho \rho_\mu \times \rho_\nu. \tag{5.118}$$

电磁场规范选为 $A^\mu = (0, 0, xB, 0)$, 并通过最小耦合引入磁效应, 即 (5.116) 式中 $\mathrm{D}^\mu \equiv \partial^\mu + \mathrm{i}eA^\mu$, ψ, σ, ω_μ 以及 ρ_μ 分别为核子、同位旋标量 – 标量介子、同位旋标量 – 矢量介子以及同位旋矢量 – 矢量介子场, 它们的质量分别为 $m, m_\sigma, m_\omega, m_\rho$, 它们与核子的耦合常数分别为 $g_\sigma, g_\omega, g_\rho$. b, c 为 σ 介子的自相互作用系数, 见表 5.2.

表 5.2   BB 和 ZM 模型参数[43]

g_σ	8.132	5.824
g_ω	9.598	6.417
g_ρ	7.520	2.746
b/fm^{-1}	8.425	0
c	17.398	0
m/MeV	939	938
m_σ/MeV	500	420
m_ω/MeV	783	783
m_ρ/MeV	763	763

根据欧拉 – 拉格朗日方程, 得到核子场和介子场的动力学方程为

$$\left(\mathrm{i}\gamma_\mu \mathrm{D}^\mu - m^* - g_\omega \gamma_\mu \omega^\mu - \frac{1}{2} g_\rho \gamma_\mu \tau \cdot \rho^\mu \right) \psi = 0, \tag{5.119}$$

$$\partial_\nu \partial^\nu \sigma + m_\sigma^2 \sigma + b\sigma^2 + c\sigma^3 = -\frac{\partial m^*}{\partial \sigma} \psi\psi, \tag{5.120}$$

$$\partial_\nu \omega^{\nu\mu} + m_\omega^2 \omega^\mu = g_\omega \bar{\psi} \gamma^\mu \psi, \tag{5.121}$$

$$\partial_\nu \rho^{\nu\mu} + m_\rho^2 \rho^\mu = \frac{1}{2} g_\rho \psi \tau \gamma^\mu \psi + \frac{1}{2} g_\rho \rho_\nu \cdot \rho^{\nu\mu}. \tag{5.122}$$

这些方程耦合在一起很难求解. 为了求解以上的方程组, 采用相对论平均场近似. 系统的基态有确定的电荷、同位旋和宇称. 由于同位旋矢量的前两个分量可以写为带电 ρ 介子的上升和下降算符的线性组合, 因此, 它们的 (对角) 基态期望值等于零, 只剩下 ρ_3^μ 的平均值不为零. 如同 ω 介子场意义, 对静态、无限物质系统, 最终只有 $\langle \rho_3^0 \rangle$ 不为零:

$$m_\omega^2 \omega^0 = g_\omega \langle \psi^+ \psi \rangle = g_\omega n_\mathrm{B}, \tag{5.123}$$

$$m_\rho^2 \rho_3^0 = \frac{1}{2} g_\rho \left(\langle \psi_\mathrm{p}^+ \psi_\mathrm{p} \rangle - \langle \psi_\mathrm{n}^+ \psi_\mathrm{n} \rangle \right) = \frac{1}{2} g_\rho \left(n_\mathrm{p} - n_\mathrm{n} \right). \tag{5.124}$$

在相对论平均场近似下, σ 介子场的动力学方程为

$$m_\sigma^2 \sigma + b\sigma^2 + c\sigma^3 = -\frac{\partial m^*}{\partial \sigma}\langle\bar{\psi}\psi\rangle. \tag{5.125}$$

BB 模型和 ZM 模型的区别是, 在 BB 模型中, $b \neq 0, c \neq 0$, 核子的等效质量为 $m^* = m - g_\sigma\sigma$, 但在 ZM 模型中, $b = c = 0$, $m^* = m/(1 + g_\sigma\sigma/m)$. 因此根据 (5.125) 式, 在 BB 模型中 σ 介子场的动力学方程为

$$m_\sigma^2 \sigma + b\sigma^2 + c\sigma^3 = g_\sigma\langle\bar{\psi}\psi\rangle, \tag{5.126}$$

而在 ZM 模型中 σ 介子场的动力学方程为

$$m_\sigma^2 \sigma = \frac{g_\sigma}{(1 + g_\sigma\sigma/m)^2}\langle\bar{\psi}\psi\rangle. \tag{5.127}$$

核子场的动力学方程为

$$\left(\mathrm{i}\gamma_\mu D^\mu - m^* - g_\omega\gamma_0\omega^0 - \frac{1}{2}g_\rho\gamma_0\tau_3\rho_3^0\right)\psi = 0. \tag{5.128}$$

(5.128) 式可直接求解, 主要的结论是质子位于分裂的朗道能级上, 介子的影响包含在核子的等效质量中去了. 因此, 对质子态空间的积分变成了对朗道能级求和以及沿 z 方向的动量积分. 最终在强磁场中核子的标量密度为 $n_\mathrm{s} \equiv \langle\bar{\psi}\psi\rangle = n_\mathrm{s}^{(\mathrm{n})} + n_\mathrm{s}^{(\mathrm{p})}$, 其中

$$\begin{aligned} n_\mathrm{s}^{(\mathrm{n})} &\equiv \langle\bar{\psi}_\mathrm{n}\psi_\mathrm{n}\rangle = \frac{2}{(2\pi)^3}\int_0^{p_\mathrm{n}^\mathrm{F}}\frac{\mathrm{d}^3 p\, m^*}{(p^2 + m^{*2})^{1/2}} \\ &= \frac{m^*}{2\pi^2}\left[\mu_\mathrm{n}^* p_\mathrm{n}^\mathrm{F} - m^{*2}\ln\left(\frac{v_\mathrm{n}^* + p_\mathrm{n}^\mathrm{F}}{m^*}\right)\right], \end{aligned} \tag{5.129}$$

$$\begin{aligned} n_\mathrm{s}^{(\mathrm{p})} &\equiv \langle\bar{\psi}_\mathrm{p}\psi_\mathrm{p}\rangle = \sum_\nu\frac{eB}{(2\pi)^2}g_\nu\int\mathrm{d}p_\mathrm{p}^z\frac{m^*}{\left(p_\mathrm{p}^{z2} + m^{*2} + 2\nu eB\right)^{1/2}} \\ &= \frac{m^* eB}{2\pi^2}\sum_{\nu=0}^{\nu_\mathrm{max}^{(\mathrm{p})}}g_\nu\ln\left[\frac{\mu_\mathrm{p}^* + p_{\mathrm{p},\nu}^\mathrm{F}}{(m^{*2} + 2\nu eB)^{1/2}}\right], \end{aligned} \tag{5.130}$$

其中 $\mu_{\mathrm{n},\mathrm{p}}^*$ 分别为中子和质子的有效化学势, p_n^F 是中子的费米能, $p_{\mathrm{p},\nu}^\mathrm{F} \geqslant 0$ 是磁场方向的最大动量, 定义为 $p_{\mathrm{p},\nu}^\mathrm{F} = \left(\mu_\mathrm{p}^{*2} - m^{*2} - 2\nu eB\right)^{1/2}$. 在方程 (5.130) 中的求和上限 $\nu_\mathrm{max}^{(\mathrm{p})}$ 显然是受条件 $\left[p_{\mathrm{p},\nu}^\mathrm{F}\right]^2 \geqslant 0$ 限制. 不难理解, 中子和质子的数密度分别是 $n_\mathrm{n} = \left[p_\mathrm{n}^\mathrm{F}\right]^3/3\pi^2$ 和 $n_\mathrm{p} = \dfrac{eB}{2\pi^2}\displaystyle\sum_{\nu=0}^{\nu_\mathrm{max}^{(\mathrm{p})}}g_\nu p_{\mathrm{p},\nu}^\mathrm{F}$. 对 $\nu = 0$ 能级, 简并因子 $g_\nu = 1$, 对 $\nu > 0$, $g_\nu = 2$.

根据标准的相对论平均场理论的处理方法, 我们得到系统的能量密度为

$$\epsilon = \frac{1}{2}m_\sigma^2\sigma^2 + \frac{g_\omega^2}{2m_e^2}n_B^2 + \frac{g_\rho^2}{8m_\rho^2}(n_p - n_n)^2 + \frac{1}{3}b\sigma^3 + \frac{1}{4}c\sigma^4$$

$$+ \frac{1}{8\pi^2}\left[2\mu_n^{*3}p_n^F - m^{*2}\mu_n^*p_n^F - m^{*4}\ln\left(\frac{\mu_n^* + p_n^F}{m^*}\right)\right]$$

$$+ \frac{eB}{4\pi^4}\sum_{\nu=0}^{\nu_{\max}^{(p)}}g_\nu\left[\mu_p^*p_{p,\nu}^F + m_{p,\nu}^{*2}\ln\left(\frac{\mu_p^* + p_{p,\nu}^F}{m_{p,\nu}^*}\right)\right]$$

$$+ \frac{eB}{4\pi^4}\sum_{\nu=0}^{\nu_{man}^{(e)}}g_\nu\left[\mu_e p_{e,\nu}^F + m_{e,\nu}^2\ln\left(\frac{\mu_e + p_{e,\nu}^F}{m_{e,\nu}}\right)\right], \tag{5.131}$$

系统的压强为

$$p = -\frac{1}{2}m_\sigma^2\sigma^2 + \frac{g_\omega^2}{2m_e^2}n_B^2 + \frac{g_\rho^2}{8m_\rho^2}(n_p - n_n)^2 - \frac{1}{3}b\sigma^3 - \frac{1}{4}c\sigma^4$$

$$+ \frac{1}{8\pi^2}\left[2\mu_n^*p_n^{F3} - 3m^{*2}\mu_n^*p_n^F + 3m^{*4}\ln\left(\frac{\mu_n^* + p_n^F}{m^*}\right)\right]$$

$$+ \frac{eB}{4\pi^4}\sum_{\nu=0}^{\nu_{\max}^{(p)}}g_\nu\left[\mu_p^*p_{p,\nu}^F - m_{p,\nu}^{*2}\ln\left(\frac{\mu_p^* + p_{p,\nu}^F}{m_{p,\nu}^*}\right)\right]$$

$$+ \frac{eB}{4\pi^4}\sum_{\nu=0}^{\nu_{\max}^{(e)}}g_\nu\left[\mu_e p_{e,\nu}^F - m_{e,\nu}^2\ln\left(\frac{\mu_e + p_{e,\nu}^F}{m_{e,\nu}}\right)\right]. \tag{5.132}$$

上两式中的最后一项来自轻子 e^- 的贡献, 这里 $p_{e,\nu}^F = \left(\mu_e^2 - m_e^2 - 2\nu eB\right)^{1/2}$, $m_{e,\nu}^2 = m_e^2 + 2e\nu B$.

下面我们开始讨论 β 平衡的 npe^- 系统. β 平衡的条件是 $\mu_n = \mu_p + \mu_e$. 在以上的模型中, 中子和质子的化学势与其相应的费米动量 p_n^F 和 p_p^F 的关系为

$$\mu_n = U_{0;n} + \left[p_n^{F2} + m^{*2}\right]^{1/2},$$
$$\mu_p = U_{0;p} + \left[p_p^{F2} + m_{p,\nu}^{*2}\right]^{1/2}. \tag{5.133}$$

这里中子和质子的相互作用能量密度可由方程 (5.119) 给出:

$$U_{0;n} = (g_\omega/m_\omega)^2 n_B - (g_\rho/m_\rho)^2 (n_p - n_n)/4,$$
$$U_{0;p} = (g_\omega/m_\omega)^2 n_B + (g_\rho/m_\rho)^2 (n_p - n_n)/4. \tag{5.134}$$

另外, 电中性的要求给出 $p_{e,\nu}^F = p_{p,\nu}^F$ 以及 $\nu_{\max}^{(p)} = \nu_{\max}^{(e)}$. 现在给定任一重子数密度和磁场, 我们就可以求解系统的状态方程等整体性质了.

图 5.4 ~ 5.6 分别显示了在不同磁场情况下, 在 BB 模型和 ZM 模型中, 中子星致密核物质的状态方程、中子星的质量与中心密度的关系, 以及中子星的质量 – 半径关系. 从图 5.4 可以看出, 随着磁场强度的增加, 无论是在 BB 模型还是在 ZM 模

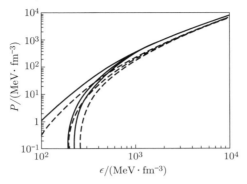

图 5.4　在不同磁场情况下, 同位旋不对称致密核物质的状态方程. 其中实线为 BB 模型的结果, 虚线为 ZM 模型的结果. 从上到下不同的曲线分别对应 $B = 0, B_{\mathrm{p}}^{\mathrm{cr}}, 10B_{\mathrm{p}}^{\mathrm{cr}}$ 的结果, 这里 $B_{\mathrm{p}}^{\mathrm{cr}}$ 为质子的临界磁场[42]

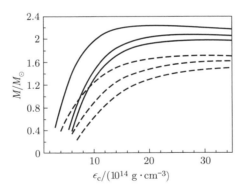

图 5.5　在不同磁场情况下, 中子星的质量与中心密度的关系. 不同曲线同图 5.4[42]

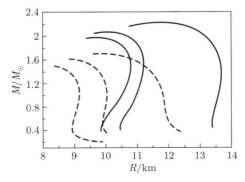

图 5.6　在不同磁场情况下, 中子星的质量 – 半径关系. 不同曲线同图 5.4[42]

型中, 致密核物质的状态方程越来越软. 这是因为磁场降低了质子的费米能, 导致更多的中子到质子的衰变, 系统的总质能和压强减小, 状态方程变软. 状态方程变软必然导致中子星的最大质量和半径变小.

§5.5 玻 色 星

玻色星是由玻色子构成的自引力平衡系统. 对于玻色气体, 在低温的时候, 处于玻色 – 爱因斯坦凝聚态, 系统的压强为零, 没有状态方程的概念, 因此, 玻色星不是通过压强, 而是通过海森堡不确定性原理来抗衡引力塌缩. 这一领域的开创性研究是由考普 (Kaup)[44] 和鲁菲尼 (Ruffini) 与博纳佐拉 (Bonazzola)[45] 完成的. 这两个开创性的工作的主要发现是: 玻色星的质量为 $m_{\mathrm{Pl}}^2/m_{\mathrm{b}}$, 其特征尺寸为玻色子的德布罗意波长的阶 $1/m_{\mathrm{b}}$, 其中 m_{b} 为玻色子粒子的质量, m_{Pl} 是普朗克质量.

假设玻色星由 N 个质量为 m_{b} 的理想玻色子组成, 则该玻色星的总质量为 $M = Nm_{\mathrm{b}}$. 玻色星的特征半径约等于其德布罗意波长:

$$R \sim \frac{\hbar}{p} \sim \frac{\hbar}{m_{\mathrm{b}}c}. \tag{5.135}$$

质量为 M 的天体的施瓦西半径为 $R_{\mathrm{S}} = 2GM/c^2$. 为了避免玻色星塌缩为黑洞, 要求

$$R \sim \frac{\hbar}{p} \sim \frac{\hbar}{m_{\mathrm{b}}c} \geqslant \frac{2GM}{c^2} = \frac{GNm_{\mathrm{b}}}{c^2}. \tag{5.136}$$

因此我们得到 N 的最大值为

$$N_{\max} = \frac{\hbar c/G}{m_{\mathrm{b}}^2} = \frac{m_{\mathrm{Pl}}^2}{m_{\mathrm{b}}^2}, \tag{5.137}$$

玻色星质量的最大值为

$$M_{\max} = N_{\max} m_{\mathrm{b}} = \frac{m_{\mathrm{Pl}}^2}{m_{\mathrm{b}}}. \tag{5.138}$$

科尔皮 (Colpi)、夏皮罗 (Shapiro) 和沃瑟曼 (Wasserman) (1986 年) 引入了标量粒子的自相互作用, 发现自相互作用玻色星的质量为 $\Lambda^{1/2}m_{\mathrm{Pl}}^2/m_{\mathrm{b}}$, 其中 Λ 是表征自相互作用的无量纲量. 对于 $\Lambda^{1/2} \gg 1$, 这个标度关系被打破, 质量被修改为 $\sim M_{\mathrm{Pl}}^3/m_{\mathrm{b}}^2$, 类似费米星的结果[46].

玻色星有几个有趣而独特的特征, 包括它们对光子和重子物质是透明的, 即使质量大于中子星的最大质量, 玻色星也不存在奇点, 因此它们经常被当作取代黑洞的候选体的模型, 玻色星周围的时空性质也有别于施瓦西度规.

下面我们讨论玻色星的内部结构. 玻色子的能动张量完全不同于费米子. 对于一个巨大的自相互作用标量场, 它的拉格朗日量为[46]

$$L = -\frac{1}{2}g^{\mu\nu}\mathrm{D}_\mu\phi^*\mathrm{D}_\nu\phi - \frac{1}{2}m_\mathrm{b}^2\phi^*\phi - \frac{1}{4}\lambda(\phi^*\phi)^2, \tag{5.139}$$

其中 λ 是自相互作用耦合常数. 根据诺特定理, 玻色系统的能动张量可以写为

$$T_{\mu\nu}(\phi) = \frac{1}{2}(\mathrm{D}_\mu\phi^*\mathrm{D}_\nu\phi + \mathrm{D}_\mu\phi\mathrm{D}_\nu\phi^*)$$
$$-\frac{1}{2}g_{\mu\nu}\left[g^{\rho\sigma}\mathrm{D}_\rho\phi^*\mathrm{D}_\sigma\phi + m_\mathrm{b}^2\phi^*\phi + \frac{1}{2}\lambda(\phi^*\phi)^2\right]. \tag{5.140}$$

为了求解爱因斯坦场方程, 一个合理的假设是

$$\phi(r,t) = \Phi(r)\mathrm{e}^{-\mathrm{i}\omega t}, \tag{5.141}$$

其中 $\Phi(r)$ 是一个实函数. 结构方程可以从爱因斯坦方程中得到. 我们考虑球对称, 稳态不含时的爱因斯坦场方程的解

$$G^\mu{}_\nu = 8\pi G T^\mu{}_\nu. \tag{5.142}$$

选用施瓦西坐标, 时空线元平方为

$$\mathrm{d}s^2 = -B(r)\mathrm{d}t^2 + A(r)\mathrm{d}r^2 + r^2\mathrm{d}\Omega, \tag{5.143}$$

其中 $A(r)$ 和 $B(r)$ 为待求的度规函数. 求解爱因斯坦场方程的 (r,r) 和 (t,t) 分量方程和标量场的波动方程

$$\phi - m^2\phi - \lambda|\phi|^2\phi = 0, \tag{5.144}$$

最终得到系统的动力学方程

$$A'(x) = xA^2(x)\left[\left(\frac{\Omega^2}{B(x)}+1\right)\sigma^2 + \frac{\Lambda}{2}\sigma^4 + \frac{\sigma'}{A(x)}\right] - \frac{A(x)}{x}[A(x)-1], \tag{5.145}$$

$$B'(x) = xA(x)B(x)\left[\left(\frac{\Omega^2}{B(x)}-1\right)\sigma^2 - \frac{\Lambda}{2}\sigma^4 + \frac{\sigma'}{A(x)}\right] + \frac{B(x)}{x}[A(x)-1], \tag{5.146}$$

$$\sigma(x)'' = -\left(\frac{2}{x} + \frac{B'(x)}{2B(x)} - \frac{A'(x)}{2A(x)}\right)\sigma' - A\left[\left(\frac{\Omega^2}{B(x)}-1\right)\sigma - \Lambda\sigma^3\right], \tag{5.147}$$

其中 $()' = \mathrm{d}/\mathrm{d}x$, 且所有物理量都被重新定义为无量纲形式:

$$x = m_\mathrm{b}r, \quad \sigma = \sqrt{4\pi G}\Phi, \quad \Omega = \omega/m_\mathrm{b}, \quad \Lambda = \lambda/(4\pi G m_\mathrm{b}^2). \tag{5.148}$$

方程组 (5.147) 的边界条件如下:

$$A(0) = 1, \quad B(0) = b_0, \quad \sigma(0) = \sigma_0, \quad \sigma'(0) = 0. \tag{5.149}$$

另外, 星体的总引力质量 M_{grav} 由 A 的渐近值 $A(\infty) \to (1 - GM_{\text{grav}}/r)^{-1}$ 给定. 对玻色星, 玻色子的波函数一直延伸到无穷远处, 玻色星的半径一般根据包含玻色星质量的 99% 处的半径来定义. 类似 TOV 方程, $B(0) = b_0$ 取任意值, 计算完成后再归一化, 使得 $B(\infty) = 1$. 方程中还有一个待定的参数 Ω, 其行为类似于特征值. 调整该参数, 最终得到波函数 $\sigma(x)$ 无节点且在 x 趋向无穷大时趋近于零. 如果 Ω 的值不等于正确的特征值, $\sigma(x)$ 在有限半径处变为负值, 或者随着半径的增加而发散为无穷大. 我们认为这些解都是非物理的. 图 5.7 给出不同自相互作用耦合常数情形下玻色星的质量与玻色子中心波函数值的关系, 在耦合常数 Λ 不是很大的情况下, 玻色星的最大质量约为 $m_{\text{Pl}}^2/m_{\text{b}}$ 的量级, 随着耦合常数 Λ 的增加, 最大质量也不断增加.

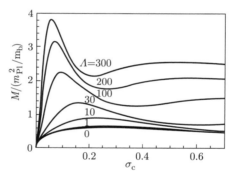

图 5.7   不同自相互作用耦合常数情形下玻色星的质量与中心波函数值的关系[46]

§5.6   奇异夸克星

1984 年, 威滕 (Witten) 提出: 由等量的上、下和奇异夸克组成的奇异夸克物质在理论上可能比原子核 (例如铁核) 还要稳定[47]. 如果核子中的 u, d 夸克解禁, u, d 夸克会衰变为几乎等量的 u, d, s 夸克. 如果这个过程能发生, 则系统的自由度增加, 夸克的费米能下降将导致系统的总能量下降, 单位核子的强相互作用束缚能甚至比铁核每单位核子的结合能还要低, 因此比铁核还要稳定. 如果这是正确的话, 将对实验物理、致密星物理和宇宙学产生巨大的影响. 遗憾的是, 目前以及在可以预见的将来, 格点量子色动力学 (格点 QCD) 计算还不可能精确到对奇异物质绝对稳定做出明确的预言. 如果威滕的思想是正确的, 奇异夸克星 (奇异星) 将可能存在[48-49].

星体中的夸克通过以下弱相互作用过程达到化学平衡:

$$d \rightarrow u + e + \bar{\nu}_e, \tag{5.150}$$

$$u + e \rightarrow d + \nu_e, \tag{5.151}$$

$$s \rightarrow u + e + \bar{\nu}_e, \tag{5.152}$$

$$u + e \rightarrow s + \nu_e, \tag{5.153}$$

$$s + u \leftrightarrow d + u. \tag{5.154}$$

化学平衡条件为

$$\mu_d = \mu_s \equiv \mu, \quad \mu_u + \mu_e = \mu. \tag{5.155}$$

星体保持整体电中性,

$$\frac{2}{3}n_u - \frac{1}{3}n_d - \frac{1}{3}n_s - n_e = 0. \tag{5.156}$$

夸克和电子的热力学函数和热力学量, 例如化学势、粒子数密度、能量密度和压强都可以由系统的巨热力学势得到. 假设奇异星物质为几乎等量的 u, d, s 和电子组成的费米气体, 由于 s 夸克的质量比 u, d 夸克要略大一些, 因此 s 夸克的数目比 u, d 夸克要略多一些, u, d, s 的总电荷为正, 需要一些电子保持星体整体的电中性. 夸克所在区域的特征是单位体积的能量 B 为常数, 类似真空能, 一般称为袋参数. u, d 夸克的质量几乎为零: $m_u \approx 1.7 \sim 3.3$ MeV, $m_d \approx 4.1 \sim 5.8$ MeV, 在实际计算过程中一般取为零. s 夸克的质量 $m_s \approx 101$ MeV. 另一个重要参数是强相互作用耦合常数 α_c, 它依赖于能量, 在奇异星核区能标可能很大, 在奇异星的模型计算中, 一般只考虑 α_c 的一阶效应. 根据 MIT 的袋模型, 夸克单位体积的巨热力学势 $\Omega = -p(T = 0, \mu)$ 为[50]

$$\Omega_u = -\frac{\mu_u^4}{4\pi^2}\left(1 - \frac{2\alpha_c}{\pi}\right),$$

$$\Omega_d = -\frac{\mu_d^4}{4\pi^2}\left(1 - \frac{2\alpha_c}{\pi}\right),$$

$$\begin{aligned}
\Omega_s = &-\frac{1}{4\pi^2}\left(\mu_s\left(\mu_s^2 - m_s^2\right)^{1/2}\left[\mu_s^2 - \frac{5}{2}m_s^2\right] + \frac{3}{2}m_s^4\ln\left[\frac{\mu_s + \left(\mu_s^2 - m_s^2\right)^{1/2}}{m_s}\right]\right.\\
&-\frac{2\alpha_c}{\pi}\left[3\left\{\mu_s\left(\mu_s^2 - m_s^2\right)^{1/2} - m_s^2\ln\left[\frac{\mu_s + \left(\mu_s^2 - m_s^2\right)^{1/2}}{\mu_s}\right]\right\}^2\right.\\
&-2\left(\mu_s^2 - m_s^2\right)^2 - 3m_s^4\ln^2\frac{m_s}{\mu_s}\\
&\left.\left.+6\ln\frac{\rho_R}{\mu_s}\left\{\mu_s m_s^2\left(\mu_s^2 - m_s^2\right)^{1/2} - m_s^4\ln\left[\frac{\mu_s + \left(\mu_s^2 - m_s^2\right)^{1/2}}{m_s}\right]\right\}\right]\right),
\end{aligned} \tag{5.157}$$

电子气体的巨热力学势为

$$\Omega_{\mathrm{e}} = -\frac{\mu_{\mathrm{e}}{}^4}{12\pi^2}. \tag{5.158}$$

对于强简并的费米气体, 可以取零温近似. u 和 d 夸克的质量, 以及电子的质量, 与化学势相比非常小, 可以忽略不计. 重整化点取为 $\rho_{\mathrm{R}} = m_{\mathrm{s}}$.

根据巨热力学势, 易得粒子数密度为

$$n_i = -\frac{\partial \Omega_i}{\partial \mu_i}, \tag{5.159}$$

其中重子数密度为

$$n_{\mathrm{B}} = \frac{1}{3}\left(n_{\mathrm{u}} + n_{\mathrm{d}} + n_{\mathrm{s}}\right). \tag{5.160}$$

根据勒让德变换, 可以得到系统的能量密度 (要额外加上真空能) 为

$$\rho = \sum_i \left(\Omega_i + \mu_i n_i\right) + B, \tag{5.161}$$

系统的压强为

$$P = n_{\mathrm{B}}\frac{\partial \rho}{\partial n_{\mathrm{B}}} - \rho. \tag{5.162}$$

系统中有四种费米子, 可以将它们的化学势看作独立的变量, 根据重子数守恒 (5.160) 式、整体电中性 (5.156) 式, 以及两个化学平衡条件 (5.155) 式, 可以计算各个费米子的化学势, 进而得到系统的能量密度和压强, 即系统的状态方程. 在 $m_{\mathrm{s}} \to 0, \alpha_{\mathrm{c}} \to 0$ 极限情况下, 夸克物质的状态方程为

$$P = \frac{1}{3}(\rho - 4B). \tag{5.163}$$

文献 [49] 详细研究了奇异星诸如质量 – 半径关系等的整体性质, 见图 5.8. 特别有意思的是, 在他们研究奇异星的表面性质时, 还发现裸奇异星表面存在一强度约为 5×10^{17} V·cm^{-1}、厚度 $\sim 10^{-11}$ cm 的向外的电场. 他们进一步指出通过吸积星际介质, 奇异星也应该有一类似于中子星的外壳层, 壳层底部的密度严格限制在中子滴密度. 这是由于奇异星表面的电场强到足以使普通原子物质 (壳层) 和夸克物质之间产生一间隙, 外壳层中的原子核穿过此间隙的概率几乎为零. 但自由中子不带电, 可以穿过该势垒[51].

如果奇异星理论上可能存在, 那么奇异星会如何形成呢? 奇异星可能在超新星爆发过程中形成[52], 中子星也可通过许多不同的机制转变为奇异星, 例如经过两味

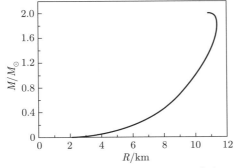

图 5.8 奇异星的质量 – 半径关系[49]

夸克物质的转化、成团、中子物质燃烧成奇异物质, 和来自外界的奇异物质种子. 如果一团奇异物质和自由中子接触, 中子立即就开始变为奇异物质.

在观测上如何区分奇异星和中子星也是人们非常关心的问题. 很长一段时间内人们一直认为奇异星的表面温度要比中子星的表面温度低得多, 这是由于夸克直接 URCA 过程的中微子辐射率要远远高于中子星标准冷却过程的辐射率. 一个不确定的因素是, 在中子星内部不仅可能存在诸如 π 凝聚、K 凝聚和直接 URCA 过程这样的快速中微子辐射过程, 而且在参数允许范围之内在奇异星内部夸克直接 URCA 过程甚至根本不能发生, 奇异星只能通过修正的 URCA 过程或热轫致过程辐射中微子. 如果考虑夸克超导, 中微子辐射率还将受到抑制[53]. 在这种情况下, 奇异星冷却较慢, 它们的表面温度或多或少地与那些缓慢冷却的中子星的表面温度难以区分. 只在脉冲星刚诞生的前 30 年间, 奇异星的表面温度才略低于中子星的表面温度. 这是由于奇异星的外壳较薄, 导致温度在较早的时候下降, 光子冷却阶段较早地出现. 然而, 我们详细研究了刚诞生的快速旋转奇异星的冷却过程, 提出了一种新的加热机制, 并将之命名为解禁加热[54]. 该加热机制的主要物理图像是, 随着致密星自转减慢, 离心力减少, 不足以支撑原有的外壳层, 外壳层的普通核物质会落入夸克核, 被解离为夸克, 释放能量, 加热星体. 我们发现, 在奇异星刚诞生之后较早的时候, 奇异星的表面温度可能高于中子星的表面温度.

奇异星的状态方程和中子星的状态方程不一样, 原则上可以通过测量致密星的质量 – 半径关系区分两者. 由于奇异星核区的密度近似为常数 ($M < M_\odot$), 因此总质量和半径的关系近似为 $M \propto R^3$. 这与中子星的情况大不一样, 对中子星, 有 $M \propto R^{-3}$. 明显地, 低质量中子星和奇异星的半径完全不一样, 可以通过观测区分它们. 根据恒星演化模型, 致密星的质量在 $1.4M_\odot$ 附近, 遗憾的是, 在 $1.4M_\odot$ 附近, 奇异星和中子星的半径基本相同[55].

最有可能发现奇异夸克星的途径可能是寻找转动周期小于 1 ms 的快速转动的脉冲星. 致密星的最大转动频率应该不超过其开普勒速度, 奇异星的开普勒周期大

概在 $0.55 \sim 0.8$ ms 之间, 而中子星的开普勒周期不可能低于 1 ms. 但在达到开普勒速度之前, 脉冲星由于非径向形变变得不稳定, 通过引力辐射转速降了下来, 而切向和体黏滞倾向于克服这些不稳定性使致密星转速稳定. 非常有趣的是, 奇异物质和中子物质的黏滞特性完全不一样[56]. 奇异物质的黏滞系数非常高, 这使得奇异星是一个很稳定的系统. 奇异星中可能存在基本周期为 $0.06 \sim 0.3$ ms 的径向振荡, 但它们都很快以秒的量级阻尼掉了, 极高的体黏滞意味着与中子星不同, 奇异星能达到亚毫秒的周期[57-58]. 还有一种可能性, 在从中子星到奇异星的转变过程中, 相对论星体的转动惯量变化很大, 在观测上应表现为巨自转突变 (Glitch) 现象[59].

第六章 时空 $3+1$ 分解

$3+1$ 分解的本质是将四维时空局部分解为 1 维的类时空间和与其垂直的三维类空超曲面的直和. 因此, 超曲面的概念是广义相对论中 $3+1$ 分解的基础.

本章内容主要参考文献 [60-65] 等.

§6.1 超曲面的外曲率

在本节中, 我们从纯几何的角度讨论镶嵌在流形中的超曲面.

6.1.1 超曲面

流形 M 中的超曲面 $\Sigma \subset M$ 是三维流形 $\hat{\Sigma}$ 在 M 中的像, 如图 6.1 所示, 它由一个嵌入映射 $\Phi : \hat{\Sigma} \to \Sigma$ 给定, 这里嵌入的意思是 $\Phi : \hat{\Sigma} \to \Sigma$ 是一个微分同胚映射, 即 Φ 映射是一对一的连续且可逆映射. 假设 t 为 M 中的一个标量函数, 超曲面可以定义为一些点的集合, 这些点上的标量函数 t 的值等于零, 即对 M 中的任何一点 p, $t(P) = 0$. 例如, 假设 Σ 是 M 的一个连通子流形, 拓扑为 $\mathbb{R}^3$, 那么我们可以在局部引入 M 的一个坐标系 $x^\alpha = (x^0, x^1, x^2, x^3)$, 然后将 Σ 定义为坐标条件 $t = 0$ 的子流形, 或者说 $x^i = (x^1, x^2, x^3)$ 为 3 维流形 $\hat{\Sigma}$ 上的坐标, 这种情况下, 映射 Φ 的具体形式为

$$\Phi : (x^1, x^2, x^3) \in \hat{\Sigma} \longmapsto (0, x^1, x^2, x^3) \in M. \tag{6.1}$$

如图 6.1 所示, 嵌入映射 Φ 将 $\hat{\Sigma}$ 中的曲线很自然地映射到 M 中相应的曲线. 换句话说, 它定义了切空间 $T_p(\hat{\Sigma})$ 和 $T_p(M)$ 之间的映射. 这个映射用 Φ_* 表示, 称为推前映射. 采用坐标系 $x^\alpha = (x^0, x^1, x^2, x^3)$, 该映射表示如下:

$$\boldsymbol{v} = (v^1, v^2, v^3) \in T_p(\hat{\Sigma}) \longmapsto \Phi_* \boldsymbol{v} = (0, v^1, v^2, v^3) \in T_p(M), \tag{6.2}$$

其中 $v^i = (v^1, v^2, v^3)$ 表示矢量 $\boldsymbol{v}$ 在切空间 $T_p(\Sigma)$ 的自然基底 $\partial/\partial x^i$ 上的分量.

相反, 嵌入映射 Φ 会产生一个映射, 称为拉回映射 Φ^*, 它可以将对偶空间 $T_p^*(M)$ 中的 1 形式 (对偶矢量)$\tilde{\omega}$ 映射到对偶空间 $T_p^*(\hat{\Sigma})$ 中相应的 1 形式 $\Phi^* \tilde{\omega}$, 即

$$\Phi^* \tilde{\omega} : \boldsymbol{v} \longmapsto \langle \Phi^* \tilde{\omega}, \boldsymbol{v} \rangle \equiv \langle \tilde{\omega}, \Phi_* \boldsymbol{v} \rangle. \tag{6.3}$$

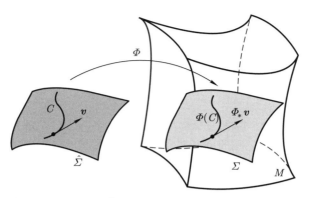

图 6.1 通过嵌入映射 Φ 将三维流形 $\hat{\Sigma}$ 嵌入四维流形 M, 给出了四维流形 M 中超曲面 $\Sigma = \Phi(\hat{\Sigma})$ 的定义. 推前映射 Φ_* 很自然地将 $\hat{\Sigma}$ 中曲线 C 的切矢量 $\boldsymbol{v}$ 映射到与 M 中曲线 $\Phi(C)$ 的切矢量相平行的矢量

利用 (6.2) 式, 拉回映射具体表示为

$$\tilde{\boldsymbol{\omega}} = (\tilde{\omega}_0, \tilde{\omega}_1, \tilde{\omega}_2, \tilde{\omega}_3) \in T_p^*(M) \longmapsto \Phi^*\tilde{\boldsymbol{\omega}} = (\tilde{\omega}_1, \tilde{\omega}_2, \tilde{\omega}_3) \in T_p^*(\hat{\Sigma}), \tag{6.4}$$

其中 $\tilde{\omega}_\alpha$ 为 1 形式 $\tilde{\boldsymbol{\omega}}$ 在坐标基 $\tilde{\mathrm{d}}x^\alpha$ 上的分量.

在后面的讨论中, 如果没有特别说明, 我们在记号上不再区分 $\hat{\Sigma}$ 与 $\Sigma = \Phi(\hat{\Sigma})$, 同理, 也不再区分 $\boldsymbol{v}$ 与 $\Phi_*\boldsymbol{v}$.

拉回映射可以扩展到 n 阶协变张量, 即 $(0, n)$ 型张量. 如果 $\boldsymbol{T}$ 是 $T_p^*(M)^n$ 上的 n 阶协变张量, 则通过拉回映射得到 $T_p^*(\Sigma)^n$ 上定义的 n 阶协变张量 $\Phi^*\boldsymbol{T}$, 具体定义为

$$\forall (\boldsymbol{v}_1, \cdots, \boldsymbol{v}_n) \in T_p(\Sigma)^n, \quad \Phi^*\boldsymbol{T}(\boldsymbol{v}_1, \cdots, \boldsymbol{v}_n) \equiv \boldsymbol{T}(\Phi_*\boldsymbol{v}_1, \cdots, \Phi_*\boldsymbol{v}_n). \tag{6.5}$$

拉回映射的一个非常重要的例子是四维时空 M 中的度规 $\boldsymbol{g}$, 它是一个二阶协变张量. 如果 Σ 是 4 维时空 M 中的三维超曲面, 则通过拉回映射我们得到在 Σ 上诱导的度规 $\boldsymbol{h}$:

$$\boldsymbol{h} := \Phi^*\boldsymbol{g}. \tag{6.6}$$

$\boldsymbol{h}$ 有时候也简称 3-度规. 根据 3-度规的定义, 易知

$$\forall \boldsymbol{u}, \boldsymbol{v} \in T_p(\Sigma), \quad \boldsymbol{u} \cdot \boldsymbol{v} \equiv \boldsymbol{g}(\boldsymbol{u}, \boldsymbol{v}) = \boldsymbol{h}(\boldsymbol{u}, \boldsymbol{v}). \tag{6.7}$$

如果在 Σ 上采用坐标系 $x^i = (x^1, x^2, x^3)$, 则根据 (6.4) 式易知

$$h_{ij} = g_{ij}. \tag{6.8}$$

超曲面 Σ 可以做如下分类:

(1) 如果 3-度规是正定的, 即它的符号为 $(+,+,+)$, 则称它为类空超曲面;

(2) 如果 3-度规是洛伦兹型的, 即它的符号为 $(-,+,+)$, 则称它为类时超曲面;

(3) 如果 3-度规是简并的, 即它的符号为 $(0,+,+)$, 则称它为零 (null) 超曲面.

6.1.2 超曲面的法矢量

给定 M 上的标量场 t, 我们定义了一系列的超曲面 Σ_t, 即 $t(p) = t$ 的超曲面, 曲面 Σ_t 的梯度即 1 形式 $\tilde{\mathrm{d}}t$ 垂直于 Σ, 即对任何与 Σ 相切的矢量 $\boldsymbol{v} \in T_p(M)$, 有 $\langle \tilde{\mathrm{d}}t, \boldsymbol{v} \rangle = 0$. 通过逆变度规可以将 $\tilde{\mathrm{d}}t$ 映射到其对偶矢量 $\vec{\nabla}t$, 用分量表示为 $\nabla^\alpha t = g^{\alpha\mu}\nabla_\mu t = g^{\alpha\mu}(\tilde{\mathrm{d}}t)_\mu$. 矢量 $\vec{\nabla}t$ 满足如下性质:

(1) 如果 Σ 是类空的, 则 $\vec{\nabla}t$ 是类时的;

(2) 如果 Σ 是类时的, 则 $\vec{\nabla}t$ 是类空的;

(3) 如果 Σ 是零 (null) 的, 则 $\vec{\nabla}t$ 是零 (null) 的.

矢量 $\vec{\nabla}t$ 定义了超曲面 Σ 的唯一法向, 即任何其他与 Σ 垂直的矢量 $\boldsymbol{v}$ 必须与 $\vec{\nabla}t$ 共线: $\boldsymbol{v} = \lambda\vec{\nabla}t$. 对于零超曲面, 它的法矢量也是它的切矢量, 这是因为零矢量与其自身正交.

在 Σ 不是零 (null) 空间的情况下, 我们可以将法矢量归一化, 使它成为单位矢量 $\boldsymbol{n}$,

$$\boldsymbol{n} := \left(|\vec{\nabla}t \cdot \vec{\nabla}t| \right)^{-1/2} \vec{\nabla}t. \tag{6.9}$$

容易验证, 如果 Σ 是类空超曲面, 则 n 是类时的, 即 $\boldsymbol{n} \cdot \boldsymbol{n} = -1$; 如果 Σ 是类时超曲面, 则 n 是类空的, 即 $\boldsymbol{n} \cdot \boldsymbol{n} = 1$.

6.1.3 超曲面的内禀曲率

如果 Σ 是类空或类时超曲面, 则诱导度规 $\boldsymbol{h}$ 非简并. 这意味着在流形 Σ 上有一个唯一的无挠联络 (或协变导数) $\mathbf{D}$, 它满足如下的度规相容性条件:

$$\mathbf{D}\,\boldsymbol{h} = 0, \tag{6.10}$$

即 $\mathbf{D}$ 是流形 Σ 上克里斯托弗联络. 进一步我们可以引入黎曼曲率张量. 在广义相对论中我们知道, 黎曼曲率是内禀曲率. 用分量表示, 黎曼曲率张量的定义为

$$\forall \boldsymbol{v} \in T(\Sigma), \quad (\mathrm{D}_i\mathrm{D}_j - \mathrm{D}_j\mathrm{D}_i)v^k = R^k{}_{lij}\,v^l. \tag{6.11}$$

相应的里奇张量和里奇标量分别为 $R_{ij} = R^k{}_{ikj}$ 以及 $R = h^{ij}R_{ij}$. R 也称作超曲面的高斯曲率 [对于 3 维欧氏空间中的 2 维曲面, 这里定义的超曲面的高斯曲率与传统的高斯曲率差一个系数, 见 (6.28) 式].

在三维流形中, 黎曼曲率张量独立分量数为 9, 而里奇张量独立分量数也为 9, 因此不难理解, 黎曼曲率张量完全由里奇张量决定:

$$R^i_{\;jkl} = \delta^i_k R_{jl} - \delta^i_l R_{jk} + h_{jl} R^i_{\;k} - h_{jk} R^i_{\;l} + \frac{1}{2} R (\delta^i_l h_{jk} - \delta^i_k h_{jl}). \tag{6.12}$$

也就是说, 在三维空间中, 外尔张量为零.

6.1.4   超曲面的外曲率

除了上面讨论的内禀曲率, 我们可以引入超曲面的外曲率, 它与 Σ 在 M 中的 "弯曲" 有关. 如图 6.2 所示, 考察平面中任意一条曲线, 它是一维流形, 一维流形的内禀曲率为零: 我们可以通过选择曲线的弧长为坐标来看出这一点. 但是在二维流形中, 曲线是镶嵌在其中的一维流形, 例如在图 6.2 中的 P 点, 它的曲率为 $1/R$, 这个曲率就是曲线的外曲率.

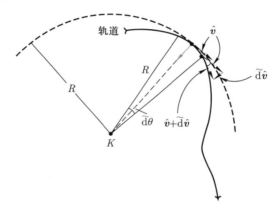

图 6.2   二维平面中曲线的外曲率. 任何一维流形的内禀曲率为零, 但是它的外曲率就是我们熟悉的曲率半径的倒数, 一般不为零, 依赖于曲线在平面中的弯曲程度

外曲率可以根据曲面的法矢量 $\boldsymbol{n}$ 沿着曲线 (其切矢量为 $\boldsymbol{v}$) 平行移动时的协变导数 $(\nabla_{\boldsymbol{v}} \boldsymbol{n})$ 定义. 容易验证 $\nabla_{\boldsymbol{v}} \boldsymbol{n}$ 垂直于 $\boldsymbol{n}$, 这是因为 $\boldsymbol{n}$ 为归一化的矢量, 即

$$\nabla_{\boldsymbol{v}}(\boldsymbol{n} \cdot \boldsymbol{n}) = 2\boldsymbol{n} \cdot \nabla_{\boldsymbol{v}} \boldsymbol{n} = 0, \tag{6.13}$$

从 $\boldsymbol{v}$ 到 $\nabla_{\boldsymbol{v}} \boldsymbol{n}$ 的映射是切空间 $T_p(\Sigma)$ 到切空间 $T_p(\Sigma)$ 的映射, 称为温加滕 (Weingarten) 映射, 或者叫形状算符:

$$\boldsymbol{\chi} \colon \boldsymbol{v} \in T_p(\Sigma) \longmapsto \nabla_{\boldsymbol{v}} \boldsymbol{n} \in T_p(\Sigma). \tag{6.14}$$

温加滕映射的基本特性是, 它对于诱导度规 $\boldsymbol{h}$ 是自伴随的, 即满足

$$\forall (\boldsymbol{u}, \boldsymbol{v}) \in T_p(\Sigma) \times T_p(\Sigma), \quad \boldsymbol{u} \cdot \boldsymbol{\chi}(\boldsymbol{v}) = \boldsymbol{\chi}(\boldsymbol{u}) \cdot \boldsymbol{v}, \tag{6.15}$$

其中点积为与度规 h 相关的标量积. 上式的证明如下:

$$\begin{aligned}
\boldsymbol{u} \cdot \boldsymbol{\chi}(\boldsymbol{v}) &= \boldsymbol{u} \cdot \nabla_{\boldsymbol{v}} \boldsymbol{n} = \nabla_{\boldsymbol{v}} (\boldsymbol{u} \cdot \boldsymbol{n}) - \boldsymbol{n} \cdot \nabla_{\boldsymbol{v}} \boldsymbol{u} = -\boldsymbol{n} \cdot (\nabla_{\boldsymbol{u}} \boldsymbol{v} - [\boldsymbol{u}, \boldsymbol{v}]) \\
&= -\nabla_{\boldsymbol{u}} (\boldsymbol{n} \cdot \boldsymbol{v}) + \boldsymbol{v} \cdot \nabla_{\boldsymbol{u}} \boldsymbol{n} + \boldsymbol{n} \cdot [\boldsymbol{u}, \boldsymbol{v}] \\
&= \boldsymbol{v} \cdot \boldsymbol{\chi}(\boldsymbol{u}) + \boldsymbol{n} \cdot [\boldsymbol{u}, \boldsymbol{v}] \\
&= \boldsymbol{v} \cdot \boldsymbol{\chi}(\boldsymbol{u}).
\end{aligned} \tag{6.16}$$

上式最后一步利用了弗罗贝尼乌斯 (Frobenius) 定理: 子流形中切矢量 $\boldsymbol{u}$ 与切矢量 $\boldsymbol{v}$ 的对易子 $[\boldsymbol{u}, \boldsymbol{v}]$ 也是该子流形的切矢量, 即子流形切矢量的对易操作是自封闭的. 也可以直接验证 $[\boldsymbol{u}, \boldsymbol{v}]$ 与法矢量 $\boldsymbol{n}$ 垂直:

$$\begin{aligned}
\vec{\nabla} t \cdot [\boldsymbol{u}, \boldsymbol{v}] &= \langle \tilde{\mathrm{d}} t, [\boldsymbol{u}, \boldsymbol{v}] \rangle = \nabla_\mu t \, u^\nu \nabla_\nu v^\mu - \nabla_\mu t \, v^\nu \nabla_\nu u^\mu \\
&= u^\nu [\nabla_\nu(\nabla_\mu t \, v^\mu) - v^\mu \nabla_\nu \nabla_\mu t] - v^\nu[\nabla_\nu(\nabla_\mu t \, u^\mu) - u^\mu \nabla_\nu \nabla_\mu t] \\
&= u^\mu v^\nu (\nabla_\nu \nabla_\mu t - \nabla_\mu \nabla_\nu t) = 0.
\end{aligned} \tag{6.17}$$

由于 $\boldsymbol{n}$ 平行于 $\vec{\nabla} t$, 因此有 $\boldsymbol{n} \cdot [\boldsymbol{u}, \boldsymbol{v}] = 0$.

由于 $\boldsymbol{\chi}$ 是自伴随的, 因此它的本征值为实数, 我们称之为超曲面 Σ 的主曲率 (κ_i), 相应的本征矢量为超曲面 Σ 的主矢量. 超曲面 Σ 的平均曲率定义为主曲率的代数平均值:

$$H := \frac{1}{3} (\kappa_1 + \kappa_2 + \kappa_3). \tag{6.18}$$

特别需要强调的是, 这里超曲面 Σ 的主曲率 (κ_i) 是外曲率, 不是曲面的高斯曲率, 高斯曲率是内禀曲率.

我们可以进一步根据下式定义外曲率张量 $\boldsymbol{K}$:

$$\forall \boldsymbol{u}, \boldsymbol{v} \in T_p(\Sigma), \quad \boldsymbol{K}(\boldsymbol{u}, \boldsymbol{v}) = -\boldsymbol{u} \cdot \boldsymbol{\chi}(\boldsymbol{v}) = -\boldsymbol{u} \cdot \nabla_{\boldsymbol{v}} \boldsymbol{n} \in \mathbb{R}. \tag{6.19}$$

由于 $\boldsymbol{\chi}$ 是自伴随的, 容易验证 $\boldsymbol{K}$ 是二阶对称张量. 如果定义 K 是 $\boldsymbol{K}$ 关于 3-度规 h 的迹, 易得

$$K := h^{ij} K_{ij} = -3H. \tag{6.20}$$

6.1.5 例子: 三维欧几里得空间 $\mathbb{R}^3$ 中的二维曲面

采用笛卡儿坐标系, 三维欧几里得空间的度规为 $g_{ij} = \mathrm{diag}\{1, 1, 1\}$. 三维欧几里得空间中的超曲面就是通常的曲面.

在本节中, 并且仅在本节中, 考虑到基流形的维度是 3 而不是 4, 我们将更改指标约定: 指标为希腊字母表示 $\{1, 2, 3\}$, 而指标为拉丁字母表示 $\{1, 2\}$.

(1) $\mathbb{R}^3$ 中的平面.

假设 Σ 是平面, 参见图 6.3. 在 $\mathbb{R}^3$ 中采用笛卡儿坐标 $(X^\alpha) = (x^1, x^2, x^3)$, 这样 Σ 为 $z = 0$ 平面. 根据标量函数 t 的定义, Σ 就是 $t = z$. 曲面 Σ 的坐标为 $(x^i) = (x, y)$, 在 Σ 上诱导的度规 $h_{ij} = \mathrm{diag}(1, 1)$. 因此, 平面的内禀曲率显然为零. 平面的单位法线 $\boldsymbol{n}$ 的分量为 $n^\alpha = (0, 0, 1)$, 因此, $\nabla \boldsymbol{n} = 0$, 即平面的外曲率 $\boldsymbol{K} = 0$.

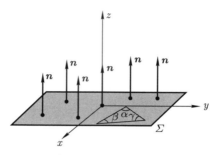

图 6.3 平面 Σ 作为欧几里得空间 $\mathbb{R}^3$ 的超曲面. 容易看出平面 Σ 的单位法矢量 $\boldsymbol{n}$ 保持不变, 这意味着 Σ 的两个外曲率都为零. 此外, 平面 Σ 中的任意三角形的内角之和 $\alpha + \beta + \gamma = \pi$, 这表明平面 Σ 的内禀曲率也等于零

(2) $\mathbb{R}^3$ 空间中的圆柱面.

不妨在 $\mathbb{R}^3$ 中采用柱坐标 $(x^\alpha) = (\rho, \phi, z)$. 半径为 R 的圆柱面方程为 $t := \rho - R = 0$, 参见图 6.4. 圆柱面的坐标为 $(x^i) = (\phi, z)$. 圆柱面上的线元平方为

$$\mathrm{d}s^2 = h_{ij}\, \mathrm{d}x^i\, \mathrm{d}x^j = R^2 \mathrm{d}\phi^2 + \mathrm{d}z^2. \tag{6.21}$$

可以计算, 二维圆柱面的黎曼曲率张量为零, 即它的内禀曲率为零. 这一点也可以通过坐标变换 $\eta := R\phi$ 明显看出来. 坐标变换之后, 圆柱面上的线元平方为

$$\mathrm{d}s^2 = h_{i'j'}\, \mathrm{d}x^{i'}\, \mathrm{d}x^{j'} = \mathrm{d}\eta^2 + \mathrm{d}z^2. \tag{6.22}$$

很明显, 圆柱面为二维的平直空间.

下面讨论圆柱面的外曲率. 如图 6.4 所示, 圆柱面的法矢量为 $\boldsymbol{n} = \hat{\boldsymbol{e}}_\rho$. 在圆柱面上, 沿着 z 轴, 即 $\phi =$ 常数的坐标曲线, 显然有 $\partial \hat{\boldsymbol{e}}_\rho / \partial z = 0$, 即沿着 z 方向的主曲率为零. 沿着 ϕ 轴, 即 $z =$ 常数的坐标曲线移动 $\boldsymbol{v} = R\delta\phi\hat{\boldsymbol{e}}_\phi\delta\phi\partial_\phi$, 得到 $\delta\boldsymbol{n} = \delta\phi\hat{\boldsymbol{e}}_\phi$, 其中 $\hat{\boldsymbol{e}}_\phi = R^{-1}\partial_\phi$ 为归一化基矢量 (非坐标基 ∂_ϕ), 即

$$\nabla_{\boldsymbol{v}} \boldsymbol{n} = \nabla_{\delta\phi\partial_\phi} \boldsymbol{n} = \delta\phi\hat{\boldsymbol{e}}_\phi = R^{-1}\delta\phi\partial_\phi. \tag{6.23}$$

将上式整理为

$$\nabla_{\partial_\phi} \boldsymbol{n} = \frac{1}{R}\partial_\phi, \tag{6.24}$$

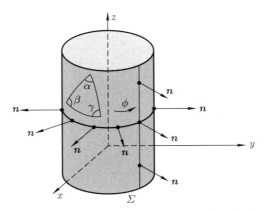

图 6.4 欧几里得空间 $\mathbb{R}^3$ 中的圆柱面 Σ. 可以验证, 圆柱面中的任意三角形的内角之和 $\alpha +$
$\beta + \gamma = \pi$, 这表明圆柱面的内禀曲率等于零. 圆柱面在保持 ϕ 不变, 而 z 变化时, 单位法矢量
$\boldsymbol{n}$ 不变, 因此沿着 z 方向的主曲率等于零. 在保持 z 不变, 而 ϕ 变化时, $\boldsymbol{n}$ 在变, 因此沿着 ϕ 方
向的主曲率不等于零

即沿着 ϕ 轴的主曲率为 $1/R$. 根据外曲率张量的定义 [(6.19) 式], 非零的分量为

$$\boldsymbol{K}(\partial_\phi, \partial_\phi) = K_{\phi\phi} = -\boldsymbol{g}(\partial_\phi, \nabla_{\partial_\phi}\boldsymbol{n}) = -g_{\phi\phi}\frac{1}{R} = -R. \tag{6.25}$$

根据 (6.21) 式, $h^{ij} = \mathrm{diag}(R^{-2}, 1)$, 因此 $\boldsymbol{K}$ 的迹 K 为

$$K = -\frac{1}{R}. \tag{6.26}$$

(3) $\mathbb{R}^3$ 中的球面.

不妨在 $\mathbb{R}^3$ 中采用球坐标 $(x^\alpha) = (r, \theta, \varphi)$. 半径为 R 的球面方程为 $t := r - R = 0$, 如图 6.5 所示. 球面的坐标为 $(x^i) = (\theta, \varphi)$. 球面上的线元平方为

$$\mathrm{d}s^2 = h_{ij}\,\mathrm{d}x^i\,\mathrm{d}x^j = R^2\left(\mathrm{d}\theta^2 + \sin^2\theta\mathrm{d}\varphi^2\right). \tag{6.27}$$

容易计算, 球面的黎曼张量、里奇张量和里奇标量分别为

$$R^i{}_{jkl} = \frac{1}{R^2}\left(\delta^i_k h_{jl} - \delta^i_l h_{jk}\right), \quad R_{ij} = \frac{1}{R^2}\,h_{ij}, \quad R = \frac{2}{R^2}. \tag{6.28}$$

如图 6.5 所示, 球面上的任意三角形的内角之和大于 π, 这表明球面的内禀曲率不
为零, 即黎曼张量不为零.

下面讨论球面的外曲率. 如图 6.5 所示, 球面的法矢量为 $\boldsymbol{n} = \hat{\boldsymbol{e}}_r = \partial_r$. 在球
面上, 沿着 θ 轴, 即 $\varphi = $ 常数的坐标曲线移动 $\boldsymbol{v} = R\delta\theta\hat{\boldsymbol{e}}_\theta$, 得到 $\delta\boldsymbol{n} = \delta\theta\hat{\boldsymbol{e}}_\theta$, 其中
$\hat{\boldsymbol{e}}_\theta = R^{-1}\partial_\theta$ 为归一化基矢量, 因此有

$$\nabla_{\boldsymbol{v}}\boldsymbol{n} = \nabla_{R\delta\theta\hat{\boldsymbol{e}}_\theta}\boldsymbol{n} = \delta\theta\nabla_{\partial_\theta}\boldsymbol{n} = \delta\theta\hat{\boldsymbol{e}}_\theta = R^{-1}\delta\theta\partial_\theta. \tag{6.29}$$

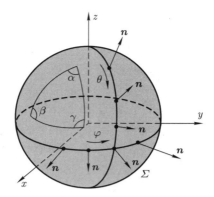

图 6.5　球体 Σ 作为欧几里得空间 $\mathbb{R}^3$ 的超曲面. Σ 内的任意三角形的内角之和大于 π, $\alpha +$ $\beta + \gamma > \pi$, 这表明球面的内禀曲率不为零. 当单位法矢量 $\boldsymbol{n}$ 在球面上移动时, $\boldsymbol{n}$ 改变了方向, 这表明 Σ 的外曲率不等于零

将上式整理为

$$\nabla_{\partial_\theta} \boldsymbol{n} = \frac{1}{R} \partial_\theta, \tag{6.30}$$

即沿着 θ 轴的主曲率为 $1/R$. 同样分析, 沿着 φ 轴, 即 $\theta =$ 常数的坐标曲线移动 $\boldsymbol{v} = R \sin\theta \delta\varphi \hat{\boldsymbol{e}}_\varphi$, 得到 $\delta\boldsymbol{n} = \sin\theta \delta\varphi \hat{\boldsymbol{e}}_\varphi$, 其中 $\hat{\boldsymbol{e}}_\varphi = (R \sin\theta)^{-1} \partial_\varphi$ 为归一化基矢量, 因此有

$$\nabla_{\boldsymbol{v}} \boldsymbol{n} = \nabla_{R \sin\theta \delta\varphi \hat{\boldsymbol{e}}_\varphi} \boldsymbol{n} = \delta\varphi \nabla_{\partial_\varphi} \boldsymbol{n} = \sin\theta \delta\varphi \hat{\boldsymbol{e}}_\varphi = R^{-1} \delta\varphi \partial_\varphi. \tag{6.31}$$

将上式整理为

$$\nabla_{\partial_\varphi} \boldsymbol{n} = \frac{1}{R} \partial_\varphi, \tag{6.32}$$

即沿着 φ 轴的主曲率也为 $1/R$. 根据外曲率张量的定义 [(6.19) 式], 非零的分量为

$$\boldsymbol{K}(\partial_\theta, \partial_\theta) = K_{\theta\theta} = -\boldsymbol{g}(\partial_\theta, \nabla_{\partial_\theta} \boldsymbol{n}) = -g_{\theta\theta} \frac{1}{R} = -R, \tag{6.33}$$

$$\boldsymbol{K}(\partial_\varphi, \partial_\varphi) = K_{\varphi\varphi} = -\boldsymbol{g}(\partial_\varphi, \nabla_{\partial_\varphi} \boldsymbol{n}) = -g_{\varphi\varphi} \frac{1}{R} = -R \sin^2\theta. \tag{6.34}$$

容易验证, $\boldsymbol{K}$ 的迹

$$K = -\frac{2}{R}. \tag{6.35}$$

在以上例子中, 我们遇到了内禀曲率和外曲率都为零的超曲面 —— 平面, 内禀曲率为零, 但外曲率不为零的超曲面 —— 圆柱面, 以及内禀曲率和外曲率都不为零的超曲面 —— 球面. 正如我们将在 §6.3 中看到的, 外曲率并不完全独立于内禀曲率, 它们由高斯方程联系起来.

§6.2 类空超曲面

从现在开始, 我们集中讨论类空超曲面, 即诱导度规 h 为正的超曲面, 或等价地说, 该超曲面的单位法矢量 n 是类时的.

6.2.1 正交空间投影张量

假设类空超曲面 Σ 的法矢量为 n, 我们可以引入空间投影映射 h, 简称投影映射, 它将切空间 $T_p(M)$ 中的矢量 v 投影到切空间 $T_p(\Sigma)$ 中的矢量 $h(v)$:

$$h(v) \equiv v + (n \cdot v)n. \tag{6.36}$$

容易验证,

$$n \cdot h(v) = 0, \tag{6.37}$$

即 $h(v)$ 的确垂直于 n. 另外容易看出, $h(v) = 0$, 且如果 $v \in T_p(\Sigma)$, $h(v) = v$.

根据投影映射的定义, 即 (6.36) 式, 投影映射是一个二阶张量, 在切空间 $T_p(M)$ 的任意基底 (e_α) 下的分量为

$$h^\alpha{}_\beta = \delta^\alpha_\beta + n^\alpha n_\beta. \tag{6.38}$$

投影映射 h 将四维流形中的矢量投影到超曲面 Σ, 根据前面类似的讨论, 我们也可以引入投影映射 h 的逆映射 h_M^*, 它将超曲面对偶空间 $T_p^*(\Sigma)$ 中的对偶矢量 $\tilde{\omega}$ 映射到四维流形对偶空间 $T_p^*(M)$ 中的对偶矢量 $h_M^* \tilde{\omega}$, 具体定义如下:

$$\langle h_M^* \tilde{\omega}, v \rangle \equiv \langle \tilde{\omega}, h(v) \rangle. \tag{6.39}$$

逆映射 h_M^* 也可以到任意阶的协变张量 A, 具体定义为

$$h_M^* A(v_1, \cdots, v_n) \equiv A(h(v_1), \cdots, h(v_n)). \tag{6.40}$$

逆映射 h_M^* 一个重要的应用就是将定义在超曲面上的 3-度规 g 拉回到四维流形上的度规 $h_M^* h$. 在不引起误会的情况下, 我们都用符号 h 表示. h 用时空度规 g 以及对偶矢量 $\tilde{n}$ 表示为

$$h = g + \tilde{n} \otimes \tilde{n}, \tag{6.41}$$

其中 $\tilde{n}$ 为 n 的对偶矢量. 上式的分量表达式为

$$h_{\alpha\beta} = g_{\alpha\beta} + n_\alpha n_\beta. \tag{6.42}$$

事实上, 如果 v 和 u 都与超曲面 Σ 相切, 则 $h(u,v) = g(u,v) + \langle \tilde{n}, u \rangle \langle \tilde{n}, v \rangle = g(u,v)$, 且如果 $u = \lambda n$, 则对任意 $v \in T_p(M)$, $h(u,v) = \lambda g(n,v) + \lambda \langle \tilde{n}, n \rangle \langle \tilde{n}, v \rangle = \lambda [g(n,v) - \langle \tilde{n}, v \rangle] = 0$. 这解释了 (6.41) 式. 将 (6.42) 式与 (6.38) 式进行比较, 可以证明正交投影算符用 h 表示是正确的: 投影算符 h 只不过是超曲面 Σ 上的诱导度规 h 又被拉回到四维流形上.

同样的讨论, 我们可以用 h_M^* 算符作用于外曲率张量 K, 得到四维流形上的外曲率张量 $h_M^* K$, 在不引起误会的情况下, 我们都用同一个符号 K 表示.

对于流形 M 上的任一 $\begin{pmatrix} p \\ q \end{pmatrix}$ 类张量 T, 现在我们可以将它投影到超曲面 Σ 上, 用 $h^* T$ 表示. 具体定义为

$$(h^* T)^{\alpha_1 \cdots \alpha_p}{}_{\beta_1 \cdots \beta_q} = h^{\alpha_1}{}_{\mu_1} \cdots h^{\alpha_p}{}_{\mu_p} h^{\nu_1}{}_{\beta_1} \cdots h^{\nu_q}{}_{\beta_q} T^{\mu_1 \cdots \mu_p}{}_{\nu_1 \cdots \nu_q}. \tag{6.43}$$

容易验证, 对超曲面 Σ 上的任一协变张量 A, $h^*(h_M^* A) = h_M^* A$; 对切空间 $T_p(M)$ 中的任一矢量 v, 有 $h^* v = h(v)$; 对对偶空间 $T_p^*(M)$ 中的任一对偶矢量 $\tilde{\omega}$, 有 $h^* \tilde{\omega} = \tilde{\omega} \circ h$.

6.2.2 外曲率张量 K 与 ∇n 的关系

在四维流形 M 中, 我们有一系列超曲面族 Σ_t, 则在四维流形中, 我们可以定义矢量场 n, 以及张量场 ∇n 和 $\nabla \tilde{n}$. 可以证明, $\nabla \tilde{n}$ 通过投影算符 h 投影到超曲面 Σ 上之后就得到了外曲率张量 K.

具体证明如下. 先引入加速度矢量场 a:

$$a := \nabla_n n. \tag{6.44}$$

由于 n 是类似的单位矢量, 可以将之看作某观测者的四速度, 而 a 是相应的观测者的四加速度. 由于 n 是归一化的, 显然 a 垂直于 n.

外曲率张量 K 的定义参见 (6.19) 式, 我们可以将它拉回到四维流形 M 上 (注意, 仍用 K 表示):

$$\begin{aligned} K(u,v) &= K(h(u), h(v)) = -h(u) \cdot \nabla_{h(v)} n \\ &= -[u + (n \cdot u) n] \cdot \nabla_{v+(n \cdot v)n} n \\ &= -u \cdot \nabla_v n - (a \cdot u)(n \cdot v) \\ &= -\nabla \tilde{n}(u,v) - \langle \tilde{a}, u \rangle \langle \tilde{n}, v \rangle. \end{aligned} \tag{6.45}$$

在上式的推导过程中, 我们利用了 $n \cdot \nabla_x n = 0$ (对任意矢量 x). 由于 (6.45) 式中的矢量 (u, v) 是切空间 $T_p(M)$ 中的任意矢量, 因此我们找到了张量场 $\nabla \tilde{n}$ 与外曲

率张量 K 的关系:

$$\nabla \tilde{n} = -K - \tilde{a} \otimes \tilde{n}, \tag{6.46}$$

用分量表示为

$$\nabla_\beta n_\alpha = -K_{\alpha\beta} - a_\alpha n_\beta. \tag{6.47}$$

将 $\nabla_\beta n_\alpha$ 投影到超曲面 Σ 上, 我们发现

$$K = -h^*\nabla \tilde{n}. \tag{6.48}$$

这说明拉回的外曲率张量 K 就是 1 形式 $\tilde{n}$ 的梯度 $\nabla \tilde{n}$ 到 Σ 面上的投影.

下面求外曲率张量 K 的迹:

$$K = g^{\alpha\beta}K_{\alpha\beta} = g^{\alpha\beta}(-\nabla_\beta n_\alpha - a_\alpha n_\beta) = -\nabla \cdot \boldsymbol{n} - \boldsymbol{a} \cdot \boldsymbol{n} = -\nabla \cdot \boldsymbol{n}. \tag{6.49}$$

该结果表明外曲率张量 K 的迹 K 仅是单位法矢量 $\boldsymbol{n}$ 的散度.

6.2.3 联络 ∇ 和 $\mathbf{D}$ 之间的关系

假设给定超曲面 Σ 上的张量场 $\boldsymbol{T}$, 则我们可以给出它的协变导数 $\mathbf{D}\boldsymbol{T}$, 其中联络为由 3-度规 $\boldsymbol{h}$ 定义的莱维 – 齐维塔 (Levi-Civita) 联络. $\mathbf{D}\boldsymbol{T}$ 与协变导数 $\nabla\boldsymbol{T}$ 的关系为

$$\mathbf{D}\boldsymbol{T} = \boldsymbol{h}^*\nabla\boldsymbol{T}, \tag{6.50}$$

其中联络 ∇ 是由四维时空度规 $\boldsymbol{g}$ 定义的克里斯托弗联络. (6.50) 式的严格表达式应该为

$$\boldsymbol{h}_M^*\mathbf{D}\boldsymbol{T} = \boldsymbol{h}^*[\nabla(\boldsymbol{h}_M^*\boldsymbol{T})]. \tag{6.51}$$

(6.50) 式右边的 $\boldsymbol{T}$ 原先定义在 Σ 上, 需要拉回到流形 M 上, 同理, (6.50) 式左边的 $\mathbf{D}\boldsymbol{T}$ 原先定义在 Σ 上, 也需要拉回到流形 M 上.

(6.50) 式的分量表达式如下:

$$\mathrm{D}_\rho T^{\alpha_1\ldots\alpha_p}{}_{\beta_1\ldots\beta_q} = h^{\alpha_1}{}_{\mu_1} \cdots h^{\alpha_p}{}_{\mu_p} h^{\nu_1}{}_{\beta_1} \cdots h^{\nu_q}{}_{\beta_q} h^\sigma{}_\rho \nabla_\sigma T^{\mu_1\ldots\mu_p}{}_{\nu_1\ldots\nu_q}. \tag{6.52}$$

(6.50) 式的证明如下. 显然, $\boldsymbol{h}^*\nabla = \boldsymbol{h}^*\nabla\boldsymbol{h}_M^*$ 是超曲面 Σ 上的无挠联络. 下一步就是要证明该联络与 3-度规 $\boldsymbol{h}$ 是相容的, 即 $\boldsymbol{h}^*\nabla\boldsymbol{h} = 0$. 证明如下:

$$\begin{aligned}
(\boldsymbol{h}^*\nabla\boldsymbol{h})_{\alpha\beta\gamma} &= h^\mu{}_\alpha h^\nu{}_\beta h^\rho{}_\gamma \nabla_\rho h_{\mu\nu} \\
&= h^\mu{}_\alpha h^\nu{}_\beta h^\rho{}_\gamma (\nabla_\rho g_{\mu\nu} + \nabla_\rho n_\mu n_\nu + n_\mu \nabla_\rho n_\nu) \\
&= h^\rho{}_\gamma (h^\mu{}_\alpha h^\nu{}_\beta n_\nu \nabla_\rho n_\mu + h^\mu{}_\alpha n_\mu \nabla_\rho n_\nu) \\
&= 0.
\end{aligned} \tag{6.53}$$

最终我们得到 $h^*\nabla = \mathbf{D}$.

利用 (6.50) 式, 我们可以计算 $\mathbf{D}_{\boldsymbol{u}}\boldsymbol{v}$, 其中 $\boldsymbol{u}$ 和 $\boldsymbol{v}$ 都与 Σ 相切. 具体计算如下:

$$(\mathbf{D}_{\boldsymbol{u}}\boldsymbol{v})^\alpha = u^\sigma \mathrm{D}_\sigma v^\alpha = u^\sigma h^\nu{}_\sigma h^\alpha{}_\mu \nabla_\nu v^\mu = u^\nu \left(\delta^\alpha_\mu + n^\alpha n_\mu\right)\nabla_\nu v^\mu$$
$$= u^\nu \nabla_\nu v^\alpha + n^\alpha u^\nu n_\mu \nabla_\nu v^\mu = u^\nu \nabla_\nu v^\alpha - n^\alpha u^\nu v^\mu \nabla_\mu n_\nu. \qquad (6.54)$$

上式的计算过程中, 我们利用了 $n_\mu \nabla_\nu v^\mu = -v^\mu \nabla_\nu n_\mu$, 这是因为 $n_\mu v^\mu = 0$. 接着利用 (6.19) 式, $-u^\nu v^\mu \nabla_\mu n_\nu = \boldsymbol{K}(\boldsymbol{u},\boldsymbol{v})$, (6.54) 式可以写为张量的形式:

$$\mathbf{D}_{\boldsymbol{u}}\boldsymbol{v} = \nabla_{\boldsymbol{u}}\boldsymbol{v} + \boldsymbol{K}(\boldsymbol{u},\boldsymbol{v})\,\boldsymbol{n}. \qquad (6.55)$$

这个方程提供了外曲率张量 $\boldsymbol{K}$ 的另一种解释: $\boldsymbol{K}$ 给出了沿着某个与 Σ 相切的矢量, 另一个与 Σ 相切的矢量的内禀协变导数 $\mathbf{D}_{\boldsymbol{u}}\boldsymbol{v}$ 与四维时空中的协变导数 $\nabla_{\boldsymbol{u}}\boldsymbol{v}$ 的差值. 从公式 (6.55) 中可以看出, 两者之差总是沿着法矢量 $\boldsymbol{n}$ 的方向.

考虑 $(\Sigma, \boldsymbol{h})$ 中的测地线曲线 C 和切矢量 $\boldsymbol{u}$ 与 C 的仿射参数化有关, 再由 $\mathbf{D}_{\boldsymbol{u}}\boldsymbol{u} = 0$ 和 (6.55) 式得到 $\nabla_{\boldsymbol{u}}\boldsymbol{u} = -\boldsymbol{K}(\boldsymbol{u},\boldsymbol{u})\,\boldsymbol{n}$.

考察 $(\Sigma, \boldsymbol{h})$ 中的一条测地线, 假设它与某些仿射参量相关的切矢量为 $\boldsymbol{u}$, 则有 $\mathbf{D}_{\boldsymbol{u}}\boldsymbol{u} = 0$. 根据 (6.55) 式得到 $\nabla_{\boldsymbol{u}}\boldsymbol{u} = -\boldsymbol{K}(\boldsymbol{u},\boldsymbol{u})\,\boldsymbol{n}$. 如果 C 是 $(M, \boldsymbol{g})$ 的测地线, 对于一些非仿射参数 κ, 就应该有 $\nabla_{\boldsymbol{u}}\boldsymbol{u} = \kappa \boldsymbol{u}$. 由于 $\boldsymbol{u}$ 永远不会平行于 $\boldsymbol{n}$, 因此外曲率张量 $\boldsymbol{K}$ 反映的是 $(\Sigma, \boldsymbol{h})$ 中的测地线偏离 $(M, \boldsymbol{g})$ 中的测地线的程度. 只有在 $\boldsymbol{K}$ 等于零的情况下, 两种测地线才会重合. 因此, $\boldsymbol{K} = 0$ 的超曲面称为完全测地线超曲面.

下面举一个例子. 欧几里得空间 $\mathbb{R}^3$ 中的平面是一个完全测地线超曲面 $\boldsymbol{K} = 0$. 显然, 平面中的测地线是直线, 它也是 $\mathbb{R}^3$ 的测地线. 镶嵌在 $\mathbb{R}^3$ 中的球面提供了一个反例: 给定两点 A 和 B, 球面内的测地线曲线是连接 A 和 B 两点的球面大圆的一部分, 而对于 $\mathbb{R}^3$ 来说, 从 A 到 B 的测地线是直线, 参见图 6.6.

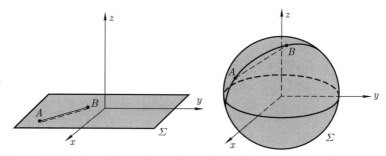

图 6.6　在欧几里得空间中, 平面 Σ 是一个完全测地线超曲面. 对 Σ 中的两点 A 和 B, 在 Σ 内由 $\mathbf{D}_{\boldsymbol{u}}\boldsymbol{v} = 0$ 决定的测地线 (图中的实线), 与在 $\mathbb{R}^3$ 中由 $\mathbf{D}_{\boldsymbol{u}}\boldsymbol{v} = 0$ 决定的测地线 (图中的虚线) 完全重合. 相反, 对于球面来说, 无论 A 和 B 的位置如何, 两条测地线都是不同的

§6.3　四维黎曼张量的 3 + 1 分解

下面导出的方程将构成广义相对论中 3+1 分解的基础. 它们将四维时空中的黎曼张量 ^4R 分解为三维类空超曲面 Σ 以及与诱导度规 h 相关的黎曼张量 R 和 Σ 的外曲率张量 K.

6.3.1　^4R 的四次空间投影

在超曲面 Σ 中利用里奇恒等式给出了三维的黎曼张量 R:

$$D_\alpha D_\beta v^\gamma - D_\beta D_\alpha v^\gamma = R^h{}_{\mu\alpha\beta}\, v^\mu, \tag{6.56}$$

其中 v 是与 Σ 相切的任一矢量. (6.52) 式给出了 D 协变导数和 ∇ 导数的关系, 利用该式有

$$D_\alpha D_\beta v^\gamma = D_\alpha(D_\beta v^\gamma) = h^\mu{}_\alpha h^\nu{}_\beta h^h{}_\rho \nabla_\mu(D_\nu v^\rho). \tag{6.57}$$

再次利用 (6.52) 式替代 $D_\nu v^\rho$, 得到

$$D_\alpha D_\beta v^\gamma = h^\mu{}_\alpha h^\nu{}_\beta h^h{}_\rho \nabla_\mu \left(h^\sigma{}_\nu h^\rho{}_\lambda \nabla_\sigma v^\lambda \right). \tag{6.58}$$

利用 (6.38) 式, 有

$$\nabla_\mu h^\sigma{}_\nu = \nabla_\mu \left(\delta^\sigma_\nu + n^\sigma n_\nu \right) = \nabla_\mu n^\sigma\, n_\nu + n^\sigma \nabla_\mu n_\nu. \tag{6.59}$$

上式的第一项平行于 n_ν, 与纯空间方向垂直, 即 $h^\nu{}_\beta n_\nu = 0$, 因此得到

$$\begin{aligned}
D_\alpha D_\beta v^\gamma &= h^\mu{}_\alpha h^\nu{}_\beta h^h{}_\rho \Big(n^\sigma \nabla_\mu n_\nu\, h^\rho{}_\lambda \nabla_\sigma v^\lambda + h^\sigma{}_\nu \nabla_\mu n^\rho\, n_\lambda \nabla_\sigma v^\lambda + h^\sigma{}_\nu h^\rho{}_\lambda \nabla_\mu \nabla_\sigma v^\lambda \Big) \\
&= h^\mu{}_\alpha h^\nu{}_\beta h^h{}_\lambda \nabla_\mu n_\nu\, n^\sigma \nabla_\sigma v^\lambda - h^\mu{}_\alpha h^\sigma{}_\beta h^h{}_\rho v^\lambda \nabla_\mu n^\rho \nabla_\sigma n_\lambda \\
&\quad + h^\mu{}_\alpha h^\sigma{}_\beta h^h{}_\lambda \nabla_\mu \nabla_\sigma v^\lambda \\
&= -K_{\alpha\beta}\, h^h{}_\lambda\, n^\sigma \nabla_\sigma v^\lambda - K^h{}_\alpha K_{\beta\lambda}\, v^\lambda + h^\mu{}_\alpha h^\sigma{}_\beta h^h{}_\lambda \nabla_\mu \nabla_\sigma v^\lambda. \tag{6.60}
\end{aligned}$$

在上面推导的第二步中, 我们利用了 n_λ 与 v^λ 垂直的性质, 因此有 $n_\lambda \nabla_\sigma v^\lambda = -v^\lambda \nabla_\sigma n_\lambda$. 在第三步中, 利用了 $h^\mu{}_\alpha h^\nu{}_\beta \nabla_\mu n_\nu = -K_{\beta\alpha}$, 即 (6.48) 式. 将上式中的 α 和 β 指标对换并相减, 得到

$$\begin{aligned}
D_\alpha D_\beta v^\gamma - D_\beta D_\gamma v^\gamma &= \left(K_{\alpha\mu} K^h{}_\beta - K_{\beta\mu} K^h{}_\alpha \right) v^\mu + h^\rho{}_\alpha h^\sigma{}_\beta h^h{}_\lambda \left(\nabla_\rho \nabla_\sigma v^\lambda - \nabla_\sigma \nabla_\rho v^\lambda \right) \\
&= \left(K_{\alpha\mu} K^h{}_\beta - K_{\beta\mu} K^h{}_\alpha \right) v^\mu + h^\rho{}_\alpha h^\sigma{}_\beta h^h{}_\lambda\, {}^4R^\lambda{}_{\mu\rho\sigma} v^\mu. \tag{6.61}
\end{aligned}$$

上式给出了三维类空超曲面 Σ 中的黎曼张量与四维时空中的黎曼张量之间的关系:

$$\left(K_{\alpha\mu}K^h{}_\beta - K_{\beta\mu}K^h{}_\alpha\right)v^\mu + h^\rho{}_\alpha h^\sigma{}_\beta h^h{}_\lambda \, {}^4R^\lambda{}_{\mu\rho\sigma}v^\mu = R^h{}_{\mu\alpha\beta}\,v^\mu. \tag{6.62}$$

利用 $v^\mu = h^\mu{}_\sigma v^\sigma$, 可以将 (6.62) 式中的指标重新整理一下:

$$h^\mu{}_\alpha h^\nu{}_\beta h^h{}_\rho h^\sigma{}_\lambda \, {}^4R^\rho{}_{\sigma\mu\nu}v^\lambda = R^h{}_{\lambda\alpha\beta}\,v^\lambda + \left(K^h{}_\alpha K_{\lambda\beta} - K^h{}_\beta K_{\alpha\lambda}\right)v^\lambda. \tag{6.63}$$

在上式中, 由于 v 是切空间 $T(M)$ 中的任意矢量, 因此有

$$h^\mu{}_\alpha h^\nu{}_\beta h^h{}_\rho h^\sigma{}_\delta \, {}^4R^\rho{}_{\sigma\mu\nu} = R^h{}_{\delta\alpha\beta} + K^h{}_\alpha K_{\delta\beta} - K^h{}_\beta K_{\alpha\delta}. \tag{6.64}$$

这就是高斯关系, 它给出了 ${}^4R^\rho{}_{\sigma\mu\nu}$ 的 3+1 分解. 从上式可以看出, 高斯关系就是将四维黎曼张量的四个分量都投影到纯空间方向.

将上式中 ${}^4\boldsymbol{R}$ 和 $\boldsymbol{R}$ 分别用 $\boldsymbol{g}$ 和 $\boldsymbol{h}$ 进行指标缩并, 不难得到

$$h^\mu{}_\alpha h^\nu{}_\beta \, {}^4R_{\mu\nu} + \gamma_{\alpha\mu}n^\nu h^\rho{}_\beta n^\sigma \, {}^4R^\mu{}_{\nu\rho\sigma} = R_{\alpha\beta} + KK_{\alpha\beta} - K_{\alpha\mu}K^\mu{}_\beta. \tag{6.65}$$

这就是缩并的高斯关系. 进一步用 $\boldsymbol{h}$ 缩并外曲率张量, 即利用 $K^\mu{}_\mu = K^i{}_i = K$, $K_{\mu\nu}K^{\mu\nu} = K_{ij}K^{ij}$ 和

$$\begin{aligned}
h^{\alpha\beta}\gamma_{\alpha\mu}n^\nu h^\rho{}_\beta n^\sigma \, {}^4R^\mu{}_{\nu\rho\sigma} &= h^\rho{}_\mu n^\nu n^\sigma \, {}^4R^\mu{}_{\nu\rho\sigma} = {}^4R^\mu{}_{\nu\mu\sigma}n^\nu n^\sigma + {}^4R^\mu{}_{\nu\rho\sigma}n^\rho n_\mu n^\nu n^\sigma \\
&= {}^4R_{\mu\nu}n^\mu n^\nu,
\end{aligned} \tag{6.66}$$

我们得到

$$ {}^4R + 2\,{}^4R_{\mu\nu}n^\mu n^\nu = R + K^2 - K_{ij}K^{ij}. \tag{6.67}$$

这就是标量的高斯关系. 它给出了 Σ 的内禀曲率 R 与外曲率 $K^2 - K_{ij}K^{ij}$ 之间的关系. 在讨论三维欧几里得空间中的二维曲面的时候, 由于方程 (6.67) 左边仅涉及三维欧几里得空间的曲率 (${}^3R = 0$), 因此, 方程的左边为零. 另外, 三维欧几里得空间的度规 $\boldsymbol{g}$ 是黎曼的, 而不是洛伦兹型的, 结果导致 $K^2 - K_{ij}K^{ij}$ 有一个负号. 因此方程 (6.67) 退化为

$$R - K^2 + K_{ij}K^{ij} = 0. \tag{6.68}$$

上式中的负号出现的根源是由于 $\boldsymbol{n}$ 是类空的, 而不是类时的, 因此, 我们在引入投影算符时, 正确的定义是 $h^\alpha{}_\beta = \delta^\alpha_\beta - n^\alpha n_\beta$, 而不是 $h^\alpha{}_\beta = \delta^\alpha_\beta + n^\alpha n_\beta$. 由于 Σ 是二维的, 外曲率 $\boldsymbol{K}$ 可以用两个主曲率 κ_1, κ_2 表示, 即 $K_{ij} = \text{diag}(\kappa_1, \kappa_2)$ 以及 $K^{ij} = \text{diag}(\kappa_1, \kappa_2)$. 因此有 $K = \kappa_1 + \kappa_2$ 和 $K_{ij}K^{ij} = \kappa_1^2 + \kappa_2^2$, 利用 (6.68) 式得到

$$R = 2\kappa_1\kappa_2. \tag{6.69}$$

6.3.2 ^4R 的一次法向投影 + 三次空间投影

高斯关系是将四维黎曼张量的四个分量都投影到纯空间方向, 参见 (6.64) 式. 下面我们将四维黎曼张量的四个分量分别投影到类空超曲面的法向 n^σ 和三个类空超曲面的切向. 具体做法先将里奇恒等式应用到法矢量 $\boldsymbol{n}$, 因此有

$$(\nabla_\alpha \nabla_\beta - \nabla_\beta \nabla_\alpha) \, n^\gamma = {}^4R^\gamma{}_{\mu\alpha\beta} \, n^\mu. \tag{6.70}$$

将上式投影到 Σ 上, 我们得到

$$h^\mu{}_\alpha h^\nu{}_\beta h^h{}_\rho \, {}^4R^\rho{}_{\sigma\mu\nu} n^\sigma = h^\mu{}_\alpha h^\nu{}_\beta h^h{}_\rho \left(\nabla_\mu \nabla_\nu n^\rho - \nabla_\nu \nabla_\mu n^\rho \right). \tag{6.71}$$

根据 (6.47) 式有

$$
\begin{aligned}
h^\mu{}_\alpha h^\nu{}_\beta h^h{}_\rho \nabla_\mu \nabla_\nu n^\rho &= h^\mu{}_\alpha h^\nu{}_\beta h^h{}_\rho \nabla_\mu \left(-K^\rho{}_\nu - a^\rho n_\nu \right) \\
&= -h^\mu{}_\alpha h^\nu{}_\beta h^h{}_\rho \left(\nabla_\mu K^\rho{}_\nu + \nabla_\mu a^\rho \, n_\nu + a^\rho \nabla_\mu n_\nu \right) \\
&= -\mathrm{D}_\alpha K^h{}_\beta + a^\gamma K_{\alpha\beta},
\end{aligned}
\tag{6.72}
$$

其中我们利用了 (6.52) 式, 以及 $h^\nu{}_\beta n_\nu = 0$, $h^h{}_\rho a^\rho = a^\gamma$ 和 $h^\mu{}_\alpha h^\nu{}_\beta \nabla_\mu n_\nu = -K_{\alpha\beta}$. 将 α 和 β 互换并与 (6.72) 式相减, (6.71) 式变为

$$h^h{}_\rho n^\sigma h^\mu{}_\alpha h^\nu{}_\beta \, {}^4R^\rho{}_{\sigma\mu\nu} = \mathrm{D}_\beta K^h{}_\alpha - \mathrm{D}_\alpha K^h{}_\beta. \tag{6.73}$$

这就是科达齐 (Codazzi) 关系. 将 (6.73) 式进行指标缩并, 得到

$$h^\mu{}_\rho n^\sigma h^\nu{}_\beta \, {}^4R^\rho{}_{\sigma\mu\nu} = \mathrm{D}_\beta K - \mathrm{D}_\mu K^\mu{}_\beta, \tag{6.74}$$

其中 $h^\mu{}_\rho n^\sigma h^\nu{}_\beta \, {}^4R^\rho{}_{\sigma\mu\nu} = (\delta^\mu_\rho + n^\mu n_\rho) \, n^\sigma h^\nu{}_\beta \, {}^4R^\rho{}_{\sigma\mu\nu} = n^\sigma h^\nu{}_\beta \, {}^4R_{\sigma\nu} + h^\nu{}_\beta \, {}^4R^\rho{}_{\sigma\mu\nu} n_\rho n^\sigma n^\mu$. 进一步将上式改写为

$$h^\mu{}_\alpha n^\nu \, {}^4R_{\mu\nu} = \mathrm{D}_\alpha K - \mathrm{D}_\mu K^\mu{}_\alpha. \tag{6.75}$$

这就是缩并的科达齐关系.

§6.4   时 空 叶 片

在前一节中, 我们研究了嵌入时空 $(M, \boldsymbol{g})$ 的一个超曲面 Σ. 现在我们开始研究覆盖流形 M 的超曲面族 $\Sigma_t (t \in \mathbb{R})$. 对于整体双曲的时空来说, 是可以这么来分解时空的. 本节的讨论仍然是纯几何的, 即并不涉及时空的动力学方程 —— 爱因斯坦场方程.

6.4.1　全局双曲时空和叶状结构

(1) 全局双曲时空.

柯西 (Cauchy) 面是流形 M 中的类空超曲面 Σ, 每一条无终点、有因果联系的曲线 (类时曲线或零曲线) 与它仅可能相交一次. 并非所有时空都存在柯西面. 比如具有封闭的类时曲线的时空就不存在柯西面. 一个允许柯西面 Σ 存在的时空 $(M, \boldsymbol{g})$ 称为全局双曲的. 全局双曲的名称源自标量波动方程. 全局双曲时空 M 的拓扑结构必然是 $\Sigma \times \mathbb{R}$ (其中 Σ 是柯西面).

(2) 叶状结构定义.

任何全局双曲时空 $(M, \boldsymbol{g})$ 都可以被一族类空间超曲面 Σ_t $(t \in \mathbb{R})$ 叶片化. 这里叶状结构或者叶片化的意思是, 在 M 中存在一个光滑标量场 $\hat{t}$, 它是规则的 (也就是说它的梯度永远不会等于零), 使得每个超曲面都是这个标量场的一个水平曲面:

$$\forall t \in \mathbb{R}, \quad \Sigma_t := \left\{ p \in M,\ \hat{t}(p) = t \right\}. \tag{6.76}$$

因为 $\hat{t}$ 是规则的, 超曲面 Σ_t 间不会相交:

$$\Sigma_t \cap \Sigma_{t'} = \emptyset \quad 对 \ t \neq t'. \tag{6.77}$$

在下面的讨论中, 在不引起误会的情况下, 我们不再区分 t 和 $\hat{t}$. 每个超曲面 Σ_t 被称为一个叶片. 我们假设所有的 Σ_t 都是类空的, 并且所有的叶片覆盖了整个流形 M (见图 6.7):

$$M = \bigcup_{t \in \mathbb{R}} \Sigma_t. \tag{6.78}$$

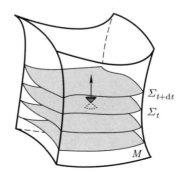

图 6.7　一族类空超曲面 $\Sigma_t (t \in \mathbb{R})$ 将时空 M 叶片化

6.4.2 叶片动力学

(1) 时移函数.

如 6.1.2 小节所述, 类时且指向未来的单位矢量 $\boldsymbol{n}$ 垂直于叶片 Σ_t, 它必然与矢量 $\vec{\nabla}t$ 平行, 其中矢量 $\vec{\nabla}t$ 是梯度 1 形式 $\tilde{\mathrm{d}}t$ 的对偶矢量. 因此有

$$\boldsymbol{n} := -N\vec{\nabla}t, \tag{6.79}$$

其中

$$N := \left(-\vec{\nabla}t \cdot \vec{\nabla}t\right)^{-1/2} = \left(-\langle\tilde{\mathrm{d}}t, \vec{\nabla}t\rangle\right)^{-1/2}. \tag{6.80}$$

(6.79) 式中的负号是为了使 $\boldsymbol{n}$ 是指向未来的, 如果标量场 t 随着时间的演化是不断增加的. 这里引入 N 是为了确保 $\boldsymbol{n}$ 是单位矢量: $\boldsymbol{n} \cdot \boldsymbol{n} = -1$. 由此定义的标量场 N 称为时移函数 (lapse function).

根据 N 的定义 (6.80), N 显然是大于零的. 特别是, 对于规则叶状结构, 时移函数永远不会等于零. 根据 (6.79) 式也可以看出 $-N$ 是梯度 1 形式 $\tilde{\mathrm{d}}t$ 与 1 形式 $\tilde{n}$ 之间的比例因子, 这里 $\tilde{n}$ 是矢量 $\boldsymbol{n}$ 的对偶矢量, 即有

$$\tilde{n} = -N\tilde{\mathrm{d}}t. \tag{6.81}$$

(2) 法向演化矢量.

通过如下的公式, 我们引入法向演化矢量:

$$\boldsymbol{m} := N\boldsymbol{n}. \tag{6.82}$$

显然 $\boldsymbol{m}$ 垂直于 Σ_t 且是类时矢量. 由于 $\boldsymbol{n}$ 是归一化的矢量, 则 $\boldsymbol{m}$ 的标量积为

$$\boldsymbol{m} \cdot \boldsymbol{m} = -N^2. \tag{6.83}$$

另外, 可以证明

$$\langle\tilde{\mathrm{d}}t, \boldsymbol{m}\rangle = N\langle\tilde{\mathrm{d}}t, \boldsymbol{n}\rangle = N^2(-\langle\tilde{\mathrm{d}}t, \vec{\nabla}t\rangle) = 1, \tag{6.84}$$

其中我们已经利用了 (6.79) 和 (6.80) 式. 因此有

$$\langle\tilde{\mathrm{d}}t, \boldsymbol{m}\rangle = \nabla_{\boldsymbol{m}}t = m^\mu\nabla_\mu t = 1. \tag{6.85}$$

这种关系意味着, 与法矢量 $\boldsymbol{n}$ 相比, 法矢量 $\boldsymbol{m}$ 更适用于标量场 t. 这个性质的一个几何结果是超曲面 Σ_t 上的任意一点 p, 可以通过无穷小矢量 $\delta t\,\boldsymbol{m}$ 将它映射到邻

近的超曲面 $\Sigma_{t+\delta t}$ 中的点 $p' = p + \delta t\, \boldsymbol{m}$, 参见图 6.8. 根据梯度 1 形式 $\tilde{\mathrm{d}}t$ 的定义, 标量场 t 在 p' 的值为

$$t(p') = t(p + \delta t\, \boldsymbol{m}) = t(p) + \langle \tilde{\mathrm{d}}t, \delta t\, \boldsymbol{m} \rangle = t(p) + \delta t \langle \tilde{\mathrm{d}}t, \boldsymbol{m} \rangle$$
$$= t(p) + \delta t. \tag{6.86}$$

结果表明 $p' \in \Sigma_{t+\delta t}$. 因此矢量 $\delta t\, \boldsymbol{m}$ 将超曲面 Σ_t 映射到相邻的 $\Sigma_{t+\delta t}$. 换句话说, 超曲面 (Σ_t) 由矢量 $\delta t\, \boldsymbol{m}$ 李拉曳到 $\Sigma_{t+\delta t}$.

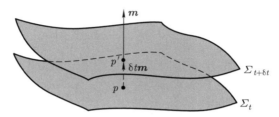

图 6.8   位移矢量 $\delta t\, \boldsymbol{m}$ 将 $p \in \Sigma_t$ 点变换到 $\Sigma_{t+\delta t}$ 中的 p' 点, 即超曲面 Σ_t 通过矢量场 $\delta t\, \boldsymbol{m}$ 变换 (李拉曳) 到 $\Sigma_{t+\delta t}$

通过矢量 $\boldsymbol{m}$ 李拉曳超曲面 Σ_t 的直接结果对与超曲面 Σ_t 相切的任何矢量 $\boldsymbol{v}$ 求李导数, 得到的新矢量仍然与超曲面 Σ_t 相切 (见图 6.9), 即

$$\forall \boldsymbol{v} \in T(\Sigma_t), \quad \mathscr{L}_{\boldsymbol{m}} \boldsymbol{v} \in T(\Sigma_t). \tag{6.87}$$

(3) 欧拉观测者.

因为 $\boldsymbol{n}$ 是类时单位矢量, 因此可以看作观测者的 4 速度. 我们称这样的观测者为欧拉观测者. 由此可见, 欧拉观测者的世界线与超曲面 Σ_t 正交. 从物理上讲, 根据爱因斯坦的同时性约定, 这意味着超曲面 Σ_t 对欧拉观测者来说, 是由一些局域的同时性事件组成. 欧拉观测者有时被称为基准观测者. 在轴对称和静止时空的特殊情况下, 他们被称为局域非转动观测者 (LNRF) 或者零角动量观测者 (ZAMO).

让我们考察在欧拉观测者的世界线上相邻的两个事件 p 和 p'. 假设 t 为事件 p 的 "坐标时间", $t + \delta t$ $(\delta t > 0)$ 为事件 p' 的坐标时, 即 $p \in \Sigma_t$ 以及 $p' \in \Sigma_{t+\delta t}$. 如上所述, 显然有 $p' = p + \delta t\, \boldsymbol{m}$. 对欧拉观测者来说, 事件 p 和 p' 之间的固有时 $\delta\tau$, 由连接 p 和 p' 之间的矢量的度规长度给出:

$$\delta\tau = \sqrt{-\boldsymbol{g}(\delta t\, \boldsymbol{m}, \delta t\, \boldsymbol{m})} = \sqrt{-\boldsymbol{g}(\boldsymbol{m}, \boldsymbol{m})}\, \delta t. \tag{6.88}$$

上式利用了 $\boldsymbol{g}(\boldsymbol{m}, \boldsymbol{m}) = -N^2$, 参见 (6.83) 式, 我们得到 (假设 $N > 0$)

$$\delta\tau = N\, \delta t. \tag{6.89}$$

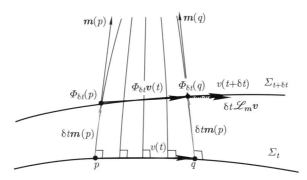

图 6.9 几何法说明对于任何与超曲面 Σ_t 相切的矢量 $\boldsymbol{v}$, 它沿着矢量场 $\boldsymbol{m}$ 的李导数 $\mathscr{L}_{\boldsymbol{m}}\boldsymbol{v} \in T(\Sigma_t)$. 在 Σ_t 上, 矢量可以看作无限靠近的两个点 p 和 q 之间的无穷小位移矢量. p 和 q 点被沿着矢量场 $\delta t\,\boldsymbol{m}$ (图中细线) 移动到点 $\Phi_{\delta t}(p)$ 和 $\Phi_{\delta t}(q)$. 显然, 点 $\Phi_{\delta t}(p)$ 和 $\Phi_{\delta t}(q)$ 在邻近的超曲面 $\Sigma_{t+\delta t}$ 上. 新的两点 $(\Phi_{\delta t}(p), \Phi_{\delta t}(q))$ 定义了矢量 $\Phi_{\delta t}\boldsymbol{v}(t)$, 因为这两个点 $\Phi_{\delta t}(p)$ 和 $\Phi_{\delta t}(q)$ 都在超曲面 $\Sigma_{t+\delta t}$ 上, 因此 $\Phi_{\delta t}\boldsymbol{v}(t)$ 与 $\Sigma_{t+\delta t}$ 相切. 沿着 $\boldsymbol{m}$ 矢量 $\boldsymbol{v}$ 的李导数为矢量场 $\boldsymbol{v}$ 在 $\Phi_{\delta t}(p)$ 处的值, 即 $\boldsymbol{v}(t+\delta t)$, 与从 Σ_t 沿 $\boldsymbol{m}$ 的场线, 移动到 $\Phi_{\delta t}(p)$ 的矢量, 即 $\Phi_{\delta t}\boldsymbol{v}(t)$ 两者之间的差值: $\mathscr{L}_{\boldsymbol{m}}\boldsymbol{v}(t+\delta t) = \lim_{\delta t \to 0}[\boldsymbol{v}(t+\delta t) - \Phi_{\delta t}\boldsymbol{v}(t)]/\delta t$. 因为这两个矢量 $\boldsymbol{v}(t+\delta t)$ 和 $\Phi_{\delta t}\boldsymbol{v}(t)$ 都在 $T(\Sigma_{t+\delta t})$ 中, 显然有 $\mathscr{L}_{\boldsymbol{m}}\boldsymbol{v}(t+\delta t) \in T(\Sigma_{t+\delta t})$

该结果说明将 N 称为时移函数是准确的: 将坐标时间间隔 δt 乘以 N 就得到了欧拉观测者测量到的物理时间 $\delta\tau$, 即 N 建立了坐标时 t 与物理时 τ 之间的关系.

欧拉观测者的 4 加速度为

$$\boldsymbol{a} = \nabla_{\boldsymbol{n}}\boldsymbol{n}. \tag{6.90}$$

正如在前面已经注意到的, 矢量 $\boldsymbol{a}$ 与 $\boldsymbol{n}$ 是相互正交的, 因此与 Σ_t 相切. 而且, 它可以表示为时移函数的空间梯度. 的确, 通过 (6.81) 式, 我们得到

$$\begin{aligned}
a_\alpha &= n^\mu \nabla_\mu n_\alpha = -n^\mu \nabla_\mu(N\nabla_\alpha t) = -n^\mu \nabla_\mu N \nabla_\alpha t - N n^\mu \nabla_\mu \nabla_\alpha t \\
&= \frac{1}{N} n_\alpha n^\mu \nabla_\mu N + N n^\mu \nabla_\alpha \left(\frac{1}{N} n_\mu\right) = \frac{1}{N} n_\alpha n^\mu \nabla_\mu N - \frac{1}{N}\nabla_\alpha N \, n^\mu n_\mu + n^\mu \nabla_\alpha n_\mu \\
&= \frac{1}{N}\left(\nabla_\alpha N + n_\alpha n^\mu \nabla_\mu N\right) = \frac{1}{N} h^\mu{}_\alpha \nabla_\mu N \\
&= \frac{1}{N}\mathrm{D}_\alpha N = \mathrm{D}_\alpha \ln N.
\end{aligned} \tag{6.91}$$

在上式的推导中, 我们利用了联络 ∇ 无挠的特性, 即 $\nabla_\mu \nabla_\alpha t = \nabla_\alpha \nabla_\mu t$, 以及正交投影算符的表达式 (6.38), 还有 ∇ 和 $\mathbf{D}$ 之间的 (6.52) 式.

$$\tilde{\boldsymbol{a}} = \mathbf{D}\ln N, \quad \boldsymbol{a} = \vec{\mathbf{D}}\ln N. \tag{6.92}$$

因此, 欧拉观测者的 4-加速度仅仅是时移函数在 $(\Sigma_t, \boldsymbol{h})$ 上的空间梯度. 由于空间梯度总是与 Σ_t 相切, 因此从 (6.92) 式直接可以得到 $\boldsymbol{n} \cdot \boldsymbol{a} = 0$.

需要指出的是, 因为所有欧拉观测者的世界线与超曲面是正交的, 由所有欧拉观测者的世界线构成的线汇是没有涡度的, 因此被称为 "非旋转" 观测者.

(4) $\boldsymbol{n}$ 和 $\boldsymbol{m}$ 的梯度.

对 $\tilde{\boldsymbol{a}}$ 将 (6.92) 式代入 (6.46) 式, 得出外曲率张量、$\tilde{\boldsymbol{n}}$ 的梯度和时移函数的空间梯度之间的关系为

$$\nabla \tilde{\boldsymbol{n}} = -\boldsymbol{K} - \mathbf{D} \ln N \otimes \tilde{\boldsymbol{n}}, \tag{6.93}$$

或者用分量表示为

$$\nabla_\beta n_\alpha = -K_{\alpha\beta} - \mathrm{D}_\alpha \ln N \, n_\beta. \tag{6.94}$$

法向演化矢量的协变导数可以由 $\nabla \tilde{\boldsymbol{m}} = \nabla(N\tilde{\boldsymbol{n}}) = N\nabla\tilde{\boldsymbol{n}} + \tilde{\boldsymbol{n}} \otimes \nabla N$ 得到. 具体推导过程如下:

$$\nabla \boldsymbol{m} = -N\vec{\boldsymbol{K}} - \vec{\mathbf{D}}N \otimes \tilde{\boldsymbol{n}} + \boldsymbol{n} \otimes \nabla N, \tag{6.95}$$

或者用分量表示为

$$\nabla_\beta m^\alpha = -N K^\alpha{}_\beta - \mathrm{D}^\alpha N \, n_\beta + n^\alpha \nabla_\beta N. \tag{6.96}$$

(5) 3-度规的演化.

超曲面 Σ_t 上的度规 $\boldsymbol{h}$ 的演化是由 $\boldsymbol{h}$ 沿 $\boldsymbol{m}$ 的李导数给出的. 通过协变张量李导数的公式和 (6.96) 式, 得到

$$\begin{aligned}
\mathscr{L}_{\boldsymbol{m}} h_{\alpha\beta} &= m^\mu \nabla_\mu h_{\alpha\beta} + h_{\mu\beta} \nabla_\alpha m^\mu + h_{\alpha\mu} \nabla_\beta m^\mu \\
&= N n^\mu \nabla_\mu (n_\alpha n_\beta) - h_{\mu\beta} \left(N K^\mu{}_\alpha + D^\mu N \, n_\alpha - n^\mu \nabla_\alpha N \right) \\
&\quad - h_{\alpha\mu} \left(N K^\mu{}_\beta + D^\mu N \, n_\beta - n^\mu \nabla_\beta N \right) \\
&= N(n^\mu \nabla_\mu n_\beta + n_\alpha \, n^\mu \nabla_\mu n_\beta) - N K_{\beta\alpha} - D_\beta N \, n_\alpha - N K_{\alpha\beta} - D_\alpha N \, n_\beta \\
&= -2N K_{\alpha\beta}, \tag{6.97}
\end{aligned}$$

即

$$\mathscr{L}_{\boldsymbol{m}} \boldsymbol{h} = -2N \boldsymbol{K}. \tag{6.98}$$

根据上式, 可以很容易地推导出 3-度规沿单位法线 $\boldsymbol{n}$ 的李导数的值. 的确, 由于 $\boldsymbol{m} = N\boldsymbol{n}$,

$$
\begin{aligned}
\mathscr{L}_{\boldsymbol{m}} h_{\alpha\beta} &= \mathscr{L}_{N\boldsymbol{n}} h_{\alpha\beta} \\
&= N n^\mu \nabla_\mu h_{\alpha\beta} + h_{\mu\beta} \nabla_\alpha (N n^\mu) + h_{\alpha\mu} \nabla_\beta (N n^\mu) \\
&= N n^\mu \nabla_\mu h_{\alpha\beta} + h_{\mu\beta} n^\mu \nabla_\alpha N + N h_{\mu\beta} \nabla_\alpha n^\mu + h_{\alpha\mu} n^\mu \nabla_\beta N + N h_{\alpha\mu} \nabla_\beta n^\mu \\
&= N \mathscr{L}_{\boldsymbol{n}} h_{\alpha\beta}.
\end{aligned} \tag{6.99}
$$

于是

$$
\mathscr{L}_{\boldsymbol{n}} \boldsymbol{h} = \frac{1}{N} \mathscr{L}_{\boldsymbol{m}} \boldsymbol{h}. \tag{6.100}
$$

最终, (6.98) 式给出

$$
\boldsymbol{K} = -\frac{1}{2} \mathscr{L}_{\boldsymbol{n}} \boldsymbol{h}. \tag{6.101}
$$

上式给出了外曲率张量 $\boldsymbol{K}$ 的另一层几何意义.

总结一下, 外曲率张量 $\boldsymbol{K}$ 有三个几何意义: 第一, 外曲率张量 $\boldsymbol{K}$ 是单位法矢量的梯度在 Σ_t 上的投影:

$$
\boldsymbol{K} = -\boldsymbol{h}^* \nabla \tilde{\boldsymbol{n}}, \tag{6.102}
$$

参见 (6.48) 式. 第二, 外曲率张量 $\boldsymbol{K}$ 反映了与超曲面 Σ_t 相切的矢量的协变导数 $\boldsymbol{D}$ 与协变导数 ∇ 之间的差异:

$$
\forall (\boldsymbol{u}, \boldsymbol{v}) \in T(\Sigma)^2, \quad \boldsymbol{K}(\boldsymbol{u}, \boldsymbol{v}) \boldsymbol{n} = \mathbf{D}_{\boldsymbol{u}} \boldsymbol{v} - \nabla_{\boldsymbol{u}} \boldsymbol{v}, \tag{6.103}
$$

参见 (6.55) 式. 第三, $\boldsymbol{K}$ 也是超曲面 Σ_t 的 3-度规 $\boldsymbol{h}$ 沿着单位时间法矢量 $\boldsymbol{n}$ 的李导数的负 1/2.

(6) 正交投影算符的演化.

现在求正交投影算符沿法向演化矢量的李导数. 利用李导数的公式和 (6.96) 式, 有

$$
\begin{aligned}
\mathscr{L}_{\boldsymbol{m}} h^\alpha{}_\beta &= m^\mu \nabla_\mu h^\alpha{}_\beta - h^\mu{}_\beta \nabla_\mu m^\alpha + h^\alpha{}_\mu \nabla_\beta m^\mu \\
&= N n^\mu \nabla_\mu (n^\alpha n_\beta) + h^\mu{}_\beta \left(N K^\alpha{}_\mu + \mathrm{D}^\alpha N \, n_\mu - n^\alpha \nabla_\mu N \right) \\
&\quad - h^\alpha{}_\mu \left(N K^\mu{}_\beta + \mathrm{D}^\mu N \, n_\beta - n^\mu \nabla_\beta N \right) \\
&= N (n^\mu \nabla_\mu n^\alpha \mathrm{D}^\alpha N \, n_\beta + n^\alpha \, n^\mu \nabla_\mu n_\beta) + N K^\alpha{}_\beta - n^\alpha \mathrm{D}_\beta N - N K^\alpha{}_\beta - \mathrm{D}^\alpha N \, n_\beta \\
&= 0,
\end{aligned} \tag{6.104}
$$

即

$$\mathscr{L}_m h = 0. \tag{6.105}$$

由此得出的一个重要结论是, 任意与 Σ_t 相切的张量场沿着 m 的李导数也与 Σ_t 相切. 事实上, 与 Σ_t 相切的张量场的一个显著特征是 $h^* T = T$. 例如, 假设 T 是一个类型为 $\begin{pmatrix} 1 \\ 1 \end{pmatrix}$ 的张量场. 则上式为 [见 (6.43) 式]

$$h^{\alpha}{}_{\mu} h^{\nu}{}_{\beta} T^{\mu}{}_{\nu} = T^{\alpha}{}_{\beta}. \tag{6.106}$$

对这个关系取 m 的李导数, 运用莱布尼茨 (Leibniz) 法则并利用(6.105) 式, 得到

$$\mathscr{L}_m \left(h^{\alpha}{}_{\mu} h^{\nu}{}_{\beta} T^{\mu}{}_{\nu} \right) = \mathscr{L}_m T^{\alpha}{}_{\beta},$$
$$\mathscr{L}_m h^{\alpha}{}_{\mu} \, h^{\nu}{}_{\beta} T^{\mu}{}_{\nu} + h^{\alpha}{}_{\mu} \mathscr{L}_m h^{\nu}{}_{\beta} \, T^{\mu}{}_{\nu} + h^{\alpha}{}_{\mu} h^{\nu}{}_{\beta} \, \mathscr{L}_m T^{\mu}{}_{\nu} = \mathscr{L}_m T^{\alpha}{}_{\beta}, \tag{6.107}$$
$$h^* \mathscr{L}_m T = \mathscr{L}_m T.$$

这表明 $\mathscr{L}_m T$ 与 Σ_t 相切. 这个证明很容易推广到任何与 Σ_t 相切的张量场.

做一点讨论. (6.98) 式表明 $\mathscr{L}_m h = -2NK$, 因此显然有 K 与 Σ_t 相切, 我们马上得到 $\mathscr{L}_m h$ 与 Σ_t 相切. 这一结果与 (6.105) 式是一致的. 另外, (6.100) 式给出了 $\mathscr{L}_n h$ 与 $\mathscr{L}_m h$ 之间的关系, 但与之相反的是, $\mathscr{L}_n h$ 与 $\mathscr{L}_m h$ 之间并不成比例. 事实上, 类似得到 (6.100) 式的计算, 易得

$$\mathscr{L}_n h = \frac{1}{N} \mathscr{L}_m h + n \otimes \mathbf{D} \ln N. \tag{6.108}$$

因此 $\mathscr{L}_m h = 0$ 意味着

$$\mathscr{L}_n h = n \otimes \mathbf{D} \ln N \neq 0. \tag{6.109}$$

由此知, m 在 Σ_t 的演化过程中发挥了特殊作用, 而 n 不具有这个优势. 这仅仅反映了超曲面被 m 李拉曳, 而不是 n.

6.4.3 ^4R 的两次法向投影 + 两次空间投影

(1) 时空黎曼张量的两次法向投影.

在 §6.1 中, 我们已经对时空黎曼张量完全投影到超曲面 Σ_t 上, 即 $h^* {}^4R$, 导出高斯方程, 参见 (6.64) 式, 以及三次投影到 Σ_t 上, 一次投影到法向 n, 得到科达齐方程, 参见 (6.73) 式. 这两种分解只涉及与 Σ_t 相切的场及其在平行于 Σ_t 方向上的导数, 即 h, K, R 还有 $\mathbf{D}K$. 这就是为什么它们可以在一个单一的超曲面上定义. 在本节中, 我们构造时空黎曼张量的投影, 其中两次沿着 Σ_t, 两次沿着 n. 我们将看到, 这涉及与超曲面垂直方向上的导数.

对于科达齐方程, 计算的出发点是将里奇恒等式, 即方程 (6.70) 应用于矢量 $\boldsymbol{n}$. 但我们不把它全部投影到 Σ_t 上, 而是两次投影到 Σ_t 上, 一次沿着 $\boldsymbol{n}$, 即

$$h_{\alpha\mu} n^\sigma h^\nu{}_\beta (\nabla_\nu \nabla_\sigma n^\mu - \nabla_\sigma \nabla_\nu n^\mu) = h_{\alpha\mu} n^\sigma h^\nu{}_\beta \, {}^4R^\mu{}_{\rho\nu\sigma} n^\rho. \tag{6.110}$$

通过 (6.94) 式, 我们依次得到

$$\begin{aligned}
h_{\alpha\mu} \, n^\rho h^\nu{}_\beta \, n^\sigma \, {}^4R^\mu{}_{\rho\nu\sigma} &= h_{\alpha\mu} n^\sigma h^\nu{}_\beta \left[-\nabla_\nu (K^\mu{}_\sigma + \mathrm{D}^\mu \ln N \, n_\sigma) + \nabla_\sigma (K^\mu{}_\nu + \mathrm{D}^\mu \ln N \, n_\nu) \right] \\
&= h_{\alpha\mu} n^\sigma h^\nu{}_\beta \left[-\nabla_\nu K^\mu{}_\sigma - \nabla_\nu n_\sigma \, \mathrm{D}^\mu \ln N - n_\sigma \nabla_\nu \mathrm{D}^\mu \ln N \right. \\
&\qquad\qquad \left. + \nabla_\sigma K^\mu{}_\nu + \nabla_\sigma n_\nu \, \mathrm{D}^\mu \ln N + n_\nu \nabla_\sigma \mathrm{D}^\mu \ln N \right] \\
&= h_{\alpha\mu} h^\nu{}_\beta \left[K^\mu{}_\sigma \nabla_\nu n^\sigma + \nabla_\nu \mathrm{D}^\mu \ln N + n^\sigma \nabla_\sigma K^\mu{}_\nu + \mathrm{D}_\nu \ln N \, \mathrm{D}^\mu \ln N \right] \\
&= -K_{\alpha\sigma} K^\sigma{}_\beta + \mathrm{D}_\beta \mathrm{D}_\alpha \ln N + h^\mu{}_\alpha h^\nu{}_\beta \, n^\sigma \nabla_\sigma K_{\mu\nu} + \mathrm{D}_\alpha \ln N \mathrm{D}_\beta \ln N \\
&= -K_{\alpha\sigma} K^\sigma{}_\beta + \frac{1}{N} \mathrm{D}_\beta \mathrm{D}_\alpha N + h^\mu{}_\alpha h^\nu{}_\beta \, n^\sigma \nabla_\sigma K_{\mu\nu}. \tag{6.111}
\end{aligned}$$

注意, 在上式的第三步, 我们利用了 $K^\mu{}_\sigma n^\sigma = 0$, $n^\sigma \nabla_\nu n_\sigma = 0$, $n_\sigma n^\sigma = -1$, $n^\sigma \nabla_\sigma n_\nu = \mathrm{D}_\nu \ln N$ 和 $h^\nu{}_\beta n_\nu = 0$ 得到第三个等号. 稍后我们会发现, $h^\mu{}_\alpha h^\nu{}_\beta \, n^\sigma \nabla_\sigma K_{\mu\nu}$ 与 $\mathscr{L}_{\boldsymbol{m}} \boldsymbol{K}$ 有关. 的确, 由李导数的表达式可知

$$\mathscr{L}_{\boldsymbol{m}} K_{\alpha\beta} = m^\mu \nabla_\mu K_{\alpha\beta} + K_{\mu\beta} \nabla_\alpha m^\mu + K_{\alpha\mu} \nabla_\beta m^\mu. \tag{6.112}$$

将 (6.96) 式代入 $\nabla_\alpha m^\mu$ 和 $\nabla_\beta m^\mu$, 得到

$$\mathscr{L}_{\boldsymbol{m}} K_{\alpha\beta} = N n^\mu \nabla_\mu K_{\alpha\beta} - 2N K_{\alpha\mu} K^\mu{}_\beta - K_{\alpha\mu} \mathrm{D}^\mu N \, n_\beta - K_{\beta\mu} \mathrm{D}^\mu N \, n_\alpha. \tag{6.113}$$

我们将这个方程投影到 Σ_t 上, 即用运算符 $\boldsymbol{h}^*$ 作用到上式的两边. 利用性质 $\boldsymbol{h}^* \mathscr{L}_{\boldsymbol{m}} \boldsymbol{K} = \mathscr{L}_{\boldsymbol{m}} \boldsymbol{K}$, 立即得到

$$\mathscr{L}_{\boldsymbol{m}} K_{\alpha\beta} = N \, h^\mu{}_\alpha h^\nu{}_\beta \, n^\sigma \nabla_\sigma K_{\mu\nu} - 2N K_{\alpha\mu} K^\mu{}_\beta. \tag{6.114}$$

从这个表达式中提取 $h^\mu{}_\alpha h^\nu{}_\beta \, n^\sigma \nabla_\sigma K_{\mu\nu}$ 并将其代入方程 (6.111), 得到

$$h_{\alpha\mu} \, n^\rho h^\nu{}_\beta \, n^\sigma \, {}^4R^\mu{}_{\rho\nu\sigma} = \frac{1}{N} \mathscr{L}_{\boldsymbol{m}} K_{\alpha\beta} + \frac{1}{N} \mathrm{D}_\alpha \mathrm{D}_\beta N + K_{\alpha\mu} K^\mu{}_\beta. \tag{6.115}$$

注意, 我们已经利用了 $\mathrm{D}_\beta \mathrm{D}_\alpha N = \mathrm{D}_\alpha \mathrm{D}_\beta N$. 方程 (6.115) 是我们寻求的关系. 它有时被称为里奇方程. 它与高斯方程 (6.64) 以及科达奇方程 (6.73) 完成时空黎曼张量的 3+1 分解. 利用黎曼张量的部分反对称, 容易发现将时空的黎曼张量沿着 $\boldsymbol{n}$ 投影三次得到完全零的结果, 即 ${}^4\boldsymbol{R}(\tilde{\boldsymbol{n}}, \boldsymbol{n}, \boldsymbol{n}, .) = 0$ 和 ${}^4\boldsymbol{R}(., \boldsymbol{n}, \boldsymbol{n}, \boldsymbol{n}) = 0$. 因此, 沿 $\boldsymbol{n}$ 最多可以投影两次 ${}^4\boldsymbol{R}$ 得到一些不等于零的结果.

值得注意的是, 里奇方程 (6.115) 的左边出现在收缩的高斯方程 (6.65) 中. 因此, 结合这两个方程, 我们得到一个不再包含时空黎曼张量, 而只有时空里奇张量的公式:

$$h^{\mu}{}_{\alpha}h^{\nu}{}_{\beta}{}^{4}R_{\mu\nu} = -\frac{1}{N}\mathscr{L}_{\boldsymbol{m}}K_{\alpha\beta} - \frac{1}{N}\mathrm{D}_{\alpha}\mathrm{D}_{\beta}N + R_{\alpha\beta} + KK_{\alpha\beta} - 2K_{\alpha\mu}K^{\mu}{}_{\beta}, \tag{6.116}$$

或者张量形式的方程为

$$\boldsymbol{h}^{*\,4}\boldsymbol{R} = -\frac{1}{N}\mathscr{L}_{\boldsymbol{m}}\boldsymbol{K} - \frac{1}{N}\mathrm{D}\mathrm{D}N + \boldsymbol{R} + K\,\boldsymbol{K} - 2\boldsymbol{K}\cdot\boldsymbol{K}. \tag{6.117}$$

(2) 时空标量曲率的 3+1 表达式.

让我们对方程 (6.117) 用度规 $\boldsymbol{h}$ 来求迹. 这相当于用 $h^{\alpha\beta}$ 对 (6.116) 式进行指标缩并. 在方程的左边, 我们有 $h^{\alpha\beta}h^{\mu}{}_{\alpha}h^{\nu}{}_{\beta} = h^{\mu\nu}$, 在方程的右边, 指标的取值范围为 $\{1,2,3\}$, 这是因为所有的张量都是空间张量. 因此有

$$h^{\mu\nu\,4}R_{\mu\nu} = -\frac{1}{N}h^{ij}\mathscr{L}_{\boldsymbol{m}}K_{ij} - \frac{1}{N}\mathrm{D}_{i}\mathrm{D}^{i}N + R + K^2 - 2K_{ij}K^{ij}. \tag{6.118}$$

这里 $h^{\mu\nu\,4}R_{\mu\nu} = (g^{\mu\nu} + n^{\mu}n^{\nu})^{4}R_{\mu\nu} = {}^{4}R + {}^{4}R_{\mu\nu}n^{\mu}n^{\nu}$ 以及

$$-h^{ij}\mathscr{L}_{\boldsymbol{m}}K_{ij} = -\mathscr{L}_{\boldsymbol{m}}(h^{ij}K_{ij}) + K_{ij}\mathscr{L}_{\boldsymbol{m}}h^{ij}, \tag{6.119}$$

其中 $\mathscr{L}_{\boldsymbol{m}}h^{ij}$ 的值可以从逆变 3-度规张量的定义给出. 利用 $h_{ik}h^{kj} = \delta_i^j$ 以及 (6.98) 式, 不难得到

$$\mathscr{L}_{\boldsymbol{m}}h^{ij} = 2NK^{ij}. \tag{6.120}$$

将 (6.120) 式代入 (6.119) 式可得

$$-h^{ij}\mathscr{L}_{\boldsymbol{m}}K_{ij} = -\mathscr{L}_{\boldsymbol{m}}K + 2NK_{ij}K^{ij}. \tag{6.121}$$

结果 (6.118) 式变为

$${}^{4}R + {}^{4}R_{\mu\nu}n^{\mu}n^{\nu} = R + K^2 - \frac{1}{N}\mathscr{L}_{\boldsymbol{m}}K - \frac{1}{N}\mathrm{D}_{i}\mathrm{D}^{i}N. \tag{6.122}$$

将方程与标量高斯关系式 (6.67) 结合起来, 消掉里奇张量中的项 ${}^{4}R_{\mu\nu}n^{\mu}n^{\nu}$, 得到只包含时空标量曲率 ${}^{4}R$ 的方程

$${}^{4}R = R + K^2 + K_{ij}K^{ij} - \frac{2}{N}\mathscr{L}_{\boldsymbol{m}}K - \frac{2}{N}\mathrm{D}_{i}\mathrm{D}^{i}N. \tag{6.123}$$

§6.5 爱因斯坦方程的 3+1 分解

6.5.1 爱因斯坦场方程的 3+1 分解

(1) 爱因斯坦场方程.

在前两节讨论了超曲面的几何之后, 我们现在回到物理. 在广义相对论中, 时空 $(M, \boldsymbol{g})$ 的性质由物质场决定, 即 $\boldsymbol{g}$ 由爱因斯坦方程 (宇宙常数为零) 给出:

$$^4\boldsymbol{R} - \frac{1}{2}{}^4R\,\boldsymbol{g} = 8\pi\boldsymbol{T}, \tag{6.124}$$

其中 $^4\boldsymbol{R}$ 是里奇张量, ^4R 是相应的里奇标量, 方程右边的 $\boldsymbol{T}$ 为物质能动张量. (6.124) 式可以改写为

$$^4\boldsymbol{R} = 8\pi\left(\boldsymbol{T} - \frac{1}{2}T\boldsymbol{g}\right), \tag{6.125}$$

其中 $T := g^{\mu\nu}T_{\mu\nu}$ 为能动张量 $\boldsymbol{T}$ 的迹.

假设时空 $(M, \boldsymbol{g})$ 是全局双曲的 (参见 6.4.1 小节), 并且时空流形 M 可以分解为由一族空间超曲面 $\Sigma_t (t \in \mathbb{R})$ 覆盖的 M 的叶状结构. 3+1 分解的基础是将爱因斯坦方程 (6.124) 投影到 Σ_t 上, 以及垂直于 Σ_t 的方向. 因此, 我们首先考虑将爱因斯坦方程 (6.125) 右边的能动张量进行 3+1 分解.

(2) 能动张量的 3+1 分解.

根据能动张量的定义, 欧拉观测者测量的物质的能量密度为

$$E := \boldsymbol{T}(\boldsymbol{n}, \boldsymbol{n}), \tag{6.126}$$

这是因为单位法矢量 $\boldsymbol{n}$ 可以看作欧拉观测者的 4 速度.

同样地, 从能动张量的定义来看, 欧拉观测者测量到的物质的动量密度为

$$\boldsymbol{p} := -\boldsymbol{T}(\boldsymbol{n}, \boldsymbol{h}(.)), \tag{6.127}$$

即 $\boldsymbol{p}$ 为一个线性映射, 对任意矢量 $\boldsymbol{v} \in T_p(M)$, 有

$$\langle \boldsymbol{p}, \boldsymbol{v} \rangle = -\boldsymbol{T}(\boldsymbol{n}, \boldsymbol{h}(\boldsymbol{v})), \tag{6.128}$$

用分量表示为

$$p_\alpha = -T_{\mu\nu}\,n^\mu\,h^\nu{}_\alpha. \tag{6.129}$$

由于投影算符 $\boldsymbol{h}$ 的作用, $\boldsymbol{p}$ 是与 Σ_t 相切的线性映射.

最后, 还是根据能动张量的定义, 由欧拉观测者测量的物质的应力张量为双线性映射:

$$\boldsymbol{S} := \boldsymbol{h}^*\boldsymbol{T}, \tag{6.130}$$

用分量表示为

$$S_{\alpha\beta} = T_{\mu\nu}h^{\mu}{}_{\alpha}h^{\nu}{}_{\beta}. \tag{6.131}$$

与 $\boldsymbol{p}$ 一样, $\boldsymbol{S}$ 是一个与 Σ_t 相切的张量场. 假设在欧拉观测者静止参考系给定两个类空单位矢量 $\boldsymbol{e}$ 和 $\boldsymbol{e}'$, 则 $\boldsymbol{S}$ 将它们映射一个实数: $S(\boldsymbol{e}, \boldsymbol{e}') \in \mathbb{R}^1$, 它的物理含义是作用于法向为 $\boldsymbol{e}'$ 的单位表面的力在 $\boldsymbol{e}$ 上的投影值. 我们用 S 表示 $\boldsymbol{S}$ 相对于度规 $\boldsymbol{h}$ 的迹:

$$S := h^{ij}S_{ij} = g^{\mu\nu}S_{\mu\nu}. \tag{6.132}$$

反过来, 在知道了 $(E, \boldsymbol{p}, \boldsymbol{S})$ 之后, 可以得到物质场的能动张量

$$\boldsymbol{T} = \boldsymbol{S} + \tilde{n} \otimes \boldsymbol{p} + \boldsymbol{p} \otimes \tilde{n} + E\,\tilde{n} \otimes \tilde{n}. \tag{6.133}$$

上式只需要将投影算符 $h^{\alpha}{}_{\beta}$ 的 (6.38) 式代入 (6.131) 式即可得到. 用度规函数 $\boldsymbol{g}$ 对 (6.133) 式求迹, 得到

$$T = S + 2\langle \boldsymbol{p}, \boldsymbol{n} \rangle + E\langle \tilde{n}, \boldsymbol{n} \rangle, \tag{6.134}$$

因此有

$$T = S - E. \tag{6.135}$$

(3) 爱因斯坦场方程的投影

在上一小节中, 我们已经将能动张量进行了 3+1 分解. 在 §6.3 和 §6.4 中, 我们也已得到时空里奇张量的 3+1 分解. 现在可以将爱因斯坦场方程分别投影到 Σ_t 及其法向, 只有三种可能:

(i) 完全投影到类空超曲面 Σ_t 上. 这相当于将算符 $\boldsymbol{h}^*$ 应用到爱因斯坦方程. 用第二个形式的场方程 (6.125) 比较方便, 我们得到

$$\boldsymbol{h}^{*\,4}\boldsymbol{R} = 8\pi\left(\boldsymbol{h}^*\boldsymbol{T} - \frac{1}{2}T\,\boldsymbol{h}^*\boldsymbol{g}\right). \tag{6.136}$$

$\boldsymbol{h}^{*\,4}\boldsymbol{R}$ 由 (6.117) 式给出 (缩并的高斯方程与里奇方程的结合), $\boldsymbol{h}^*\boldsymbol{T}$ 根据定义为 $\boldsymbol{S}$, $T = S - E$ [(6.135)], 而 $\boldsymbol{h}^*\boldsymbol{g}$ 就是 $\boldsymbol{h}$. 因此

$$-\frac{1}{N}\mathscr{L}_m\boldsymbol{K} - \frac{1}{N}\mathbf{DD}N + \boldsymbol{R} + K\,\boldsymbol{K} - 2\boldsymbol{K}\cdot\boldsymbol{K} = 8\pi\left[\boldsymbol{S} - \frac{1}{2}(S - E)\,\boldsymbol{h}\right], \tag{6.137}$$

或等价地

$$\mathscr{L}_{\boldsymbol{m}}\boldsymbol{K} = -\mathbf{D}\mathbf{D}N + N\left\{\boldsymbol{R} + K\boldsymbol{K} - 2\boldsymbol{K}\cdot\vec{\boldsymbol{K}} + 4\pi\left[(S-E)\boldsymbol{h} - 2\boldsymbol{S}\right]\right\}, \quad (6.138)$$

用分量表示为

$$\mathscr{L}_{\boldsymbol{m}}K_{\alpha\beta} = -\mathrm{D}_\alpha\mathrm{D}_\beta N + N\left\{R_{\alpha\beta} + KK_{\alpha\beta} - 2K_{\alpha\mu}K^\mu{}_\beta + 4\pi\left[(S-E)h_{\alpha\beta} - 2S_{\alpha\beta}\right]\right\}.$$
$$(6.139)$$

注意, 上面方程中的每一项都是与 Σ_t 相切的张量场. 对于 $\mathscr{L}_{\boldsymbol{m}}\boldsymbol{K}$, 该结果主要来自 $\mathscr{L}_{\boldsymbol{m}}$ 的基本性质: 任意与 Σ_t 相切的张量场沿着 $\boldsymbol{m}$ 的李导数也与 Σ_t 相切. 因此, 不失一般性, 我们可以只取空间指标, 并将 (6.139) 式写为

$$\mathscr{L}_{\boldsymbol{m}}K_{ij} = -\mathrm{D}_i\mathrm{D}_j N + N\left\{R_{ij} + KK_{ij} - 2K_{ik}K^k{}_j + 4\pi\left[(S-E)h_{ij} - 2S_{ij}\right]\right\}.$$
$$(6.140)$$

(ii) 完全投影到类空超曲面的法向. 将爱因斯坦场方程 (6.124) 投影到一对法向 $(\boldsymbol{n}, \boldsymbol{n})$, 易得

$$^4\boldsymbol{R}(\boldsymbol{n}, \boldsymbol{n}) + \frac{1}{2}{}^4R = 8\pi\boldsymbol{T}(\boldsymbol{n}, \boldsymbol{n}). \quad (6.141)$$

利用标量高斯方程 (6.67) 以及 $\boldsymbol{T}(\boldsymbol{n}, \boldsymbol{n}) = E$ [(6.126) 式], 得到

$$R + K^2 - K_{ij}K^{ij} = 16\pi E. \quad (6.142)$$

这个方程叫作哈密顿约束.

(iii) 混合投影. 最后让我们将爱因斯坦场方程 (6.124) 同时投影到 Σ_t 及其法向 $\boldsymbol{n}$:

$$^4\boldsymbol{R}(\boldsymbol{n}, \boldsymbol{h}(.)) - \frac{1}{2}{}^4R\boldsymbol{g}(\boldsymbol{n}, \boldsymbol{h}(.)) = 8\pi\boldsymbol{T}(\boldsymbol{n}, \boldsymbol{h}(.)). \quad (6.143)$$

通过缩并的科达齐方程 (6.75) 和 $\boldsymbol{T}(\boldsymbol{n}, \boldsymbol{h}(.)) = -\boldsymbol{p}$ [(6.127) 式], 我们得到

$$\mathbf{D}\cdot\vec{\boldsymbol{K}} - \mathbf{D}K = 8\pi\boldsymbol{p}, \quad (6.144)$$

或用分量表示为

$$\mathrm{D}_j K^j{}_i - \mathrm{D}_i K = 8\pi p_i. \quad (6.145)$$

这个方程称为动量约束方程.

我们成功将爱因斯坦方程分解为三个方程: (6.138), (6.142), (6.144). 方程 (6.138) 是一个在 Σ_t 上的 2 阶张量 (双线性形式) 方程, 只涉及对称张量, 因此它有 6 个独立的分量. (6.142) 式为标量方程, (6.144) 式为 Σ_t 上的 1 阶张量 (线性形式), 因此它有 3 个独立的分量. 独立分量的总数是 $6 + 1 + 3 = 10$, 即与原始爱因斯坦方程 (6.124) 一致.

6.5.2 适配 3 + 1 分解的坐标系

(1) 适配坐标的定义.

(6.138)∼(6.142) 式和 (6.144) 式都是张量方程. 为了将它们转化成偏微分方程组, 必须在时空流形 M 上引入坐标. 下面给出了适合叶状结构 $\Sigma_t (t \in \mathbb{R})$ 的坐标的建立方式. 在每个超曲面 Σ_t 上都引入了一些坐标系统 $(x^i) = (x^1, x^2, x^3)$. 如果这个坐标系在相邻的超曲面之间平滑变化, 那么 $(x^\alpha) = (t, x^1, x^2, x^3)$ 构成了 M 上一个好的坐标系. 我们称 $(x^i) = (x^1, x^2, x^3)$ 为空间坐标.

我们用 $(\boldsymbol{\partial}_\alpha) = (\boldsymbol{\partial}_t, \boldsymbol{\partial}_i)$ 表示切空间 $T_p(M)$ 中与坐标 (x^α) 相关联的自然基底, 即一组矢量:

$$\boldsymbol{\partial}_t := \frac{\partial}{\partial t}, \tag{6.146}$$

$$\boldsymbol{\partial}_i := \frac{\partial}{\partial x^i}, \quad i \in \{1, 2, 3\}. \tag{6.147}$$

需要指出的是, 矢量 $\boldsymbol{\partial}_t$ 与空间坐标为常数的曲线相切, 我们称 $\boldsymbol{\partial}_t$ 为时间矢量.

对于任意 $i \in \{1, 2, 3\}$, 矢量 $\boldsymbol{\partial}_i$ 与直线 $t = K^0$, $x^j = K^j\ (j \neq i)$ 相切, 其中 K^0 和 $K^j\ (j \neq i)$ 是三个常数. 因为 t 为常数, 这些线在超曲面 Σ_t 内, 这意味着 $\boldsymbol{\partial}_i$ 与 Σ_t 相切:

$$\boldsymbol{\partial}_i \in T_p(\Sigma_t), \quad i \in \{1, 2, 3\}. \tag{6.148}$$

(2) 位移矢量.

与 $(\boldsymbol{\partial}_\alpha)$ 相关联的对偶基是梯度 1 形式基 $(\tilde{\mathrm{d}}x^\alpha)$, 它是对偶空间 $T_p^*(M)$ 的基:

$$\langle \tilde{\mathrm{d}}x^\alpha, \boldsymbol{\partial}_\beta \rangle = \delta_\beta^\alpha. \tag{6.149}$$

特别地, 1 形式 $\tilde{\mathrm{d}}t$ 与矢量 $\boldsymbol{\partial}_t$ 对偶:

$$\langle \tilde{\mathrm{d}}t, \boldsymbol{\partial}_t \rangle = 1. \tag{6.150}$$

由于 $\langle \tilde{\mathrm{d}}t, \boldsymbol{m} \rangle = 1$ [见 (6.85) 式], 因此时间矢量 $\boldsymbol{\partial}_t$ 与法向演化向量 $\boldsymbol{m}$ 具有相同的性质. 特别地, $\boldsymbol{\partial}_t$ 就像 $\boldsymbol{m}$ 一样李拉曳超曲面 Σ_t(参见 §6.4). 一般来说, 两个矢量 $\boldsymbol{\partial}_t$ 和 $\boldsymbol{m}$ 是不完全相同的. 只当坐标 (x^i) 使得 x^i 为常数的超曲面与超曲面 Σ_t 正交 (见图 6.10) 时, 它们才重合. $\boldsymbol{\partial}_t$ 和 $\boldsymbol{m}$ 的区别叫作位移矢量, 用 $\boldsymbol{\beta}$ 表示:

$$\boldsymbol{\partial}_t =: \boldsymbol{m} + \boldsymbol{\beta}. \tag{6.151}$$

结合 (6.150) 和 (6.85) 式, 得到

$$\langle \tilde{\mathrm{d}}t, \boldsymbol{\beta} \rangle = \langle \tilde{\mathrm{d}}t, \boldsymbol{\partial}_t \rangle - \langle \tilde{\mathrm{d}}t, \boldsymbol{m} \rangle = 1 - 1 = 0, \tag{6.152}$$

或等价地, 由于 $\tilde{\mathrm{d}}t = -N^{-1}\tilde{n}$ [见 (6.81) 式], 有

$$\boldsymbol{n} \cdot \boldsymbol{\beta} = 0, \tag{6.153}$$

因此, 矢量 $\boldsymbol{\beta}$ 与超曲面 $\varSigma_t$ 相切.

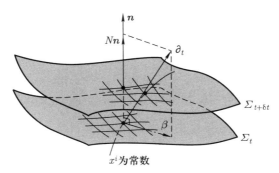

图 6.10 超曲面 $\varSigma_t$ 上的坐标 (x^i): 每条 $x^i =$ 常数的坐标线都穿过叶面 $\varSigma_t(t \in \mathbb{R})$ 并给出时空坐标系 $(x^\alpha) = (t, x^i)$ 的时间矢量 $\boldsymbol{\partial}_t$ 和位移矢量 $\boldsymbol{\beta}$ 的定义

利用 (6.82) 式: $\boldsymbol{m} = N\boldsymbol{n}$, (6.151) 式重写为

$$\boldsymbol{\partial}_t = N\boldsymbol{n} + \boldsymbol{\beta}. \tag{6.154}$$

因为矢量 $\boldsymbol{n}$ 垂直于 $\varSigma_t$, 以及 $\boldsymbol{\beta}$ 与 $\varSigma_t$ 相切, (6.154) 式可以看作时间矢量 $\boldsymbol{\partial}_t$ 的 3+1 分解.

利用 $\boldsymbol{n} \cdot \boldsymbol{n} = -1$ 和 (6.153) 式, 由 (6.154) 式可直接推导出 $\boldsymbol{\partial}_t$ 的标量平方:

$$\boldsymbol{\partial}_t \cdot \boldsymbol{\partial}_t = -N^2 + \boldsymbol{\beta} \cdot \boldsymbol{\beta}. \tag{6.155}$$

因此我们得到如下结论:

$$\boldsymbol{\partial}_t \text{ 是类时的} \Longleftrightarrow \boldsymbol{\beta} \cdot \boldsymbol{\beta} < N^2, \tag{6.156}$$

$$\boldsymbol{\partial}_t \text{ 是零的} \Longleftrightarrow \boldsymbol{\beta} \cdot \boldsymbol{\beta} = N^2, \tag{6.157}$$

$$\boldsymbol{\partial}_t \text{ 是类空的} \Longleftrightarrow \boldsymbol{\beta} \cdot \boldsymbol{\beta} > N^2. \tag{6.158}$$

满足条件 (6.158) 的位移矢量有时称为超光速位移. 由于时间矢量 $\boldsymbol{\partial}_t$ 是一个纯坐标量, 不一定与一些观测者的 4 速度关联, 这与 $\boldsymbol{m}$ 相反, 它与欧拉观测者的 4 速度成正比. 因此, 如果 $\boldsymbol{\partial}_t$ 是类空的, 物理上没有任何问题.

由于 $\boldsymbol{\beta}$ 与 $\varSigma_t$ 相切, 我们来引入 $\boldsymbol{\beta}$ 和对偶矢量 $\tilde{\beta}$ 的分量:

$$\boldsymbol{\beta} =: \beta^i \boldsymbol{\partial}_i, \quad \tilde{\beta} =: \beta_i \tilde{\mathrm{d}}x^i. \tag{6.159}$$

根据 (6.154) 式, 可以用 N 和 (β^i) 来表示单位法矢量 $\boldsymbol{n}$ 在自然基 $(\boldsymbol{\partial}_\alpha)$ 上的分量:

$$n^\alpha = \left(\frac{1}{N}, -\frac{\beta^1}{N}, -\frac{\beta^2}{N}, -\frac{\beta^3}{N} \right). \tag{6.160}$$

另外, 根据 $\tilde{n} = -N\tilde{\mathrm{d}}t$ 立即给出对偶矢量 $\tilde{n}$ 在对偶基底上的分量:

$$n_\alpha = (-N, 0, 0, 0). \tag{6.161}$$

(3) 度规分量的 3+1 形式.

让我们引入 3 度量的 $\boldsymbol{h}$ 在坐标系 (x^i) 中的分量 h_{ij}:

$$\boldsymbol{h} =: h_{ij}\, \tilde{\mathrm{d}}x^i \otimes \tilde{\mathrm{d}}x^j. \tag{6.162}$$

根据 $\tilde{\beta}$ 的定义, 得到

$$\beta_i = h_{ij}\, \beta^j. \tag{6.163}$$

与坐标 (x^α) 相关的度规 $\boldsymbol{g}$ 的分量 $g_{\alpha\beta}$ 定义为

$$\boldsymbol{g} =: g_{\alpha\beta}\, \tilde{\mathrm{d}}x^\alpha \otimes \tilde{\mathrm{d}}x^\beta, \tag{6.164}$$

每个分量为

$$g_{\alpha\beta} = \boldsymbol{g}(\boldsymbol{\partial}_\alpha, \boldsymbol{\partial}_\beta). \tag{6.165}$$

利用 (6.155) 式, 得到

$$g_{00} = \boldsymbol{g}(\boldsymbol{\partial}_t, \boldsymbol{\partial}_t) = \boldsymbol{\partial}_t \cdot \boldsymbol{\partial}_t = -N^2 + \boldsymbol{\beta} \cdot \boldsymbol{\beta} = -N^2 + \beta_i\beta^i. \tag{6.166}$$

而利用 (6.151) 式, 有

$$g_{0i} = \boldsymbol{g}(\boldsymbol{\partial}_t, \boldsymbol{\partial}_i) = (\boldsymbol{m} + \boldsymbol{\beta}) \cdot \boldsymbol{\partial}_i. \tag{6.167}$$

现在, 如上所述 [见 (6.148) 式], 矢量 $\boldsymbol{\partial}_i$ 与 Σ_t 相切, 所以 $\boldsymbol{m} \cdot \boldsymbol{\partial}_i = 0$. 因此

$$g_{0i} = \boldsymbol{\beta} \cdot \boldsymbol{\partial}_i = \langle \tilde{\beta}, \boldsymbol{\partial}_i \rangle = \langle \beta_j\, \tilde{\mathrm{d}}x^j, \boldsymbol{\partial}_i \rangle = \beta_j \langle \tilde{\mathrm{d}}x^j, \boldsymbol{\partial}_i \rangle = \beta_i. \tag{6.168}$$

此外, 因为 $\boldsymbol{\partial}_i$ 和 $\boldsymbol{\partial}_j$ 与 Σ_t 相切, 有

$$g_{ij} = \boldsymbol{g}(\boldsymbol{\partial}_i, \boldsymbol{\partial}_j) = \boldsymbol{h}(\boldsymbol{\partial}_i, \boldsymbol{\partial}_j) = h_{ij}. \tag{6.169}$$

利用 (6.166), (6.168) 和 (6.169) 式, 我们得到度规分量以 3+1 量表示的如下表达式:

$$g_{\alpha\beta} = \begin{pmatrix} g_{00} & g_{0j} \\ g_{i0} & g_{ij} \end{pmatrix} = \begin{pmatrix} -N^2 + \beta_k\beta^k & \beta_j \\ \beta_i & h_{ij} \end{pmatrix}, \tag{6.170}$$

或者用线元表示为 [见 (6.163) 式]

$$ds^2 = g_{\mu\nu}\,dx^\mu\,dx^\nu = -N^2 dt^2 + h_{ij}(dx^i + \beta^i dt)(dx^j + \beta^j dt). \tag{6.171}$$

根据 (6.170) 式, 逆度规的分量为

$$g^{\alpha\beta} = \begin{pmatrix} g^{00} & g^{0j} \\ g^{i0} & g^{ij} \end{pmatrix} = \begin{pmatrix} -\dfrac{1}{N^2} & \dfrac{\beta^j}{N^2} \\ \dfrac{\beta^i}{N^2} & h^{ij} - \dfrac{\beta^i\beta^j}{N^2} \end{pmatrix}. \tag{6.172}$$

注意到 $g_{ij} = h_{ij}$, 但是一般来说 $g^{ij} \neq h^{ij}$.

可以从上面的公式推导出两者的行列式 $\boldsymbol{g}$ 和 $\boldsymbol{h}$ 之间的简单关系. 它们的行列式的定义分别为

$$g := \det(g_{\alpha\beta}), \tag{6.173}$$

$$h := \det(h_{ij}). \tag{6.174}$$

显然, g 和 h 的值取决于坐标系 (x^α) 的选择, 因为它们不是标量, 而是标量密度. 通过矩阵 $(g_{\alpha\beta})$ 用克拉默 (Cramer) 法则来求逆度规 $(g^{\alpha\beta})$ 的分量, 我们得到

$$g^{00} = \frac{C_{00}}{\det(g_{\alpha\beta})} = \frac{C_{00}}{g}, \tag{6.175}$$

其中 C_{00} 为 $(g_{\alpha\beta})$ 的伴随矩阵的 $(0,0)$ 分量, 即

$$C_{00} = \det(h_{ij}) = h, \tag{6.176}$$

因此 (6.175) 式变成

$$g^{00} = \frac{h}{g}. \tag{6.177}$$

由 (6.172) 式可得到 $g = -N^2 h$, 或者等价的

$$\sqrt{-g} = N\sqrt{h}. \tag{6.178}$$

(4) 通过时移函数和位移函数选择坐标.

从以上讨论可见, 给出流形 M 上的坐标系 (x^α), 使得 x^0 为常数的超曲面是类空超曲面, 唯一地给出了时移函数 N 和位移矢量 $\boldsymbol{\beta}$. 反之在以下意义上是正确的: 在某个超曲面 Σ_0 的邻域选定一个坐标系 (x^i), 并给定一个标量场 N 和一个矢量场 $\boldsymbol{\beta}$, 则在 Σ_0 的邻域中唯一指定一个坐标系 (x^α), 并且使得 $x^0 = 0$ 的超曲面等于 Σ_0. 的确, 在 Σ_0 的任一点时移函数 N 唯一给定了矢量 $\boldsymbol{m} = N\boldsymbol{n}$, 沿着时移矢量 $\boldsymbol{m}$ 通过李拉曳得到下一个超曲面 $\Sigma_{\delta t}$ 的位置, 而位移矢量给定了 Σ_0 上的不同点到 $\Sigma_{\delta t}$ 上的相对位置改变. 通过时移函数和位移矢量来选择坐标系是 3+1 数值相对论的主题之一.

6.5.3 爱因斯坦方程的 $3+1$ 分解: 偏微分方程组

(1) 沿着时移矢量 $\boldsymbol{m}$ 的李导数.

让我们考虑出现在 3+1 形式的爱因斯坦方程 (6.138) 中的项 $\mathscr{L}_{\boldsymbol{m}}\boldsymbol{K}$. 利用 (6.151) 式, 易知

$$\mathscr{L}_{\boldsymbol{m}}\boldsymbol{K} = \mathscr{L}_{\boldsymbol{\partial}_t}\boldsymbol{K} - \mathscr{L}_{\boldsymbol{\beta}}\boldsymbol{K}. \tag{6.179}$$

这意味着 $\mathscr{L}_{\boldsymbol{\partial}_t}\boldsymbol{K}$ 是一个与 Σ_t 相切的张量场, 因为 $\mathscr{L}_{\boldsymbol{m}}\boldsymbol{K}$ 和 $\mathscr{L}_{\boldsymbol{\beta}}\boldsymbol{K}$ 都与 Σ_t 相切, 前者是因为 $\boldsymbol{K}$ 与 Σ_t 相切, 被李拉曳之后, 仍保持与 Σ_t 相切, 后者是因为 $\boldsymbol{\beta}$ 和 $\boldsymbol{K}$ 都与 Σ_t 相切. 此外, 如果用适配叶状结构的坐标系 $(x^\alpha) = (t, x^i)$ 中的张量分量, 沿 $\boldsymbol{\partial}_t$ 的李导数可以简化为对 t 的偏导数:

$$\mathscr{L}_{\boldsymbol{\partial}_t} K_{ij} = \frac{\partial K_{ij}}{\partial t}. \tag{6.180}$$

利用李导数的运算法则, 也可以将 $\mathscr{L}_{\boldsymbol{\beta}}\boldsymbol{K}$ 用偏导数表示:

$$\mathscr{L}_{\boldsymbol{\beta}} K_{ij} = \beta^k \frac{\partial K_{ij}}{\partial x^k} + K_{kj}\frac{\partial \beta^k}{\partial x^i} + K_{ik}\frac{\partial \beta^k}{\partial x^j}. \tag{6.181}$$

同理, $\mathscr{L}_{\boldsymbol{m}}\boldsymbol{h}$ 和 $\boldsymbol{K}$ 之间的关系式 (6.98) 变为

$$\mathscr{L}_{\boldsymbol{\partial}_t}\boldsymbol{h} - \mathscr{L}_{\boldsymbol{\beta}}\boldsymbol{h} = -2N\boldsymbol{K}, \tag{6.182}$$

其中

$$\mathscr{L}_{\boldsymbol{\partial}_t} h_{ij} = \frac{\partial h_{ij}}{\partial t}. \tag{6.183}$$

利用联络 $\mathbf{D}$ 求李导数:

$$\mathscr{L}_{\boldsymbol{\beta}} h_{ij} = \beta^k \mathrm{D}_k h_{ij} + h_{kj}\mathrm{D}_i \beta^k + h_{ik}\mathrm{D}_j \beta^k, \tag{6.184}$$

即

$$\mathscr{L}_{\boldsymbol{\beta}} h_{ij} = \mathrm{D}_i \beta_j + \mathrm{D}_j \beta_i. \tag{6.185}$$

(2) 爱因斯坦方程的偏微分方程组.

利用 (6.179) ∼ (6.180) 式以及 (6.182) 和 (6.183) 式, 我们将 3+1 爱因斯坦方程组 (6.140), (6.142) 和 (6.145) 改写为

$$\left(\frac{\partial}{\partial t} - \mathscr{L}_{\boldsymbol{\beta}} \right) h_{ij} = -2N K_{ij}, \tag{6.186}$$

$$\left(\frac{\partial}{\partial t} - \mathscr{L}_{\boldsymbol{\beta}} \right) K_{ij} = -\mathrm{D}_i \mathrm{D}_j N + N \left\{ R_{ij} + K K_{ij} - 2K_{ik} K^k{}_j + 4\pi \left[(S - E) h_{ij} - 2S_{ij} \right] \right\}, \tag{6.187}$$

$$R + K^2 - K_{ij} K^{ij} = 16\pi E, \tag{6.188}$$

$$\mathrm{D}_j K^j{}_i - \mathrm{D}_i K = 8\pi p_i. \tag{6.189}$$

在该体系中, 协变导数 D_i 可以用关于空间坐标 (x^i) 的偏导数以及与 $\mathbf{D}$ 相关的克里斯托弗联络 $\Gamma^i{}_{jk}$ 来表示:

$$\mathrm{D}_i \mathrm{D}_j N = \frac{\partial^2 N}{\partial x^i \partial x^j} - \Gamma^k{}_{ij} \frac{\partial N}{\partial x^k}, \tag{6.190}$$

$$\mathrm{D}_j K^j{}_i = \frac{\partial K^j{}_i}{\partial x^j} + \Gamma^j{}_{jk} K^k{}_i - \Gamma^k{}_{ji} K^j{}_k, \tag{6.191}$$

$$\mathrm{D}_i K = \frac{\partial K}{\partial x^i}. \tag{6.192}$$

基于 (6.181) 和 (6.185) 式, 沿着 $\boldsymbol{\beta}$ 的李导数也可以用关于空间坐标 (x^i) 的偏导数来表示:

$$\mathscr{L}_{\boldsymbol{\beta}} h_{ij} = \frac{\partial \beta_i}{\partial x^j} + \frac{\partial \beta_j}{\partial x^i} - 2\Gamma^k{}_{ij} \beta_k, \tag{6.193}$$

$$\mathscr{L}_{\boldsymbol{\beta}} K_{ij} = \beta^k \frac{\partial K_{ij}}{\partial x^k} + K_{kj} \frac{\partial \beta^k}{\partial x^i} + K_{ik} \frac{\partial \beta^k}{\partial x^j}. \tag{6.194}$$

最后, $\boldsymbol{h}$ 的里奇张量和标量曲率可表示为

$$R_{ij} = \frac{\partial \Gamma^k{}_{ij}}{\partial x^k} - \frac{\partial \Gamma^k{}_{ik}}{\partial x^j} + h^k{}_{ij} h^l{}_{kl} - h^l{}_{ik} h^k{}_{lj}, \tag{6.195}$$

$$R = h^{ij} R_{ij}. \tag{6.196}$$

注意, 这里的克里斯托弗联络是定义在超曲面上的与协变导数 $\mathbf{D}$ 相关联的, 具体表达式为

$$\Gamma^k{}_{ij} = \frac{1}{2} h^{kl} \left(\frac{\partial h_{lj}}{\partial x^i} + \frac{\partial h_{il}}{\partial x^j} - \frac{\partial h_{ij}}{\partial x^l} \right). \tag{6.197}$$

假设给定物质的 "源项" (E, p_i, S_{ij}), 则方程 (6.186)~(6.189) 构成了求解未知函数 $(h_{ij}, K_{ij}, N, \beta^i)$ 的完备的二阶非线性偏微分方程组.

6.5.4 柯西问题

(1) 作为三维动力系统的广义相对论.

3+1 爱因斯坦场方程 (6.186)~(6.197) 只涉及三维量, 即定义在超曲面 Σ_t 上的张量场, 以及它们的时间导数. 因此, 体系 (6.186)~(6.197) 看起来像描述在单个三维流形 Σ 上随时间变化的张量场, 而不涉及周围的四维时空. 这构成了惠勒提出的几何动力学观点.

值得注意的是, 该体系 (6.186)~(6.197) 不包含时移函数 N 和位移矢量 β 对时间的导数项, 这意味着 N 和 β 不是动力学量. 这是因为它们与坐标 (t, x^i) 的选择有关, 在广义相对论中坐标可以自由选择, 而不改变爱因斯坦方程的物理解 $\boldsymbol{g}$. 唯一需要注意的是, 如果时移函数 N 和位移矢量 β 选择不当, 将导致坐标的奇异性.

(2) 高斯法向坐标系中的分析.

为了加深对方程 (6.186)~(6.197) 的理解, 我们通过自由选择尽量简化的时移函数 N 和位移矢量 β 来讨论它们的物理含义. 例如在给定的超曲面 Σ_0 的某些邻域, 其坐标系 (x^i) 任意指定, 不妨令

$$N = 1, \tag{6.198}$$

$$\beta = 0, \tag{6.199}$$

这意味着空间坐标为常数的直线与超曲面 Σ_t 正交 (见图 6.10). 此外, 如果 $N = 1$, 则欧拉观测者测量到的相邻超曲面 Σ_t 之间的坐标时间 t 与固有时相吻合 [见 (6.89) 式]. 这样的坐标系称为高速法向坐标系. 通过选择 (6.198) 式这样的时移函数得到的偏离 Σ_0 的叶状结构称为测地线叶片. 这个名字源于欧拉观测者的世界线是测地线, 参数 t 是沿测地线的仿射参数. 这是由 (6.92) 式直接得出的, 对于 $N = 1$, 易知欧拉观测者的 4 加速度为零.

在高斯法向坐标系中, 时空度规张量取如下简单的形式 [见 (6.171) 式]:

$$g_{\mu\nu} \, \mathrm{d}x^\mu \, \mathrm{d}x^\nu = -\mathrm{d}t^2 + h_{ij} \, \mathrm{d}x^i \, \mathrm{d}x^j. \tag{6.200}$$

一般来说, 不可能得到覆盖整个流形 M 的高斯法向坐标系, 这是因为没有涡度的类时测地线, 例如欧拉观测者们的世界线, 将不断聚焦并最终交叉, 这反映了引力的吸引力性质. 然而, 就目前讨论的目的而言, 只要考虑超曲面 Σ_0 的某个足够小的邻域, 选择高斯法向坐标是可行的. 在高斯法向坐标系下, 3+1 爱因斯坦方程组

(6.186) ∼ (6.189) 简化为

$$\frac{\partial h_{ij}}{\partial t} = -2K_{ij}, \tag{6.201}$$

$$\frac{\partial K_{ij}}{\partial t} = R_{ij} + KK_{ij} - 2K_{ik}K^k{}_j + 4\pi \left[(S - E)h_{ij} - 2S_{ij} \right], \tag{6.202}$$

$$R + K^2 - K_{ij}K^{ij} = 16\pi E, \tag{6.203}$$

$$D_j K^j{}_i - D_i K = 8\pi p_i. \tag{6.204}$$

使用速记符号

$$\dot{h}_{ij} := \frac{\partial h_{ij}}{\partial t} \tag{6.205}$$

并利用 (6.201) 式替换 K_{ij}, 我们得到

$$-\frac{\partial h_{ij}}{\partial t} = 2R_{ij} + \frac{1}{2}h^{kl}\dot{h}_{kl}\,\dot{h}_{ij} - 2h^{kl}\dot{h}_{ik}\dot{h}_{lj} + 8\pi \left[(S - E)h_{ij} - 2S_{ij} \right], \tag{6.206}$$

$$R + \frac{1}{4}(h^{ij}\dot{h}_{ij})^2 - \frac{1}{4}h^{ik}h^{jl}\dot{h}_{ij}\dot{h}_{kl} = 16\pi E, \tag{6.207}$$

$$D_j(h^{jk}\dot{h}_{ki}) - \frac{\partial}{\partial x^i}\left(h^{kl}\dot{h}_{kl} \right) = -16\pi p_i. \tag{6.208}$$

就引力场而言, 这个方程仅包含 3-度规 $\boldsymbol{h}$. 特别地, 里奇张量可以通过将方程 (6.197) 代入方程 (6.195) 得到. 我们的分析只需要针对主方程, 也就是含有 h_{ij} 的二阶导数的部分. 为简洁起见, 我们用省略号表示除了对 h_{ij} 二阶导数以外的所有项, 得到

$$R_{ij} = \frac{\partial h^k{}_{ij}}{\partial x^k} - \frac{\partial h^k{}_{ik}}{\partial x^j} + \cdots$$

$$= \frac{1}{2}\frac{\partial}{\partial x^k}\left[h^{kl}\left(\frac{\partial h_{lj}}{\partial x^i} + \frac{\partial h_{il}}{\partial x^j} - \frac{\partial h_{ij}}{\partial x^l} \right) \right] - \frac{1}{2}\frac{\partial}{\partial x^j}\left[h^{kl}\left(\frac{\partial h_{lk}}{\partial x^i} + \frac{\partial h_{il}}{\partial x^k} - \frac{\partial h_{ik}}{\partial x^l} \right) \right] + \cdots$$

$$= \frac{1}{2}h^{kl}\left(\frac{\partial^2 h_{lj}}{\partial x^k \partial x^i} + \frac{\partial^2 h_{il}}{\partial x^k \partial x^j} - \frac{\partial^2 h_{ij}}{\partial x^k \partial x^l} - \frac{\partial^2 h_{lk}}{\partial x^j \partial x^i} - \frac{\partial^2 h_{il}}{\partial x^j \partial x^k} + \frac{\partial^2 h_{ik}}{\partial x^j \partial x^l} \right) + \cdots,$$

$$R_{ij} = -\frac{1}{2}h^{kl}\left(\frac{\partial^2 h_{ij}}{\partial x^k \partial x^l} + \frac{\partial^2 h_{kl}}{\partial x^i \partial x^j} - \frac{\partial^2 h_{lj}}{\partial x^i \partial x^k} - \frac{\partial^2 h_{il}}{\partial x^j \partial x^k} \right) + \mathcal{Q}_{ij}\left(h_{kl}, \frac{\partial h_{kl}}{\partial x^m} \right), \tag{6.209}$$

其中 $\mathcal{Q}_{ij}\left(h_{kl}, \dfrac{h_{kl}}{x^m} \right)$ 是一个非线性的, 包含 h_{kl} 以及它们的一阶导数项的表达式. 对 (6.209) 式求迹, 我们得到

$$R = h^{ik}h^{jl}\frac{\partial^2 h_{ij}}{\partial x^k \partial x^l} - h^{ij}h^{kl}\frac{\partial^2 h_{ij}}{\partial x^k \partial x^l} + \mathcal{Q}\left(h_{kl}, \frac{\partial h_{kl}}{\partial x^m} \right). \tag{6.210}$$

此外

$$
\begin{aligned}
D_j(h^{jk}\dot{h}_{ki}) = h^{jk}D_j\dot{h}_{ki} &= h^{jk}\left(\frac{\partial \dot{h}_{ki}}{\partial x^j} - h^l{}_{jk}\dot{h}_{li} - h^l{}_{ji}\dot{h}_{kl}\right) \\
&= h^{jk}\frac{\partial^2 h_{ki}}{\partial x^j \partial t} + \mathcal{Q}_i\left(h_{kl}, \frac{\partial h_{kl}}{\partial x^m}, \frac{\partial h_{kl}}{\partial t}\right),
\end{aligned} \tag{6.211}
$$

其中 $\mathcal{Q}_i(h_{kl}, \partial h_{kl}/\partial x^m, \partial h_{kl}/\partial t)$ 是一些不含 h_{kl} 二阶导数的表达式. 将方程 (6.209), (6.210) 和 (6.211) 代入 (6.206)～(6.208) 式中, 给出

$$
\begin{aligned}
-\frac{\partial^2 h_{ij}}{\partial t^2} &+ h^{kl}\left(\frac{\partial^2 h_{ij}}{\partial x^k \partial x^l} + \frac{\partial^2 h_{kl}}{\partial x^i \partial x^j} - \frac{\partial^2 h_{lj}}{\partial x^i \partial x^k} - \frac{\partial^2 h_{il}}{\partial x^j \partial x^k}\right) \\
&= 8\pi\left[(S-E)h_{ij} - 2S_{ij}\right] + \mathcal{Q}_{ij}\left(h_{kl}, \frac{\partial h_{kl}}{\partial x^m}, \frac{\partial h_{kl}}{\partial t}\right),
\end{aligned} \tag{6.212}
$$

$$
h^{ik}h^{jl}\frac{\partial^2 h_{ij}}{\partial x^k \partial x^l} - h^{ij}h^{kl}\frac{\partial^2 h_{ij}}{\partial x^k \partial x^l} = 16\pi E + \mathcal{Q}\left(h_{kl}, \frac{\partial h_{kl}}{\partial x^m}, \frac{\partial h_{kl}}{\partial t}\right), \tag{6.213}
$$

$$
h^{jk}\frac{\partial^2 h_{ki}}{\partial x^j \partial t} - h^{kl}\frac{\partial^2 h_{kl}}{\partial x^i \partial t} = -16\pi p_i + \mathcal{Q}_i\left(h_{kl}, \frac{\partial h_{kl}}{\partial x^m}, \frac{\partial h_{kl}}{\partial t}\right). \tag{6.214}
$$

注意到我们把对时间的一阶导数项吸收到 $\mathcal{Q}$ 项中去了.

方程 (6.212)～(6.214) 构成关于未知函数 h_{ij} 的二阶偏微分方程组. 这组方程虽然是非线性的, 但是准线性的, 即对所有二阶导数项都是线性的.

方程 (6.212)～(6.214) 包含 10 个关于 6 个未知函数 h_{ij} 的方程. 因此, 这是一个过定系统. 实际上, 在方程 (6.212), (6.213) 和 (6.214) 中只有第一个方程涉及对时间的二阶导数. 此外, 方程 (6.212) 包含 6 个独立的方程, 与待求函数 h_{ij} 的分量数相同, 即这是一个柯西问题: 给定初始条件之后, 动力学方程原则上可解. 更准确地说, 方程 (6.212) 是对时间的二阶导数方程, 具体为

$$
\frac{\partial^2 h_{ij}}{\partial t^2} = F_{ij}\left(h_{kl}, \frac{\partial h_{kl}}{\partial x^m}, \frac{\partial h_{kl}}{\partial t}, \frac{\partial^2 h_{kl}}{\partial x^m \partial x^n}\right), \tag{6.215}
$$

这明显是一个柯西问题. 在给定了 $t=0$ 时刻 h_{ij} 和 $\partial h_{ij}/\partial t$ 的值, 即给定在超曲面 Σ_0 上的 h_{ij} 和 $\partial h_{ij}/\partial t$ 的值之后, 可以通过求解 (6.215) 式得到下一时刻的 h_{ij}.

多余的方程 (6.213) 和 (6.214) 也是必需的, 以确保通过 (6.200) 式从 h_{ij} 重构出的度规 $\boldsymbol{g}$ 是爱因斯坦方程的解. 方程 (6.213) 和 (6.214) 称为约束方程, 在 Σ_0 上, 它们要求初始条件 $(h_{ij}, \partial h_{ij}/\partial t)$ 必须满足这些约束. 在广义相对论课程中我们知道, 由于比安基恒等式, 在下一个时刻, 通过求解动力学方程 (6.215) 得到的 $(h_{ij}, \partial h_{ij}/\partial t)$ 自动满足约束方程.

6.5.5 ADM 哈密顿表述

广义相对论的哈密顿表述提供了对 3+1 爱因斯坦方程的深入理解. 事实上,

后者使用了 3+1 的形式理论, 因为任何哈密顿方法都涉及 "在某一时刻" 的物理态的概念, 在广义相对论中就是在类空超 Σ_t 上的物理态. 广义相对论的哈密顿表述在 20 世纪 50 年代末由狄拉克, 在 60 年代早期由阿诺威特 (Arnowitt)、德塞尔 (Deser) 和米斯纳 (Misner) (ADM)[66], 以及在 70 年代由雷杰 (Regge) 和泰特尔鲍姆 (Teitelboim)[67] 大力发展.

为简单起见, 在这里只考虑真空爱因斯坦方程, 并且忽略了作用量积分中的边界项.

(1) 希尔伯特作用量的 3+1 形式.

让我们考虑标准的希尔伯特作用量

$$S = \int_{\mathcal{V}} {}^4R\sqrt{-g}\,\mathrm{d}^4x, \tag{6.216}$$

其中 $\mathcal{V}$ 是在叶状结构 $\Sigma_t (t \in \mathbb{R})$ 中的两个超曲面 Σ_{t_1} 和 Σ_{t_2} $(t_1 < t_2)$ 之间的流形 M 的一部分:

$$\mathcal{V} := \bigcup_{t=t_1}^{t_2} \Sigma_t. \tag{6.217}$$

利用 (6.123) 式提供的里奇标量 ${}^4R$ 的 3+1 分解, 以及 $\sqrt{-g} = N\sqrt{h}$ [见 (6.178) 式], 作用量可以具体写为

$$S = \int_{\mathcal{V}} \left[N\left(R + K^2 + K_{ij}K^{ij}\right) - 2\mathscr{L}_{\boldsymbol{m}}K - 2\mathrm{D}_i\mathrm{D}^iN \right] \sqrt{h}\,\mathrm{d}^4x, \tag{6.218}$$

其中

$$\begin{aligned}
\mathscr{L}_{\boldsymbol{m}}K &= m^\mu \nabla_\mu K = Nn^\mu \nabla_\mu K = N[\nabla_\mu(Kn^\mu) - K\nabla_\mu n^\mu] \\
&= N[\nabla_\mu(Kn^\mu) + K^2].
\end{aligned} \tag{6.219}$$

因此, (6.218) 式变为

$$S = \int_{\mathcal{V}} \left[N\left(R + K_{ij}K^{ij} - K^2\right) - 2N\nabla_\mu(Kn^\mu) - 2\mathrm{D}_i\mathrm{D}^iN \right] \sqrt{h}\,\mathrm{d}^4x. \tag{6.220}$$

但是

$$\int_{\mathcal{V}} N\nabla_\mu(Kn^\mu)\sqrt{h}\,\mathrm{d}^4x = \int_{\mathcal{V}} \nabla_\mu(Kn^\mu)\sqrt{-g}\,\mathrm{d}^4x = \int_{\mathcal{V}} \frac{\partial}{\partial x^\mu}\left(\sqrt{-g}Kn^\mu\right)\mathrm{d}^4x \tag{6.221}$$

是纯散度的积分, 我们可以忽略这一项. 因此, (6.220) 式变成

$$S = \int_{t_1}^{t_2} \left\{ \int_{\Sigma_t} \left[N\left(R + K_{ij}K^{ij} - K^2\right) - 2\mathrm{D}_i\mathrm{D}^iN \right] \sqrt{h}\,\mathrm{d}^3x \right\} \mathrm{d}t. \tag{6.222}$$

这里我们已经利用 (6.217) 式将四维积分分解为时间积分和三维积分. 我们有一个散度项

$$\int_{\Sigma_t} D_i D^i N \sqrt{h}\, d^3 x = \int_{\Sigma_t} \frac{\partial}{\partial x^i}\left(\sqrt{h} D^i N\right) d^3 x \qquad (6.223)$$

可以忽略掉, 因此希尔伯特作用量的 3+1 形式是

$$S = \int_{t_1}^{t_2}\left\{\int_{\Sigma_t} N\left(R + K_{ij}K^{ij} - K^2\right)\sqrt{h}\, d^3 x\right\} dt. \qquad (6.224)$$

(2) 哈密顿方程.

作用量 (6.224) 可以看作 "位形" 变量 $q = (h_{ij}, N, \beta^i)$ [它描述了全时空度量分量 $g_{\alpha\beta}$, 见 (6.170) 式] 及其对时间导数 $\dot{q} = (\dot{h}_{ij}, \dot{N}, \dot{\beta}^i)$ 的泛函: $S = S[q, \dot{q}]$. 特别是 (6.224) 式中的 K_{ij} 是 $\dot{h}_{ij}, h_{ij}, N$ 和 β^i 的函数, 它们由 (6.186) 及 (6.185) 式给出:

$$K_{ij} = \frac{1}{2N}\left(h_{ik}D_j\beta^k + h_{jk}D_i\beta^k - \dot{h}_{ij}\right). \qquad (6.225)$$

由 (6.224) 式可知, 引力场拉格朗日密度是

$$\mathscr{L}(q,\dot{q}) = N\sqrt{h}(R + K_{ij}K^{ij} - K^2) = N\sqrt{h}\left[R + (h^{ik}h^{jl} - h^{ij}h^{kl})K_{ij}K_{kl}\right], \qquad (6.226)$$

其中 K_{ij} 和 K_{kl} 的表达式见 (6.225) 式. 注意这个拉格朗日函数不依赖于 N 和 β^i 的时间导数, 这表明时移函数和位移矢量不是动力学变量. 因此, 唯一的动力学变量是 h_{ij}. 与它共轭的动量是

$$\pi^{ij} := \frac{\partial L}{\partial \dot{h}_{ij}}. \qquad (6.227)$$

从方程 (6.226) 和 (6.225) 得到

$$\pi^{ij} = N\sqrt{h}\left[(h^{ik}h^{jl} - h^{ij}h^{kl})K_{kl} + (h^{ki}h^{lj} - h^{kl}h^{ij})K_{kl}\right]\left(-\frac{1}{2N}\right), \qquad (6.228)$$

即

$$\pi^{ij} = \sqrt{h}\left(Kh^{ij} - K^{ij}\right). \qquad (6.229)$$

哈密顿密度由勒让德变换给出:

$$\mathcal{H} = \pi^{ij}\dot{h}_{ij} - \mathscr{L}. \qquad (6.230)$$

利用 (6.225)、(6.229) 及 (6.226) 式, 有

$$
\begin{aligned}
\mathcal{H} &= \sqrt{h}\left(Kh^{ij} - K^{ij}\right)\left(-2NK_{ij} + \mathrm{D}_i\beta_j + \mathrm{D}_j\beta_i\right) - N\sqrt{h}(R + K_{ij}K^{ij} - K^2) \\
&= \sqrt{h}\left[-N(R + K^2 - K_{ij}K^{ij}) + 2\left(Kh^j{}_i - K^j{}_i\right)\mathrm{D}_j\beta^i\right] \\
&= -\sqrt{h}\left[N(R + K^2 - K_{ij}K^{ij}) + 2\beta^i\left(\mathrm{D}_iK - \mathrm{D}_jK^j{}_i\right)\right] \\
&\quad + 2\sqrt{h}\mathrm{D}_j\left(K\beta^j - K^j{}_i\beta^i\right).
\end{aligned}
\tag{6.231}
$$

相应的哈密顿量是

$$
H = \int_{\Sigma_t} \mathcal{H}\,\mathrm{d}^3x.
\tag{6.232}
$$

注意到 (6.231) 式中的最后一项是散度, 因此对积分没有贡献, 我们得到

$$
H = -\int_{\Sigma_t}\left(NC_0 - 2\beta^iC_i\right)\sqrt{h}\mathrm{d}^3x,
\tag{6.233}
$$

其中

$$
C_0 := R + K^2 - K_{ij}K^{ij},
\tag{6.234}
$$

$$
C_i := \mathrm{D}_jK^j{}_i - \mathrm{D}_iK
\tag{6.235}
$$

是约束方程 (6.188) 和 (6.189) 的左边.

哈密顿量 H 是位形变量 (h_{ij}, N, β^i), 以及与它们共轭的动量 $(\pi^{ij}, \pi^N, \pi^{\boldsymbol{\beta}}_i)$ 的函数, 最后两个等于零:

$$
\pi^N := \frac{\partial L}{\partial \dot{N}} = 0, \qquad \pi^{\boldsymbol{\beta}}_i := \frac{\partial L}{\partial \dot{\beta}^i} = 0.
\tag{6.236}
$$

通过 C_0 出现在 H 中的标量曲率 R 是 h_{ij} 和它的空间导数的函数, 而同时出现在 C_0 和 C_i 中的 K_{ij} 是 h_{ij} 和 π^{ij} 的函数, 它通过 “反转” 关系 (6.229) 获得:

$$
K_{ij} = K_{ij}[\boldsymbol{h}, \boldsymbol{\pi}] = \frac{1}{\sqrt{h}}\left(\frac{1}{2}h_{kl}\pi^{kl}h_{ij} - h_{ik}h_{jl}\pi^{kl}\right).
\tag{6.237}
$$

希尔伯特作用量取极值, 得到哈密顿方程

$$
\frac{\delta H}{\delta \pi^{ij}} = \dot{h}_{ij},
\tag{6.238}
$$

$$
\frac{\delta H}{\delta h_{ij}} = -\dot{\pi}^{ij},
\tag{6.239}
$$

$$
\frac{\delta H}{\delta N} = -\dot{\pi}^N = 0,
\tag{6.240}
$$

$$
\frac{\delta H}{\delta \beta^i} = -\dot{\pi}^{\boldsymbol{\beta}}_i = 0.
\tag{6.241}
$$

从 (6.233) 式计算 H 的函数导数, 得到

$$\frac{\delta H}{\delta \pi^{ij}} = -2NK_{ij} + D_i\beta_j + D_j\beta_i = \dot{h}_{ij}, \tag{6.242}$$

$$\frac{\delta H}{\delta h_{ij}} = -\dot{\pi}^{ij}, \tag{6.243}$$

$$\frac{\delta H}{\delta N} = -C_0 = 0, \tag{6.244}$$

$$\frac{\delta H}{\delta \beta^i} = 2C_i = 0. \tag{6.245}$$

方程 (6.242) 是 3+1 爱因斯坦方程 (6.186)∼(6.189) 的第一个方程. 可以证明,
(6.243) 式等价于爱因斯坦方程 (6.187). 最后, 方程 (6.244) 为 $E = 0$(真空) 情
况下的哈密顿约束方程 (6.188), (6.245) 式是 $p_i = 0$ 情形下的动量约束方程 (6.189).

方程 (6.244) 和 (6.245) 表明, 在 ADM 哈密顿方法中, 时移函数和位移矢量是
与哈密顿约束以及动量约束相应的拉格朗日乘子, 真正的动力学变量是 h_{ij} 和 π^{ij}.

§6.6   物质场的 3 + 1 分解

给定物质场的能动张量 $T_{\mu\nu}$ 之后, 在 6.5.1 小节中, 我们讨论了如何形式上将
$T_{\mu\nu}$ 分解为能量密度、动量密度以及应力张量 $E, \boldsymbol{p}$ 和 $\boldsymbol{S}$. 在本小节中, 我们以理想
流体为例, 给出物质场动力学方程的 3+1 分解. 对于电磁场和相对论磁流体系统
动力学方程的 3+1 分解, 请参看数值相对论方面的专著或综述性文章.

6.6.1   4 维动力学方程的 3 + 1 分解

物质场遵从两种类型的方程: 第一类方程是能动量守恒方程, 即系统能量 – 引
力张量的时空散度等于零:

$$\nabla \cdot \boldsymbol{T} = 0. \tag{6.246}$$

第二类方程是必须独立于爱因斯坦方程而满足的场方程, 例如重子数守恒定律 (流
体) 或麦克斯韦电磁场方程 (对电磁场).

利用 (6.133) 式, 我们将 (6.246) 式中的 $\boldsymbol{T}$ 替换为它的 3+1 投影分量: 能量密
度 ε、动量密度 $\boldsymbol{p}$ 和应力张量 $\boldsymbol{S}$, 所有这些量都是由欧拉观测者测量的. 我们依次
得到

$$\begin{aligned}
&\nabla_\mu T^\mu{}_\alpha = 0,\\
&\nabla_\mu \left(S^\mu{}_\alpha + n^\mu p_\alpha + p^\mu n_\alpha + \varepsilon n^\mu n_\alpha\right) = 0,\\
&\nabla_\mu S^\mu{}_\alpha - Kp_\alpha + n^\mu \nabla_\mu p_\alpha + \nabla_\mu p^\mu \, n_\alpha - p^\mu K_{\mu\alpha} - K\varepsilon n_\alpha + \varepsilon \mathrm{D}_\alpha \ln N\\
&\qquad + n^\mu \nabla_\mu \varepsilon \, n_\alpha = 0,
\end{aligned} \tag{6.247}$$

这里我们利用方程 (6.94) 通过 $\boldsymbol{K}$ 和 $\mathbf{D} \ln N$ 来表示 $\nabla \tilde{n}$.

下面讨论能量守恒方程. 将 (6.247) 式投影到超曲面 Σ_t 的法向, 即欧拉观测者的时间方向, 就得到得了能量守恒方程. 由于 $\boldsymbol{p}$, $\boldsymbol{K}$ 和 $\mathbf{D} \ln N$ 都与 $\boldsymbol{n}$ 正交, 于是我们得到

$$n^\nu \nabla_\mu S^\mu{}_\nu + n^\mu n^\nu \nabla_\mu p_\nu - \nabla_\mu p^\mu + K\varepsilon - n^\mu \nabla_\mu \varepsilon = 0. \tag{6.248}$$

因为 $\boldsymbol{n} \cdot \boldsymbol{S} = 0$,

$$n^\nu \nabla_\mu S^\mu{}_\nu = -S^\mu{}_\nu \nabla_\mu n^\nu = S^\mu{}_\nu (K^\nu{}_\mu + \mathrm{D}^\nu \ln N\, n_\mu) = K_{\mu\nu} S^{\mu\nu}. \tag{6.249}$$

同样地,

$$n^\mu n^\nu \nabla_\mu p_\nu = -p_\nu n^\mu \nabla_\mu n^\nu = -p_\nu \mathrm{D}^\nu \ln N. \tag{6.250}$$

此外, 对于任意与 Σ_t 相切的矢量 $\boldsymbol{v}$, 比如 $\boldsymbol{p}$, 可以用三维的散度 $\mathrm{D}_\mu p^\mu$ 来代替四维散度 $\nabla_\mu p^\mu$, 根据 (6.52) 式, 得到

$$\mathrm{D}_\mu v^\mu = h^\rho{}_\mu h^\mu{}_\sigma \nabla_\rho v^\sigma = h^\rho{}_\sigma \nabla_\rho v^\sigma = (\delta^\rho_\sigma + n^\rho\, n_\sigma) \nabla_\rho v^\sigma$$
$$= \nabla_\rho v^\rho - v^\sigma n^\rho \nabla_\rho n_\sigma = \nabla_\rho v^\rho - v^\sigma \mathrm{D}_\sigma \ln N. \tag{6.251}$$

因此, 对于任意与 Σ_t 相切的矢量 $\boldsymbol{v}$, 这两种散度之间的关系是

$$\nabla \cdot \boldsymbol{v} = \mathbf{D} \cdot \boldsymbol{v} + \boldsymbol{v} \cdot \mathbf{D} \ln N, \tag{6.252}$$

或用分量表示为

$$\nabla_\mu v^\mu = \mathrm{D}_i v^i + v^i \mathrm{D}_i \ln N. \tag{6.253}$$

将此关系应用于 $\boldsymbol{v} = \boldsymbol{p}$ 并考虑 (6.249) 和 (6.250) 式, (6.248) 式变成

$$\mathscr{L}_{\boldsymbol{n}} \varepsilon + \mathbf{D} \cdot \boldsymbol{p} + 2\boldsymbol{p} \cdot \mathbf{D} \ln N - K\varepsilon - K_{ij} S^{ij} = 0. \tag{6.254}$$

我们已经把 ε 沿 $\boldsymbol{n}$ 的导数写成李导数. ε 是标量场, 根据李导数的定义有

$$\mathscr{L}_{\boldsymbol{n}} \varepsilon = \nabla_{\boldsymbol{n}} \varepsilon = \boldsymbol{n} \cdot \nabla \varepsilon = n^\mu \nabla_\mu \varepsilon = n^\mu \frac{\partial \varepsilon}{\partial x^\mu} = \langle \tilde{\mathrm{d}} \varepsilon, \boldsymbol{n} \rangle. \tag{6.255}$$

因为 $\boldsymbol{n}$ 是欧拉观测者的 4 速度, 李导数 $\mathscr{L}_{\boldsymbol{n}} \varepsilon$ 等于对欧拉观测者固有时的导数: $\mathscr{L}_{\boldsymbol{n}} \varepsilon = \mathrm{d}\varepsilon/\mathrm{d}\tau$. 利用 $\boldsymbol{n} = N^{-1}(\boldsymbol{\partial}_t - \boldsymbol{\beta})$ [见 (6.154) 式] 很容易求关于坐标时间 t 的导数:

$$\mathscr{L}_{\boldsymbol{n}} \varepsilon = \frac{1}{N} \left(\frac{\partial}{\partial t} - \mathscr{L}_{\boldsymbol{\beta}} \right) \varepsilon. \tag{6.256}$$

于是

$$\left(\frac{\partial}{\partial t} - \mathscr{L}_{\boldsymbol{\beta}}\right)\varepsilon + N\left(\mathbf{D}\cdot\boldsymbol{p} - K\varepsilon - K_{ij}S^{ij}\right) + 2\boldsymbol{p}\cdot\mathbf{D}N = 0, \tag{6.257}$$

分量表达式为

$$\left(\frac{\partial}{\partial t} - \beta^i\frac{\partial}{\partial x^i}\right)\varepsilon + N\left(\mathrm{D}_i p^i - K\varepsilon - K_{ij}S^{ij}\right) + 2p^i\mathrm{D}_i N = 0. \tag{6.258}$$

这个方程是约克 (York) (1979 年) 在他的开创性文章 [68] 中得到的.

下面我们继续讨论动量守恒方程.

6.6.2 流体动力学 3+1 分解

将 (6.248) 式投影到空间方向 (Σ_t) 就得到了动量守恒方程:

$$h^\nu{}_\alpha\nabla_\mu S^\mu{}_\nu - Kp_\alpha + h^\nu{}_\alpha n^\mu\nabla_\mu p_\nu - K_{\alpha\mu}p^\mu + \varepsilon\mathrm{D}_\alpha\ln N = 0. \tag{6.259}$$

于是, 根据 (6.52) 式, 有

$$\begin{aligned}
\mathrm{D}_\mu S^\mu{}_\alpha &= h^\rho{}_\mu h^\mu{}_\sigma h^\nu{}_\alpha\nabla_\rho S^\sigma{}_\nu = h^\rho{}_\sigma h^\nu{}_\alpha\nabla_\rho S^\sigma{}_\nu \\
&= h^\nu{}_\alpha(\delta^\rho_\sigma + n^\rho n_\sigma)\nabla_\rho S^\sigma{}_\nu = h^\nu{}_\alpha\left(\nabla_\rho S^\rho{}_\nu - S^\sigma{}_\nu n^\rho\nabla_\rho n_\sigma\right) \\
&= h^\nu{}_\alpha\nabla_\mu S^\mu{}_\nu - S^\mu{}_\alpha\mathrm{D}_\mu\ln N.
\end{aligned} \tag{6.260}$$

此外,

$$\begin{aligned}
h^\nu{}_\alpha n^\mu\nabla_\mu p_\nu &= N^{-1}h^\nu{}_\alpha m^\mu\nabla_\mu p_\nu = N^{-1}h^\nu{}_\alpha\left(\mathscr{L}_{\boldsymbol{m}}p_\nu - p_\mu\nabla_\nu m^\mu\right) \\
&= N^{-1}\mathscr{L}_{\boldsymbol{m}}p_\alpha + K_{\alpha\mu}p^\mu,
\end{aligned} \tag{6.261}$$

其中第二步利用了 (6.96) 式. 鉴于 (6.259) 及 (6.260) 式, (6.261) 式变为

$$\frac{1}{N}\mathscr{L}_{\boldsymbol{m}}p_\alpha + \mathrm{D}_\mu S^\mu{}_\alpha + S^\mu{}_\alpha\mathrm{D}_\mu\ln N - Kp_\alpha + \varepsilon\mathrm{D}_\alpha\ln N = 0. \tag{6.262}$$

利用 $\mathscr{L}_{\boldsymbol{m}} = \partial/\partial t - \mathscr{L}_{\boldsymbol{\beta}}$, 得到

$$\left(\frac{\partial}{\partial t} - \mathscr{L}_{\boldsymbol{\beta}}\right)\boldsymbol{p} + N\mathbf{D}\cdot\boldsymbol{S} + \boldsymbol{S}\cdot\mathbf{D}N - NK\boldsymbol{p} + \varepsilon\mathbf{D}N = 0, \tag{6.263}$$

或用分量表示为

$$\left(\frac{\partial}{\partial t} - \mathscr{L}_{\boldsymbol{\beta}}\right)p_i + N\mathrm{D}_j S^j{}_i + S_{ij}\mathrm{D}^j N - NKp_i + \varepsilon\mathrm{D}_i N = 0. \tag{6.264}$$

同样, 这个等式出现在文献 [68] 中.

6.6.3 理想流体动力学方程

理想流体的能量 – 应力张量为

$$\boldsymbol{T} = (\rho + p)\, \tilde{u} \otimes \tilde{u} + P\, \boldsymbol{g}, \tag{6.265}$$

其中 ρ 和 p 是流体元的固有能量密度和压强, $\tilde{u}$ 是与流体元 4 速度 $\boldsymbol{u}$ 相关的 1 形式, $\boldsymbol{g}$ 为度规张量. 理想流体能量 – 应力张量依赖于流体元的 4 速度. 由于速度归一化, 4 速度 $\boldsymbol{u}$ 有三个独立的分量, 有很多的方案用来刻画流体元运动. 一种最自然的引入 4 速度 $\boldsymbol{u}$ 的方式是将 4 速度 $\boldsymbol{u}$ 分别投影到法向 $\boldsymbol{n}$ 和切向 Σ_t, 因此令

$$\boldsymbol{u} \equiv \Gamma(\boldsymbol{n} + \boldsymbol{U}). \tag{6.266}$$

这里我们要求 $\boldsymbol{n} \cdot \boldsymbol{U} = 0$, 即 $\boldsymbol{U}$ 与 Σ_t 相切. 为了看出 Γ 和 $\boldsymbol{U}$ 的物理含义, 我们将 (6.266) 式投影到 $\boldsymbol{n}$ 方向, 得到

$$\Gamma = -\boldsymbol{n} \cdot \boldsymbol{u}, \tag{6.267}$$

即 Γ 是流体元相对欧拉观测者的洛伦兹因子. 根据局域观测量理论易知, 流体元的 4 速度 $\boldsymbol{u}$ 投影到空间方向为 $\Gamma\boldsymbol{U}$, 因此, 流体元相对欧拉观测者的物理速度

$$V = \frac{\sqrt{\Gamma^2 \boldsymbol{U} \cdot \boldsymbol{U}}}{-\boldsymbol{u} \cdot \boldsymbol{n}} = \sqrt{\boldsymbol{U} \cdot \boldsymbol{U}}. \tag{6.268}$$

不难验证,

$$\Gamma = \frac{1}{\sqrt{1 - V^2}} = \frac{1}{\sqrt{1 - \boldsymbol{U} \cdot \boldsymbol{U}}}. \tag{6.269}$$

另一方案是给定流体元的坐标速度

$$V^i = \frac{\mathrm{d}x^i}{\mathrm{d}t}. \tag{6.270}$$

如图 6.11 所示, 流体元相对欧拉观测者的空间位移 $\mathrm{d}\boldsymbol{\ell}$ 为

$$\mathrm{d}\boldsymbol{\ell} = \mathrm{d}t\,\boldsymbol{\beta} + \mathrm{d}\boldsymbol{x}. \tag{6.271}$$

利用

$$\boldsymbol{U} := \frac{\mathrm{d}\boldsymbol{\ell}}{\mathrm{d}\tau}, \quad \mathrm{d}\tau = N\mathrm{d}t, \tag{6.272}$$

易得

$$\boldsymbol{U} = \frac{1}{N}\left(\boldsymbol{V} + \boldsymbol{\beta}\right). \tag{6.273}$$

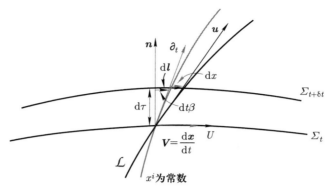

图 6.11　流体的坐标速度 $\boldsymbol{V}$ 定义为流体相对于空间坐标恒定直线的位移除以坐标时间增量 $\mathrm{d}t$

(1) 重子数守恒方程.

除了能动量守恒 $\nabla \cdot \boldsymbol{T} = 0$ 外, 理想流体必须遵从重子数守恒定律:

$$\nabla \cdot \boldsymbol{j}_{\mathrm{B}} = 0, \tag{6.274}$$

其中 $\boldsymbol{j}_{\mathrm{B}}$ 是四维的重子数流矢量, 它定义为流体 4-速度乘以流体固有重子数密度 n_{B}:

$$\boldsymbol{j}_{\mathrm{B}} = n_{\mathrm{B}} \boldsymbol{u}. \tag{6.275}$$

欧拉观测者测量到的重子数密度为

$$\mathscr{N}_{\mathrm{B}} := -\boldsymbol{j}_{\mathrm{B}} \cdot \boldsymbol{n}. \tag{6.276}$$

组合方程 (6.267) 和 (6.275), 得到

$$\mathscr{N}_{\mathrm{B}} = \varGamma n_{\mathrm{B}}. \tag{6.277}$$

这个结论是很自然的: 在运动参考系观测粒子数密度, 要比粒子固有数密度大一个洛伦兹因子.

欧拉观测者测量的重子数流就是将粒子流矢量 $\boldsymbol{j}_{\mathrm{B}}$ 投影到 Σ_t 上:

$$\boldsymbol{J}_{\mathrm{B}} := \boldsymbol{h}(\boldsymbol{j}_{\mathrm{B}}). \tag{6.278}$$

考虑到 $\boldsymbol{h}(\boldsymbol{u}) = \varGamma \boldsymbol{U}$ [(6.266) 式], 易得

$$\boldsymbol{J}_{\mathrm{B}} = \mathscr{N}_{\mathrm{B}} \boldsymbol{U}. \tag{6.279}$$

利用上述公式, 以及 $\boldsymbol{u}$ 的正交分解 (6.266), 重子数守恒定律 (6.274) 可以写成

$$0 = \nabla \cdot [n_{\mathrm{B}} \Gamma (\boldsymbol{n} + \boldsymbol{U})] = 0$$
$$= \boldsymbol{n} \cdot \nabla \mathscr{N}_{\mathrm{B}} + \mathscr{N}_{\mathrm{B}} \nabla \cdot \boldsymbol{n} + \nabla \cdot (\mathscr{N}_{\mathrm{B}} \boldsymbol{U}) = 0. \tag{6.280}$$

由于 $\mathscr{N}_{\mathrm{B}} \boldsymbol{U}$ 与 Σ_t 相切, 可以使用散度公式 (6.252), 得到

$$\mathscr{L}_{\boldsymbol{n}} \mathscr{N}_{\mathrm{B}} - K \mathscr{N}_{\mathrm{B}} + \mathbf{D} \cdot (\mathscr{N}_{\mathrm{B}} \boldsymbol{U}) + \mathscr{N}_{\mathrm{B}} \boldsymbol{U} \cdot \mathbf{D} \ln N = 0. \tag{6.281}$$

利用 $\boldsymbol{n} \cdot \nabla \mathscr{N}_{\mathrm{B}} = \mathscr{L}_{\boldsymbol{n}} \mathscr{N}_{\mathrm{B}}$ 以及 $\boldsymbol{n} = N^{-1}(\boldsymbol{\partial}_t - \boldsymbol{\beta})$ [(6.154) 式], 我们可以把 (6.281) 式重写为

$$\left(\frac{\partial}{\partial t} - \mathscr{L}_{\boldsymbol{\beta}} \right) \mathscr{N}_{\mathrm{B}} + \mathbf{D} \cdot (N \mathscr{N}_{\mathrm{B}} \boldsymbol{U}) - N K \mathscr{N}_{\mathrm{B}} = 0. \tag{6.282}$$

使用 (6.273) 式, 用流体元的坐标速度 $\boldsymbol{V}$ 代替其与欧拉观测者的相对速度 $\boldsymbol{U}$, 最后得到

$$\frac{\partial}{\partial t} \mathscr{N}_{\mathrm{B}} + \mathbf{D} \cdot (\mathscr{N}_{\mathrm{B}} \boldsymbol{V}) + \mathscr{N}_{\mathrm{B}} \left(\mathbf{D} \cdot \boldsymbol{\beta} - N K \right) = 0. \tag{6.283}$$

(2) 流体能动张量的 3+1 分解.

欧拉观测者测量的流体元的能量密度由公式 (6.126) 给出: $\varepsilon = \boldsymbol{T}(\boldsymbol{n}, \boldsymbol{n})$, 能量 – 应力张量见 (6.265) 式. 因此 $\varepsilon = (\rho + p)(\boldsymbol{u} \cdot \boldsymbol{n})^2 + p \boldsymbol{g}(\boldsymbol{n}, \boldsymbol{n})$. 由于 $\boldsymbol{u} \cdot \boldsymbol{n} = -\Gamma$ 以及 $\boldsymbol{g}(\boldsymbol{n}, \boldsymbol{n}) = -1$, 我们得到

$$\varepsilon = \Gamma^2 (\rho + p) - p. \tag{6.284}$$

ε 是欧拉观测者测量到的流体元的单位体积的能量密度, 它包含三个方面的贡献: 流体元的静能、动能和内能:

$$\varepsilon = \varepsilon_0 + \varepsilon_{\mathrm{kin}} + \varepsilon_{\mathrm{int}}, \tag{6.285}$$

其中静能密度为

$$\varepsilon_0 := m_{\mathrm{B}} \mathscr{N}_{\mathrm{B}}, \tag{6.286}$$

动能密度为

$$\varepsilon_{\mathrm{kin}} := (\Gamma - 1) \varepsilon_0 = (\Gamma - 1) m_{\mathrm{B}} \mathscr{N}_{\mathrm{B}}, \tag{6.287}$$

内能密度为

$$\varepsilon_{\mathrm{int}} := \Gamma^2 (\rho + p) - p. \tag{6.288}$$

根据 (6.127) 式, 给出欧拉观测者测量的流体动量密度:

$$\boldsymbol{p} = -\boldsymbol{T}(\boldsymbol{n}, \boldsymbol{h}(\cdot)) = -(\rho + P)\langle \tilde{u}, \boldsymbol{n}\rangle\langle \tilde{u}, \boldsymbol{h}(\cdot)\rangle - p\boldsymbol{g}(\boldsymbol{n}, \boldsymbol{h}(\cdot))$$
$$= \Gamma^2(\rho + p)\tilde{U}. \tag{6.289}$$

在上式的第二步, 利用了 (6.267) 和 (6.266) 式. 考虑到 (6.284) 式, 上述关系变为

$$\boldsymbol{p} = (\varepsilon + p)\tilde{U}. \tag{6.290}$$

最后, 应用 (6.130) 式, 得到流体相对于欧拉观测者的应力张量:

$$\boldsymbol{S} = \boldsymbol{h}^*\boldsymbol{T} = (\rho + P)\boldsymbol{h}^*\tilde{u} \otimes \boldsymbol{h}^*\tilde{u} + P\boldsymbol{h}^*\boldsymbol{g}$$
$$= p\,h + \Gamma^2(\rho + p)\tilde{U} \otimes \tilde{U}. \tag{6.291}$$

或者, 考虑 (6.284) 式, 得

$$\boldsymbol{S} = ph + (\varepsilon + p)\tilde{U} \otimes \tilde{U}. \tag{6.292}$$

(3) 能量守恒方程.

通过 (6.290) 和 (6.292) 式, 能量守恒定律 (6.257) 变成

$$\left(\frac{\partial}{\partial t} - \mathscr{L}_{\boldsymbol{\beta}}\right)\varepsilon + N\left\{\mathbf{D} \cdot [(\varepsilon + P)\boldsymbol{U}] - (\varepsilon + P)(K + K_{ij}U^iU^j)\right\} + 2(\varepsilon + P)\boldsymbol{U} \cdot \mathbf{D}N$$
$$= 0. \tag{6.293}$$

(4) 相对论性欧拉方程.

将 (6.290) 和 (6.292) 式代入动量守恒定律 (6.263), 可得

$$\left(\frac{\partial}{\partial t} - \mathscr{L}_{\boldsymbol{\beta}}\right)[(\varepsilon + P)U_i] + N\mathrm{D}_j\left[P\delta_i^j + (\varepsilon + P)U^jU_i\right] + [Ph_{ij} + (\varepsilon + P)U_iU_j]\,\mathrm{D}^jN$$
$$- NK(\varepsilon + P)U_i + \varepsilon\mathrm{D}_iN = 0. \tag{6.294}$$

将上式展开, 并利用 (6.293) 式, 得到

$$\left(\frac{\partial}{\partial t} - \mathscr{L}_{\boldsymbol{\beta}}\right)U_i + NU^j\mathrm{D}_jU_i - U^j\mathrm{D}_jN\,U_i + \mathrm{D}_iN + NK_{kl}U^kU^lU_i$$
$$+ \frac{1}{\varepsilon + P}\left[N\mathrm{D}_iP + U_i\left(\frac{\partial}{\partial t} - \mathscr{L}_{\boldsymbol{\beta}}\right)P\right] = 0. \tag{6.295}$$

根据方程 (6.273), 有

$$NU^j\mathrm{D}_jU_i = V^j\mathrm{D}_jU_i + \beta^j\mathrm{D}_jU_i. \tag{6.296}$$

因此有

$$-\mathscr{L}_{\boldsymbol{\beta}}U_i + NU^j\mathrm{D}_jU_i = V^j\mathrm{D}_jU_i - U_j\mathrm{D}_i\beta^j. \tag{6.297}$$

这样, (6.295) 式可以改写为

$$\frac{\partial U_i}{\partial t} + V^j\mathrm{D}_jU_i + NK_{kl}U^kU^lU_i - U_j\mathrm{D}_i\beta^j = -\frac{1}{\varepsilon + P}\left[N\mathrm{D}_iP + U_i\left(\frac{\partial P}{\partial t} - \beta^j\frac{\partial P}{\partial x^j}\right)\right]$$
$$-\mathrm{D}_iN + U_iU^j\mathrm{D}_jN. \tag{6.298}$$

第七章 黑洞微扰理论

在本章中, 我们将研究黑洞的微扰理论, 即黑洞时空受到外界微扰之后激发的振动模式. 我们将会发现, 黑洞有一组特征的简正模式, 然后通过引力辐射衰减, 因此称之为准简正模 (quasi-normal mode, QNM). 不难理解, 准简正模只依赖于黑洞的质量和自转. 在双黑洞并合的铃宕阶段, 黑洞辐射的引力波就是准简正模. 本章内容主要参考文献 [69-72], [11] 等

§7.1 标量扰动

作为一个简单的例子, 先考察施瓦西时空中标量场的扰动. 这里将标量场 φ 看作微扰场, 忽略它对时空性质的影响. 假设标量场粒子的质量为零, 在度规为 $g_{\mu\nu}$ 的背景时空中, 标量场的动力学方程为弯曲时空中的克莱因 – 戈尔登方程:

$$\Box\varphi \equiv (-g)^{-1/2}\partial_\mu\left[(-g)^{1/2}g^{\mu\nu}\partial_\nu\right]\varphi = 0, \tag{7.1}$$

其中 g 为度规矩阵 $g_{\mu\nu}$ 的行列式. 在球对称时空中, 可以将标量场 φ 用球谐函数展开:

$$\varphi(t,r,\theta,\varphi) = \frac{1}{r}\sum_{l=0}^{\infty}\sum_{m=-l}^{l}u_{lm}(t,r)Y_{lm}(\theta,\varphi). \tag{7.2}$$

将 (7.2) 式代入 (7.1) 式, 得到

$$B\partial_r\left(B\partial_r u_{lm}\right) - \partial_0^2 u_{lm} - V_l(r)u_{lm} = 0, \tag{7.3}$$

其中径向等效势 $V_l(r)$ 为

$$V_l(r) = B(r)\left[\frac{l(l+1)}{r^2} + \frac{R_{\mathrm{S}}}{r^3}\right], \tag{7.4}$$

$B = 1 - R_{\mathrm{S}}/r$, 参见 (5.143) 式. 引入如下的乌龟坐标 r_*:

$$r_* = r + R_{\mathrm{S}}\ln\frac{r - R_{\mathrm{S}}}{R_{\mathrm{S}}}. \tag{7.5}$$

在视界之外, r_* 的取值范围为 $-\infty < r_* < +\infty$. 为简洁起见, 进一步引入符号

$$\partial_* \equiv \frac{\partial}{\partial r_*}. \tag{7.6}$$

容易验证 $\partial_* r = A$ 以及 $A\partial_r = \partial_*$. 方程 (7.3) 改写为

$$\left[\partial_*^2 - \partial_0^2 - V_l(r)\right] u_{lm}(t, r) = 0. \tag{7.7}$$

我们将在频域中求解 $u_{lm}(t, r)$ 的含时演化. 先对 $u_{lm}(t, r)$ 进行傅里叶变换:

$$u_{lm}(t, r) = \int_{-\infty}^{\infty} \frac{\mathrm{d}\omega}{2\pi} \tilde{u}_{lm}(\omega, r) \mathrm{e}^{-\mathrm{i}\omega t}, \tag{7.8}$$

于是 $\tilde{u}_{lm}(\omega, r)$ 满足如下的方程:

$$\left[-\frac{\mathrm{d}^2}{\mathrm{d}r_*^2} + V_l(r)\right] \tilde{u}_{lm} = \frac{\omega^2}{c^2} \tilde{u}_{lm}. \tag{7.9}$$

该方程在形式上等价于一维的非相对论性的薛定谔方程.

§7.2 旋量、矢量和张量球谐函数

正如前面的讨论, 通常的标量球谐函数在刻画标量场的角度依赖关系上是非常有用的. 为了刻画自旋不为零的物理场 (例如电磁波、引力波等) 的角度依赖关系, 需要发展张量球谐函数.

我们用 $\boldsymbol{L}$ 表示轨道角动量算符, 用 $\boldsymbol{S}$ 表示自旋算符, 用 $\boldsymbol{J} = \boldsymbol{L} + \boldsymbol{S}$ 表示总角动量. 所有这些量都以 $\hbar$ 为单位来测量. 在下面的讨论中, 我们已取 $\hbar = 1$. 由于算符 $\boldsymbol{J}^2, J_z, \boldsymbol{L}^2$ 和 $\boldsymbol{S}^2$ 相互对易, 可以同时将它们对角化. 它们的共同本征态就是 $|jj_z; ls\rangle$, 在坐标表象中就是张量球谐函数, 用 $|jj_z; ls\rangle = \mathcal{Y}_{jj_z}^{ls}(\theta, \varphi)$ 表示. 因此, 根据定义, 函数 $\mathcal{Y}_{jj_z}^{ls}(\theta, \varphi)$ 是下列本征方程的解:

$$\boldsymbol{J}^2 |jj_z; ls\rangle = j(j+1) |jj_z; ls\rangle, \tag{7.10}$$

$$J_z |jj_z; ls\rangle = j_z |jj_z; ls\rangle, \tag{7.11}$$

$$\boldsymbol{L}^2 |jj_z; ls\rangle = l(l+1) |jj_z; ls\rangle, \tag{7.12}$$

$$\boldsymbol{S}^2 |jj_z; ls\rangle = s(s+1) |jj_z; ls\rangle. \tag{7.13}$$

已知标量球谐函数 Y_{ll_z} 是角动量及其 z 分量 $\boldsymbol{L}^2, L_z$ 的本征态 —— 特征函数. 另

外, 如果已知自旋及其 z 分量 $\boldsymbol{S}^2, S_z$ 的本征态为自旋函数 $|ss_z\rangle = \chi_{ss_z}$, 即

$$\boldsymbol{L}^2 \mid ll_z\rangle = l(l+1) \mid ll_z\rangle, \tag{7.14}$$

$$L_z \mid ll_z\rangle = l_z \mid ll_z\rangle, \tag{7.15}$$

$$\boldsymbol{S}^2 \mid ss_z\rangle = s(s+1) \mid ss_z\rangle, \tag{7.16}$$

$$S_z \mid ss_z\rangle = s_z \mid ss_z\rangle, \tag{7.17}$$

张量球谐函数 $\mathcal{Y}^{ls}_{jj_z}(\theta, \varphi)$ 可以通过将标量球谐函数 Y_{ll_z} 与自旋函数 χ_{ss_z} 耦合得到. 具体做法是先做张量积

$$\mid ll_z; ss_z\rangle \equiv \mid ll_z\rangle \otimes \mid ss_z\rangle, \tag{7.18}$$

然后用这组希尔伯特空间的基底来展开 $\mid jj_z; ls\rangle$:

$$\mid jj_z; ls\rangle = \sum_{l_z=-l}^{l} \sum_{s_z=-s}^{s} \langle ll_z; ss_z \mid jj_z; ls\rangle \mid ll_z; ss_z\rangle. \tag{7.19}$$

这里 $\langle ll_z; ss_z \mid jj_z; ls\rangle$ 就是著名的 CG 系数, 在大多数量子力学教材中都有讨论. (7.19) 式的显式表达式如下:

$$\begin{aligned}
\mathcal{Y}^{ls}_{jj_z}(\theta, \varphi) &= \sum_{l_z=-l}^{l} \sum_{s_z=-s}^{s} \langle ll_z; ss_z \mid jj_z; ls\rangle Y_{ll_z}(\theta, \varphi)\chi_{ss_z} \\
&= \sum_{s_z=-s}^{s} \langle l(j_z - s_z); ss_z \mid jj_z; ls\rangle Y_{l(j_z-s_z)}(\theta, \varphi)\chi_{ss_z}.
\end{aligned} \tag{7.20}$$

上式第二步利用了 CG 系数的性质, 即如果 $j_z \neq l_z + s_z$, 则 CG 系数等于零. 很容易检验 (7.20) 式确实是方程 (7.10) ~ (7.13) 的解.

　　根据 s 的值, 有旋量球谐函数 ($s = 1/2$)、矢量球谐函数 ($s = 1$)、自旋 2 张量球谐函数等等.

7.2.1　旋量球谐函数

　　先讨论旋量球谐函数. 对于旋量场, $s = 1/2$, j 的可能值是: 如果 $l = 0$, 则 $j = \dfrac{1}{2}$; 如果 $l = 1, 2, 3, \cdots$, 则 $j = l + \dfrac{1}{2}$ 和 $l - \dfrac{1}{2}$. 相应的 CG 系数见表 7.1.

表 7.1 CG 系数 $\left(\left\langle lm-m_s; s=\frac{1}{2}m_s \,\middle|\, jm \right\rangle\right)$

j	$m_s = \frac{1}{2}$	$m_s = -\frac{1}{2}$
$l+\frac{1}{2}$	$\left(\dfrac{l+m+\frac{1}{2}}{2l+1}\right)^{1/2}$	$\left(\dfrac{l-m+\frac{1}{2}}{2l+1}\right)^{1/2}$
$l-\frac{1}{2}$	$-\left(\dfrac{l-m+\frac{1}{2}}{2l+1}\right)^{1/2}$	$\left(\dfrac{l+m+\frac{1}{2}}{2l+1}\right)^{1/2}$

根据 (7.20) 式以及表 7.1, 得到总角动量的量子态为

$$\left|j=l\pm\frac{1}{2}m\right\rangle = \frac{1}{\sqrt{2l+1}}\left[\pm\sqrt{l+\frac{1}{2}\pm m}\left|lm-\frac{1}{2};\frac{1}{2}\frac{1}{2}\right\rangle\right.$$
$$\left.+\sqrt{l+\frac{1}{2}\mp m}\left|lm+\frac{1}{2};\frac{1}{2}-\frac{1}{2}\right\rangle\right]. \tag{7.21}$$

我们可以将量子态表示为 $\left|\frac{1}{2}\frac{1}{2}\right\rangle=\begin{pmatrix}1\\0\end{pmatrix}$ 和 $\left|\frac{1}{2}-\frac{1}{2}\right\rangle=\begin{pmatrix}0\\1\end{pmatrix}$. 在坐标表示中, $l\geqslant 1$ 的自旋球谐函数为

$$\mathcal{Y}_{j=l\pm\frac{1}{2},m}^{l\frac{1}{2}}(\theta,\varphi)\equiv\left\langle\theta\varphi\,\middle|\,j=l\pm\frac{1}{2},m\right\rangle$$
$$=\frac{1}{\sqrt{2l+1}}\begin{pmatrix}\pm\sqrt{l\pm m+\frac{1}{2}}Y_{l,m-\frac{1}{2}}(\theta,\varphi)\\\sqrt{l\mp m+\frac{1}{2}}Y_{l,m+\frac{1}{2}}(\theta,\varphi)\end{pmatrix}. \tag{7.22}$$

如果 $l=0$, 只有一个自旋球谐函数:

$$\mathcal{Y}_{j=\frac{1}{2},m}^{0\frac{1}{2}}(\theta,\varphi)\equiv\left\langle\theta\varphi\,\middle|\,j=\frac{1}{2},m\right\rangle$$
$$=\frac{1}{\sqrt{2l+1}}\begin{pmatrix}\sqrt{\frac{1}{2}+m}Y_{0,m-\frac{1}{2}}(\theta,\varphi)\\\sqrt{\frac{1}{2}-m}Y_{0,m+\frac{1}{2}}(\theta,\varphi)\end{pmatrix}. \tag{7.23}$$

7.2.2 矢量球谐函数

我们继续讨论矢量球谐函数. 对于自旋 $s=1$, j 的可能值为: 如果 $l=0$, 则只有 $j=1$; 如果 $l\geqslant 1$, 则 $j=l+1,l,l-1$. 相应的 CG 系数见表 7.2. 对于 $l=0$, 仅

保留表中的第一行. 采用球面基, 将基矢量表示为

$$|11\rangle = \begin{pmatrix} 1 \\ 0 \\ 0 \end{pmatrix}, \quad |10\rangle = \begin{pmatrix} 0 \\ 1 \\ 0 \end{pmatrix}, \quad |1-1\rangle = \begin{pmatrix} 0 \\ 0 \\ 1 \end{pmatrix}. \tag{7.24}$$

在该基底下, 我们可以明显写出三个矢量的球谐波 $\mathcal{Y}^{\ell 1}_{j=l\pm 1,m}(\theta,\varphi)$ 和 $\mathcal{Y}^{l1}_{j=l,m}(\theta,\varphi)$. 例如, 对 $l \neq 0$, 有

$$\mathcal{Y}^{l1}_{j=l,m}(\theta,\varphi) = \begin{pmatrix} -\left[\dfrac{(l-m+1)(l+m)}{2l(l+1)}\right]^{1/2} Y_{l,m-1}(\theta,\varphi) \\ \dfrac{m}{\sqrt{l(l+1)}} Y_{lm}(\theta,\varphi) \\ \left[\dfrac{(l+m+1)(l-m)}{2l(l+1)}\right]^{1/2} Y_{l,m+1}(\theta,\varphi) \end{pmatrix}. \tag{7.25}$$

另外两个矢量球谐波可以用类似的方式表示出来.

表 7.2　CG 系数 $(\langle lm - m_s; 1m_s \mid jm\rangle)$

j	$m_s = 1$	$m_s = 0$	$m_s = -1$
$l+1$	$\left[\dfrac{(l+m)(l+m+1)}{(2l+1)(2l+2)}\right]^{1/2}$	$\left[\dfrac{(l-m+1)(l+m+1)}{(l+1)(2l+1)}\right]^{1/2}$	$\left[\dfrac{(l-m)(l-m+1)}{(2l+1)(2l+2)}\right]^{1/2}$
l	$-\left[\dfrac{(l+m)(l-m+1)}{2l(l+1)}\right]^{1/2}$	$\dfrac{m}{\sqrt{l(l+1)}}$	$\left[\dfrac{(l-m)(l+m+1)}{2l(l+1)}\right]^{1/2}$
$l-1$	$\left[\dfrac{(l-m)(l-m+1)}{2l(2l+1)}\right]^{1/2}$	$-\left[\dfrac{(l-m)(l+m)}{l(2l+1)}\right]^{1/2}$	$\left[\dfrac{(l+m)(l+m+1)}{2l(2l+1)}\right]^{1/2}$

　　在笛卡儿基中, 基底可以选为算符 S_3 的本征态 χ_{1,m_s}, 其中自旋算符在笛卡儿坐标系中的分量为 $(S_k)_{ij} = -\mathrm{i}\epsilon_{ijk}$, 即

$$S_3 = \begin{pmatrix} 0 & -\mathrm{i} & 0 \\ \mathrm{i} & 0 & 0 \\ 0 & 0 & 0 \end{pmatrix}, \tag{7.26}$$

且有 $S_3\chi_{1,m_s} = m_s\chi_{1,m_s}$. 在笛卡儿坐标系中, 我们用 $\boldsymbol{\xi}$ 表示自旋波函数 χ, 它的本征值为 $s_z = 0, \pm 1$ 的波函数可以由单位矢量 $\boldsymbol{e}_x, \boldsymbol{e}_y$ 和 $\boldsymbol{e}_z$ 构造:

$$\boldsymbol{\xi}^{(\pm 1)} = \mp\frac{1}{\sqrt{2}}\left(\boldsymbol{e}_x \pm \mathrm{i}\boldsymbol{e}_y\right), \quad \boldsymbol{\xi}^{(0)} = \boldsymbol{e}_z. \tag{7.27}$$

因此, 矢量球谐函数为

$$\boldsymbol{\mathcal{Y}}_{jj_z}^l(\theta,\varphi) = \sum_{l_z=-l}^{l} \sum_{s_z=0,\pm1} \langle ll_z; s=1\, s_z \mid jj_z; ls=1\rangle\, Y_{ll_z}(\theta,\varphi)\boldsymbol{\xi}^{(s_z)}. \tag{7.28}$$

在上式中, 矢量场的本征值 $s_z = \pm1, 0$. 我们将 $\boldsymbol{\mathcal{Y}}_{jj_z}^{ls=1}$ 简单地写成 $\boldsymbol{\mathcal{Y}}_{jj_z}^l$, 因为 $s=1$ 已经隐含在矢量表示法 $\boldsymbol{\mathcal{Y}}$ 中了. 举一个例子, $\boldsymbol{\mathcal{Y}}_{j=l,m}^l(\theta,\varphi)$ 为

$$\begin{aligned}
&\boldsymbol{\mathcal{Y}}_{j=l,m}^l(\theta,\varphi) \\
&= \frac{1}{2\sqrt{l(l+1)}} \begin{pmatrix} [(l-m+1)(l+m)]^{1/2}Y_{l,m-1} + [(l+m+1)(l-m)]^{1/2}Y_{l,m+1} \\ \mathrm{i}[(-m+1)(l+m)]^{1/2}Y_{l,m-1} - \mathrm{i}[(l+m+1)(l-m)]^{1/2}Y_{l,m+1} \\ 2mY_{lm} \end{pmatrix}.
\end{aligned} \tag{7.29}$$

上式是在基底 $\{\hat{\boldsymbol{e}}_x, \hat{\boldsymbol{e}}_y, \hat{\boldsymbol{e}}_z\}$ 上的矢量. 现将 (7.29) 式写为在球坐标基底 $\{\hat{\boldsymbol{e}}_r, \hat{\boldsymbol{e}}_\theta, \hat{\boldsymbol{e}}_\varphi\}$ 上的形式. 利用

$$\begin{aligned}
\hat{\boldsymbol{e}}_x &= \sin\theta\cos\varphi\hat{\boldsymbol{e}}_r + \cos\theta\cos\varphi\hat{\boldsymbol{e}}_\theta - \sin\varphi\hat{\boldsymbol{e}}_\varphi, \\
\hat{\boldsymbol{e}}_y &= \sin\theta\sin\varphi\hat{\boldsymbol{e}}_r + \cos\theta\sin\varphi\hat{\boldsymbol{e}}_\theta + \cos\varphi\hat{\boldsymbol{e}}_\varphi, \\
\hat{\boldsymbol{e}}_z &= \cos\theta\hat{\boldsymbol{e}}_r - \sin\theta\hat{\boldsymbol{e}}_\theta,
\end{aligned} \tag{7.30}$$

再使用下面的递归关系和微分关系, 我们可以大大简化 $\boldsymbol{\mathcal{Y}}_{j=l,m}^l(\theta,\varphi)$ 的表达式:

$$\begin{aligned}
-2m\cos\theta Y_{lm}(\theta,\varphi) &= \sin\theta\Big\{ [(l+m+1)(l-m)]^{1/2}\mathrm{e}^{-\mathrm{i}\varphi}Y_{l,m+1}(\theta,\varphi) \\
&\quad + [(l-m+1)(l+m)]^{1/2}\mathrm{e}^{\mathrm{i}\varphi}Y_{l,m-1}(\theta,\varphi) \Big\},
\end{aligned} \tag{7.31}$$

$$\frac{\partial}{\partial\varphi}Y_{lm}(\theta,\varphi) = \mathrm{i}mY_{lm}(\theta,\varphi), \tag{7.32}$$

$$\begin{aligned}
\frac{\partial}{\partial\theta}Y_{lm}(\theta,\varphi) &= \frac{1}{2}[(l+m+1)(l-m)]^{1/2}\mathrm{e}^{-\mathrm{i}\varphi}Y_{l,m+1}(\theta,\varphi) \\
&\quad - \frac{1}{2}[(l-m+1)(l+m)]^{1/2}\mathrm{e}^{\mathrm{i}\varphi}Y_{l,m-1}(\theta,\varphi).
\end{aligned} \tag{7.33}$$

经计算, 最终结果是

$$\boldsymbol{\mathcal{Y}}_{j=l,m}^l(\theta,\varphi) = \frac{\mathrm{i}}{\sqrt{l(l+1)}} \left[\frac{\hat{\boldsymbol{e}}_\theta}{\sin\theta}\frac{\partial}{\partial\varphi}Y_{lm}(\theta,\varphi) - \hat{\boldsymbol{e}}_\varphi\frac{\partial}{\partial\theta}Y_{lm}(\theta,\varphi) \right]. \tag{7.34}$$

上式还可以进一步简化. 在球坐标基中, 角动量微分算符 $\boldsymbol{L}$ 可写为

$$\boldsymbol{L} = -\mathrm{i}\hbar\boldsymbol{r}\times\boldsymbol{\nabla} = \mathrm{i}\hbar\left[\frac{\hat{\boldsymbol{e}}_\theta}{\sin\theta}\frac{\partial}{\partial\varphi} - \hat{\boldsymbol{e}}_\varphi\frac{\partial}{\partial\theta} \right], \tag{7.35}$$

因此, 我们得到

$$\boldsymbol{\mathcal{Y}}_{j=l,m}^l(\theta,\varphi) = \frac{1}{\sqrt{\hbar^2 l(l+1)}} \boldsymbol{L} Y_{lm}(\theta,\varphi), \quad \text{当 } l \neq 0. \tag{7.36}$$

容易证明

$$\nabla \cdot \boldsymbol{\mathcal{Y}}_{j=l,m}^l(\theta,\varphi) = 0. \tag{7.37}$$

用同样的方法, 我们可以推导出另外两个矢量球谐函数的如下表达式:

$$\boldsymbol{\mathcal{Y}}_{j=l-1,m}^{l1}(\theta,\varphi) = \frac{-1}{\sqrt{(j+1)(2j+1)}} [(j+1)\hat{\boldsymbol{n}} - r\nabla] Y_{jm}(\theta,\varphi) \quad (l \neq 0),$$

$$\boldsymbol{\mathcal{Y}}_{j=l+1,m}^{l1}(\theta,\varphi) = \frac{1}{\sqrt{j(2j+1)}} [j\hat{\boldsymbol{n}} + r\nabla] Y_{jm}(\theta,\varphi),$$

$$\tag{7.38}$$

其中 $\hat{\boldsymbol{n}} \equiv \hat{\boldsymbol{e}}_r$. 在后面的讨论中可以选取如下三个独立的、正交归一的矢量球谐函数, 它们是

$$\frac{-\mathrm{i}}{\sqrt{j(j+1)}} \hat{\boldsymbol{n}} \times r\nabla Y_{jm}(\theta,\varphi), \quad \frac{r}{\sqrt{j(j+1)}} \nabla Y_{jm}(\theta,\varphi), \quad \hat{\boldsymbol{n}} Y_{jm}(\theta,\varphi). \tag{7.39}$$

第二个球谐函数可以重写为

$$r\nabla Y_{jm}(\theta,\varphi) = -r[\hat{\boldsymbol{n}}(\hat{\boldsymbol{n}} \cdot \nabla) - \nabla] Y_{jm}(\theta,\varphi) = -r\hat{\boldsymbol{n}} \times (\hat{\boldsymbol{n}} \times \nabla) Y_{jm}(\theta,\varphi), \tag{7.40}$$

推导过程中利用了

$$\hat{\boldsymbol{n}} \cdot \nabla Y_{jm}(\theta,\varphi) = \frac{\partial Y_{jm}(\theta,\varphi)}{\partial r} = 0. \tag{7.41}$$

最终三个独立、正交归一的矢量球谐函数为

$$\boldsymbol{Y}_{lm}^E \equiv \frac{-r}{\sqrt{j(j+1)}} \hat{\boldsymbol{n}} \times (\hat{\boldsymbol{n}} \times \nabla) Y_{jm}(\theta,\varphi), \tag{7.42}$$

$$\boldsymbol{Y}_{lm}^B \equiv \frac{-\mathrm{i}}{\sqrt{j(j+1)}} \hat{\boldsymbol{n}} \times r\nabla Y_{jm}(\theta,\varphi), \tag{7.43}$$

$$\boldsymbol{Y}_{lm}^R \equiv \hat{\boldsymbol{n}} Y_{jm}(\theta,\varphi). \tag{7.44}$$

前两个矢量球谐函数 $\hat{\boldsymbol{n}} \times (\hat{\boldsymbol{n}} \times \nabla) Y_{jm}(\theta,\varphi)$ 和 $\hat{\boldsymbol{n}} \times \nabla Y_{jm}(\theta,\varphi)$ 是横向的, 即它们垂直于 $\hat{\boldsymbol{n}}$, 定义为电场型和磁场型的球谐函数. 而第三个矢量球谐函数 $\hat{\boldsymbol{n}} Y_{jm}(\theta,\varphi)$ 是纵向的, 即它平行于 $\hat{\boldsymbol{n}}$. 由于电磁场是横波, 当用于辐射区电场和磁场的多极展开时, 只出现电场型和磁场型两个矢量球谐函数. 需要指出的是, 磁场型矢量球谐函数 $r\nabla Y_{jm}(\theta,\varphi)$ 和纵向矢量球谐函数 $\hat{\boldsymbol{n}} Y_{jm}(\theta,\varphi)$ 不是 $\boldsymbol{L}^2$ 的本征态, 因为它们由 $l = j \pm 1$ 的态线性叠加而成.

矢量球谐函数在求解矢量场的波动方程 $\Box \boldsymbol{V} = 0$ 时非常有用. 我们可以将径向坐标和角坐标分离变量:

$$\boldsymbol{V}(r,\theta,\varphi) = \sum_{l,j,j_z} f_{ljj_z}(r) \boldsymbol{\mathcal{Y}}_{jj_z}^l(\theta,\varphi). \tag{7.45}$$

注意到矢量球谐函数是正交归一的:

$$\int \mathrm{d}\Omega \boldsymbol{\mathcal{Y}}_{jj_z}^l \cdot \left(\boldsymbol{\mathcal{Y}}_{j'j_z'}^{l'}\right)^* = \delta_{ll'}\delta_{jj'}\delta_{j_z j_z'}. \tag{7.46}$$

根据 LS 耦合 $s=1$ 的情况, 矢量 $\boldsymbol{\mathcal{Y}}_{jj_z}^l(\theta,\varphi)$ 总角动量的可能取值有: $j=1$ (如果 $l=0$); $j=l-1, l, l+1$ (如果 $l \neq 0$). 在给定 l 和 j 值的一般情况下, 它们既不是纯横向的, 也不是纯纵向的, 即它们与径向单位矢量 $\hat{\boldsymbol{n}}$ 既不平行也不垂直. 不过可以通过将总角动量的本征态线性组合的方式构造新的张量球谐函数, 得到纯纵向和横向的张量球谐函数. 构造方式如下:

$$\boldsymbol{\mathcal{Y}}_{lm}^E \equiv \boldsymbol{Y}_{lm}^E = (2l+1)^{-1/2} \left[(l+1)^{1/2} \boldsymbol{\mathcal{Y}}_{lm}^{l-1} + l^{1/2} \boldsymbol{\mathcal{Y}}_{lm}^{l+1} \right], \tag{7.47}$$

$$\boldsymbol{\mathcal{Y}}_{lm}^B \equiv \boldsymbol{Y}_{lm}^B = \mathrm{i}\boldsymbol{\mathcal{Y}}_{lm}^l, \tag{7.48}$$

$$\boldsymbol{\mathcal{Y}}_{lm}^R \equiv \boldsymbol{Y}_{lm}^R = (2l+1)^{-1/2} \left[l^{1/2} \boldsymbol{\mathcal{Y}}_{lm}^{l-1} - (l+1)^{1/2} \boldsymbol{\mathcal{Y}}_{lm}^{l+1} \right], \tag{7.49}$$

其中 $l \geqslant 1$, $\boldsymbol{\mathcal{Y}}_{00}^R = Y_{00}\hat{\boldsymbol{n}}$. 在宇称变换下 $\boldsymbol{\mathcal{Y}}_{lm}^E$ 和 $\boldsymbol{\mathcal{Y}}_{lm}^R$ 多出一个因子 $\pi_l = (-1)^l$. 这是电场的变换性质, 所以称之为电场型宇称. 相反, $\boldsymbol{\mathcal{Y}}_{lm}^B$ 多出一个因子 $\pi_l = (-1)^{l+1}$, 因此它具有磁场型宇称.

矢量函数 $\boldsymbol{\mathcal{Y}}_{lm}^E, \boldsymbol{\mathcal{Y}}_{lm}^B$ 和 $\boldsymbol{\mathcal{Y}}_{lm}^R$ 被称为 "纯自旋矢量球谐函数", 因为它们适合描述矢量场的偏振态, 而 (7.20) 式中给出的矢量函数 $\boldsymbol{\mathcal{Y}}_{lm}^{l'}$ 被称为 "纯轨道矢量球谐函数", 因为它们是轨道角动量的特征函数.

纯自旋矢量球谐函数是正交的,

$$\int \mathrm{d}\Omega \boldsymbol{\mathcal{Y}}_{lm}^J \cdot \left(\boldsymbol{\mathcal{Y}}_{l'm'}^{J'}\right)^* = \delta_{JJ'}\delta_{ll'}\delta_{mm'} \quad (J = E, B, R), \tag{7.50}$$

因此, 任一矢量场角向部分可以展开为纯自旋矢量球谐函数:

$$\boldsymbol{V}(t,r,\theta,\varphi) = \sum_{l=0}^{\infty} \sum_{m=-l}^{l} R_{lm}(t,r) \boldsymbol{\mathcal{Y}}_{lm}^R(\theta,\varphi)$$

$$+ \sum_{l=1}^{\infty} \sum_{m=-l}^{l} \left[E_{lm}(t,r) \boldsymbol{\mathcal{Y}}_{lm}^E(\theta,\varphi) + B_{lm}(t,r) \boldsymbol{\mathcal{Y}}_{lm}^B(\theta,\varphi) \right]. \tag{7.51}$$

自旋为 1 的质量不为零的粒子有三个自由度, 我们看到这些自由度分别用 E_{lm}, B_{lm} 和 R_{lm} 来描述. 然而, 对于无质量的矢量粒子只有两个物理自由度, 具有

螺旋度 $h = \pm 1$. 容易验证 $\boldsymbol{\mathcal{Y}}_{lm}^E \pm \mathrm{i}\boldsymbol{\mathcal{Y}}_{lm}^B$ 的螺旋度分别为 $h = \pm 1$. 而 $\boldsymbol{\mathcal{Y}}_{lm}^R$ 的螺旋度 $h = 0$, 对于无质量粒子, 这意味着 $s = 0$, 即 $\boldsymbol{\mathcal{Y}}_{lm}^R$ 描述了自旋为零的无质量粒子.

在电动力学中, 电磁辐射纯粹是横向的, 由 $\boldsymbol{\mathcal{Y}}_{lm}^R$ 描述的纵向自由度被规范不变性消除, 因此在矢量势的展开中,

$$\boldsymbol{A}(t, r, \theta, \varphi) = \sum_{l=1}^{\infty} \sum_{m=-l}^{l} \left[E_{lm}(t, r)\boldsymbol{\mathcal{Y}}_{lm}^E(\theta, \varphi) + B_{lm}(t, r)\boldsymbol{\mathcal{Y}}_{lm}^B(\theta, \varphi) \right]. \quad (7.52)$$

因此, 对于总角动量 $l = 1, 2, \cdots$ 的每一个值, 电磁场有两个偏振态, 分别由波函数 E_{lm} 和 B_{lm} 描述, 它们的线性组合产生光子的两种螺旋态. 总角动量 $l = 0$ 的状态就不存在了.

7.2.3 张量球谐函数

我们继续引入自旋 $s = 2$ 张量球谐函数, 它与引力辐射的描述有关. 首先, 我们需要确定 $s = 2$ 以及 s_z 的自旋波函数 $|s = 2, s_z\rangle$, 在坐标表象中, 它是一个无迹对称张量, 我们用 $t_{ik}^{(s_z)}$ 表示, 它可以由两个自旋为 1 的波函数 $|s_1 = 1, m_1\rangle \equiv \boldsymbol{\xi}^{(m_1)}$ 和 $|s_2 = 1, m_2\rangle \equiv \boldsymbol{\xi}^{(m_2)}$ 直积得到. 将 $t_{ik}^{(s_z)}$ 用张量基 $\boldsymbol{\xi}^{(m_1)} \otimes \boldsymbol{\xi}^{(m_2)}$ 展开为

$$t_{ik}^{(s_z)} = \sum_{m_1, m_2=-1}^{1} \langle s_1 = 1 m_1; s_2 = 1 m_2 \mid s = 2 s_z \rangle \xi_i^{(m_1)} \otimes \xi_k^{(m_2)}, \quad (7.53)$$

其中 $\langle s_1 = 1 m_1; s_2 = 1 m_2 \mid s = 2 s_z \rangle$ 为 CG 系数. 五个张量 $t_{ik}^{(s_z)}$($s_z = 0, \pm 1, \pm 2$) 是对称和无迹的, 将它们与标量球谐函数直积得到自旋为 2 的张量球谐函数:

$$\begin{aligned}
(\boldsymbol{T}_{jj_z}^l)_{ik} &\equiv (\mathcal{Y}_{jj_z}^{l2})_{ik} \\
&= \sum_{l_z=-l}^{l} \sum_{s_z=-2}^{2} \langle l l_z; s = 2 s_z \mid j j_z; l s = 2 \rangle Y_{l l_z}(\theta, \varphi) t_{ik}^{(s_z)}, \quad (7.54)
\end{aligned}$$

其中 $j \geqslant 0$. 如果 $l = 0$, 则 $j = 1$; 如果 $l = 1$, 则 $j = 1, 2, 3$; 如果 $l \geqslant 2$, 则 $j = l \pm 2, l \pm 1, l$.

正如矢量球谐函数一样, $(\boldsymbol{T}_{jj_z}^l)_{ik}$ 通过构造角动量算符 $\boldsymbol{L}^2$ 的特征函数的方式构造, 因此称为纯轨道算符 $s = 2$ 张量球谐函数. 容易发现, 它们既不是纵向的, 也不是横向的, 即它们与径向单位矢量 $\hat{\boldsymbol{n}}$ 没有特殊的关系. 与矢量球谐函数的情况类似, 我们可以通过将总角动量的本征态线性叠加的方式构造新的张量球谐函数, 得到纯自旋的张量球谐函数, 即它们在沿着径向转动的操作下, 具有确定螺旋度. 具

体构造方式如下[73]:

$$\boldsymbol{T}_{jj_z}^{S0} = a_{11}\boldsymbol{T}_{jj_z}^{j+2} + a_{12}\boldsymbol{T}_{jj_z}^{j} + a_{13}\boldsymbol{T}_{jj_z}^{j-2}, \tag{7.55}$$

$$\boldsymbol{T}_{jj_z}^{E1} = a_{21}\boldsymbol{T}_{jj_z}^{j+2} + a_{22}\boldsymbol{T}_{jj_z}^{j} + a_{23}\boldsymbol{T}_{jj_z}^{j-2}, \tag{7.56}$$

$$\boldsymbol{T}_{jj_z}^{E2} = a_{31}\boldsymbol{T}_{jj_z}^{j+2} + a_{32}\boldsymbol{T}_{jj_z}^{j} + a_{33}\boldsymbol{T}_{jj_z}^{j-2}, \tag{7.57}$$

$$\boldsymbol{T}_{jj_z}^{B1} = b_{11}\mathrm{i}\boldsymbol{T}_{jj_z}^{j+1} + b_{12}\mathrm{i}\boldsymbol{T}_{jj_z}^{j-1}, \tag{7.58}$$

$$\boldsymbol{T}_{jj_z}^{B2} = b_{21}\mathrm{i}\boldsymbol{T}_{jj_z}^{j+1} + b_{22}\mathrm{i}\boldsymbol{T}_{jj_z}^{j-1}, \tag{7.59}$$

其中系数为

$$
\begin{aligned}
&a_{11} = +\left(\frac{(j+1)(j+2)}{(2j+1)(2j+3)}\right)^{1/2}, \quad a_{12} = -\left(\frac{2j(j+1)}{3(2j-1)(2j+3)}\right)^{1/2}, \\
&a_{13} = +\left(\frac{(j-1)j}{(2j-1)(2j+1)}\right)^{1/2}, \\
&a_{21} = -\left(\frac{2j(j+2)}{(2j+1)(2j+3)}\right)^{1/2}, \quad a_{22} = -\left(\frac{3}{(2j-1)(2j+3)}\right)^{1/2}, \\
&a_{23} = +\left(\frac{2(j-1)(j+1)}{(2j-1)(2j+1)}\right)^{1/2}, \\
&a_{31} = +\left(\frac{(j-1)j}{2(2j+1)(2j+3)}\right)^{1/2}, \quad a_{32} = +\left(\frac{3(j-1)(j+2)}{(2j-1)(2j+3)}\right)^{1/2}, \\
&a_{33} = +\left(\frac{(j+1)(j+2)}{2(2j-1)(2j+1)}\right)^{1/2}, \\
&b_{11} = +\left(\frac{j+2}{2j+1}\right)^{1/2}, \quad b_{12} = -\left(\frac{j-1}{2j+1}\right)^{1/2}, \\
&b_{21} = -\left(\frac{j-1}{2j+1}\right)^{1/2}, \quad b_{22} = -\left(\frac{j+2}{2j+1}\right)^{1/2}.
\end{aligned}
\tag{7.60}
$$

这些叠加态可以用标量球谐函数表示如下:

$$\left(\boldsymbol{T}_{lm}^{S0}\right)_{ij} = [n_in_j - (1/3)\delta_{ij}]\,Y_{lm}, \quad l \geqslant 0, \tag{7.61}$$

$$\left(\boldsymbol{T}_{lm}^{E1}\right)_{ij} = c_l^{(1)}(r/2)\,(n_i\partial_j + n_j\partial_i)\,Y_{lm}, \quad l \geqslant 1, \tag{7.62}$$

$$\left(\boldsymbol{T}_{lm}^{B1}\right)_{ij} = c_l^{(1)}(\mathrm{i}/2)\,(n_iL_j + n_jL_i)\,Y_{lm}, \quad l \geqslant 1, \tag{7.63}$$

$$\left(\boldsymbol{T}_{lm}^{E2}\right)_{ij} = c_l^{(2)}r^2 \Lambda_{ij,i'j'}(\hat{\boldsymbol{n}})\partial_{i'}\partial_{j'}Y_{lm}, \quad l \geqslant 2, \tag{7.64}$$

$$\left(\boldsymbol{T}_{lm}^{B2}\right)_{ij} = c_l^{(2)}r \Lambda_{ij,i'j'}(\hat{\boldsymbol{n}})(\mathrm{i}/2)\,(\partial_{i'}L_{j'} + \partial_{j'}L_{i'})\,Y_{lm}, \quad l \geqslant 2, \tag{7.65}$$

其中 $\Lambda_{ij,i'j'}$ 为横向无迹投影张量, 具体定义为

$$\Lambda_{ij,kl}(\hat{\boldsymbol{n}}) = P_{ik}P_{jl} - \frac{1}{2}P_{ij}P_{kl}, \tag{7.66}$$

$P_{ij}(\hat{n}) = \delta_{ij} - n_i n_j$ 为横向投影算符. $(7.61) \sim (7.65)$ 式中的系数 $c_l^{(1)}, c_l^{(2)}$ 分别为

$$c_l^{(1)} = \left[\frac{2}{l(l+1)} \right]^{1/2}, \quad c_l^{(2)} = \left[2 \frac{(l-2)!}{(l+2)!} \right]^{1/2}. \tag{7.67}$$

$(7.61) \sim (7.65)$ 式给出了 $s = 2$ 张量球谐函数的完备基底, 这些张量都是对称、无迹的, 其中只有 $\boldsymbol{T}_{lm}^{E2}$ 和 $\boldsymbol{T}_{lm}^{B2}$ 是横向的:

$$n_i \left(\boldsymbol{T}_{lm}^{E2} \right)_{ij} = 0, \quad n_i \left(\boldsymbol{T}_{lm}^{B2} \right)_{ij} = 0. \tag{7.68}$$

五个纯自旋 $s = 2$ 张量球谐函数适合描述一个自旋为 2 质量不为零粒子的五个独立分量. 对于无质量的自旋粒子, 由庞加莱 (Poincaré) 群的表示理论可知, 它们只有两个独立的分量, 螺旋度为 $h = \pm s$. 容易验证, $\left(\boldsymbol{T}_{lm}^{S0} \right)$ 的螺旋度为零, 因此它描述了自旋为零的粒子, 而将 $\left(\boldsymbol{T}_{lm}^{E1} \right)_{ij}$ 和 $\left(\boldsymbol{T}_{lm}^{B1} \right)_{ij}$ 线性组合可以得到 $h = \pm 1$ 的两个态, 因此它们描述了一个无质量矢量粒子. 最后, 横向无迹张量 $\left(\boldsymbol{T}_{lm}^{E2} \right)_{ij}$ 和 $\left(\boldsymbol{T}_{lm}^{B2} \right)_{ij}$ 具有两个横向指标, 将它们线性组合可以得到 $h = \pm 2$ 两个态, 从而构成 $s = 2$ 的无质量粒子.

标准的广义相对论是张量性的理论, 因此引力波振幅 h_{ij} 是无迹的. 在标量 – 张量理论中, 存在与 h_{ij} 的迹相对应的第六自由度, 它对应一个标量场. 在这种情况下, 我们需要进一步添加 $\delta_{ij} Y_{lm}$, 它不是无迹的, 描述了与迹部分相对应的标量场. 函数 $\delta_{ij} Y_{lm}$ 可以与 $\left(\boldsymbol{T}_{lm}^{S0} \right)_{ij}$ 线性组合得到一个纯纵向和纯横向 (但不是无迹) 的张量球谐函数,

$$\left(\boldsymbol{T}_{lm}^{L0} \right)_{ij} = n_i n_j Y_{lm}, \quad \left(\boldsymbol{T}_{lm}^{T0} \right)_{ij} = \frac{1}{\sqrt{2}} \left(\delta_{ij} - n_i n_j \right) Y_{lm}, \quad l \geqslant 0. \tag{7.69}$$

容易验证纯自旋球谐函数是正交归一的:

$$\int \mathrm{d}\Omega \left(\boldsymbol{T}_{lm}^{J} \right)_{ij} \left(\boldsymbol{T}_{l'm'}^{J'} \right)_{ij}^{*} = \delta^{JJ'} \delta_{ll'} \delta_{mm'}, \tag{7.70}$$

指标 J 的取值分别为 $L0, T0, E1, B1, E2, B2$. 最后需要指出的是, $\boldsymbol{T}_{lm}^{L0}, \boldsymbol{T}_{lm}^{T0}, \boldsymbol{T}_{lm}^{E1}$ 和 $\boldsymbol{T}_{lm}^{E2}$ 具有电场型宇称 $\pi_l = (-1)^l$, 即偶宇称, 而 $\boldsymbol{T}_{lm}^{B1}$ 和 $\boldsymbol{T}_{lm}^{B2}$ 具有磁场型宇称 $\pi_l = (-1)^{l+1}$, 即奇宇称.

§7.3　雷杰 – 惠勒方程

考察在施瓦西时空中的引力微扰. 假设时空度规的微扰项为 $h_{\alpha\beta}(x)$, 则新的时空度规为

$$g_{\alpha\beta}(x) = g_{\alpha\beta}^{(0)}(x) + h_{\alpha\beta}(x), \tag{7.71}$$

其中 $g^{(0)}_{\alpha\beta}$ 为施瓦西度规. 微扰项 $h_{\alpha\beta}(x)$ 来自能动张量为 $T_{\alpha\beta}$ 的外部物质场. 作为一阶近似, 假设微扰很小, 线性微扰理论依然可以适用.

引力场的动力学方程为爱因斯坦场方程:

$$G_{\alpha\beta} = 8\pi G T_{\alpha\beta}, \tag{7.72}$$

其中 $G_{\alpha\beta}$ 为爱因斯坦张量. 将爱因斯坦张量展开到 $h_{\alpha\beta}$ 的一阶项:

$$G_{\alpha\beta} = G^{(0)}_{\alpha\beta} + \Delta G_{\alpha\beta} = \Delta G_{\alpha\beta}, \tag{7.73}$$

其中第二步是因为施瓦西度规是爱因斯坦方程的真空解, 即 $G^{(0)}_{\alpha\beta}$ 是背景时空的爱因斯坦张量. 于是, 微扰方程为

$$\Delta G_{\alpha\beta} = 8\pi G T_{\alpha\beta}. \tag{7.74}$$

由于背景度规是球对称的, 可以将 $h_{\alpha\beta}$ 对径向和球面坐标分离变量, 为此我们需要 10 个独立张量球谐函数作为基底, 将 $h_{\alpha\beta}$ 进行球谐展开.

7.3.1 泽里利张量球谐函数

在上一节中, 我们讨论了张量的纯空间部分的球谐张量函数. 我们看到对称, 但不一定是无迹的矩阵 h_{ij} 的六个分量的基底由六个张量球谐函数给出:

$$\left(\boldsymbol{T}^{L0}_{lm}\right)_{ij}, \quad \left(\boldsymbol{T}^{T0}_{lm}\right)_{ij}, \quad \left(\boldsymbol{T}^{E1}_{lm}\right)_{ij}, \quad \left(\boldsymbol{T}^{B1}_{lm}\right)_{ij}, \quad \left(\boldsymbol{T}^{E2}_{lm}\right)_{ij}, \quad \left(\boldsymbol{T}^{B2}_{lm}\right)_{ij}. \tag{7.75}$$

这样的处理有局限性, 只适用于讨论背景时空为平直时空, 即弱场近似下的引力辐射. 在研究黑洞微扰理论的时候, 背景时空是强场, 需要在严格的广义相对论框架下讨论. 因此, 下面的任务是将 (7.75) 式中的六个张量球谐函数拓展为黎曼空间的张量, 可以用 4×4 矩阵表示, 例如 $\left(\boldsymbol{T}^{L0}_{lm}\right)_{\mu\nu}$. 一个简单的做法就是, 在黑洞静止系, 即对某个坐标速度为零的局域观测者来说, 如果 $\mu\nu$ 取空间坐标, $\left(\boldsymbol{T}^{L0}_{lm}\right)_{\mu\nu}$ 等于 $\left(\boldsymbol{T}^{L0}_{lm}\right)_{ij}$, 否则的话等于零. 对 $\boldsymbol{T}^{T0}_{lm}, \cdots, \boldsymbol{T}^{B2}_{lm}$ 等也类似拓展.

接下来要做的是找到四个独立的张量球谐函数, 用来表示 $h_{0\mu}$. 因为 h_{00} 在转动操作下是个标量, 因此可以用通常的球谐函数来展开它. 引入 $\left(\boldsymbol{T}^{tt}_{lm}\right)_{\mu\nu}$, 在黑洞静止系中,

$$\left(\boldsymbol{T}^{tt}_{lm}\right)_{\mu\nu} = \delta^0_\mu \delta^0_\nu Y_{lm}. \tag{7.76}$$

从旋转的角度来看, h_{0i} 是一个矢量, 可以用 (7.47) ∼ (7.49) 式中定义的矢量球谐函数 $\left(\boldsymbol{\mathcal{Y}}^E_{lm}\right)_i$, $\left(\boldsymbol{\mathcal{Y}}^B_{lm}\right)_i$ 和 $\left(\boldsymbol{\mathcal{Y}}^R_{lm}\right)_i$ 展开. 类似地, 我们定义张量球谐函数 $\left(\boldsymbol{T}^{Rt}_{lm}\right)_{\mu\nu}$,

$\left(\boldsymbol{T}_{lm}^{Et}\right)_{\mu\nu}$ 和 $\left(\boldsymbol{T}_{lm}^{Bt}\right)_{\mu\nu}$: 在黑洞静止系中, 它们不为零的分量为 $\mu = 0$, $\nu = i$, 以及根据对称性的 $\mu = i$, $\nu = 0$, 它们的值为

$$\left(\boldsymbol{T}_{lm}^{Et}\right)_{0i} = \frac{1}{\sqrt{2}}\left(\boldsymbol{\mathcal{Y}}_{lm}^{E}\right)_i, \tag{7.77}$$

$$\left(\boldsymbol{T}_{lm}^{Bt}\right)_{0i} = \frac{1}{\sqrt{2}}\left(\boldsymbol{\mathcal{Y}}_{lm}^{B}\right)_i. \tag{7.78}$$

$$\left(\boldsymbol{T}_{lm}^{Rt}\right)_{0i} = \frac{1}{\sqrt{2}}\left(\boldsymbol{\mathcal{Y}}_{lm}^{R}\right)_i, \tag{7.79}$$

明显有

$$\left(\boldsymbol{T}_{lm}^{Et}\right)_{0i} = [2l(l+1)]^{-1/2} r \partial_i Y_{lm}, \tag{7.80}$$

$$\left(\boldsymbol{T}_{lm}^{Bt}\right)_{0i} = \mathrm{i}[2l(l+1)]^{-1/2} L_i Y_{lm}, \tag{7.81}$$

$$\left(\boldsymbol{T}_{lm}^{Rt}\right)_{0i} = \frac{1}{\sqrt{2}} n_i Y_{lm}, \tag{7.82}$$

其中 $\boldsymbol{L} = -\mathrm{i}\boldsymbol{r} \times \nabla$, $\hat{\boldsymbol{n}}$ 是径向的单位矢量, 相对于平面空间度规 $\delta_{ij}n^i n^j = 1$ 进行归一化. 根据 $\boldsymbol{T}_{lm}^{Bt}$, $\boldsymbol{T}_{lm}^{B1}$ 和 $\boldsymbol{T}_{lm}^{B2}$ 的定义, 它们满足如下的关系:

$$\left(\boldsymbol{T}_{lm}^{a}\right)_{\mu\nu}^{*} = (-1)^m \left(\boldsymbol{T}_{lm}^{a}\right)_{\mu\nu}. \tag{7.83}$$

如同 (7.47) 和 (7.49) 式一样, 对 $\boldsymbol{T}_{lm}^{Rt}$, $l \geqslant 0$, 而对 $\boldsymbol{T}_{lm}^{Et}$ 和 $\boldsymbol{T}_{lm}^{Bt}$, $l \geqslant 1$. 同样, 在上一节中看到, h_{ij} 可以由六个球谐函数 (7.75) 作为完备的基底展开, 其中对 T_{lm}^{L0} 和 T_{lm}^{T0}, 有 $l \geqslant 0$, 对 T_{lm}^{E1}, T_{lm}^{B1}, 有 $l \geqslant 1$, 而对 T_{lm}^{E2} 和 T_{lm}^{B2}, 有 $l \geqslant 2$.

从 (7.50) 和 (7.70) 式可以看出, 这 10 个张量球谐函数已归一化, 因此有

$$\int \mathrm{d}\Omega \eta^{\mu\rho}\eta^{\nu\sigma} \left(\boldsymbol{T}_{l'm'}^{a}\right)_{\mu\nu}^{*} \left(\boldsymbol{T}_{lm}^{b}\right)_{\rho\sigma} = \epsilon_a \delta^{ab}\delta_{ll'}\delta_{mm'}, \tag{7.84}$$

其中 a,b 分别取 $\{L0, T0, E1, B1, E2, B2, tt, Rt, Et, Bt\}$. 对于 $a = Rt, Et, Bt$, 系数 ϵ_a 等于 -1, 对于 a 的所有其他值等于 $+1$. 需要指出的是, 在 (7.84) 式中, 洛伦兹指标用平坦的闵可夫斯基度规 $\eta_{\mu\nu}$ 进行升降、缩并等操作. 我们现在可以把 $h_{\mu\nu}$ 对角度变量 (θ, φ) 和变量 (t, r) 分离变量, 将它展开为

$$h_{\mu\nu}(t, \boldsymbol{x}) = \sum_a \sum_{lm} H_{lm}^a(t, r) \left(\boldsymbol{T}_{lm}^a\right)_{\mu\nu}(\theta, \varphi), \tag{7.85}$$

这里 $\left(\boldsymbol{T}_{lm}^a\right)_{\mu\nu}$ 被称为泽里利 (Zerilli) 张量球谐函数.

以上在笛卡儿坐标系 $x^\mu = (t, x, y, z)$ 中, 通过给定 $\left(\boldsymbol{T}_{lm}^a\right)_{\mu\nu}$ 的所有分量定义了泽里利张量球谐函数. 进一步可以通过坐标变换得到任意坐标系 $x'^\mu(x^\alpha)$ 中的张量球谐函数的分量:

$$\left(\boldsymbol{T}_{lm}^{'a}\right)_{\mu\nu} = \frac{\partial x^\alpha}{\partial x'^\mu}\frac{\partial x^\beta}{\partial x'^\nu}\left(\boldsymbol{T}_{lm}^a\right)_{\alpha\beta}. \tag{7.86}$$

在讨论施瓦西时空中的引力扰动的时候, 选取球坐标 (t, r, θ, φ) 更方便. 例如, 在球坐标下, 角动量算符为

$$L_i = \mathrm{i}r \left(0, \frac{1}{\sin\theta}\partial_\varphi, -\sin\theta\partial_\theta \right)_i. \tag{7.87}$$

利用这些结果, 在球坐标下计算所有张量球谐函数的显式表达式变得简单明了. 结果可以方便地写成

$$(\boldsymbol{T}_{lm}^a)_{\alpha\beta} = c^a(r) (\boldsymbol{t}_{lm}^a)_{\alpha\beta}, \tag{7.88}$$

其中 $c^a(r)$ 为

$$c^{L0} = c^{tt} = 1, \quad c^{T0} = \frac{r^2}{\sqrt{2}}, \quad c^{Rt} = \frac{1}{\sqrt{2}}, \tag{7.89}$$

$$c^{Et} = c^{E1} = -c^{Bt} = -c^{B1} = \frac{r}{[2l(l+1)]^{1/2}}, \tag{7.90}$$

$$c^{E2} = c^{B2} = r^2 \left[\frac{1}{2}\frac{(l-2)!}{(l+2)!} \right]^{1/2}. \tag{7.91}$$

张量球谐函数 $(\boldsymbol{t}_{lm}^a)_{\alpha\beta}$ 以 (α, β) 为指标的矩阵形式如下:

$$\boldsymbol{t}_{lm}^{tt} = \begin{pmatrix} 1 & 0 & 0 & 0 \\ 0 & 0 & 0 & 0 \\ 0 & 0 & 0 & 0 \\ 0 & 0 & 0 & 0 \end{pmatrix} Y_{lm}, \quad \boldsymbol{t}_{lm}^{Rt} = \begin{pmatrix} 0 & 1 & 0 & 0 \\ 1 & 0 & 0 & 0 \\ 0 & 0 & 0 & 0 \\ 0 & 0 & 0 & 0 \end{pmatrix} Y_{lm},$$

$$\boldsymbol{t}_{lm}^{L0} = \begin{pmatrix} 0 & 0 & 0 & 0 \\ 0 & 1 & 0 & 0 \\ 0 & 0 & 0 & 0 \\ 0 & 0 & 0 & 0 \end{pmatrix} Y_{lm}, \quad \boldsymbol{t}_{lm}^{T0} = \begin{pmatrix} 0 & 0 & 0 & 0 \\ 0 & 0 & 0 & 0 \\ 0 & 0 & 1 & 0 \\ 0 & 0 & 0 & \sin^2\theta \end{pmatrix} Y_{lm},$$

$$\boldsymbol{t}_{lm}^{Et} = \begin{pmatrix} 0 & 0 & \partial_\theta & \partial_\varphi \\ 0 & 0 & 0 & 0 \\ \partial_\theta & 0 & 0 & 0 \\ \partial_\varphi & 0 & 0 & 0 \end{pmatrix} Y_{lm}, \quad \boldsymbol{t}_{lm}^{E1} = \begin{pmatrix} 0 & 0 & 0 & 0 \\ 0 & 0 & \partial_\theta & \partial_\varphi \\ 0 & \partial_\theta & 0 & 0 \\ 0 & \partial_\varphi & 0 & 0 \end{pmatrix} Y_{lm},$$

$$\boldsymbol{t}_{lm}^{Bt} = \begin{pmatrix} 0 & 0 & (1/\sin\theta)\partial_\varphi & -\sin\theta\partial_\theta \\ 0 & 0 & 0 & 0 \\ (1/\sin\theta)\partial_\varphi & 0 & 0 & 0 \\ -\sin\theta\partial_\theta & 0 & 0 & 0 \end{pmatrix} Y_{lm}, \tag{7.92}$$

$$
\boldsymbol{t}_{lm}^{B1} = \begin{pmatrix} 0 & 0 & 0 & 0 \\ 0 & 0 & (1/\sin\theta)\partial_\varphi & -\sin\theta\partial_\theta \\ 0 & (1/\sin\theta)\partial_\varphi & 0 & 0 \\ 0 & -\sin\theta\partial_\theta & 0 & 0 \end{pmatrix} Y_{lm},
$$

$$
\boldsymbol{t}_{lm}^{E2} = \begin{pmatrix} 0 & 0 & 0 & 0 \\ 0 & 0 & 0 & 0 \\ 0 & 0 & W & X \\ 0 & 0 & X & -\sin^2\theta W \end{pmatrix} Y_{lm},
$$

$$
\boldsymbol{t}_{lm}^{B2} = \begin{pmatrix} 0 & 0 & 0 & 0 \\ 0 & 0 & 0 & 0 \\ 0 & 0 & -(1/\sin\theta)X & \sin\theta W \\ 0 & 0 & \sin\theta W & \sin\theta X \end{pmatrix} Y_{lm},
$$

其中行和列对应于 t, r, θ 和 φ, 且定义了算符

$$
X = 2\partial_\theta\partial_\varphi - 2\cot\theta\partial_\varphi, \tag{7.93}
$$

$$
W = \partial_\theta^2 - \cot\theta\partial_\theta - \frac{1}{\sin^2\theta}\partial_\varphi^2. \tag{7.94}
$$

我们现在可以把度规微扰的展开式写成

$$
h_{\alpha\beta}(x) = \sum_a \sum_{l,m} h_{l,m}^a(t,r) \left(\boldsymbol{t}_{lm}^a\right)_{\alpha\beta}(\theta,\varphi), \tag{7.95}
$$

其中我们重新吸收了因子 $c^a(r)$, 定义了

$$
h_{lm}^a(t,r) = c^a(r) H_{lm}^a(t,r). \tag{7.96}
$$

7.3.2 极向和轴向微扰

在宇称变换 $\theta \to \pi - \theta$ 和 $\varphi \to \varphi + \pi$ 下, $a = L0, T0, E1, E2, tt, Rt, Et$ 的张量球谐函数多出一个因子 $(-1)^l$, 被称为极宇称, 或者偶宇称. 相反, $a = B1, B2, Bt$ 的张量球谐函数多出一个因子 $(-1)^{l+1}$, 它们具有轴宇称或者奇宇称. 由于施瓦西度规在宇称变换下不变, 当我们以施瓦西时空作为背景时空进行线性化时, 极向和轴向的扰动不会混合. 因此, 可以将引力微扰按宇称分解:

$$
h_{\alpha\beta}(x) = h_{\alpha\beta}^{\mathrm{pol}}(x) + h_{\alpha\beta}^{\mathrm{ax}}(x), \tag{7.97}
$$

其中偶宇称和奇宇称微扰分别为

$$
\begin{aligned}
h_{\alpha\beta}^{\mathrm{pol}}(t,\boldsymbol{x}) = & \sum_{l=0}^{\infty}\sum_{m=-l}^{l}\left[h_{lm}^{tt}\left(\boldsymbol{t}_{lm}^{tt}\right)_{\alpha\beta} + h_{lm}^{Rt}\left(\boldsymbol{t}_{lm}^{Rt}\right)_{\alpha\beta}\right] \\
& + \sum_{l=0}^{\infty}\sum_{m=-l}^{l}\left[h_{lm}^{L0}\left(\boldsymbol{t}_{lm}^{L0}\right)_{\alpha\beta} + h_{lm}^{T0}\left(\boldsymbol{t}_{lm}^{T0}\right)_{\alpha\beta}\right] \\
& + \sum_{l=1}^{\infty}\sum_{m=-l}^{l}\left[h_{lm}^{Et}\left(\boldsymbol{t}_{lm}^{Et}\right)_{\alpha\beta} + h_{lm}^{E1}\left(\boldsymbol{t}_{lm}^{E1}\right)_{\alpha\beta}\right] \\
& + \sum_{l=2}^{\infty}\sum_{m=-l}^{l} h_{lm}^{E2}\left(\boldsymbol{t}_{lm}^{E2}\right)_{\alpha\beta},
\end{aligned}
\tag{7.98}
$$

$$
\begin{aligned}
h_{\alpha\beta}^{\mathrm{ax}}(t,\boldsymbol{x}) = & \sum_{l=1}^{\infty}\sum_{m=-l}^{l}\left[h_{lm}^{Bt}\left(\boldsymbol{t}_{lm}^{Bt}\right)_{\alpha\beta} + h_{lm}^{B1}\left(\boldsymbol{t}_{lm}^{B1}\right)_{\alpha\beta}\right] \\
& + \sum_{l=2}^{\infty}\sum_{m=-l}^{l} h_{lm}^{B2}\left(\boldsymbol{t}_{lm}^{B2}\right)_{\alpha\beta}.
\end{aligned}
\tag{7.99}
$$

(1) 能动张量.

由于微扰 $h_{\alpha\beta}$ 是用张量球谐函数 $(\boldsymbol{t}_{lm}^{a})_{\alpha\beta}$ 展开的, 所以对物质场的能动张量 $T_{\mu\nu}$ 也进行同样的分解

$$
T_{\alpha\beta}(x) = T_{\alpha\beta}^{\mathrm{pol}}(x) + T_{\alpha\beta}^{\mathrm{ax}}(x),
\tag{7.100}
$$

其中能动张量的偶宇称和奇宇称部分分别为

$$
\begin{aligned}
T_{\alpha\beta}^{\mathrm{pol}}(t,\boldsymbol{x}) = & \sum_{l=0}^{\infty}\sum_{m=-l}^{l}\left[s_{lm}^{tt}\left(\boldsymbol{t}_{lm}^{tt}\right)_{\alpha\beta} + s_{lm}^{Rt}\left(\boldsymbol{t}_{lm}^{Rt}\right)_{\alpha\beta}\right] \\
& + \sum_{l=0}^{\infty}\sum_{m=-l}^{l}\left[s_{lm}^{L0}\left(\boldsymbol{t}_{lm}^{L0}\right)_{\alpha\beta} + s_{lm}^{T0}\left(\boldsymbol{t}_{lm}^{T0}\right)_{\alpha\beta}\right] \\
& + \sum_{l=1}^{\infty}\sum_{m=-l}^{l}\left[s_{lm}^{Et}\left(\boldsymbol{t}_{lm}^{Et}\right)_{\alpha\beta} + s_{lm}^{E1}\left(\boldsymbol{t}_{lm}^{E1}\right)_{\alpha\beta}\right] \\
& + \sum_{l=2}^{\infty}\sum_{m=-l}^{l} s_{lm}^{E2}\left(\boldsymbol{t}_{lm}^{E2}\right)_{\alpha\beta},
\end{aligned}
\tag{7.101}
$$

$$
\begin{aligned}
T_{\alpha\beta}^{\mathrm{ax}}(t,\boldsymbol{x}) = & \sum_{l=1}^{\infty}\sum_{m=-l}^{l}\left[s_{lm}^{Bt}\left(\boldsymbol{t}_{lm}^{Bt}\right)_{\alpha\beta} + s_{lm}^{B1}\left(\boldsymbol{t}_{lm}^{B1}\right)_{\alpha\beta}\right] \\
& + \sum_{l=2}^{\infty}\sum_{m=-l}^{l} s_{lm}^{B2}\left(\boldsymbol{t}_{lm}^{B2}\right)_{\alpha\beta}.
\end{aligned}
\tag{7.102}
$$

这里 $s_m^a(t,r)$ 表示能动张量按球谐函数展开的系数.

7.3.3　雷杰 – 惠勒规范

假设背景时空为弯曲时空, 我们考虑一个无穷小的坐标变换

$$x^\mu \to x'^\mu = x^\mu + \xi^\mu(x). \tag{7.103}$$

选择 ξ_μ 使得 $\bar{D}_\mu \xi_\nu$ 与 $h_{\mu\nu}$ 为相同阶数的无穷小, 这里 $\bar{D}_\mu$ 为与背景时空相关的协变导数. 在此变换下, 背景度规 $g_{\mu\nu}$ 不变, 而 $h_{\mu\nu}(x) \to h'_{\mu\nu}(x')$, 保留到 $\bar{D}_\mu \xi_\nu$ 的一阶项, 则 $h'_{\mu\nu}$ 为

$$h'_{\mu\nu}(x) = h_{\mu\nu}(x) - \left(\bar{D}_\mu \xi_\nu + \bar{D}_\nu \xi_\mu \right). \tag{7.104}$$

对任意一个四矢量场 $\xi_\alpha(x) = (\xi_0(x), \xi_i(x))$, 可以将其展开为如下的标量和矢量球谐函数形式:

$$\xi_0(x) = \sum_{l=0}^\infty \sum_{m=-l}^l \xi_{lm}^{(t)}(t,r) Y_{lm}(\theta,\varphi), \tag{7.105}$$

$$\xi_i(x) = \sum_{l=0}^\infty \sum_{m=-l}^l \xi_{lm}^{(R)}(t,r) Y_{lm}(\theta,\varphi) n_i$$
$$+ \sum_{l=1}^\infty \sum_{m=-l}^l \left[\xi_{lm}^{(E)}(t,r) \partial_i Y_{lm} + \xi_{lm}^{(B)}(t,r) \frac{\mathrm{i}}{r} L_i Y_{lm} \right]. \tag{7.106}$$

显然, $\xi_{lm}^{(B)}$ 为度规中轴向项 (奇宇称项), 而 $\xi_{lm}^{(t)}, \xi_{lm}^{(R)}$ 和 $\xi_{lm}^{(E)}$ 为极向项 (偶宇称项).

首先考虑轴向规范变换, 即 $\xi_{lm}^{(t)} = \xi_{lm}^{(R)} = \xi_{lm}^{(E)} = 0$ 的变换. 将 $\xi_{lm}^{(B)}$ 简单地表示为 Λ_{lm}, 此时

$$\xi_0^{\mathrm{ax}}(x) = 0, \quad \xi_i^{\mathrm{ax}}(x) = \sum_{l=1}^\infty \sum_{m=-l}^l \Lambda_{lm}(t,r) \frac{\mathrm{i}}{r} L_i Y_{lm}. \tag{7.107}$$

利用 (7.87) 式, 得到

$$\xi_\alpha^{\mathrm{ax}} = \sum_{l=1}^\infty \sum_{m=-l}^l \Lambda_{lm}(t,r) \left(0, 0, -\frac{1}{\sin\theta} \partial_\varphi Y_{lm}, \sin\theta \partial_\theta Y_{lm} \right). \tag{7.108}$$

坐标变换 ξ_α 的协变导数为

$$\bar{D}_\alpha \xi_\beta^{\mathrm{ax}} = \partial_\alpha \xi_\beta^{\mathrm{ax}} - \bar{\Gamma}_{\alpha\beta}^\gamma \xi_\gamma^{\mathrm{ax}}, \tag{7.109}$$

其中 $\bar{\Gamma}^\gamma_{\alpha\beta}$ 是施瓦西度规的克里斯托弗符号. 用 (7.93) 式中给出的基 $(\boldsymbol{t}^a_{lm})_{\alpha\beta}$ 表示 $\bar{D}_\alpha \xi^{\text{ax}}_\beta + \bar{D}_\beta \xi^{\text{ax}}_\alpha$, 得到

$$
\begin{aligned}
\bar{D}_\alpha \xi^{\text{ax}}_\beta + \bar{D}_\beta \xi^{\text{ax}}_\alpha = &-\sum_{l=1}^\infty \sum_{m=-l}^l (\partial_0 \Lambda_{lm}) \left(\boldsymbol{t}^{Bt}_{lm}\right)_{\alpha\beta} \\
&-\sum_{l=1}^\infty \sum_{m=-l}^l \left(\partial_r \Lambda_{lm} - \frac{2}{r}\Lambda_{lm}\right) \left(\boldsymbol{t}^{B1}_{lm}\right)_{\alpha\beta} \\
&+\sum_{l=2}^\infty \sum_{m=-l}^l \Lambda_{lm} \left(\boldsymbol{t}^{B2}_{lm}\right)_{\alpha\beta}.
\end{aligned} \tag{7.110}
$$

在最后一行中, 我们可以将对 $l \geqslant 1$ 的求和替换为仅对 $l \geqslant 2$ 的求和, 这是因为当 $l = 1$ 时, $(\boldsymbol{t}^{B2}_{lm})$ 为零. 从 (7.110) 式易见, ξ^{ax} 诱导了 $h_{\alpha\beta}$ 的一个变换, 该变换可以用轴向张量球谐函数 $\boldsymbol{t}^{Bt}_{lm}, \boldsymbol{t}^{B1}_{lm}, \boldsymbol{t}^{B2}_{lm}$ 表示, 因此它使 $h^{\text{pol}}_{\alpha\beta}$ 不变, 只影响 $h^{\text{ax}}_{\alpha\beta}$. 与 (7.99) 式比较, 得到

$$
h^{Bt}_{lm} \to h^{Bt}_{lm} + \partial_0 \Lambda_{lm} \quad (l \geqslant 1), \tag{7.111}
$$

$$
h^{B1}_{lm} \to h^{B1}_{lm} + \left(\partial_r - \frac{2}{r}\right)\Lambda_{lm} \quad (l \geqslant 1), \tag{7.112}
$$

$$
h^{B2}_{lm} \to h^{B2}_{lm} - \Lambda_{lm} \quad (l \geqslant 2). \tag{7.113}
$$

雷杰 – 惠勒 (RW) 规范的选择如下: 对于轴向扰动 (奇宇称), 选择 Λ_{lm}, 使得对于所有 $l \geqslant 2$, $h^{B2}_{lm} = 0$; 而在 (7.107) 式中, Λ_{lm} 与 $l \geqslant 1$ 一起输入, 因此当 $l = 1$ 时, 我们可以自由地选择 Λ_{lm}, 使得 h^{Bt}_{1m} 为零. 综上所述, 在 RW 规范中, 对于轴向扰动 $h^{\text{ax}}_{\alpha\beta}$, 没有 $l = 0$ 的自由度, 但有 $l = 1$ 的自由度, 它由 h^{B1}_{1m} 给出. 当 $l \geqslant 2$ 时, h^{Bt}_{lm} 和 h^{B1}_{lm} 各有两个自由度, 具体表达式如下:

$$
h^{\text{ax}}_{\alpha\beta}(t, \boldsymbol{x}) = \sum_{l=2}^\infty \sum_{m=-l}^l h^{Bt}_{lm} \left(\boldsymbol{t}^{Bt}_{lm}\right)_{\alpha\beta} + \sum_{l=1}^\infty \sum_{m=-l}^l h^{B1}_{lm} \left(\boldsymbol{t}^{B1}_{lm}\right)_{\alpha\beta}. \tag{7.114}
$$

如下的量

$$
(k_1)_{lm} \equiv -h^{B1}_{lm} - \left(\partial_r - \frac{2}{r}\right) h^{B2}_{lm} \quad (l \geqslant 2) \tag{7.115}
$$

在线性规范变换 (7.111)$\sim$(7.113) 下是不变的. 在 RW 规范下, 由于 $h^{B2}_{lm} = 0$, 因此有

$$
h^{B1}_{lm} = -(k_1)_{lm}. \tag{7.116}
$$

对于极向规范变换, 我们可以用同样的方法处理. 利用 (7.106) 式, 有

$$
\xi_\alpha^{\mathrm{pol}} = \sum_{l=0}^\infty \sum_{m=-l}^l \left(\xi_{lm}^{(t)}(t,r) Y_{lm}, \xi_{lm}^{(R)}(t,r) Y_{lm}, 0, 0 \right) \\
+ \sum_{l=1}^\infty \sum_{m=-l}^l \xi_{lm}^{(E)}(t,r) \left(0, 0, \partial_\theta Y_{lm}, \partial_\varphi Y_{lm} \right). \tag{7.117}
$$

进一步给出:

$$
h_{lm}^{tt} \to h_{lm}^{tt} - \left[2\partial_0 \xi_{lm}^{(t)} - \frac{A(r) R_S}{r^2} \xi_{lm}^{(R)} \right], \tag{7.118}
$$

$$
h_{lm}^{Rt} \to h_{lm}^{Rt} - \left[\partial_0 \xi_{lm}^{(R)} + \partial_r \xi_{lm}^{(t)} - \frac{R_S}{r^2 A(r)} \xi_{lm}^{(t)} \right], \tag{7.119}
$$

$$
h_{lm}^{L0} \to h_{lm}^{L0} - \left[2\partial_0 \xi_{lm}^{(R)} + \frac{R_S}{r^2 A(r)} \xi_{lm}^{(R)} \right], \tag{7.120}
$$

$$
h_{lm}^{T0} \to h_{lm}^{T0} - \left[2r A(r) \xi_{lm}^{(R)} - l(l+1) \xi_{lm}^{(E)} \right], \tag{7.121}
$$

$$
h_{lm}^{Et} \to h_{lm}^{Et} - \left[\xi_{lm}^{(t)} + \partial_0 \xi_{lm}^{(E)} \right], \tag{7.122}
$$

$$
h_{lm}^{E1} \to h_{lm}^{E1} - \left[\left(\partial_r - \frac{2}{r} \right) \xi_{lm}^{(E)} + \xi_{lm}^{(R)} \right], \tag{7.123}
$$

$$
h_{lm}^{E2} \to h_{lm}^{E2} - \xi_{lm}^{(E)}. \tag{7.124}
$$

对于极向微扰, RW 规范包括: 首先选择 $\xi_{lm}^{(E)}(l \geqslant 2)$, 使得 $h_{lm}^{E2} = 0$; 接下来可以选择 $\xi_{lm}^{(R)}(l \geqslant 1)$, 使得 $h_{lm}^{E1} = 0$; 还可以选择 $\xi_{lm}^{(t)}(\geqslant 1)$, 使得 $h_{lm}^{Et} = 0$; 我们仍然可以自由选择 $\xi_{00}^{(t)}, \xi_{00}^{(R)}$ 和 $\xi_{1m}^{(E)}$, 选择规范函数 $\xi_{1m}^{(E)}$ 使得 $h_{1m}^{T0} = 0$; 选择 $\xi_{00}^{(R)}$ 使得 $h_{00}^{T0} = 0$, 而选择 $\xi_{00}^{(t)}$ 使得 $h_{00}^{Rt} = 0$. 最终我们完全给定了 RW 规范. 因此, 在 RW 规范中, 极向微扰的形式为

$$
h_{\alpha\beta}^{\mathrm{pol}}(t, \boldsymbol{x}) = \sum_{l=0}^\infty \sum_{m=-l}^l \left[h_{lm}^{tt} \left(\boldsymbol{t}_{lm}^{tt} \right)_{\alpha\beta} + h_{lm}^{L0} \left(\boldsymbol{t}_{lm}^{L0} \right)_{\alpha\beta} \right] \\
+ \sum_{l=1}^\infty \sum_{m=-l}^l h_{lm}^{Rt} \left(\boldsymbol{t}_{lm}^{Rt} \right)_{\alpha\beta} + \sum_{l=2}^\infty \sum_{m=-l}^l h_{lm}^{T0} \left(\boldsymbol{t}_{lm}^{T0} \right)_{\alpha\beta}. \tag{7.125}
$$

利用张量 $\boldsymbol{t}_{lm}^a$ 的表达式 (7.93), 在给定微扰 (l, m) 和 $l \geqslant 2$ 时, RW 规范中的极向微扰可以写成

$$
h_{\alpha\beta}^{\mathrm{pol}} = \begin{pmatrix} h_{lm}^{tt} & h_{lm}^{Rt} & 0 & 0 \\ h_{lm}^{Rt} & h_{lm}^{L0} & 0 & 0 \\ 0 & 0 & h_{lm}^{T0} & 0 \\ 0 & 0 & 0 & h_{lm}^{T0} \sin^2\theta \end{pmatrix} Y_{lm}. \tag{7.126}
$$

由于微扰 (7.126) 必须与背景施瓦西度规进行比较, 因此在选择 RW 规范后, 可以方便地定义新的函数 $H_{lm}^{(0)}, H_{lm}^{(1)}, H_{lm}^{(2)}$ 和 K_{lm}:

$$h_{lm}^{tt}(t,r) = A(r)H_{lm}^{(0)}(t,r), \tag{7.127}$$

$$h_{lm}^{L0}(t,r) = B(r)H_{lm}^{(2)}(t,r), \tag{7.128}$$

$$h_{lm}^{T0}(t,r) = r^2 K_{lm}(t,r). \tag{7.129}$$

这里 $A(r)$ 与 $B(r)$ 为施瓦西度规函数, 即

$$\mathrm{d}s^2 = -A(r)\mathrm{d}t^2 + B(r)(\mathrm{d}r^2 + r^2\mathrm{d}\Omega^2). \tag{7.130}$$

重新定义微扰度规函数:

$$h_{lm}^{Rt}(t,r) = H_{lm}^{(1)}(t,r), \tag{7.131}$$

$$h_{lm}^{Bt}(t,r) = -h_{lm}^{(0)}(t,r), \tag{7.132}$$

$$h_{lm}^{B1}(t,r) = -h_{lm}^{(1)}(t,r). \tag{7.133}$$

总之, 在 RW 规范中, 微扰施瓦西黑洞的最一般度规 $g_{\alpha\beta} = g_{\alpha\beta}^{(0)} + h_{\alpha\beta}$ 可以写成

$$
\begin{aligned}
\mathrm{d}s^2 = {} & -A(r)\left[1 - \sum_{l=0}^{\infty}\sum_{m=-l}^{l} H_{lm}^{(0)}Y_{lm}\right]\mathrm{d}t^2 + 2\mathrm{d}t\mathrm{d}r\left[\sum_{l=1}^{\infty}\sum_{m=-l}^{l} H_{lm}^{(1)}Y_{lm}\right] \\
& -2\mathrm{d}t\mathrm{d}\theta\frac{1}{\sin\theta}\left[\sum_{l=2}^{\infty}\sum_{m=-l}^{l} h_{lm}^{(0)}\partial_\varphi Y_{lm}\right] + 2\mathrm{d}t\mathrm{d}\varphi\sin\theta\left[\sum_{l=2}^{\infty}\sum_{m=-l}^{l} h_{lm}^{(0)}\partial_\theta Y_{lm}\right] \\
& +B(r)\mathrm{d}r^2\left[1 + \sum_{l=0}^{\infty}\sum_{m=-l}^{l} H_{lm}^{(2)}Y_{lm}\right] + r^2\mathrm{d}\Omega^2\left[1 + \sum_{l=2}^{\infty}\sum_{m=-l}^{l} K_{lm}Y_{lm}\right] \\
& -2\mathrm{d}r\mathrm{d}\theta\frac{1}{\sin\theta}\left[\sum_{l=1}^{\infty}\sum_{m=-l}^{l} h_{lm}^{(1)}\partial_\varphi Y_{lm}\right] + 2\mathrm{d}r\mathrm{d}\varphi\sin\theta\left[\sum_{l=1}^{\infty}\sum_{m=-l}^{l} h_{lm}^{(1)}\partial_\theta Y_{lm}\right],
\end{aligned}
\tag{7.134}
$$

其中函数 $H^{(0)}, H^{(1)}, H^{(2)}$ 和 K 描述极向微扰, 而 $h^{(0)}$ 和 $h^{(1)}$ 描述轴向微扰. 由这些显式表达式可知 RW 规范中的微扰 $h_{\alpha\beta}$ 满足

$$h_{\theta\varphi} = 0, \tag{7.135}$$

$$h_{\varphi\varphi} = h_{\theta\theta}\sin^2\theta, \tag{7.136}$$

$$\partial_\varphi h_{t\varphi} = -\sin\theta\partial_\theta\left(h_{t\theta}\sin\theta\right), \tag{7.137}$$

$$\partial_\varphi h_{r\varphi} = -\sin\theta\partial_\theta\left(h_{r\theta}\sin\theta\right). \tag{7.138}$$

换句话说, 在 RW 规范中选择了四个规范函数 $\xi_{lm}^{(t)}, \xi_{lm}^{(R)}, \xi_{lm}^{(E)}, \xi_{lm}^{(B)}$ 以满足上面四个条件. 利用 (7.135)～(7.138) 式, 可以立即检查给定的扰动是否在 RW 规范中, 而不需要首先将其分解为张量球谐函数.

需要指出的是, 采用 RW 规范消除了对角度 θ, φ 求导的最高阶项, 特别是与 t_{lm}^{E2} 和 t_{lm}^{B2} 相关的项. 然而, 在横向无迹规范中, 只有与张量球谐函数相关的项描述了无穷远处的引力波! 在求解了 RW 规范下的线性化引力场方程之后, 我们必须将解在远区转换回横向无迹规范, 从而得到受扰动黑洞在无穷远处辐射的引力波的波形.

7.3.4　轴向微扰: 雷杰 – 惠勒方程

现在我们可以采用 RW 规范, 写出微扰方程 (7.74). 计算虽然烦琐, 但是原则上很简单. 涉及轴向扰动的三个方程由 (7.74) 式的分量 $(\alpha\beta) = (t\varphi), (r\varphi)$ 和 $(\theta\varphi)$ 得到, 在 RW 规范中, 它们分别为

$$\partial_r^2 h_{lm}^{(0)} - \left(\partial_r + \frac{2}{r}\right)\partial_0 h_{lm}^{(1)} + \frac{1}{A}\left[\frac{2}{r}\frac{\mathrm{d}A}{\mathrm{d}r} - \frac{l(l+1)}{r^2}\right]h_{lm}^{(0)} = +\frac{16\pi G}{A}s_{lm}^{Bt}, \quad (7.139)$$

$$\partial_0^2 h_{lm}^{(1)} - \left(\partial_r - \frac{2}{r}\right)\partial_0 h_{lm}^{(0)} + A\frac{(l-1)(l+2)}{r^2}h_{lm}^{(1)} = -16\pi GA s_{lm}^{B1}, \quad (7.140)$$

$$\frac{1}{A}\partial_0 h_{lm}^{(0)} - \partial_r\left(A h_{lm}^{(1)}\right) = -16\pi G s_{lm}^{B2}, \quad (7.141)$$

其中方程 (7.139) 和方程 (7.140) 在 $l \geqslant 1$ 时成立, 而 (7.139) 式在 $l \geqslant 2$ 时成立. 因此, 在 $l \geqslant 2$ 时, 对每组 (l, m) 有两个待求的函数 $h_{lm}^{(0)}$ 和 $h_{lm}^{(1)}$, 但我们却有三个微分方程. 这是因为规范不变性意味着这三个方程并不是独立的. 对于真空场方程, 即当方程 (7.139)～(7.141) 右边都设为零时, 比安基恒等式保证了这三个方程是自洽的. 的确, 当我们将 s_{lm}^{Bt}, s_{lm}^{B1} 和 s_{lm}^{B2} 设为零时, 利用方程 (7.140) 和方程 (7.141), 方程 (7.139) 对时间导数自动得到满足. 因此, 在真空的情况下, 方程 (7.140) 和方程 (7.141) 给出

$$\partial_r^2 h_{lm}^{(0)} - \left(\partial_r + \frac{2}{r}\right)\partial_0 h_{lm}^{(1)} + \frac{1}{A}\left[\frac{2}{r}\frac{dA}{dr} - \frac{l(l+1)}{r^2}\right]h_{lm}^{(0)} = f_{lm}(r), \quad (7.142)$$

其中 $f_{lm}(r)$ 是 r 的任意函数. 这个任意函数可以被重新吸收到 $h_{lm}^{(0)}$ 中, 使得 $h_{lm}^{(0)}$ 有一个不含时的移动:

$$h_{lm}^{(0)}(t, r) \to h_{lm}^{(0)}(t, r) + F_{lm}(r). \quad (7.143)$$

因此, 方程 (7.140) 和方程 (7.141) 能给出方程 (7.139), 只是它们保留了在 $h_{lm}^{(0)}$ 中添加的与时间无关的部分的自由度, 从 $\partial_0 h_{lm}^{(0)}$ 出现在 (7.140) 和 (7.141) 式而 $h_{lm}^{(0)}$

本身并没有出现可以清楚地看出这一点. 然而, 这个与时间无关的部分可以通过施加黑洞在 $t \to -\infty$ 处不受扰动的边界条件来确定. 因此, (7.139) 式是冗余的. 在非零源项存在的情况下, 三个方程之间的一致性由物质能动张量守恒 $\bar{D}_\alpha T^{\alpha\beta} = 0$ 来保证, 这当然使得爱因斯坦方程 (7.72) 与比安基恒等式 $\bar{D}_\alpha G^{\alpha\beta} = 0$ 一致. 这意味着物质源必须沿着施瓦西度规的测地线移动.

利用 (7.141) 式, 现在可以从 (7.140) 式中消去 $\partial_0 h_{lm}^{(0)}$, 得到一个只涉及 $h_{lm}^{(1)}$ 的方程. 引入雷杰－惠勒函数

$$Q_{lm}(t,r) = \frac{1}{r} A(r) h_{lm}^{(1)}(t,r), \tag{7.144}$$

与 $h_{lm}^{(1)}$ 一样, 这里 $l \geqslant 1$. 利用 (7.5) 式中定义的乌龟坐标 r_* 和 $\partial_* = \partial/\partial r_*$ 比较方便. 此时 (7.140) 式变为

$$\left(\partial_*^2 - \partial_0^2 \right) Q_{lm} - V_l^{\mathrm{RW}}(r) Q_{lm} = S_{lm}^{\mathrm{ax}}, \tag{7.145}$$

其中

$$V_l^{\mathrm{RW}}(r) = A(r) \left[\frac{l(l+1)}{r^2} - \frac{3R_S}{r^3} \right] \tag{7.146}$$

为雷杰 - 惠勒势, 源项是

$$S_{lm}^{\mathrm{ax}}(t,r) = \frac{16\pi G}{c^4} \frac{A(r)}{r} \left\{ A(r) s_{lm}^{B1}(t,r) + \left(\partial_r - \frac{2}{r} \right) \left[A(r) s_{lm}^{B2}(t,r) \right] \right\}. \tag{7.147}$$

与我们在标量情况下得到的结果 (7.4) 相比, 我们看到标量微扰方程和轴向引力微扰方程具有相同的形式, 但等效势略有不同. 等效势可以统一写成

$$V_l(r) = A(r) \left[\frac{l(l+1)}{r^2} + \frac{(1-\sigma^2) R_S}{r^3} \right], \tag{7.148}$$

对于标量微扰 $\sigma = 0$, 对于轴向引力微扰 $\sigma = 2$. 值得注意的是, 电磁扰动的方程也可以写成同样的形式, 那里 $\sigma = 1$.

(7.145) 式称为雷杰－惠勒方程. 就像标量的情况一样, 我们可以对时间变量做傅里叶变换:

$$Q_{lm}(t,r) = \int_{-\infty}^{\infty} \frac{\mathrm{d}\omega}{2\pi} \tilde{Q}_{lm}(\omega,r) \mathrm{e}^{-\mathrm{i}\omega t}. \tag{7.149}$$

对 $S_{lm}(t,r)$ 也同样做傅里叶变换, 则 $\tilde{Q}_{lm}(\omega,r)$ 满足薛定谔型方程

$$\frac{\mathrm{d}^2}{\mathrm{d}r_*^2} \tilde{Q}_{lm} + \left[\frac{\omega^2}{c^2} - V_l^{\mathrm{RW}}(r) \right] \tilde{Q}_{lm} = \tilde{S}_{lm}^{\mathrm{ax}}, \tag{7.150}$$

其中 $r = r(r_*)$ 由 (7.5) 式反解得到. 在图 7.1 中, 我们将 $V_l^{\mathrm{RW}}(r)$ 表示为 r 的函数, 对于 $l = 2, 3, 4$, 在图 7.2 中, 我们将其绘制为 r_* 的函数.

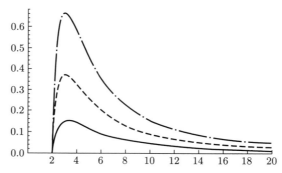

图 7.1　雷杰 – 惠勒势 $V_l^{\mathrm{RW}}(r)$ 作为施瓦西坐标半径 r 的函数. 这里仅显示了 $l = 2$ (实线), $l = 3$ (虚线) 和 $l = 4$ (点划线) 的结果[70]

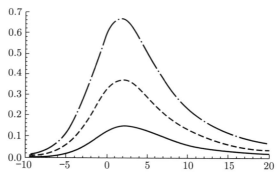

图 7.2　雷杰 – 惠勒势 $V_l^{\mathrm{RW}}(r)$ 作为乌龟坐标半径 r_* 的函数. 与图 7.1 一样, 这里仅显示了 $l = 2$ (实线)、$l = 3$ (虚线) 和 $l = 4$ (点划线) 的结果[70]

注意, 在 RW 规范下,

$$h_{lm}^{(1)} \equiv -h_{lm}^{B1} = +(k_1)_{lm} \tag{7.151}$$

[见 (7.116) 式] 和 $(k_1)_{lm}$ 在线性化规范变换下是规范不变的, 因此, 在 RW 规范中所做的 $Q_{lm}(t, r)$ 的定义 (7.144) 可以用更一般的定义代替:

$$Q_{lm}(t, r) = \frac{1}{r} A(r) (k_1)_{lm} (t, r). \tag{7.152}$$

上式显示近似到规范变换参数 ξ_μ 的线性项, $Q_{lm}(t, r)$ 是规范不变的. 因此, $Q_{lm}(t, r)$ 具有直接的、规范不变的含义.

在下一小节, 我们继续推导极向扰动方程.

7.3.5 极向微扰: 泽里利方程

将爱因斯坦方程以施瓦西度规为背景时空线性化, 还可以得到四个极向微扰 $H_{lm}^{(0)}, H_{lm}^{(1)}, H_{lm}^{(2)}$ 和 K_{lm} 的方程. 推导有点烦琐, 但是原则上是程序化的. 这涉及爱因斯坦方程中的七个方程, 其中一些是动力学方程, 另外一些则是约束方程. 这里只给出主要结果.

为简单起见, 采用几何单位制 $G = c = 1$. 首先, 对时间进行傅里叶变换很方便, 定义

$$\tilde{K}_{lm}(\omega, r) = \int_{-\infty}^{\infty} \mathrm{d}t K_{lm}(t, r) \mathrm{e}^{\mathrm{i}\omega t}. \tag{7.153}$$

对 $H_{lm}^{(0)}, H_{lm}^{(1)}, H_{lm}^{(2)}$ 和能动张量的系数 $s_{lm}^a(t, r)$ 也做同样的傅里叶变换:

$$\tilde{s}_{lm}^a(\omega, r) = \int_{-\infty}^{\infty} \mathrm{d}t s_{lm}^a(t, r) \mathrm{e}^{\mathrm{i}\omega t}. \tag{7.154}$$

定义

$$\lambda = \frac{(l-1)(l+2)}{2}. \tag{7.155}$$

引入泽里利函数 $\tilde{Z}_{lm}(\omega, r)$,

$$\tilde{Z}_{lm}(\omega, r) = \frac{r^2}{\lambda r + 3M} \tilde{K}_{lm}(\omega, r) + \frac{rA(r)}{\mathrm{i}\omega(\lambda r + 3M)} \tilde{H}_{lm}^{(1)}(\omega, r). \tag{7.156}$$

那么所有关于极向微扰的动力学方程都会归结为如下的关于 $\tilde{Z}_{lm}(\omega, r)$ 的方程:

$$\frac{\mathrm{d}^2}{\mathrm{d}r_*^2} \tilde{Z}_{lm} + \left[\omega^2 - V_l^Z(r) \right] \tilde{Z}_{lm} = \tilde{S}_{lm}^{\mathrm{pol}}, \tag{7.157}$$

其中

$$V_l^Z(r) = A(r) \frac{2\lambda^2(\lambda+1)r^3 + 6\lambda^2 Mr^2 + 18\lambda M^2 r + 18M^3}{r^3(\lambda r + 3M)^2} \tag{7.158}$$

称为泽里利势. (7.157) 式右边的源项为

$$\tilde{S}_{lm}^{\mathrm{pol}} = A\partial_r (AJ_{lm}) - \frac{16\pi \tilde{s}_{lm}^{Et}}{\mathrm{i}\omega} \frac{A\left[\lambda(\lambda+1)r^2 + 3Mr\lambda + 6M^2\right]}{r(\lambda r + 3M)^2}$$

$$- \frac{8\pi \tilde{s}_{lm}^{Rt}}{\mathrm{i}\omega} \frac{\lambda r^2 A^2}{(\lambda r + 3M)^2} + 8\pi \left(r\tilde{s}_{lm}^{L0} + 2\tilde{s}_{lm}^{E1}\right) \frac{rA^2}{\lambda r + 3M} - \frac{32\pi A}{r} \tilde{s}_{lm}^{E2}, \tag{7.159}$$

其中

$$J_{lm} = \frac{r}{\mathrm{i}\omega(\lambda r + 3M)} 8\pi \left(r\tilde{s}_{lm}^{Rt} + 2\tilde{s}_{lm}^{Et}\right). \tag{7.160}$$

(7.157) 式称为泽里利方程. 泽里利方程也是一个类薛定谔方程的二阶方程.

　　有趣的是, 尽管泽里利势的解析表达式更为复杂, 但在数值上, 泽里利势 $V_l^Z(r)$ 与 RW 势 $V_l^{RW}(r)$ 几乎无法区分, 尤其是在大 l 处, 如图 7.3 所示. 它们在 r 比较大时具有相同的渐近行为:

$$V_l^Z(r) \approx V_l^{RW}(r) \approx \frac{l(l+1)}{r^2} \quad (r \to \infty), \tag{7.161}$$

而当半径 r 接近视界时, V_l^Z 和 V_l^{RW} 都趋近于零.

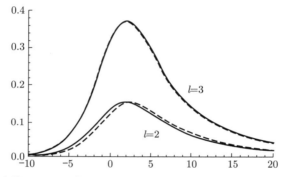

图 7.3　泽里利势 (实线) 和 RW 势 (虚线) 作为 r^* 的函数. 作为例子, 仅显示 $l = 2$ (下曲线) 和 $l = 3$ (上曲线) 的结果, 从图中可见, 两种势几乎完全重合[70]

　　后面还会看到, 这两个势具有完全相同的准简正模.

7.3.6　边界条件

　　为了求解 RW 方程和泽里利方程, 必须给定边界条件. 边界条件的选择取决于具体的问题.

　　先来分析 RW 方程和泽里利方程解在 $r_* \to \pm\infty$ 处的可能渐近行为. 首先考虑 $r_* \to +\infty$. 假设能动张量在 $r \to \infty$ 时, 比 $1/r^2$ 更快地趋于零, 因此通过对 $\mathrm{d}^3x = r^2\mathrm{d}r\mathrm{d}\Omega$ 积分得到的扰动的总能量是有限的. 对于较大的 r, RW 和泽里利势都以 $1/r^2$ 的形式趋近于零, 见 (7.161) 式, RW 方程和泽里利方程成为自由方程. 因此, 泽里利方程在 $r_* \to +\infty$ 处的通解 $Z_{lm}(t,r)$ 是一些平面波的叠加:

$$Z_{lm}(t,r) \to \int_{-\infty}^{\infty} \mathrm{d}\omega \left[A_{lm}^{out}(\omega)\mathrm{e}^{-\mathrm{i}\omega(t-r_*/c)} + C_{lm}^{in}(\omega)\mathrm{e}^{-\mathrm{i}\omega(t+r_*/c)} \right], \tag{7.162}$$

其中

$$A_{lm}^{out}(\omega) = \left[A_{lm}^{out}(-\omega) \right]^*, \tag{7.163}$$

$C_{lm}^{\text{in}}(\omega) = \left[C_{lm}^{\text{in}}(-\omega)\right]^*$，这是因为 $Z_{lm}(t,r)$ 是实数. 与 $\exp\left\{-\mathrm{i}\omega\left(t-r_*/c\right)\right\}$ 成比例的解是一个外行的径向波，即辐射逃逸到无限远，而 $\exp\left\{-\mathrm{i}\omega\left(t+r_*/c\right)\right\}$ 是内行波，是一个从无限远处向黑洞的入射波.

边界条件的选择取决于问题的物理性质. 我们非常感兴趣的一种情况是，施瓦西时空在某个时间 t_0 受到了外部因素的扰动，因此 $Z_{lm}(t_0,r)$ 和 $Q_{lm}(t_0,r)$ 不等于零，以它们作为扰动方程的初始条件，接下来我们研究扰动是如何随时间演化的. 一般来说，扰动的一部分将向无穷远处传播，而另一部分将向黑洞视界传播. 因此，在 $r_* \to +\infty$ 处，将有一个纯粹的外行波. 我们对引力辐射从无穷远处入射黑洞的情况不感兴趣，在 (7.162) 式中令 $C_{lm}^{\text{in}}(\omega)=0$，因此 $r=+\infty$ 的边界条件为

$$Z_{lm}(t,r) \to \int_{-\infty}^{\infty} \mathrm{d}\omega A_{lm}^{\text{out}}(\omega)\mathrm{e}^{-\mathrm{i}\omega(t-r_*/c)} \quad (r_* \to +\infty). \tag{7.164}$$

同样，对于轴向扰动，我们要求

$$Q_{lm}(t,r) \to \int_{-\infty}^{\infty} \mathrm{d}\omega \frac{\omega}{c} B_{lm}^{\text{out}}(\omega)\mathrm{e}^{-\mathrm{i}\omega(t-r_*/c)} \quad (r_* \to +\infty). \tag{7.165}$$

(7.165) 式中的因子 ω/c 是 $B_{lm}^{\text{out}}(\omega)$ 定义的一部分，引入它是为了使 $B_{lm}^{\text{out}}(\omega)$ 具有与 $A_{lm}^{\text{out}}(\omega)$ 相同的量纲. 为了得到 $r_* \to -\infty$ 处的可能解，我们发现视界附近的势 $V_l^{\text{RW}}(r)$ 和 $V_l^{Z}(r)$ 与背景度规 $A(r)$ 一样趋近于零. 接近黑洞视界，$r \approx R_{\text{S}}$，r_* 和 r 之间的关系变为

$$r_* \approx R_{\text{S}} + R_{\text{S}} \ln \frac{r-R_{\text{S}}}{R_{\text{S}}}, \tag{7.166}$$

因此有

$$A(r) \approx \mathrm{e}^{(r_*-R_{\text{S}})/R_{\text{S}}}. \tag{7.167}$$

从上式明显可以看出，当 $r_* \to -\infty$ 时，$A(r) \to 0$. 假设扰动的能动张量在视界附近消失，在 $r_* \to -\infty$ 处，扰动方程又变成一个自由波动方程，存在径向外行和内行的引力波. 不难理解，内行波来自初始扰动. 由于黑洞视界是一个单向膜，因此，在视界附近，我们选择纯入射波边界条件

$$Z_{lm}(t,r) \to \int_{-\infty}^{\infty} \mathrm{d}\omega A_{lm}^{\text{in}}(\omega)\mathrm{e}^{-\mathrm{i}\omega(t+r_*/c)} \quad (r_* \to -\infty), \tag{7.168}$$

以及

$$Q_{lm}(t,r) = \int_{-\infty}^{\infty} \mathrm{d}\omega \frac{\omega}{c} B_{lm}^{\text{in}}(\omega)\mathrm{e}^{-\mathrm{i}\omega(t+r_*/c)} \quad (r_* \to -\infty), \tag{7.169}$$

其中 $A_{lm}^{\mathrm{in,out}}(\omega)$ 和 $B_{lm}^{\mathrm{in,out}}(\omega)$ 通过求解扰动方程得到. 值得注意的是, 泽里利势和 RW 势无论 ω 的值是多少都恒大于 0, 因此不存在束缚态.

从 (7.164) 和 (7.165) 式可见, 在 $r \to \infty$ 处的每个外行波的傅里叶模式的行为与 $\exp\{-\mathrm{i}\omega(t - r_*/c)\}$ 成正比, 而不是像平面波那样与 $\exp\{-\mathrm{i}\omega(t-r/c)\}$ 成正比. 对于较大的 r 值, r_* 与 r 相差一个对数项, $r_* \approx r + R_{\mathrm{S}} \ln(r/R_{\mathrm{S}})$, 因此此在外行波中存在对数相移. 这完全类似于库仑势的散射问题, 简单地反映了电磁或引力相互作用的长程行为, 即引力势和库仑势在半径比较大时, 随着 $1/r$ 的函数形式减小.

§7.4   黑洞准简正模

我们现在定性讨论 RW 和泽里利方程. 我们将看到它们描述的时空振荡被称为黑洞的铃宕.

考虑在 RW 方程或泽里利方程中源项为零的情况, 即扰动只发生在 t_0 之前, 我们关心的是初始扰动是如何演变的. 因此, 无源的 RW 方程或泽里利方程为

$$\phi''(\omega, x) + \left[\omega^2 - V(x)\right]\phi(\omega, x) = 0, \tag{7.170}$$

其中 $x \equiv r_*/c$ 的范围从 $-\infty$ 到 $+\infty$, ϕ'' 表示 ϕ 对 x 的二阶导数的傅里叶变换, 这里 ϕ 代表 RW 或泽里利函数. $V(x)$ 分别是 RW 势或泽里利势. 目前, 我们考虑的是 $V(x)$ 具有如图 7.3 所示的定性形式, 以及它在 $x \to \pm\infty$ 处的渐近行为.

对于两端固定的弦振动, 我们知道系统随时间的演化完全由一组简正模来表征, 即由一组形式的解来表征:

$$\phi_n(t, x) = \mathrm{e}^{-\mathrm{i}\omega_n t}\psi_n(x), \tag{7.171}$$

其中 ω_n 为一组离散的本征频率. 这些频率称为简正模频率, 对应的解 (7.171) 是系统的简正模. 对于一维弦, 其简正模是完备的, 因此初始扰动可以展开为简正模. 由于每个简正模以简谐依赖演化, 所以微扰的一般演化有如下形式:

$$\phi(t, x) = \sum_n a_n \mathrm{e}^{-\mathrm{i}\omega_n t}\psi_n(x), \tag{7.172}$$

系数 a_n 由初始时刻的扰动形式确定.

现在的问题是, 能否从对 (7.170) 式的研究中得到类似的结果? 答案是否定的. 这是因为方程 (7.170) 不存在束缚态解, 另外, 黑洞视界是一个吸收的内边界. 通过 (7.164) ~ (7.169) 式可以得出黑洞微扰 $\phi(\omega, x)$ 的适当边界条件为

$$\phi(\omega, x) \propto \mathrm{e}^{+\mathrm{i}\omega x} \quad (x \to +\infty), \tag{7.173}$$

$$\phi(\omega, x) \propto \mathrm{e}^{-\mathrm{i}\omega x} \quad (x \to -\infty), \tag{7.174}$$

或者更简洁地说,

$$\phi(\omega, x) \propto \mathrm{e}^{+\mathrm{i}\omega|x|} \quad (x \to \pm\infty). \tag{7.175}$$

与弦振动类似, 这些边界条件导致 ω 取一些离散值, 相应的解是系统的简正模. 与通常的简正模的区别在于, 对于黑洞, 这些简正模的频率既有实部又有虚部, 相应的解称为准简正模, 相应的频率称为准简正模频率.

为了表明边界条件 (7.173) 和 (7.174) 式给出 ω 的一些离散值, 首先将 (7.170) 式写成相应的时域中的方程:

$$\left[-\frac{\partial}{\partial t^2} + \frac{\mathrm{d}^2}{\mathrm{d}x^2} - V(x)\right]\phi(t, x) = 0. \tag{7.176}$$

由于 $V(x)$ 在 $x \to \pm\infty$ 中消失, 在无穷远处, (7.176) 式的解简化为外行或内行的平面波 $\exp\{-\mathrm{i}\omega(t \pm x)\}$. 在这个等效的一维散射问题中, 我们可以考虑在 $x = -\infty$ 处存在一个外行波包的情况:

$$\phi_0(t, x) = \int_{-\infty}^{\infty} \frac{\mathrm{d}\omega}{2\pi} A_0(\omega) \exp\{-\mathrm{i}\omega(t - x)\} \quad (x \to -\infty), \tag{7.177}$$

该波包部分被势 $V(x)$ 反射, 部分穿透势 $V(x)$ 向外传播. 因此, 在 $x = -\infty$ 处会有一个内行的反射波包

$$\phi_{\mathrm{r}}(t, x) = \int_{-\infty}^{\infty} \frac{\mathrm{d}\omega}{2\pi} A_{\mathrm{r}}(\omega) \exp\{-\mathrm{i}\omega(t + x)\} \quad (x \to -\infty), \tag{7.178}$$

而在 $x = +\infty$ 处也会有一个外行透射波包:

$$\phi_{\mathrm{t}}(t, x) = \int_{-\infty}^{\infty} \frac{\mathrm{d}\omega}{2\pi} A_{\mathrm{t}}(\omega) \exp\{-\mathrm{i}\omega(t - x)\} \quad (x \to +\infty). \tag{7.179}$$

因此, 用傅里叶模态 $\phi(\omega, x)$ 表示, $x = -\infty$ 处的渐近解为

$$\phi(\omega, x) \approx A_0(\omega)\mathrm{e}^{+\mathrm{i}\omega x} + A_{\mathrm{r}}(\omega)\mathrm{e}^{-\mathrm{i}\omega x}, \tag{7.180}$$

在 $x = +\infty$ 处, 渐近解为

$$\phi(\omega, x) \approx A_{\mathrm{t}}(\omega)\mathrm{e}^{+\mathrm{i}\omega x}. \tag{7.181}$$

概率守恒要求 $|A_0(\omega)|^2 = |A_{\mathrm{r}}(\omega)|^2 + |A_{\mathrm{t}}(\omega)|^2$. 在此等效一维散射问题中, 反射振幅为

$$S(\omega) = \frac{A_{\mathrm{r}}(\omega)}{A_0(\omega)}. \tag{7.182}$$

边界条件 (7.173) 和 (7.174) 对应于 $A_0(\omega) = 0$ 和 $A_r(\omega) \neq 0$, 所以对应于散射振幅 $S(\omega)$ 的极点. 因此, 边界条件 (7.173) 和 (7.174) 式导致 ω 取一些离散值. 用散射理论的语言来说, 这些特殊频率就是系统的共振频率.

我们将用 ω_{QNM} 表示的 ω 的这些特殊值 (复数) 写为

$$\omega_{QNM} \equiv \omega_R + i\omega_I \equiv \omega_R - i\frac{\gamma}{2}. \tag{7.183}$$

该结果可以通过严格的计算得到 (这里不进一步讨论了). 然而, 这个结果很容易理解, 因为在物理上很清楚, 在这个问题中不存在平稳扰动. 相反, 最初的黑洞微扰在 $x = +\infty$ 处衰减并消失为引力辐射, 或者在 $x = -\infty$ 处接近视界. 这意味着在每个固定的 x 处, 扰动振幅最终必须趋于零, 因此形式为 $e^{-i\omega_{QNM}t}\psi_n(x)$ 的任何解必须具有 (7.183) 式中给出的形式 ω_{QNM}, 其中 $\omega_I < 0$ 或 $\gamma > 0$.

当然, 在任何现实的宏观系统中, 由于耗散, 简正模频率总是有一个虚部, 即存在耗散. 问题是, 对现实的宏观系统, 黏滞系数 (对应 ω 的虚部) 和振动频率 (对应 ω 的实部) 是独立的, 原则上可以减少黏滞系数, 使得 ω 的虚部很小. 而在黑洞系统中, ω_R 和 ω_I 是由相同的方程 (泽里利方程或 RW 方程) 同时确定的, 并且没有可以调整的参数来实现 $|\omega_I| \ll \omega_R$. 事实上, $|\omega_I|$ 至少与 ω_R 相同数量级, 或者大得多.

在数学上, QNM 频率是复数这一事实可以追溯到边界条件 (7.173) 和 (7.174) 是复的. 再次利用控制黑洞微扰的方程 (7.170) 与等效的不含时薛定谔方程之间的形式类比, 我们可以利用量子力学的标准结果得到该结论. 一般来说, 在量子力学中, 只有施加在波函数上的边界条件是实的, 哈密顿量才具有实的特征值. 例如, 如果我们在无穷远处强加一个边界条件, 即波函数是一个出射的球形波 [即三维中的 $\psi \sim (1/r)e^{ikr}$], 那么哈密顿量的特征值是复数 $E = E_R - i\Gamma/2$, 波函数振荡的行为是 $e^{-iEt/\hbar} = e^{-iE_Rt/\hbar}e^{-\Gamma t/2}$, 其中 $\Gamma > 0$ 是初态的衰减宽度.

正如在物理上预期的那样, QNM 频率的表达式 (7.183) (在等效的薛定谔问题中, 它的 "波函数") 是空间坐标的函数. 根据定义, 在 $x \to \pm\infty$ 处, QNM 满足边界条件 (7.173) 和 (7.174) 式,

$$\phi(\omega, x) \propto e^{i\omega|x|} = e^{i\omega_R|x|}e^{+\gamma|x|/2} \quad (x \to \pm\infty), \tag{7.184}$$

因为 $\gamma > 0$, QNM 在无限远处和视界上都呈指数发散! 这清楚地表明, QNM 的行为与通常的简正模截然不同. 首先, 在整个空间中, QNM 不能表示系统在给定时间的物理状态, 因为在任何给定时间它都携带着无限的能量. 相反, 它最多只能描述 $\phi(t, x)$ 在足够大的 t 值下, 在固定的 x 值下的行为. $|x|$ 的值越大, 这种渐近行为发生的时间值也越大, 因此指数增长因子 $e^{+\gamma|x|/2}$ 总是被 $e^{-\gamma t/2}$ 抵消.

这种空间依赖性的另一个后果是, QNM 通常不会形成一个完备基. 我们可以直观地理解这一点, 因为在 $x \to \pm\infty$ 处趋于零的物理有限能量扰动似乎不太可能被表示为在这些极限处发散的函数的叠加, 并且这些函数携带无限能量.

根据 QNM 的定义, 小结如下. 当 ω 为复数时, 边界条件 (7.175) 不足以得到唯一解. 事实上, 考虑一个解 $\phi_1(\omega, x)$, 当 $x \to +\infty$ 时, 它具有渐近行为

$$\phi_1(\omega, x) = \mathrm{e}^{\mathrm{i}\omega x}\left[1 + O\left(\frac{1}{x}\right)\right] = \mathrm{e}^{\mathrm{i}\omega_\mathrm{R} x}\mathrm{e}^{\gamma x/2}\left[1 + O\left(\frac{1}{x}\right)\right]. \tag{7.185}$$

由于 (7.170) 式在 $\omega \to -\omega$ 下是不变的, 所以还存在第二个解, 其渐近行为是

$$\phi_2(\omega, x) = \mathrm{e}^{-\mathrm{i}\omega x}\left[1 + O\left(\frac{1}{x}\right)\right] = \mathrm{e}^{-\mathrm{i}\omega_\mathrm{R} x}\mathrm{e}^{-\gamma x/2}\left[1 + O\left(\frac{1}{x}\right)\right]. \tag{7.186}$$

当然, 任何形式的线性组合 $\phi_1(\omega, x) + \alpha\phi_2(\omega, x)$ (α 为常数), 当 $x \to +\infty$ 时, 仍然有与 $\phi_1(\omega, x)$ 相同的渐近行为, 因为 $\phi_2(\omega, x) \propto \mathrm{e}^{-\gamma x/2}$, 因此有

$$\begin{aligned}
\phi_1(\omega, x) + \alpha\phi_2(\omega, x) &= \mathrm{e}^{\mathrm{i}\omega_\mathrm{R} x}\mathrm{e}^{\gamma x/2}\left[1 + O\left(\frac{1}{x}\right) + \alpha\mathrm{e}^{-2\mathrm{i}\omega_\mathrm{R} x}\mathrm{e}^{-\gamma x}\right] \\
&= \mathrm{e}^{\mathrm{i}\omega_\mathrm{R} x}\mathrm{e}^{\gamma x/2}\left[1 + O\left(\frac{1}{x}\right)\right].
\end{aligned} \tag{7.187}$$

可见, 施加在 $x \to +\infty$ 处的边界条件 $\phi(\omega, x) \propto \mathrm{e}^{\mathrm{i}\omega x}$ 不足以确定唯一解, 对于 $x \to -\infty$ 处的条件也是如此. 因此, 本节中讨论的基于傅里叶变换方程 (7.170) 的 QNM 的定义只是启发式的. 可以用拉普拉斯变换严格讨论 QNM, 这里不再赘述.

§7.5 特科尔斯基方程

克尔黑洞的微扰方程非常复杂, 经过艰辛的努力, 1973 年特科尔斯基 (Teukolsky) 在纽曼 – 彭罗斯零标架表述下, 成功得到了可分离变量的黑洞扰动方程, 现在称之为特科尔斯基方程[74]. 这种形式下的微扰理论对于克尔和施瓦西度规是非常相似的. 要做微扰理论, 首先通过选择一个标架 l_A^μ, q_A^μ 等来指定背景时空, 按照特科尔斯基的符号[74], 下标 A 表示背景值. 微扰黑洞时空意味着微扰后的四标架为 $l_A^\mu + l_B^\mu, q_A^\mu + q_B^\mu$ 等, 其中下标 B 表示微扰量. 所有的纽曼 – 彭罗斯量都可以写成 $\Psi_a = \Psi_a^A + \Psi_a^B$ 以及 $\Phi_{ab} = \Phi_{ab}^A + \Phi_{ab}^B$.

作为无微扰的四标架, 可以选择金纳斯利四标架. 它们是

$$\Psi_0^A = \Psi_1^A = \Psi_3^A = \Psi_4^A = 0. \tag{7.188}$$

这意味着 Ψ 在线性坐标变换下是不变的. 事实上, 因为 Ψ 是标量, 在坐标变换 $x^\mu \to x'^\mu = x^\mu + \xi^\mu$ 下, 它们变换为 $\Psi(x) \to \Psi'(x')$, 并满足

$$\Psi'(x') = \Psi(x), \tag{7.189}$$

即近似到 ξ 的线性阶,

$$\Psi'(x) = \Psi(x) - \xi^\mu \partial_\mu \Psi. \tag{7.190}$$

写成 $\Psi = \Psi^A + \Psi^B$ 并且只保留线性项, 我们得到

$$\Psi'_B(x) = \Psi_B(x) - \xi^\mu \partial_\mu \Psi_A. \tag{7.191}$$

并且如果 $\Psi^A = 0$, 在线性近似下, 微扰量 $\Psi_B(x)$ 在规范变换下是不变的.

利用这种形式, 特科尔斯基发现 Ψ_0 和 Ψ_4 的扰动方程解耦, 并且可以写成统一的形式

$$\begin{aligned}
&\left[\frac{(r^2 + a^2)^2}{\Delta} - a^2 \sin^2\theta \right] \partial_0^2 \psi + \frac{2aR_{\mathrm{S}}r}{\Delta} \partial_0 \partial_\varphi \psi + \left[\frac{a^2}{\Delta} - \frac{1}{\sin^2\theta} \right] \partial_\varphi^2 \psi \\
&- \Delta^{-s} \partial_r \left(\Delta^{s+1} \partial_r \psi \right) - \frac{1}{\sin\theta} \partial_\theta \left(\sin\theta \partial_\theta \psi \right) - 2s \left[\frac{a(2r - R_{\mathrm{S}})}{2\Delta} + \mathrm{i}\frac{\cos\theta}{\sin^2\theta} \right] \partial_\varphi \psi \\
&- 2s \left[\frac{R_{\mathrm{S}}(r^2 - a^2)}{2\Delta} - r - \mathrm{i}a\cos\theta \right] \partial_0 \psi + \left(s^2 \cot^2\theta - s \right) \psi = 4\pi G \rho^2 T, \quad (7.192)
\end{aligned}$$

其中 $R_{\mathrm{S}} = 2GM/c^2$. 这就是特科尔斯基方程. 参数 s 称为自旋权重, 它统一了不同的方程: 对 $s = 2$, 方程 (7.192) 中的变量 ψ 等于 Ψ_0; 对 $s = -2$ 给出了

$$\psi = (r - \mathrm{i}a\cos\theta)^4 \Psi_4. \tag{7.193}$$

方程 (7.192) 右边的 T 表示的量的定义也取决于 s. 为了研究克尔黑洞的 QNM, 考虑真空方程就足够了, 在这种情况下, 方程 (7.192) 右侧的 $T = 0$.

值得注意的是, 方程 (7.192) 甚至适用于克尔黑洞的电磁扰动, 也适用于无质量自旋 1/2 扰动. 当 $s = +1$ 时, 方程 (7.192) 描述电磁扰动, ψ 等于纽曼 – 彭罗斯量

$$\phi_2 \equiv F_{\mu\nu} \bar{m}^\mu q^\nu. \tag{7.194}$$

而对于 $s = -1, \psi = (r - \mathrm{i}a\cos\theta)^2 \phi_2$. 当 $s = \pm 1/2$ 时, 微扰方程 (7.192) 描述了无质量自旋 1/2 波的扰动.

克尔时空是轴对称的, 因此在方程 (7.192) 中, 不可能用球谐波来分离变量. 然而, 特科尔斯基发现方程仍然可以分离:

$$\psi^{(s)}(t,r,\theta,\varphi) = \int_{-\infty}^{\infty} \mathrm{d}\omega \sum_{l,m} R_{lm}^{(s)}(r,\omega) S_{lm}^{(s)}(\theta,\omega) \mathrm{e}^{\mathrm{i}m\varphi} \mathrm{e}^{-\mathrm{i}\omega t}. \tag{7.195}$$

这里我们加了一个上标 (s) 来说明它的定义取决于自旋权重 s, 其中角向方程为

$$0 = \frac{1}{\sin\theta}\partial_\theta\left(\sin\theta\partial_\theta S_{lm}^{(s)}\right) + \left[\frac{a^2\omega^2}{c^2}\cos^2\theta - \frac{m^2}{\sin^2\theta} - \frac{2sa\omega}{c}\cos\theta\right.$$
$$\left. -2sm\frac{\cos\theta}{\sin^2\theta} - \left(s^2\cot^2\theta - s\right) + A_{lm}^{(s)}(\omega)\right] S_{lm}^{(s)}, \tag{7.196}$$

其中 $A_{lm}^{(s)}(\omega)$ 为分离常数. 由上式定义的必须在区间 $\theta \in [0,\pi]$ 上满足正则条件的函数 $S_{lm}^{(s)}(\theta,\omega)$ 称为自旋加权球体谐函数. 对于 $s = 0$, 它们简化为所谓的球体函数 $S_{lm}\left(-a^2\omega^2/c^2, \cos\theta\right)$, 而对于 $\omega = 0$, 它们简化为函数

$$Y_{lm}^{(s)}(\theta,\varphi) = S_{lm}^{(s)}(\theta)\mathrm{e}^{\mathrm{i}m\varphi}, \tag{7.197}$$

称为自旋加权球谐函数. 函数 $S_{lm}^{(s)}(\theta) \equiv S_{lm}^{(s)}(\theta, \omega = 0)$, 有

$$S_{lm}^{(s)}(\theta) = (-1)^s\sqrt{\frac{2l+1}{4\pi}}d_{m,-s}^l(\theta), \tag{7.198}$$

其中 $d_{m,m'}^j(\theta)$ 是维格纳 (小) d-矩阵:

$$d_{m,m'}^j(\theta) = \sqrt{(j+m)!\,(j-m)!\,(j+m')!\,(j-m')!}$$
$$\times \sum_{k=k_1}^{k_2} \frac{(-1)^k}{(j+m-k)!k!\,(m'-m+k)!\,(j-m'-k)!}$$
$$\times [\cos(\theta/2)]^{2j+m-m'-2k}[\sin(\theta/2)]^{2k+m'-m}, \tag{7.199}$$

并且对所有上式中的阶乘非负的 k 值进行求和, 即 $k_1 = \max(0, m-m')$ 和 $k_2 = \min(j+m, j-m')$.

对于任意给定的 ω, 量 $A_{lm}^{(s)}(\omega)$ 原则上可以用方程 (7.196) 的特征值进行数值计算. 还要注意, 因为 $A_{lm}^{(s)}(\omega)$ 依赖于 ω, 所以 r 和 θ 变量的分离只能在频域中执行, 而不能在时域中执行.

将 (7.195) 式代入 (7.192) 式, 我们最终得到径向函数 $R_{lm}^{(s)}(r,\omega)$ 的方程:

$$0 = \Delta^{-s}\partial_r\left(\Delta^{s+1}\partial_r\right)R_{lm}^{(s)}(r,\omega)$$
$$+ \left(\frac{K^2(\omega) - \mathrm{i}s\left(2r - R_\mathrm{S}\right)K(\omega)}{\Delta} + \frac{4\mathrm{i}s\omega r}{c} - \lambda_{lm}^{(s)}(\omega)\right)R_{lm}^{(s)}(r,\omega), \tag{7.200}$$

其中

$$K(\omega) = \left(r^2 + a^2\right) \frac{\omega}{c} - am, \tag{7.201}$$

$$\lambda_{lm}^{(s)}(\omega) = A_{lm}^{(s)}(\omega) + \frac{a^2\omega^2}{c^2} - 2m\frac{a\omega}{c}. \tag{7.202}$$

原则上可以使用这个径向方程来计算克尔黑洞的 QNM. 然而, 由于方程的复杂性较高, 实际计算更为复杂. 对于每个 (l, m), 有无穷多个由 $n = 1, 2, \cdots$ 参数化的简正模态, 因此我们将 QNM 频率写成 ω_{nlm}, 其中与引力波辐射最相关的模态是 $n = 1, l = m = 2$ 的模态.

第八章　黑洞相对论性吸积

致密天体 (包括白矮星、中子星和黑洞) 通过引力捕获周围物质的过程称为吸积. 特别是对黑洞来说, 由于黑洞的引力势阱很深, 气体从无穷远处落入黑洞的最小稳定轨道上的时候, 大约有 10% 静止质量对应的能量可能转化为辐射, 即黑洞吸积过程的产能率约为 10%, 甚至达到 40%(对极端克尔黑洞), 这个值要比核聚变的产能率 (大约为 0.67%) 高得多. 黑洞吸积作为一种高效的产能过程被提出来就是为了解释 20 世纪 60 年代发现的类星体的能源之谜. 大量的天文观测和理论研究表明, 黑洞吸积是宇宙中大多数高能现象 (X 射线双星、伽马射线暴、微类星体、类星体等) 的中心引擎, 即高能辐射的最终能量来源. 黑洞吸积也将伴随着黑洞质量的增长. 目前我们观测到大量的星系和类星体中心都存在质量范围为 $10^6 \sim 10^{10} M_\odot$ 的超大质量黑洞, 气体吸积是它们质量增长的主要方式.

严格计算黑洞的吸积和辐射过程是非常困难的. 主要的困难有以下几点: 第一, 如果吸积物质, 主要是气体的总质量与黑洞的质量相当的时候, 我们需要考虑吸积物质对黑洞周围时空性质的影响, 技术上只能用数值相对论来处理, 而且还要考虑引力辐射和电磁辐射的反馈. 第二, 一般情况下, 吸积是三维的、动态的, 只能通过数值方法求解含时的三维流体动力学吸积过程. 如果不考虑吸积气体的初始角动量, 吸积气体可能保持球对称吸积, 问题将大大简化. 如果气体具有一定的初始角动量, 由于角动量守恒, 吸积气体可能是盘状的, 可以近似为二维的轴对称吸积, 这就是大多数文献中讨论的吸积盘的理论. 第三, 气体在吸积过程中被加热、电离. 在吸积气体比较稀薄的情况下, 气体在吸积中释放的引力能最初转化为重子物质, 例如质子和其他离子的动能, 离子通过与电子碰撞, 将动能传递给电子, 由于电子的荷质比要比离子的荷质比大得多, 电子通过轫致辐射或同步辐射 (假设吸积流中存在局部的、紊乱的磁场) 将部分引力能辐射出去. 如果吸积气体的密度比较高, 吸积流是光学厚的, 吸积过程中释放的引力能一般局部直接转化为吸积流的热能, 热能从吸积流的表面以热辐射的方式被辐射出去. 吸积流中的具体辐射机制涉及等离子体的状态、电子的能量分布、吸积流中的磁场强度和分布等等, 非常复杂. 更难处理的是, 辐射要带走系统的能量、动量和角动量, 反过来会影响吸积流的动力学, 即辐射反馈作用, 这也大大增加了处理的难度. 第四, 吸积流中肯定存在磁场, 原则上我们需要考虑磁场对吸积过程的影响. 磁场的影响是全方位的, 包括磁应力、磁能密度、磁场对等离子体加热和辐射的贡献. 第五, 吸积气体的来源很多, 在外边界处, 吸积气体的初始温度和角动量等外边界条件对吸积流的整体结构具有决定性的影响. 总之, 在一般吸积的情况下, 我们需要研究在动态时空中 3+1 维的、相对论性的、包含辐射反馈的磁流体动力学. 这几乎是一个不可能完成的任务. 在大多数情况下, 只能简化处理, 这是大多数关于黑洞吸积理论的教材要讨论的问题, 我们这里不再赘述, 请参考文献 [32, 75-77, 78].

在本章中, 我们将讨论在施瓦西黑洞和克尔黑洞时空背景下的几个理想化的黑洞吸积模型, 例如不考虑辐射反馈的球对称和轴对称吸积.

§8.1 无碰撞球对称吸积

在本节中, 我们先在牛顿力学框架下研究质量为 M、半径为 R 的中心天体的吸积, 其中吸积气体由相同的质量为 m 的无碰粒子组成. 由于粒子之间不存在相互作用, 吸积气体的所有统计性质可以用单粒子的分布函数 $f_1(\boldsymbol{r}, p, t)$ 描述, 它的物理含义为单位相空间粒子的数密度.

无碰撞气体的分布函数 f_1 由刘维尔方程或无碰撞玻尔兹曼方程确定:

$$\frac{\mathrm{D}}{\mathrm{D}t} f_1(\boldsymbol{r}, \boldsymbol{v}, t) \equiv \frac{\partial f_1}{\partial t} + \boldsymbol{v} \cdot \nabla_{\boldsymbol{r}} f_1 + \dot{\boldsymbol{v}} \cdot \nabla_{\boldsymbol{v}} f_1 = 0, \tag{8.1}$$

其中 $\boldsymbol{v} \equiv \dot{\boldsymbol{r}}$ 和 $\dot{\boldsymbol{v}}$ 分别是粒子的速度和加速度. 这里 $\dot{\boldsymbol{v}} = -\nabla \Phi$, Φ 是引力势, 一部分由中心天体提供, 另一部分由气体的自引力部分提供:

$$\Phi = -\frac{GM}{r} + \Phi_{\mathrm{self}}, \tag{8.2}$$

其中 r 是到中心天体的距离. 气体的自引力势由泊松方程决定:

$$\nabla^2 \Phi_{\mathrm{sedf}} = 4\pi G\rho, \tag{8.3}$$

其中 $\rho \equiv mn$ 为气体的质量密度, n 为气体的粒子数密度,

$$n(\boldsymbol{r}, t) \equiv \int f_1(\boldsymbol{r}, \boldsymbol{p}, t) \mathrm{d}^3 p. \tag{8.4}$$

很多情况下, 气体的自引力可以忽略, 为简化起见, 下面不再考虑气体的自引力效应.

对于分布函数与时间无关的静态流, f_1 仅是运动积分的函数. 对于静态的球对称情形, 由于对称性, 能量 E 和角动量 L 是运动积分:

$$E = \frac{1}{2} v_r^2 + \frac{1}{2} \frac{L^2}{r^2} - \frac{GM}{r}, \tag{8.5}$$

$$L = r v_t. \tag{8.6}$$

这里 E 和 L 是单位质量能量和角动量, v_r 和 v_t 是径向和横向粒子速度. 给定 E 和 L, 粒子轨迹完全确定, 因此 $f_1 = f_1(E, L)$. 此外, 如果速度分布处处是各向同性的, 那么 f_1 将进一步简化为 $f_1 = f_1(E)$, 因此, (8.4) 式可简化为

$$n(r) = 4\pi \int v^2 f_1 \mathrm{d}v = 4\pi \int_{E=\Phi}^{\infty} [2(E - \Phi)]^{1/2} f_1(E) \mathrm{d}E. \tag{8.7}$$

考虑天体吸积无碰撞气体. 如果粒子的角动量小于临界值 $L_{\min}(E)$, 它的瞄准距离小于中心天体的俘获半径, 则当它们接近中心天体时将被捕获. 对于绕着半径为 R 的天体运行的非相对论性 $(v \ll c)$ 粒子, 有

$$L_{\min}(E) \equiv \left[2\left(E + \frac{GM}{R} \right) \right]^{1/2} R. \tag{8.8}$$

对于绕黑洞运行的非相对论性粒子, 有

$$L_{\min}(E) = \frac{4GM}{c}. \tag{8.9}$$

因此, $L_{\min}(E)$ 定义了速度空间中的 "损失锥", 损失锥中的粒子将被中心天体俘获. 由于损失锥 $L < L_{\min}(E)$ 的存在, 可以方便地确定粒子密度作为 E 和 L 的函数. 根据 (8.5) 和 (8.6) 式, 速度空间体积微元 $\mathrm{d}^3 v$ 为

$$\mathrm{d}^3 v = 2\pi v_t \mathrm{d}v_t \mathrm{d}v_r = \frac{4\pi L \mathrm{d}L \mathrm{d}E}{r^2 |v_r|}, \tag{8.10}$$

其中因子 2 是因为对于给定的 E, v_r 可正可负. 对于朝向中心天体运动的粒子, 它的径向速度小于零, 则单位 r, E 和 L 具有向内径向速度的粒子数

$$N^-(r, E, L) \mathrm{d}r \mathrm{d}E \mathrm{d}L = \frac{1}{2} f_1(E, L) \mathrm{d}^3 r \mathrm{d}^3 v = 8\pi^2 \frac{L}{|v_r|} f_1 \mathrm{d}r \mathrm{d}E \mathrm{d}L. \tag{8.11}$$

因此, 粒子被捕获到中心天体上的总捕获率为

$$\dot{N}_{\mathrm{tot}} = \int_{\Phi(r)}^{\infty} \mathrm{d}E \int_{L=0}^{L_{\min}(E)} \mathrm{d}L \, |v_r| \, N^-(r, E, L) \bigg|_{r=R}$$

$$= 8\pi^2 \int_{\Phi(R)}^{\infty} \mathrm{d}E \int_0^{x_{\min}(E)} \mathrm{d}L f(E) L, \tag{8.12}$$

相应的质量吸积速率为 $\dot{M}_{\mathrm{tot}} = m\dot{N}_{\mathrm{tot}}$.

举一个例子. 假设在无穷远处有个气体源, 非相对论性粒子的分布是均匀各向同性的, 且是单能的. 粒子的数密度近似为 n_∞, 粒子的能量可以用其无穷远处的速度 $v_\infty \ll c$ 来表示:

$$E_\infty = \frac{1}{2} v_\infty^2, \tag{8.13}$$

因此, 单粒子分布函数 $f_1(E) = C\delta(E - E_\infty)$, 其中归一化常数 C 通过 (8.7) 式确定. 容易得到

$$f_1 = f_1(E) = n_\infty \frac{\delta\left(E - E_\infty\right)}{4\pi\left(2E_\infty\right)^{1/2}}. \tag{8.14}$$

虽然上式是粒子在无穷远处的分布函数, 但是刘维尔定理告诉我们, 上式在任何地方都成立. 根据 (8.12) 式, 非束缚态粒子的捕获率为

$$\dot{N}(E > 0) = 8\pi^2 \int_0^\infty \mathrm{d}E f_1(E) \int_0^{L_{\min}} \mathrm{d}L L = 4\pi^2 \int_0^\infty \mathrm{d}E f_1(E) L_{\min}^2(E), \tag{8.15}$$

相应的吸积率为

$$\dot{M}(E > 0) = m\dot{N}(E > 0) = 2\pi G M^2 \rho_\infty v_\infty^{-1} \frac{R}{M}\left(1 + \frac{v_\infty^2 R}{2MG}\right). \tag{8.16}$$

这个结果也适用于黑洞吸积的情况, 这是因为对非束缚态粒子, (8.12) 式中的第一个积分可以在半径 r 处求值, 在半径很大的时候, 广义相对论近似回到牛顿力学, 因此对黑洞吸积, 同样有

$$\dot{M}(E > 0) = 16\pi(GM)^2 \rho_\infty v_\infty^{-1} c^{-2}, \tag{8.17}$$

其中 $\rho_\infty = mn_\infty$. 需要指出的是, 在利用 (8.12) 式求积分的时候, 我们采用了 (8.9) 式, 这是因为黑洞俘获发生在半径 r 很小的时候, 我们必须采用广义相对论的结果.

对于 (8.14) 式给出的分布函数, 可以直接推导出非束缚态粒子的速度弥散和密度随着半径 $r \gg R$ 的变化. 根据 (8.7) 式, 我们得到

$$n_{E>0}(r) = n_\infty \left(1 + \frac{2GM}{v_\infty^2 r}\right)^{1/2}, \tag{8.18}$$

而粒子的速度弥散为

$$\langle v^2(r)\rangle_{E>0} \approx \frac{4\pi}{n(r)} \int_0^\infty (2E)^{3/2} f(E)\mathrm{d}E = v_\infty^2 \left(1 + \frac{2GM}{v_\infty^2 r}\right). \tag{8.19}$$

根据粒子的速度弥散, 我们可以定义粒子的动力学温度:

$$\frac{1}{2}m\langle v^2(r)\rangle_{E>0} \equiv \frac{3}{2}k_{\mathrm{B}}T_{E>0}(r). \tag{8.20}$$

因此, 粒子的动力学温度 $T_{E>0}(r)$ 作为半径 r 的函数关系为

$$T_{E>0}(r) = T_\infty \left(1 + \frac{2GM}{v_\infty^2 r}\right) \equiv T_\infty \left(1 + \frac{r_a}{r}\right). \tag{8.21}$$

在上式中, 我们引入了特征的吸积半径 r_a:

$$r_a \equiv \frac{2GM}{v_\infty^2}. \tag{8.22}$$

那么很明显, 对于 $r \gg r_a$, 粒子的密度和温度分布在无穷远处的值几乎为常数, 变化很小. 然而, 对于 $r \ll r_a$, 中心天体的引力势影响了粒子的分布, 使粒子聚集在一起, 增加了它们的密度和温度. 这也是 r_a 为特征吸积半径的原因.

以黑洞吸积为例, 我们可以将 (8.17) 式写成如下的形式:

$$\dot{M}(E > 0) = \left(\frac{v_\infty}{c}\right)^2 4\pi \left(\frac{2GM}{v_\infty^2}\right)^2 \rho_\infty v_\infty. \tag{8.23}$$

根据下一节的讨论我们知道, 无碰撞气体的吸积率比流体 (碰撞非常频繁) 的吸积率要低一个 v_∞^2/c^2 因子! 因此, 该吸积率还是非常低的.

§8.2　球对称吸积: 牛顿引力

当吸积气体密度比较高时, 粒子之间的碰撞比较频繁, 粒子的平均自由程要远小于系统的物理尺度, 这将导致粒子之间首先达到局域热平衡, 这时候我们就不需要用分布函数 f_1 来描述粒子的微观状态, 而可以采用流体近似, 用流体的质量密度场 $\rho(\boldsymbol{r}, t)$、速度场 $\boldsymbol{v}(\boldsymbol{r}, t)$、温度场 $T(\boldsymbol{r}, t)$、压强场 $p(\boldsymbol{r}, t)$ 等宏观物理场来刻画流体的性质就可以了.

接下来我们考虑流体近似下, 中心天体稳恒态的球对称吸积. 为简单起见, 我们先不考虑流体吸积过程中的辐射能损, 即认为吸积流是绝热的. 流体的状态方程我们采用如下的多方状态方程:

$$p = K\rho^\gamma, \tag{8.24}$$

其中 γ 为绝热指数, γ 和 K 在计算过程中取为常数. 对非相对论性气体, $\gamma = 5/3$; 对于极端相对论气体, $\gamma = 4/3$.

声速 a 是由 $a \equiv (\mathrm{d}P/\mathrm{d}\rho)^{1/2} = (\gamma P/\rho)^{1/2}$ 给出. 假设气体在无穷远处几乎静止 ($v_\infty \approx 0$), 其中密度、压强和声速分别为 $\rho_\infty, P_\infty, a_\infty$.

先在牛顿引力理论中讨论流体的球对称吸积. 由于吸积过程是绝热的, 我们只需要流体的质量守恒方程和动量守恒方程就可以求解吸积动力学过程. 首先, 质量守恒方程为

$$\nabla \cdot \rho\boldsymbol{u} = \frac{1}{r^2} \frac{\mathrm{d}}{\mathrm{d}r} \left(r^2 \rho u\right) = 0. \tag{8.25}$$

直接积分上式得到

$$4\pi r^2 \rho u = \dot{M} = \text{常数},\tag{8.26}$$

其中已取 $u > 0$ 表示流体向内吸积. 上式表明积分常数为流体的吸积率, 它在任何半径处都为常数 $\dot{M}$. 在稳恒态和球对称条件下, 流体的动量方程, 即欧拉方程为

$$u\frac{\mathrm{d}u}{\mathrm{d}r} = -\frac{1}{\rho}\frac{\mathrm{d}P}{\mathrm{d}r} - \frac{GM}{r^2}.\tag{8.27}$$

将状态方程 (8.24) 代入 (8.27) 式, 直接积分得到伯努利方程

$$\frac{1}{2}u^2 + \frac{1}{\gamma-1}a^2 - \frac{GM}{r} = \text{常数} = \frac{1}{\gamma-1}a_\infty^2,\tag{8.28}$$

其中, 我们使用无穷远处的边界条件来计算 (8.28) 式中的积分常数. 一旦知道了两个积分常数 $\dot{M}$ 和 a_∞, 流体的压强和速度场 $P(r)$ 和 $u(r)$ 就完全确定下来了.

邦迪 (Bondi) 在 1952 年的研究表明, $\dot{M}$ 的不同值导致在无穷远处相同边界条件下, 方程 (8.26) 和 (8.28) 在物理上存在不同类的解[79]. 这里我们只关心流体速度 u 随着半径减小单调增加的跨声速解. 在半径 r 比较大的时候, 黑洞对气体的引力影响还比较小, $\rho(r)$ 随半径变化很小, 因此流体的声速也变化很小. 根据吸积率守恒方程 (8.26), 有 $u(r) \propto 1/r^2$, 随着半径的减小, 流体速度不断增加, 到达某个位置 $r = r_s$ 的时候, 流体的速度 $u(r_s)$ 达到局地的声速 $a = a(r_s)$, 我们称该点为声速点. 跨过声速点之后, 由于流体的速度大于声速, (8.28) 式左边的第二项以及右边的项基本可以忽略, 因此有

$$u(r) \approx (2GM/r)^{1/2},\tag{8.29}$$

即流体几乎以自由落体的速度落入中心天体.

下面我们具体求跨声速解及相应的吸积率 $\dot{M}$. 我们将 (8.25) 式改写为

$$\frac{\rho'}{\rho} + \frac{u'}{u} + \frac{2}{r} = 0,\tag{8.30}$$

其中撇号表示对半径求导. 方程 (8.27) 改写为

$$uu' + a^2\frac{\rho'}{\rho} + \frac{GM}{r^2} = 0.\tag{8.31}$$

将上两式看作关于 ρ' 和 u' 的二元一次线性方程组, 我们得到

$$u' = \frac{D_1}{D}, \quad \rho' = -\frac{D_2}{D},\tag{8.32}$$

其中

$$D_1 = \frac{2a^2/r - GM/r^2}{\rho}, \tag{8.33}$$

$$D_2 = \frac{2u^2/r - GM/r^2}{u}, \tag{8.34}$$

$$D = \frac{u^2 - a^2}{u\rho}. \tag{8.35}$$

由 (8.32) 式可知, 为了保证 u 随着 r 的减小而平滑单调地增加, 同时避免流动中出现奇点, 解必须经过一个 "临界点", 其中

$$D_1 = D_2 = D = 0, \quad 当\ r \equiv r_{\mathrm{s}}. \tag{8.36}$$

从 (8.33)~(8.36) 式, 得到临界点的半径为

$$u_{\mathrm{s}}^2 = a_{\mathrm{s}}^2 = \frac{1}{2}\frac{GM}{r_{\mathrm{s}}}, \tag{8.37}$$

所以临界半径对应于流速等于声速时的跨声速半径. 结合 (8.37) 和 (8.28) 式, 我们可以将 a_{s}, u_{s} 和 r_{s} 与无限远处的已知声速联系起来:

$$a_{\mathrm{s}}^2 = u_{\mathrm{s}}^2 = \left(\frac{2}{5-3\gamma}\right)a_\infty^2, \quad r_{\mathrm{s}} = \left(\frac{5-3\gamma}{4}\right)\frac{GM}{a_\infty^2}. \tag{8.38}$$

因此, 在跨声速半径处, 引力势 GM/r_{s} 与单位质量的气体的热能 a_∞^2 相当.
利用

$$\rho = \rho_\infty\left(\frac{a}{a_\infty}\right)^{2/(\gamma-1)}, \tag{8.39}$$

我们可以根据 (8.26) 式计算临界吸积率:

$$\dot{M} = 4\pi\rho_\infty u_{\mathrm{s}}r_{\mathrm{s}}^2\left(\frac{a_{\mathrm{s}}}{a_\infty}\right)^{2/(\gamma-1)} = 4\pi\lambda_{\mathrm{s}}\left(\frac{GM}{a_\infty^2}\right)^2\rho_\infty a_\infty, \tag{8.40}$$

其中跨声速解的无量纲吸积特征值 λ_{s} 为

$$\lambda_{\mathrm{s}} = \left(\frac{1}{2}\right)^{(\gamma+1)/2(\gamma-1)}\left(\frac{5-3\gamma}{4}\right)^{-(5-3\gamma)/2(\gamma-1)}. \tag{8.41}$$

λ_{s} 随 γ 的函数值如表 8.1 所示. 我们可以将跨声速吸积速率 (8.40) 改写为

$$\dot{M} = 4\pi\lambda_{\mathrm{s}}(GM)^2\rho_\infty a_\infty^{-1}c^{-2}\frac{c^2}{a_\infty^2}. \tag{8.42}$$

与 (8.17) 式比较我们发现, 由于声速 a_∞ 与粒子平均速度 v_∞ 近似相等, 无碰撞粒子的球对称吸积率要比流体球对称吸积率小 $(c/a_\infty)^2 \sim 10^9$ 因子! 这里已取典型电离星际气体的值 $a_\infty \sim 10$ km/s. 这种差异在物理上是很好理解的: 对流体情形, 粒子之间的频繁碰撞将粒子不断撞进损失锥, 因此大大增加了粒子的吸积率. 原因很简单: 粒子之间碰撞的存在限制了粒子的切向运动, 并使粒子在径向上有效地漏斗化, 便于有效地捕获.

表 8.1　吸积本征值 λ_{s} 在各种绝热指数时的值

γ	λ_{s}
1	1.120
$\dfrac{4}{3}$	0.707
$\dfrac{3}{3}$	0.625
$\dfrac{3}{2}$	0.500
$\dfrac{5}{3}$	0.250

对于平均分子量为 μ 的理想麦克斯韦 – 玻尔兹曼气体 μ, 有

$$p = \frac{\rho k_{\mathrm{B}} T}{\mu m_u}, \quad a^2 = \frac{\gamma k_{\mathrm{B}} T}{\mu m_u}, \quad T = T_\infty \left(\frac{\rho}{\rho_\infty} \right)^{\gamma - 2}. \tag{8.43}$$

假设星际介质为纯电离氢, 它的平均分子量为 $\mu = \dfrac{1}{2}$, 多方指数为 $\gamma = \dfrac{5}{3}$ (非相对论性气体), 则邦迪吸积的吸积率为

$$\dot{M} = 8.77 \times 10^{-16} \left(\frac{M}{M_\odot} \right)^2 \left(\frac{\rho_\infty}{10^{-24}\ \mathrm{g \cdot cm^{-3}}} \right) \left(\frac{a_\infty}{10\ \mathrm{km \cdot s^{-1}}} \right)^{-3} M_\odot \mathrm{yr}^{-1}$$

$$= 1.20 \times 10^{10} \left(\frac{M}{M_\odot} \right)^2 \left(\frac{\rho_\infty}{10^{-24}\ \mathrm{g \cdot cm^{-3}}} \right) \left(\frac{T_\infty}{10^4\ \mathrm{K}} \right)^{-3/2} \mathrm{g \cdot s^{-1}}. \tag{8.44}$$

无穷远处的边界条件 (即 $u \approx 0, a = a_\infty, \rho = \rho_\infty$) 并不能唯一地得到 (8.25) 和 (8.27) 式的解. 事实上, 正如邦迪所指出的, 存在满足相同边界条件的第二类吸积解. 这类解的特点是吸积流始终保持亚声速吸积. 如图 8.1 所示, 亚声速解的吸积率要小于跨声速解对应的吸积率 λ_{s}, 可以证明, 跨声速解吸积率 λ_{s} 是稳态球对称吸积的最大吸积率.

一般来说, 吸积天体表面的边界条件将决定在给定的物理情况下适用哪种状态 —— 跨声速或亚声速. 对于具有硬表面的恒星 (如白矮星或中子星), 稳态亚声速流是允许的. 对于黑洞, 流必须跨声速, 见下一节的讨论.

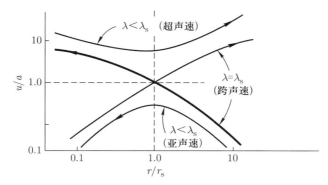

图 8.1 稳恒态球对称吸积的一些可能解的示意图. 图中给出了取三种不同无量纲吸积率 λ 值时, 马赫数 ($\equiv u/a$) 作为半径的函数关系. 指向左边的箭头表示吸积流, 指向右边的箭头表示外流. 对于非跨声速外流解, 外流始终是超声速的. 粗的实线对应跨声速吸积

下面讨论黑洞在星际介质中以一定的速度 V 运动时的吸积情况. 如果 $V \ll a_\infty$, 则基本上是邦迪吸积, V 对解的影响很小. $V > a_\infty$, 则黑洞的运动显著影响黑洞吸积. 在数量级上, 在邦迪解中出现的量 a_∞^2 必须用因子 $(V^2 + a_\infty^2)$ 来代替. 于是, 这种情况下的吸积率变为

$$\dot{M} = 4\pi\tilde{\lambda}(GM)^2 \left(a_\infty^2 + V^2\right)^{-3/2} \rho_\infty, \tag{8.45}$$

其中 $\tilde{\lambda}$ 是量级为 1 的常数. 在文献中, 一般称这种吸积模式为邦迪 – 霍伊尔 (Bondi-Hoyle) 吸积.

如果 $V > a_\infty$, 就会在黑洞前面形成激波 (见图 8.2). 被激波压缩后, 气体温度升高到 $k_B T \sim m_B V^2$. 对于任何 V, 距离黑洞 $r_a \sim GM/\left(V^2 + a_\infty^2\right)$ 内的气体粒子都会被黑洞捕获. 在 r_a 外, 气体粒子相对于黑洞的动能 $\frac{1}{2}V^2$ 大于引力势能 (GM/r), 因此黑洞的引力可以忽略不计. 气体压力使 r_a 内部流体变得对称, 因此对于 $r \ll r_a$, 气体的运动变成了准径向. 在这个内部区域, 邦迪解基本适用.

最后我们讨论一下中心天体的吸积半径. 这里吸积半径定义为随着流体向内吸积, 当流体的速度 $u \to a_\infty$ 时, 这时候的半径就定义为吸积半径 r_{acc}. 根据伯努利定理, 得到

$$r_{acc} = \frac{2GM}{a_\infty^2}. \tag{8.46}$$

根据此定义, 在吸积半径之内, 流体开始受到中心天体引力的显著影响. 在吸积半径处, 流体元的热能 $ma_s^2/2$ 与流体元受到中心天体的引力势能相等. 这再一次说明在吸积半径之内, 中心引力天体开始主导流体的动力学.

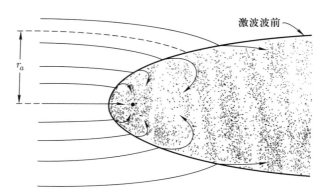

图 8.2　邦迪 – 霍伊尔吸积: 在黑洞静止参考系中看到的粒子的流线如果以超声速落入黑洞, 在激波外面, 粒子以超声速朝着黑洞迎面而来, 跨过激波之后, 气体几乎球对称地被黑洞吸积

§8.3　球对称吸积的相对论性理论

在本节中, 我们将讨论施瓦西时空中的相对论性的邦迪吸积. 下面的讨论主要基于米歇尔 (Michel) 在 1972 年的工作[80].

类似上一节的讨论, 我们假设吸积是定常态 ($\partial_t = 0$)、绝热、球对称的, 即流体的四速度为 $u^\mu = (u^0, u^r, 0, 0)$. 假设流体为理想流体, 流体的能动张量为

$$T^{\alpha\beta} = (\rho + p)u^\alpha u^\beta + pg^{\alpha\beta}, \tag{8.47}$$

其中 ρ 为流体随动观测者测量到的流体的能量密度, p 为流体的压强. 为简单起见, 我们依然采用多方状态方程

$$p = Kn^\gamma, \tag{8.48}$$

其中 n 为流体随动观测者测量到的流体中粒子的数密度.

我们直接列出将要用到的基本方程:

$$(nu^\alpha)_{;\alpha} = 0, \tag{8.49}$$

$$(g_{\alpha\beta} + u_\alpha u_\beta)\, T^{\beta\gamma}_{\;\;\;;\gamma} = 0, \tag{8.50}$$

$$u_\alpha T^{\alpha\beta}_{\;\;\;;\beta} = 0. \tag{8.51}$$

第一个方程为粒子数守恒方程, 对应牛顿流体力学中的质量守恒. 第二个方程为动量守恒方程, 对应牛顿流体力学中的欧拉方程, 它是通过将能动量守恒方程投影到空间方向而得到的, 其中 $h_{\alpha\beta} \equiv g_{\alpha\beta} + u_\alpha u_\beta$ 为空间投影算符. 第三个方程为能量方程, 即将能动量守恒方程投影到时间方向, 即流体的四速度方向.

在施瓦西时空中, 采用施瓦西坐标, 粒子数守恒方程为

$$\frac{1}{\sqrt{-g}}\left(nu^\alpha \sqrt{-g}\right), \quad \alpha = 0, \tag{8.52}$$

其中 g 为施瓦西度规的行列式, $\sqrt{-g} = r^2 \sin\theta$. 直接积分上式, 得到

$$4\pi r^2 un = 常数 = \dot{N}, \tag{8.53}$$

其中积分常数 $\dot{N}$ 可以解读为单位时间吸积的粒子数. 为了便于得到跨声速解, 我们将上式对半径 r 求导, 得到

$$\frac{n'}{u} + \frac{u'}{u} + \frac{2}{r} = 0. \tag{8.54}$$

接着具体推导相对论性欧拉方程.

$$\begin{aligned}
0 &= (g_{\alpha\beta} + u_\alpha u_\beta)\left[(p+\rho)u^\beta u^\gamma + pg^{\beta\gamma}\right]_{;\gamma}\\
&= (g_{\alpha\beta} + u_\alpha u_\beta)\left[(p+p)_{,\gamma}u^\beta u^\gamma + (\rho+p)u^\beta_{;\gamma}u^\gamma + (\rho+p)u^\beta u^\gamma_{;\gamma} + p_{,\gamma}g^{\beta\gamma}\right]\\
&= (p+\rho)u_{\alpha;\beta}u^\beta + p_\alpha + u_\alpha p_{,\beta}u^\beta, \tag{8.55}
\end{aligned}$$

其中第二步到第三步利用了 $h_{\alpha\beta}u^\beta = 0$ 和 $u_\alpha u^\alpha = -1$. 在施瓦西时空中, 易得

$$u^r_{;\beta}u^\beta = uu' + \frac{M}{r^2}, \tag{8.56}$$

其中我们已经令 $u \equiv u^r$. 联立 (8.55) 和 (8.56) 式, 得到

$$uu' \equiv -\frac{1}{\rho+p}\frac{\mathrm{d}p}{\mathrm{d}r}\left(1 + u^2 - \frac{2M}{r}\right) - \frac{M}{r^2}. \tag{8.57}$$

根据质能守恒方程, 即熵方程

$$\mathrm{d}\left(\frac{p}{n}\right) + P\mathrm{d}\left(\frac{1}{n}\right) = T\mathrm{d}s = 0, \tag{8.58}$$

易证

$$\frac{\mathrm{d}\rho}{\mathrm{d}n} = \frac{\rho+P}{n}. \tag{8.59}$$

我们马上利用 (8.59) 式改写声速的表达式. 利用声速的定义

$$a^2 \equiv \frac{\mathrm{d}p}{\mathrm{d}\rho} = \frac{\mathrm{d}p}{\mathrm{d}n} \cdot \frac{n}{\rho+p}, \tag{8.60}$$

将 (8.57) 式改写为

$$uu' + \frac{M}{r^2} + \left(1 - \frac{2M}{r} + u^2\right)a^2 \frac{n'}{n} = 0. \tag{8.61}$$

将 (8.54) 和 (8.61) 式看作 u' 和 n' 的二元一次线性方程组, 易得

$$u' = \frac{D_1}{D}, \quad n' = -\frac{D_2}{D}, \tag{8.62}$$

其中

$$D_1 = \frac{1}{n}\left[\left(1 - \frac{2M}{r} + u^2\right)\frac{2a^2}{r} - \frac{M}{r^2}\right], \tag{8.63}$$

$$D_2 = \frac{2u^2/r - M/r^2}{u}, \tag{8.64}$$

$$D = \frac{u^2 - \left(1 - 2M/r + a^2\right)a^2}{un}. \tag{8.65}$$

分析一下 $D(r)$ 的渐近行为. 在 $r \to \infty$ 时, $u \to 0$, $a \to a_\infty$, 因此 $D < 0$. 在 $r \to 2M$ 时,

$$D = \frac{u^2 - a^2}{un} < 0. \tag{8.66}$$

这是因为声速必须小于光速, 这是因果律的要求. 因此, 吸积流必须经过事件视界外的一个临界点 $r_{\rm s} > 2M$, 在临界点 $D = 0$. 为了避免方程中的奇异性, 我们要求在临界点必须满足

$$D_1 = D_2 = D = 0, \quad r = r_{\rm s}. \tag{8.67}$$

因此, 我们发现在临界点, 即声速点 $r = r_{\rm s}$,

$$u_{\rm s}^2 = \frac{a_{\rm s}^2}{1 + 3a_{\rm s}^2} = \frac{M}{2r_{\rm s}}, \tag{8.68}$$

或者

$$a_{\rm s}^2 = \frac{u_{\rm s}^2}{1 - 3u_{\rm s}^2}. \tag{8.69}$$

临界点称为声速点的原因是, 在临界点局域静止观测者测得的流体元的物理速度 $v^{(r)}$ 等于声速. 根据局域测量的理论, $v^{(r)}$ 的表达式为

$$v^{(r)} = \frac{u^{(r)}}{u^{(t)}} = \frac{u^r}{u^t}\frac{1}{1 - \dfrac{2M}{r}}. \tag{8.70}$$

利用四速度归一化条件 $u_\mu u^\mu = -1$, 用 u^r 表示 u^t, 代入上式得到

$$\left|v^{(r)}\right| = \frac{u}{(1 - 2M/r + u^2)^{1/2}}. \tag{8.71}$$

容易证明, 在临界点 $v_{\mathrm{s}}^{(r)} = a_{\mathrm{s}}$, 即声速点的物理速度等于当地的声速.

接下来的任务是根据动量方程, 得到如下的相对论伯努利方程:

$$-hu_t = h_\infty = 常数, \tag{8.72}$$

其中 $h \equiv (\rho + p)/n$ 为流体的单粒子焓, 即比焓. 证明如下. 取方程 (8.55) 的时间分量, 即取 $\alpha = t$, 有

$$(\rho + p)u_{t;\beta}u^\beta = -u_t u^r \frac{\mathrm{d}p}{\mathrm{d}r}. \tag{8.73}$$

计算上式左边的项:

$$\begin{aligned}
u_{t;\beta}u^\beta &= u_{t,r}u^r - \Gamma_{tr}^t u_t u^r - \Gamma_{tt}^r u_r u^t \\
&= v_{t,r}u^r - \Gamma_{tr}^t v_t u^r - \Gamma_{tt}^t g^{tt} g_{rr} u_t u^r \\
&= v_{t,r}u^r.
\end{aligned} \tag{8.74}$$

将 (8.74) 式代入 (8.73) 式, 得到

$$(p + p)u_{t,r} = -u_t \frac{\mathrm{d}p}{\mathrm{d}r}. \tag{8.75}$$

利用

$$\frac{1}{n}\mathrm{d}p = \mathrm{d}\left(\frac{\rho + p}{n}\right) = \mathrm{d}h, \tag{8.76}$$

将 (8.75) 式整理为

$$h\mathrm{d}u_t = -u_t \mathrm{d}h, \tag{8.77}$$

即证明了 (8.72) 式. 将施瓦西度规代入 (8.72) 式, 则有

$$\left(\frac{\rho + p}{n}\right)^2 \left(1 - \frac{2M}{r} + u^2\right) = \left(\frac{\rho_\infty + p_\infty}{n_\infty}\right)^2 = 常数. \tag{8.78}$$

为了得到声速点的具体位置和邦迪吸积率, 我们需要输入具体的状态方程. 采用多方状态方程 (8.48), 则流体的质能密度的表达式为

$$\rho = mn + \varepsilon = mn + \frac{Kn^\gamma}{\gamma - 1}, \tag{8.79}$$

其中 $\varepsilon = p/(\gamma - 1)$ 为流体的内能密度. 将之代入声速的定义, 得到

$$a^2 = \frac{\gamma K n^{\gamma-1}}{m + \gamma K n^{\gamma-1}/(\gamma - 1)}, \tag{8.80}$$

或者

$$\gamma K n^{\gamma-1} = \frac{a^2 m}{1 - a^2/(\gamma-1)}.$$ (8.81)

将上式代入相对论性的伯努利方程 (8.78), 得到

$$\left(1 - \frac{2M}{r} + u^2\right)\left(1 + \frac{a^2}{\gamma - 1 - a^2}\right)^2 = \left(1 + \frac{a_s^2}{\gamma - 1 - a_s^2}\right)^2.$$ (8.82)

利用 (8.68) 式, 将上式整理为

$$(1 + 3a_s^2)\left(1 - \frac{a_s^2}{\gamma-1}\right)^2 = \left(1 - \frac{a_\infty^2}{\gamma-1}\right)^2.$$ (8.83)

当半径较大, $r \geqslant r_s$ 时, 流体元中的粒子应该是非相对论性的, 这时有 $a \ll a_s \ll 1$. 于是, 将 (8.83) 式按 a_s^2 和 a_∞^2 展开到最低阶非零项, 得到

$$\begin{aligned} a_s^2 &= \frac{2}{5 - 3\gamma}a_\infty^2, \quad \gamma \neq \frac{5}{3}, \\ a_s^2 &\approx \frac{2}{3}a_\infty, \quad \gamma = \frac{5}{3}. \end{aligned}$$ (8.84)

(8.84) 式表明, 由在无穷远处 $a_\infty \ll 1$, 可导致 $a_s \ll 1$, 因此我们的分析是自洽的.

将以上结果代入 (8.68) 式, 得到声速点的位置为

$$r_s = \begin{cases} \dfrac{5 - 3\gamma}{4}\dfrac{M}{a_\infty^2}, & \gamma \neq 5/3, \\[3mm] \dfrac{3}{4}\dfrac{M}{a_\infty^2}, & \gamma = 5/3. \end{cases}$$ (8.85)

于是跨声速吸积率为

$$\dot{M} = 4\pi m n_s u_s r_s^2 = 4\pi \lambda_s M^2 m n_\infty a_\infty^{-3}.$$ (8.86)

有趣的是, 该结果与牛顿引力下的邦迪吸积率是完全一致的. 这一结果是合理的: 声速点可以看作内边界条件, 它决定了黑洞的吸积率. 即使在广义相对论情形下, 也有 $r_s \gg 2M$, 在声速点, 广义相对论和牛顿力学的区别很小.

下面讨论相对论性的吸积流在 $r \ll r_s$ 下的渐近行为. 在半径较小处, 由于吸积流是跨声速的, 根据 (8.82) 式, 如果 $\gamma \neq 5/3$, 有

$$u^2 \approx \frac{2M}{r}, \quad r \ll r_s \quad \left(\gamma \neq \frac{5}{3}\right).$$ (8.87)

根据 (8.53), (8.86), (8.87) 式, 我们可以计算气体数密度:

$$\frac{n(r)}{n_\infty} = \frac{\lambda_\mathrm{s}}{\sqrt{2}} \left(\frac{M}{a_\infty^2 r}\right)^{3/2}.$$ (8.88)

假设是理想气体, 利用理想气体的压强公式 $p = n k_\mathrm{B} T$ (T 是温度), 我们从 (8.88) 式中得到流体温度分布为

$$\frac{T(r)}{T_\infty} = \left(\frac{n(r)}{n_\infty}\right)^{\gamma-1} = \left(\frac{\lambda_\mathrm{s}}{\sqrt{2}}\right)^{\gamma-1} \left(\frac{M}{a_\infty^2 r}\right)^{3/2(\gamma-1)}.$$ (8.89)

在视界面 (用下标 h 表示), 流体的径向速度、数密度和温度分别为

$$u_\mathrm{h} \approx 1 \quad \left(\gamma \neq \frac{5}{3}\right),$$ (8.90)

$$\frac{n_\mathrm{h}}{n_\infty} \approx \frac{\lambda_\mathrm{s}}{4} \left(\frac{c}{a_\infty}\right)^3, \quad \frac{T_\mathrm{h}}{T_\infty} \approx \left[\frac{\lambda_\mathrm{s}}{4} \left(\frac{c}{a_\infty}\right)^3\right]^{\gamma-1}.$$ (8.91)

对于 $\gamma = 5/3$ 的特殊情况, 上述表达式中的数值系数略有不同. 对于这种情况, 在跨声速半径之内, a 仍可与 u 相当. 在 (8.82) 式中, 当 $r = 2M$ 时,

$$u_\mathrm{h}\left(1 + \frac{a_\mathrm{h}^2}{\frac{2}{3} - a_\mathrm{h}^2}\right) \approx 1.$$ (8.92)

利用 (8.80) 式, (8.92) 式变为

$$u_\mathrm{h}\left(1 + \frac{5K n_\mathrm{h}^{2/3}}{2m}\right) = 1.$$ (8.93)

取 $\lambda_\mathrm{s} = \frac{1}{4}$, (8.53) 和 (8.86) 式给出

$$n_\mathrm{h} = \frac{n_\infty}{16 a_\infty^3 u_h}.$$ (8.94)

因为 (8.80) 式,

$$a_\infty^2 = \frac{5K n_\infty^{2/3}}{3m},$$ (8.95)

(8.93) 式变为

$$u_\mathrm{h} + \frac{3}{2^{11/3}} u_\mathrm{h}^{1/3} - 1 \approx 0.$$ (8.96)

通过数值求解 (8.96) 式, 得到

$$u_{\rm h} = 0.782 \quad \left(\gamma = \frac{5}{3} \right). \tag{8.97}$$

(8.88) 式现在给出

$$\frac{n_{\rm h}}{n_\infty} = \frac{1}{16 u_{\rm h}} \left(\frac{c}{a_\infty} \right)^3, \quad \frac{T_{\rm h}}{T_\infty} = \left(\frac{1}{16 u_{\rm h}} \right)^{2/3} \left(\frac{c}{a_\infty} \right)^2. \tag{8.98}$$

让我们对从星际介质中吸积的非相对论性重子的情况评估 (8.98) 式. 环境声速为

$$a_\infty \approx \left(\frac{5}{3} \frac{k T_\infty}{m_{\rm B}} \right)^{1/2} \approx 11.7 \left(\frac{T_\infty}{10^4 \ {\rm K}} \right)^{1/2} \ {\rm km \cdot s^{-1}}. \tag{8.99}$$

代入 (8.97) 和 (8.99) 式, (8.98) 式给出

$$\frac{n_{\rm h}}{n_\infty} = 1.33 \times 10^{12} \left(\frac{T_\infty}{10^4 \ {\rm K}} \right)^{-3/2}, \tag{8.100}$$

$$T_{\rm h} \approx \frac{3}{40} \left(\frac{2}{u_{\rm h}^2} \right)^{1/3} \frac{m_{\rm B} c^2}{k} \approx 1.21 \times 10^{12} \ {\rm K}. \tag{8.101}$$

因此温度 $T_{\rm h}$ 与 T_∞ 无关. 原因是对于 $\gamma = \frac{5}{3}$, 相当一部分重力势能 (与视界处的静止质能相当) 必须转化为热能 (两者在 $r_{\rm s}$ 之内都反比于半径: $kT \sim GM m_{\rm B}/r$). 绝热流动在极限 $\gamma = \frac{5}{3}$ 产生了在视界上可达到的最高气体温度. 对于 $\gamma < \frac{5}{3}$ 来说, 热能更小.

§8.4 标准吸积盘理论

在大多数情况下, 吸积到致密天体上的物质会携带很大的角动量, 因此会形成吸积盘. 由于相邻层之间的摩擦, 吸积盘中的气体损失角动量, 并向内旋进. 吸积过程最基本的物理图像是, 气体的角动量从里向外转移, 伴随着物质从外向内吸积. 吸积过程释放的引力能一部分转化为气体的动能, 另一部分转化为其热能, 从吸积盘的表面辐射出去. 因此, 黏滞非常有效地将引力势能转化为辐射.

吸积盘理论最早提出来是为了解释 X 射线双星和活动星系核的能源和连续谱的辐射特征. 后来天文学家在激变变星以及 X 射线暴等中发现了吸积盘存在的更直接证据[81].

8.4.1 标准薄盘的基本方程

在本小节中, 我们将给出计算薄吸积盘 (下面简称为薄盘) 结构的基本方程. 暂时不考虑广义相对论效应. 对薄盘来说, 中心天体的吸积率比较高, 且角动量比较大, 基本上是以开普勒角速度转动. 因此气态盘是几何薄、光学厚的.

先讨论吸积气体的状态方程. 在薄盘的大部分区域, 气体都是完全电离的. 整体上来说, 薄盘是气态盘. 等离子体的状态方程采用理想气体状态方程. 它的压强由气体和热辐射 (光子气体) 提供:

$$p = p_{\mathrm{g}} + p_{\mathrm{rad}} = \frac{k_{\mathrm{B}}}{\mu m_{\mathrm{H}}} \rho T + \frac{a}{3} T^4. \tag{8.102}$$

这里 ρ 为气体的静止质量密度, μ 为平均分子量. 气体的能量密度为

$$\varepsilon = c_V T + a T^4, \tag{8.103}$$

其中 c_V 为定容热容量. 绝热指数的定义为 $\gamma = c_p/c_V$, 引入 β 参数为气体压强占总压强的比例, 即 $P_{\mathrm{g}} = \beta P$. 利用 $c_p = c_V + k_{\mathrm{B}} \rho / \mu m_{\mathrm{H}}$, 我们得到

$$\varepsilon = p \left[\frac{\beta}{\gamma - 1} + 3(1 - \beta) \right] \equiv A p. \tag{8.104}$$

为了描述吸积盘的轴对称结构, 我们采用柱坐标 (r, φ, z), 选择 z 轴作为吸积流的角动量方向, 一般也是黑洞的自转方向. 对于开普勒盘, 吸积流的径向速度远小于环向速度: $v_r \ll v_\varphi = \sqrt{GM/r}$.

非相对论流体力学基本方程组请参见附录 B 中的方程组, 即 (B.1)~(B.3) 式, 其中第一个基本方程是质量守恒方程, 即连续性方程:

$$\partial_t \rho + \nabla \cdot (\rho \boldsymbol{v}) = 0, \tag{8.105}$$

在柱坐标系中为 (参见附录 A)

$$\partial_t \rho + \frac{1}{r} \partial_r (r \rho v_r) + \partial_z (\rho v_z) = 0. \tag{8.106}$$

取垂向近似, 即将 (8.107) 式对 z 轴积分, 得到

$$\partial_t \int \rho \mathrm{d}z + \frac{1}{r} \partial_r \left(\int r \rho v_r \mathrm{d}z \right) = 0. \tag{8.107}$$

引入表面密度

$$\Sigma(r, t) = \int \rho(r, z) \mathrm{d}z \approx \int_{-\infty}^{\infty} \rho(r, z = 0) \mathrm{e}^{-x/H} \mathrm{d}z \approx 2\rho(z = 0) H, \tag{8.108}$$

其中 H 为吸积盘垂向气体的标高, 即盘的厚度, 则连续性方程改写为

$$\partial_t \Sigma + \frac{1}{r}\partial_r (r\Sigma v_r) = 0. \tag{8.109}$$

对于标准薄盘, 假设 $\partial_t = 0$, 则根据 (8.109) 式可以引入质量吸积率

$$\dot{M} = -2\pi r v_r \Sigma = 常数. \tag{8.110}$$

第二个基本方程是径向动量方程 [见 (B.2) 式]. 在柱坐标系中, 动量方程的径向分量是

$$\rho\left(D_t v_r - \frac{v_\varphi^2}{r}\right) = -\rho\partial_r\phi - \partial_r P + \frac{1}{r}\partial_r(r\sigma_{rr}) + \partial_z\sigma_{rz} - \frac{1}{r}\sigma_{\varphi\varphi}. \tag{8.111}$$

考虑轴对称性, $\partial_\varphi = 0$, 其中对时间的全导数为

$$D_t = \partial_t + v_r\partial_r + v_z\partial_z. \tag{8.112}$$

(8.111) 式中的 $\phi = -GM/r$ 为中心天体的引力势能, 这里我们忽略了吸积盘的自引力. 对于开普勒盘, 只有 $v_\varphi(r) \neq 0$, 因此除 $\sigma_{r\varphi}$ 外, 所有黏滞应力均可忽略. 同时忽略速度的 z 分量, 角动量方程简化为

$$\rho(\partial_t v_r + v_r\partial_r v_r) = \rho\left(\frac{v_\varphi^2}{r} - \partial_r\phi\right) - \partial_r P. \tag{8.113}$$

对 z 积分之后, 得到

$$\Sigma(\partial_t v_r + v_r\partial_r v_r) = \Sigma\left(\frac{v_\varphi^2}{r} - \frac{GM}{r^2}\right) - \partial_r W, \tag{8.114}$$

其中

$$W(r,t) = \int p(r,z,t)\mathrm{d}z \approx 2p(z=0)H. \tag{8.115}$$

对于开普勒盘, $v_r \ll v_\varphi$, $\partial_r P \approx 0$, 因此, (8.114) 式退化为

$$v_\varphi^2 \approx \frac{GM}{r} \equiv v_{\mathrm{K}}, \tag{8.116}$$

这里 v_{K} 为开普勒速度.

第三个基本方程是 φ 方向的动量方程, 即角动量守恒方程. 对于薄盘, 角动量沿 z 轴方向, 因此角动量方程就是 φ 方向的动量方程. 在柱坐标中,

$$\rho\left(D_t v_\varphi + \frac{v_r v_\varphi}{r}\right) = \frac{1}{r}\partial_r(r\sigma_{\varphi r}) + \partial_z\sigma_{\varphi z} + \frac{1}{r}\sigma_{r\varphi}. \tag{8.117}$$

如果我们用 r 乘以这个方程, 然后利用轴对称性, 可得到

$$\rho D_t (rv_\varphi) = \frac{1}{r}\partial_r \left(r^2\sigma_{r\varphi}\right) + \partial_z \left(r\sigma_{z\varphi}\right). \tag{8.118}$$

现在我们将连续性方程 (8.106) 与 rv_φ 相乘, 并将得到的方程与 (8.118) 式相加, 有

$$\partial_t \left(\rho rv_\varphi\right) + \frac{1}{r}\partial_r \left(rv_r\rho rv_\varphi\right) + \partial_z \left(v_z\rho rv_\varphi\right) = \frac{1}{r}\partial_r \left(r^2\sigma_{r\varphi}\right) + \partial_z \left(r\sigma_{z\varphi}\right). \tag{8.119}$$

对 z 积分得到

$$\partial_t(\Sigma rv_\varphi) + \frac{1}{r}\partial_r(v_r\Sigma r^2 v_\varphi) = \frac{1}{r}\partial_r \left(W_{r\varphi}r^2\right), \tag{8.120}$$

其中

$$W_{r\varphi} = \int \sigma_{r\varphi}\mathrm{d}z. \tag{8.121}$$

利用 (8.109) 式, (8.121) 式改写为

$$\Sigma \left[\partial_t \left(rv_\varphi\right) + v_r\partial_r \left(rv_\varphi\right)\right] = \frac{1}{r}\partial_r \left(r^2 W_{r\varphi}\right), \tag{8.122}$$

其中 rv_φ 为单位质量的角动量, 即比角动量. (8.122) 式明显就是角动量守恒须满足的方程, 其中黏滞分量 $\sigma_{r\varphi}$ 的表达式为

$$\sigma_{r\varphi} = \eta r\partial_r \left(\frac{v_\varphi}{r}\right), \tag{8.123}$$

η 为剪切黏滞系数.

对于开普勒盘, v_φ 近似等于开普勒速度:

$$v_\varphi \approx \Omega r, \quad \Omega = \left(\frac{GM}{r^3}\right)^{1/2}. \tag{8.124}$$

从 (8.124) 式可以看出, $\partial_t v_\varphi = 0$, 将 (8.124) 式代入 (8.122) 式, 得到

$$\frac{\dot{M}\Omega r}{2} = -2\pi\partial_r \left(W_{r\varphi}r^2\right), \tag{8.125}$$

其中

$$W_{r\varphi} = \int \sigma_{r\varphi}\mathrm{d}z = r\frac{\mathrm{d}\Omega}{\mathrm{d}r}\int \eta\mathrm{d}z \approx -\frac{3}{2}\Omega\int \eta\mathrm{d}z. \tag{8.126}$$

积分 (8.125) 式, 得到

$$\dot{M}\Omega r^2 + 2\pi r^3\frac{\mathrm{d}\Omega}{\mathrm{d}r}\int \eta\mathrm{d}z = \dot{I}, \tag{8.127}$$

其中 $\dot{I}$ 为积分常数, 与半径 r 无关. 它的物理含义是: 吸积盘单位时间内净流入的角动量. 由于它是常数, 一般用内半径处 $(r_{\rm in} = r_{\rm ms})$ 的值, 即

$$\dot{I} = \dot{M}\Omega(r_{\rm in})r_{\rm in}^2. \tag{8.128}$$

(8.125) 式也可以直接根据 (8.114) 式得到: 忽略惯性和压力梯度项, 对 (8.114) 式积分即可. 可以证明, 忽略掉的项在开普勒近似下为 $(H/r)^2$ 的量级. 我们用比角动量 $l(r) = r^2\Omega(r)$ 将 (8.127) 式改写为

$$\dot{M}\left[l(r) - l\left(r_{\rm in}\right)\right] = -2\pi r^2 W_{r\varphi}. \tag{8.129}$$

第四个基本方程是 z 方向的动量方程, 即垂向结构方程. 动量方程中黏滞张量的 z 分量是小量, 可以忽略, 因此有

$$\rho {\rm D}_t v_z = -\rho\partial_z\phi - \partial_z P. \tag{8.130}$$

我们假设 z 方向的运动是亚声速的. (8.130) 式左边的第一项为 $(z/r)^2$ 量级, 可以忽略, 因此有

$$\frac{{\rm d}p}{{\rm d}z} = -\rho\frac{GM}{r^2}\frac{z}{r}. \tag{8.131}$$

上式就是 z 方向的流体静力平衡方程. 由 (8.131) 式可知, 吸积盘的标高大致为

$$\frac{H}{r} \approx \frac{a_{\rm s}}{v_\varphi}, \tag{8.132}$$

其中 $a_{\rm s}$ 为声速. 因此, 对于薄盘 $(H \ll r)$, 环向运动速度 $v_\varphi \gg a_{\rm s}$ 是高超声速的, 只有当气体冷却得足够快时才能满足.

为了求解垂直结构, 我们需要采用气体的状态方程 $p = p(\rho, T)$ 以及温度沿 z 方向的分布 $T(z)$. 由于薄盘是光学厚的, 气体的状态方程为

$$p = \frac{k_{\rm B}}{\mu m_{\rm H}}\rho T + \frac{a}{3}T^4. \tag{8.133}$$

而温度的分布 $T(z)$ 由 z 方向的能量输运方程决定:

$$\frac{{\rm d}T}{{\rm d}z} = -\frac{3\kappa\rho F}{4acT^3}, \tag{8.134}$$

其中 F 由后面的 (8.143) 式决定, κ 为不透明度, 它主要由电子散射和自由 – 自由跃迁贡献.

第五个方程为能量守恒方程. 关键是计算黏滞产热率. $\boldsymbol{\sigma} \cdot \boldsymbol{v}$ 的主要部分来自径向分量 $\sigma_{r\varphi}v_\varphi$ 的贡献, 因此黏滞产热率为 [见 (B.11) 式]

$$\nabla \cdot (\boldsymbol{\sigma} \cdot \boldsymbol{v}) \approx \frac{1}{r}\partial_r\left(r\sigma_{r\varphi}v_\varphi\right). \tag{8.135}$$

再次忽略速度 $\boldsymbol{v}$ 的 z 分量以及能量通量 $\boldsymbol{q}$ 矢量的径向分量, 得到

$$\rho\left(\partial_t + v_r\partial_r\right)\left(\frac{1}{2}v_r^2 + \frac{1}{2}v_\varphi^2 + h + \phi\right) = \partial_t P + \frac{1}{r}\partial_r\left(r\sigma_{r\varphi}v_\varphi\right) - \partial_z F, \quad (8.136)$$

其中 F 为垂直能量通量密度 $(F = q_z)$. 利用理想气体的状态方程, 并对 z 进行积分, 在薄盘近似下, 我们得到

$$\Sigma\left(\partial_t + v_r\partial_r\right)\left[\frac{1}{2}v_r^2 + \frac{1}{2}v_\varphi^2 + (A+1)\frac{W}{\Sigma} + \phi\right] = \partial_t W + \frac{1}{r}\partial_r\left(rW_{r\varphi}v_\varphi\right) - Q^-, \quad (8.137)$$

其中 Q^- 为吸积盘表面单位面积辐射的能量通量: $Q^- = 2F$. 黏滞产热率函数为

$$\mathcal{F} = 2\sigma_{r\varphi}\theta_{r\varphi} = \sigma_{r\varphi}r\partial_r\left(\frac{v_\varphi}{r}\right), \quad (8.138)$$

因此

$$Q^+ \equiv \int \mathcal{F}\mathrm{d}z = W_{r\varphi}r\partial_r\left(\frac{v_\varphi}{r}\right) \quad (8.139)$$

是吸积盘单位面积产生的能量.

对于开普勒盘, 可以忽略掉能量方程 (8.137) 中的包含径向速度 v_r 以及对 W, Σ 求导数的项, 我们得到

$$\frac{\mathrm{d}}{\mathrm{d}r}\left[\dot{M}\left(\frac{1}{2}v_\varphi^2 - \frac{GM}{r}\right) + 2\pi r^2 W_{r\varphi}\Omega\right] = 2\pi r Q^-. \quad (8.140)$$

将 (8.129) 式代入 (8.140) 式, 得到

$$Q^- = \frac{3}{4\pi}\dot{M}\frac{GM}{r^3}\left[1 - \left(\frac{r_{\mathrm{in}}}{r}\right)^{1/2}\right]. \quad (8.141)$$

上式并不包含黏滞系数, 这是因为它是能量守恒的结果: $Q^- = Q^+$, 并不依赖于具体的能量产生机制.

通常假定黏滞产生的热量在垂直方向局域从吸积盘的表面直接辐射出去, 即有

$$\partial_z F = \mathcal{F} = \sigma_{r\varphi}r\partial_r\left(\frac{v_\varphi}{r}\right). \quad (8.142)$$

对开普勒盘, 根据 (8.142) 式我们得到

$$\partial_z F = \frac{9}{4}\eta\frac{GM}{r^3}, \quad (8.143)$$

因此, 黏滞加热项为

$$Q^+ = \frac{9}{4}\frac{GM}{r^3}\int \eta\mathrm{d}z. \quad (8.144)$$

8.4.2 薄盘的谱能量分布

根据 (8.141) 式, 我们立即得到吸积盘的总光度

$$L_{\text{disk}} = 2\pi \int_{r_{\text{in}}}^{\infty} Q^- r \mathrm{d}r = \frac{1}{2}\frac{GM}{r_{\text{in}}c^2}\dot{M}c^2. \tag{8.145}$$

也就是说标准盘的辐射效率为

$$\varepsilon = \frac{1}{2}\frac{GM}{r_{\text{in}}c^2}. \tag{8.146}$$

从 (8.146) 式可见, 吸积气体一半的势能通过热辐射辐射出去了, 另外一半的势能以气体动能的形式最终落入黑洞.

对于光学厚的薄盘, 其表面等效温度由斯特藩 – 玻尔兹曼 (Stefan-Boltzmann) 定律决定:

$$F = \frac{1}{2}Q^- = \sigma_T T_{\text{eff}}^4. \tag{8.147}$$

结合 (8.143) 式得到 T_{eff} 的分布函数为

$$T_{\text{eff}}(r) = \left\{ \frac{3GM}{8\pi r^3}\frac{\dot{M}}{\sigma_T}\left[1 - (r_{\text{in}}/r)^{1/2}\right] \right\}^{1/4}, \tag{8.148}$$

或整理为如下更简洁的形式:

$$T_{\text{eff}} = T_*\left(\frac{r}{r_{\text{in}}}\right)^{-3/4}\left[1 - (r_{\text{in}}/r)^{1/2}\right]^{1/4}, \tag{8.149}$$

其中

$$T_* = \left(\frac{3GM}{8\pi r_{\text{in}}^3}\frac{\dot{M}}{\sigma}\right)^{1/4} = 1.4 \times 10^7 \text{ K}\left(\frac{3r_{\text{g}}}{r_{\text{in}}}\right)^{3/4}\left(\frac{M}{M_\odot}\right)^{-1/2}\left(\frac{\dot{M}}{10^{17}\text{ g}\cdot\text{s}^{-1}}\right)^{1/4}. \tag{8.150}$$

根据温度分布可以计算吸积盘的谱能量分布 S_ν. 简单来说, 就是将不同半径处的黑体辐射谱累加起来, 所以吸积盘的谱能量分布也称为多温黑体辐射谱:

$$S_\nu \propto \int_{r_{\text{in}}}^{r_{\text{out}}} B_\nu\left(T_{\text{eff}}(r)\right) 2\pi r \mathrm{d}r, \tag{8.151}$$

其中 $B_\nu(T)$ 为黑体辐射谱:

$$B_\nu(T) = \frac{2h\nu^3}{c^2}\frac{1}{e^{h\nu/k_{\text{B}}T} - 1}. \tag{8.152}$$

对于高频辐射, $h\nu \gg k_B T_*$, 频谱呈指数下降. 对于低频辐射, $h\nu \ll k_B T_*$, 辐射主要来自半径 $r \gg r_{in}$ 的区域, 因此根据 (8.149) 式, 有

$$T_{eff} = (r/r_{in})^{-3/4} T_*. \tag{8.153}$$

引入无量纲化的变量 $x(T_{eff})$, (8.151) 式改写为

$$S_\nu \propto \nu^{1/3} \int_0^{x_{out}} \frac{x^{5/3}}{e^x - 1} dx, \tag{8.154}$$

其中 $x_{out} = x(T_{out})$. 进一步将辐射频段分为两个区域: $h\nu \ll k_B T_{out}$ 以及 $h\nu \gg k_B T_{out}$. 对于 $h\nu \ll k_B T_{out}$, $S_\nu \propto \nu^2$, 而对于 $h\nu \gg k_B T_{out}$, $x_{out} \gg 1$, 因此有 $S_\nu \propto \nu^{1/3}$, 如图 8.3 所示.

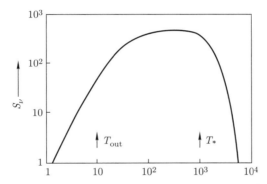

图 8.3　在每个点 (任意单位) 辐射出局部黑体光谱的稳定吸积盘的积分光谱. 标记了外半径处的温度 T_{out} 和内半径处的特征温度 T_* 对应的频率

§8.5　相对论开普勒盘

广义相对论效应主要在黑洞视界附近比较显著. 将经典的吸积理论推广到强引力场情形技术上并不特别复杂, 这是因为流体动力学方程主要包括粒子数、动量和能量守恒律[82-83], 参见附录 C. 相对论开普勒盘理论最重要的一个应用就是通过观测拟合盘产生的连续谱, 测量黑洞的自转[84-85].

8.5.1　基本方程

第一个守恒定律是粒子数守恒, 参见附录 C 中的 (C.1) 式, 即

$$n^\mu_{;\mu} = 0, \tag{8.155}$$

其中 $n^\mu = nu^\mu$ 为粒子流矢量. 第二个方程是动量守恒方程, 即将能动量守恒方程投影到空间方向:

$$h_{\mu\alpha}T^{\mu\nu}_{;\nu} = 0, \tag{8.156}$$

其中 $h^{\mu\nu}$ 为空间投影算符. 能动张量 $T^{\mu\nu}$ 的表达式参见附录 C 中的 (C.2) 式, 即

$$T^{\mu\nu} = (\rho + p)u^\mu u^\nu + pg^{\mu\nu} + \sigma^{\mu\nu} + q^\mu u^\nu + u^\mu q^\nu. \tag{8.157}$$

它给出三个空间方向独立的动量守恒方程. 第三个方程是能量守恒方程, 即将能动量守恒方程投影到时间 (速度) 方向:

$$u_\mu T^{\mu\nu}_{;\nu} = 0. \tag{8.158}$$

对于克尔黑洞, 它的时空度规函数不含 t 和 φ, 因此存在两个基灵矢量场: ∂_t 和 ∂_φ, 用分量表示就是

$$\xi^\mu_{(t)} = (1, 0, 0, 0), \quad \xi^\mu_{(\varphi)} = (0, 0, 0, 1). \tag{8.159}$$

根据这两个基灵矢量, 马上可以得到两个守恒流 —— 动量流和角动量流:

$$P^\alpha = T^\alpha_\beta \xi^\beta_{(t)} = T^\alpha_t, \quad J^\alpha = T^\alpha_\beta \xi^\beta_{(\varphi)} = T^\alpha_\varphi, \tag{8.160}$$

易证它们满足守恒定律

$$P^\alpha_{;\alpha} = J^\alpha_{;\alpha} = 0. \tag{8.161}$$

这两个守恒流的具体表达式为

$$P^\alpha = (\mu u_t + q_t/n)\, n^\alpha - p\xi^\alpha_{(t)} + \sigma^\alpha_t + u_t q^\alpha, \tag{8.162}$$

$$J^\alpha = -(J - q_\varphi/n)\, n^\alpha - p\xi^\alpha_{(\varphi)} + \sigma^\alpha_\varphi + u_\varphi q^\alpha, \tag{8.163}$$

其中 $\mu = (\rho + P)/n$ 为单个粒子的焓. 对于开普勒盘, 忽略流体的径向运动, 我们只需要一个参量就可以给出流体的四速度, 一般用坐标角速度 $\Omega = u_\varphi/u_t$ 或者比角动量 $l = -u_\varphi/u_t$ 表示.

8.5.2　黏滞加热函数

将能动张量代入能量守恒方程 (8.158), 得到

$$n\frac{\mathrm{d}(\rho/n)}{\mathrm{d}\tau} + q^\alpha_{;\alpha} = S_{\alpha\beta}\sigma^{\alpha\beta} + \Theta\left(\frac{1}{3}\sigma^\alpha_\alpha - p\right) + q^\alpha a_\alpha. \tag{8.164}$$

上式中左边的第一项是平移冷却, 由于径向速度比较小, 该项可以忽略. 右边的第二项与黏滞产热比要小很多, 可以忽略. 右边最后一项也可以忽略, 因为流体几乎走测地线运动, 它的加速度几乎为零. 因此, 局域能量平衡方程为

$$q^{\mu}_{;\mu} = S_{\alpha\beta}\sigma^{\alpha\beta} \equiv \mathcal{F}, \tag{8.165}$$

其中 $\mathcal{F}$ 为黏滞加热函数, 也称为耗散函数. 容易证明, 耗散函数为

$$\mathcal{F} = -\frac{2S_{r\varphi}\sigma^r_{\varphi}}{\rho^2\left(u^t\right)^2} = u^t\Omega_{,r}\sigma^r_{\varphi}. \tag{8.166}$$

根据能量平衡方程, 吸积盘的辐射光度为

$$L_{\text{Disk}} = \int_{r_{\text{in}}}^{r_{\text{out}}} \mathrm{d}r u^t \Omega_{,r} \int t^r_{\varphi}\sqrt{-g}\mathrm{d}\theta\mathrm{d}\varphi \equiv \int_{r_{\text{in}}}^{r_{\text{out}}} 2\pi r Q^+(r)\mathrm{d}r, \tag{8.167}$$

其中

$$Q^+(r) = \frac{1}{2\pi r}U^t\Omega_{,r}T_r \tag{8.168}$$

为吸积盘单位面上的辐射率,

$$T_r = \int_{r=\text{常数}} \sigma^r_{\varphi}\sqrt{-g}\mathrm{d}\theta\mathrm{d}\varphi \tag{8.169}$$

是剪切黏滞在半径 r 处作用在圆柱上的力矩.

8.5.3 角动量方程

我们还需要计算黏滞力矩 T_r. 这可以根据角动量守恒方程来计算. 角动量守恒方程为

$$0 = L^{\alpha}_{;\alpha} = \frac{1}{\sqrt{-g}}(\sqrt{-g}L^{\alpha})_{,\alpha}. \tag{8.170}$$

对上式在赤道面上对 z 方向积分, 得到

$$\partial_r \left(2\pi\int L^r\sqrt{-g}\mathrm{d}z\right) + 2\pi r 2L^z\sqrt{-g}\big|_{\text{盘面}} = 0. \tag{8.171}$$

假设辐射几乎沿着 z 方向进行, $q^r \approx 0$, 根据定义, 有

$$L^r = -Lnu^r + t^r_{\varphi}, \tag{8.172}$$

$$L^z = u_{\varphi}q^z = -Iu_t q^z. \tag{8.173}$$

因此有

$$\partial_r \left[\dot{M}\tilde{L} + T_r \right] = -U_\varphi 2\pi r \left(2q^z \sqrt{-g} \right) \big|_{\text{盘面}}, \tag{8.174}$$

其中 $\tilde{L} = L/m_{\mathrm{H}}$, 而

$$\dot{M} = -2\pi \int m_{\mathrm{H}} n U^r \sqrt{-g}\, \mathrm{d}z \tag{8.175}$$

为质量吸积速率.

对于薄盘, 我们再次假设, 辐射主要沿着垂直方向, 因此有

$$2q^z \sqrt{-g}\big|_{\text{盘面}} = Q^+. \tag{8.176}$$

取近似 $\mu \approx m_{\mathrm{H}}$, 于是有 $u_\varphi = -\tilde{L} = -lu_t$, 最终我们得到力矩方程

$$\partial_r \left[\dot{M}\tilde{L} + r \right] = \left(2\pi r Q^+ \right) \tilde{L}. \tag{8.177}$$

8.5.4 薄盘的辐射能量

由 (8.168) 和 (8.177) 这两个方程可以求解两个未知数 Q^+ 和 $\tilde{F}$. 先令

$$\tilde{F} = \frac{2\pi r Q^+}{\dot{M}}, \quad \tilde{T} = \frac{T_r}{\dot{M}}, \tag{8.178}$$

利用

$$u^t u_t = (1 - \Omega l)^{-1}, \tag{8.179}$$

则 (8.168) 和 (8.177) 式改写为

$$\partial_r[\tilde{L} + \tilde{T}] = \tilde{F}\tilde{L}, \tag{8.180}$$

$$\tilde{T} = \frac{\tilde{F}}{U^t \Omega_{,r}} = \frac{U_t - \Omega\tilde{L}}{\Omega_{,r}}\tilde{F}. \tag{8.181}$$

由于 (8.181) 式给出 $\tilde{F}$ 和 $\tilde{L}$ 的函数关系, 因此 (8.180) 式是 $\tilde{F}$ 的微分方程, 其解为

$$\frac{\left(U_t - \Omega\tilde{L} \right)^2}{-\Omega_{,r}}\tilde{F} = \int_{r_{\text{in}}}^r \left(U_t - \Omega\tilde{L} \right) \tilde{L}_{,r} \mathrm{d}r. \tag{8.182}$$

该方程的内边界条件为 $\tilde{F}(r_{\text{in}}) = 0$.

佩奇 (Page) 和索恩 (Thorne) (1974 年) 首次发现了相对论性薄开普勒盘表面亮度的解 (8.182). 使用分部积分并再次使用 (8.182), 可以找到以下替代表达式:

$$\tilde{F} = -\frac{\Omega_{,r}}{(E - \Omega J)^2} \left(EJ - E_{\text{in}} J_{\text{in}} - 2\int_{r_{\text{in}}}^r JE_{,r} \mathrm{d}r \right), \tag{8.183}$$

$$\tilde{F} = -\frac{\Omega_{,r}}{(E - \Omega J)^2} \left(-EJ + E_{\text{in}} J_{\text{in}} + 2\int_{r_{\text{in}}}^r EJ_{,r} \mathrm{d}r \right). \tag{8.184}$$

以施瓦西黑洞的吸积为例, 流体元在做圆形轨道运动时 u_t, u_φ 的值分别为

$$u_t = \frac{1 - 2M/r}{(1 - 3M/r)^{1/2}}, \quad u_\varphi = \frac{(Mr)^{1/2}}{(1 - 3M/r)^{1/2}} \quad (G = 1). \tag{8.185}$$

将它们代入盘光度的表达式并积分, 得到

$$
\begin{aligned}
Q^- &= Q^+ \\
&= \frac{3\dot{M}}{4\pi M^2} \frac{1}{(x-3)x^{5/2}} \cdot \left\{ \sqrt{x} - \sqrt{6} + \frac{\sqrt{3}}{3} \ln \left[\frac{(\sqrt{x} + \sqrt{3})(\sqrt{6} - \sqrt{3})}{(\sqrt{x} - \sqrt{3})(\sqrt{6} + \sqrt{3})} \right] \right\},
\end{aligned}
\tag{8.186}
$$

其中 $x = r/M$ 为无量纲化的半径. 从 (8.186) 式可以检验, Q^- 满足正确的内边界条件 $Q^-(x = 6) = 0$, 并且 $x > 6$ 接近牛顿表达式 (8.141). 它达到了最大值 $x_{\max} = 9.55$, 即大部分能量产生于 $6M < r \lesssim 30M$ 区域.

§8.6 相对论性 ADAF 理论

当黑洞吸积率比较低的时候, 吸积流中的等离子体密度比较低, 离子和电子的库仑碰撞失效, 离子温度和电子温度不相等, 会形成双温的吸积流. 吸积过程中释放的大量引力能转化为离子的热能, 在吸积流的内区, 离子温度 $\sim 10^{12}$ K, 而电子的温度要比离子的温度低好几个量级. 由于离子的辐射效率低, 因此很大一部分能量被吸积气体带入黑洞视界, 导致黑洞质量的增长. 我们称这种吸积模式为径移占优吸积流 (ADAF), 也称为辐射低效吸积流 (radiatively inefficient accretion flow, RIAF). 适用于 ADAF 模型的最典型的源是银河系中心和 M87 星系中心的黑洞吸积过程.

8.6.1 吸积流的对称性和垂向平均

为了完全在广义相对论的框架下准确地描述接近视界的极端相对论性的吸积动力学, 我们必须做一些简化的假设. 第一, 假设吸积流的角动量与黑洞的角动量方向一致. 第二, 假设吸积流是轴对称的, 并且关于广义赤道面对称. 因此, 吸积流的四速度 $u^\mu = (u^t, u^r, 0, u^\varphi)$, 即 $u^\theta = 0$. 如果采用柱坐标系, 则 $u^\mu = (u^t, u^r, u^\varphi, 0)$, 即 $u^z = 0$. 第三, 对吸积流的性质取垂向平均. 这是解析研究角动量不等于零吸积流动力学时通常采用的标准做法. 第四, 假设吸积流达到了稳恒态, 即所有物理量都不随时间变化: $\partial_t = 0$.

根据问题的对称性, 我们采用柱坐标系 $x^\mu = (t, r, \varphi, z)$. 对于克尔黑洞, 一般采用博耶 – 林德奎斯特坐标. 我们将在博耶 – 林德奎斯特坐标中的克尔度规在赤道

面附近展开到 z/r 的一阶项, 得到如下近似的柱坐标下的克尔度规:

$$
\begin{aligned}
ds^2 &= -e^{2\nu}dt^2 + e^{2\psi}(d\varphi - \omega dt)^2 + e^{2\mu_1}dr^2 + e^{2\mu_2}dz^2 \\
&= -\frac{r^2\Delta}{A}dt^2 + \frac{A}{r^2}(d\varphi - \omega dt)^2 + \frac{r^2}{\Delta}dr^2 + dz^2 \\
&= -\left(1 - \frac{2M}{r}\right)dt^2 - \frac{2A\omega}{r^2}dtd\varphi + \frac{A}{r^2}d\varphi^2 + \frac{r^2}{\Delta}dr^2 + dz^2.
\end{aligned} \tag{8.187}
$$

因此

$$
e^\nu = \frac{r\sqrt{\Delta}}{\sqrt{A}}, \quad e^\psi = \frac{\sqrt{A}}{r}, \quad e^{\mu_1} = \frac{r}{\sqrt{\Delta}}, \quad e^{\mu_2} = 1, \tag{8.188}
$$

或者

$$
g_{tt} = -\left(1 - \frac{2M}{r}\right), \quad g_{t\varphi} = -\frac{A\omega}{r^2}, \quad g_{\varphi\varphi} = \frac{A}{r^2}, \quad g_{rr} = \frac{r^2}{\Delta}, \quad g_{zz} = 1, \tag{8.189}
$$

其中度规函数为

$$
\Delta = r^2 - 2Mr + a^2, \quad A = r^4 + r^2a^2 + 2Mra^2, \quad \omega = \frac{2Mar}{A}, \tag{8.190}
$$

这里 M, a 分别为黑洞的引力质量和单位质量角动量.

对于 ADAF 模型, 流体元既有 φ 方向的转动, 也有径向的运动, 因此需要两个参数来刻画流体元的运动. 这里采用环向坐标速度 $\Omega = u^\varphi/u^t$ 和径向的物理速度 V, 即 V 是与流体元共转的观测者 $u^\mu = (u^t, 0, \Omega u^t, 0)$ 所测量到的流体元的径向物理速度. 流体元的四速度明显表示为

$$
u^\mu = (\gamma_r\gamma_\varphi e^{-\nu}, \gamma_r V e^{-\mu_1}, \gamma_r\gamma_\varphi \Omega, 0), \tag{8.191}
$$

其中 γ_φ 为与共转观测者相对局域非转动观测者测量到的环向物理速度 $v^{(\varphi)}$ 相对应的洛伦兹因子. γ_r 为与流体元径向物理速度 V 相对应的洛伦兹因子. $v^{(\varphi)}$ 的表达式为

$$
v^{(\varphi)} = e^{\psi-\nu}(\Omega - \omega) = \frac{A}{r^2\sqrt{\Delta}}\widetilde{\Omega}, \tag{8.192}
$$

其中 $\widetilde{\Omega} = \Omega - \omega$.

由于系统存在明显的两个对称性, 即存在两个基灵矢量: $\partial_t, \partial_\varphi$, 对应流体元存在两个守恒量:

$$
L = \mu u_\varphi, \quad E = -\mu u_t, \tag{8.193}
$$

其中 $\mu = (\rho + p)/\rho_0$ 为流体元的比焓, $\rho_0 = nm_{\mathrm{B}}$ 为流体元的静止质量密度, ρ 为总质能密度. 根据 u^φ 的表达式, 易得

$$
\begin{aligned}
u_\varphi &= g_{\varphi\mu}u^\mu = g_{\varphi t}u^t + g_{\varphi\varphi}u^\varphi \\
&= \frac{A^{3/2}\gamma_r\gamma_\varphi}{r^3\Delta^{1/2}}\widetilde{\Omega}.
\end{aligned}
\tag{8.194}
$$

根据 (8.193) 和 (8.194) 式, 易得

$$
L = \frac{\gamma_r A^{1/2}\mu\left(\gamma_\varphi^2 - 1\right)^{1/2}}{r}.
\tag{8.195}
$$

根据 (8.195) 式, 我们可以将流体元的环向运动用角动量 L 表示为

$$
\widetilde{\Omega} = \frac{r^3\Delta^{1/2}L}{\mu A^{3/2}\gamma_r\gamma_\varphi}, \quad \gamma_\varphi = \left(1 + \frac{r^2L^2}{\mu^2\gamma_r^2 A}\right)^{1/2}.
\tag{8.196}
$$

在取垂向平均的时候, 通常的做法是用赤道面上的物理量加上吸积盘的标高 H 来代替某个物理量沿 z 方向的积分, 例如

$$
\Sigma_0 = \int_{-\infty}^{\infty}\rho_0\mathrm{d}z \approx 2\rho_0(z = 0)H,
\tag{8.197}
$$

$$
\Sigma = \int_{-\infty}^{\infty}\rho\mathrm{d}z \approx 2\Sigma(z = 0)H,
\tag{8.198}
$$

$$
W = \int_{-\infty}^{\infty}p\mathrm{d}z \simeq 2p(z = 0)H,
\tag{8.199}
$$

其中 $\rho_0 = nm_{\mathrm{B}}$ 为流体元的静止质量密度, n 为粒子数密度, m_{B} 为重子质量. $\rho = \rho_0 + \epsilon$ 为流体元的质能密度, 它包括静止质量密度以及流体元的内能 ϵ. p 为流体元的压强. 标高 H 由垂向平衡方程决定.

8.6.2 相对论性 ADAF 基本方程

流体动力学方程主要由粒子数和能动量守恒方程构成[86-89]. 流体的能量 – 应力张量为

$$
T^{\mu\nu} = (\rho + p)u^\mu u^\nu + pg^{\mu\nu} + t^{\mu\nu} + q^\mu u^\nu + u^\mu q^\nu,
\tag{8.200}
$$

其中右边第一项和第二项为理想流体的能动张量, $t^{\mu\nu}$ 为黏滞应力张量, 正是黏滞张量的存在导致气体损失角动量被中心黑洞吸积, 同时黏滞将产热, 将吸积气体的引力释放为流体的内能. 对于相对论性的流体, 如果忽略体黏滞系数, 则黏滞张量的表达式为

$$
t^{\mu\nu} = -2\lambda\sigma^{\mu\nu},
\tag{8.201}
$$

其中 λ 为动力学黏滞系数. 速度剪切张量为

$$\sigma_{\alpha\beta} = \frac{1}{2}\left(u_{\alpha;\mu}h_\beta^\mu + u_{\beta;\mu}h_\alpha^\mu\right) - \frac{1}{3}\Theta h_{\alpha\beta}, \tag{8.202}$$

其中 $h^{\mu\nu} = g^{\mu\nu} + u^\mu u^\nu$ 为空间投影算符, 而

$$\Theta \equiv u^\alpha{}_{;\alpha}. \tag{8.203}$$

下面讨论吸积流体的动力学方程组. 流体元的连续性方程为

$$(nu^\mu)_{;\mu} = \left(\sqrt{-g}\,nu^r\right)_{,r} = 0. \tag{8.204}$$

根据 (8.191) 式, $u^r = \gamma_r V\sqrt{\Delta}/r$. 代入 (8.204) 式并对垂向积分之后, (8.204) 式变为

$$\dot{M} = -2\pi\Delta^{1/2}\Sigma_0\gamma_r V, \tag{8.205}$$

其中已利用了 $\sqrt{-g} = r$. 相对论性欧拉方程为

$$(p+p)u^\alpha{}_{;\beta}u^\beta = -g^{\alpha\beta}p_{,\beta} - u^\alpha p_{,\beta}u^\beta. \tag{8.206}$$

在 (8.206) 式中取 $\mu = r$, 并令 $u^r \equiv u$, 得到径向的欧拉方程:

$$(p+p)u_{;\beta}u^\beta = -\left[g^{rr} + u^2\right]p' = -h^{rr}p', \tag{8.207}$$

其中

$$h^{rr} = u^2 + \frac{\Delta}{r^2} \tag{8.208}$$

为投影空间算符的分量. (8.208) 式已利用了稳恒态的假设 $\partial_t = 0$. 对变量加撇号表示对其对半径 r 求导, 例如 $p' = \mathrm{d}p/\mathrm{d}r$. (8.207) 式中的加速度项具体计算如下:

$$\begin{aligned} u_{;\beta}u^\beta &= u'u + \Gamma^r_{\beta\gamma}u^\beta u^\gamma \\ &= u'u + \left(\ln\sqrt{g_{rr}}\right)'u^2 + \frac{\gamma_\varphi^2 Ah^{rr}}{r^4\Delta}\frac{(\Omega - \Omega_K^+)(\Omega - \Omega_K^-)}{\Omega_K^+\Omega_K^-}, \end{aligned} \tag{8.209}$$

其中

$$\Omega_K^\pm = \pm\frac{M^{1/2}}{r^{3/2} \pm aM^{1/2}} \tag{8.210}$$

是正转和反转开普勒角速度. 在 (8.209) 式的计算过程中, 我们利用了含联络的项

$$\Gamma^r_{rr}u^2 = \frac{1}{2}g^{rr}g_{rr,r}u^2 = \left(\ln\sqrt{g_{rr}}\right)'u^2, \tag{8.211}$$

$$\Gamma_{tt}^r (u^t)^2 + 2\Gamma_{t\varphi}^r (u^t)^2 \Omega + \Gamma_{\varphi\varphi}^r (u^t)^2 \Omega^2$$

$$= -\frac{1}{2} g^{rr} (u^t)^2 \left(\partial_r g_{tt} + 2\partial_r g_{t\varphi} \cdot \Omega + \Omega^2 \partial_r g_{\varphi\varphi} \right)$$

$$= -\frac{1}{2} g^{rr} (u^t)^2 g_{tt}' \left[\frac{g_{tt}'/g_{\varphi\varphi}' + 2g_{t\varphi}'/g_{\varphi\varphi}'\Omega + \Omega^2}{g_{tt}'/g_{\varphi\varphi}'} \right]$$

$$= \frac{\gamma_\varphi^2 A M h^{rr}}{r^4 \Delta} \left[\frac{(\Omega - \Omega_K^+)(\Omega - \Omega_K^-)}{\Omega_K^+ \Omega_K^-} \right]. \tag{8.212}$$

上式的计算过程中, 用到了

$$u^t = \gamma_r \gamma_\varphi \mathrm{e}^{-\nu} = \frac{\sqrt{A}}{\Delta} \gamma_\varphi \sqrt{h^{rr}}, \tag{8.213}$$

$$\frac{g_{tt}'}{g_{\varphi\varphi}'} = \Omega_K^+ \Omega_K^-, \tag{8.214}$$

$$\frac{g_{t\varphi}'}{g_{\varphi\varphi}'} = \Omega_K^+ + \Omega_K^-. \tag{8.215}$$

下面进一步将径向坐标速度 u 用物理速度 V 代替:

$$u = \gamma_r V \frac{\sqrt{\Delta}}{r} = \frac{\gamma_r V}{\sqrt{g_{rr}}}, \quad u^2 + \frac{\Delta}{r^2} = \gamma_r^2 \frac{\Delta}{r^2}. \tag{8.216}$$

经过整理, 得到径向运动方程为

$$\gamma_r^2 V \frac{\mathrm{d}V}{\mathrm{d}r} + \frac{1}{\rho + p} \frac{\mathrm{d}p}{\mathrm{d}r} = -\frac{\gamma_\varphi^2 A M}{r^4 \Delta} \frac{(\Omega - \Omega_K^+)(\Omega - \Omega_K^-)}{\Omega_K^+ \Omega_K^-}. \tag{8.217}$$

采用垂向积分的物理量, 将 (8.217) 式改写为

$$\gamma_r^2 V \frac{\mathrm{d}V}{\mathrm{d}r} + \frac{1}{\mu \Sigma_0} \frac{\mathrm{d}W}{\mathrm{d}r} = -\frac{\gamma_\varphi^2 A M}{r^4 \Delta} \frac{(\Omega - \Omega_K^+)(\Omega - \Omega_K^-)}{\Omega_K^+ \Omega_K^-}. \tag{8.218}$$

角动量方程就是 φ 方向的欧拉方程. 利用基灵矢量 $\partial_\varphi = \xi_{(\varphi)}^\mu \partial_\mu$ 引进角动量流 J^μ:

$$J^\mu \equiv (T^{\mu\nu} \xi_\nu^{(\varphi)}) = T^\mu{}_\varphi = (\rho + p)u_\varphi u^\mu + p\delta^\mu{}_\varphi + t^\mu{}_\varphi + q_\varphi u^\mu + u_\varphi q^\mu. \tag{8.219}$$

对于 RIAF, 我们在下面的讨论中忽略掉 (8.219) 式中与辐射 q^μ 有关的最后两项, 则 φ 方向的动量方程, 即角动量方程为

$$J^\mu{}_{;\mu} = (\sqrt{-g} J^r)_{,r} = \rho_0 r u \left(\mu u_\varphi \right)_{,r} + \left(r t^r{}_\varphi \right)_{,r}$$

$$= \rho_0 r u L' + \left(r t^r{}_\varphi \right)_{,r} = 0. \tag{8.220}$$

对上式沿径向积分, 易得

$$-\rho_0 r u(L - L_{\text{in}}) = r t^r{}_\varphi, \tag{8.221}$$

其中积分常数 L_{in} 为落入黑洞的角动量. 对垂向积分, 得到

$$\frac{\dot{M}}{2\pi}(L - L_{\text{in}}) = \int_{-\infty}^{\infty} t^r{}_\varphi \mathrm{d}z \equiv r W^r_\varphi. \tag{8.222}$$

对于相对论性的流体, 如果忽略体黏滞系数, 则黏滞张量的表达式为

$$t^{\mu\nu} = -2\lambda\sigma^{\mu\nu}, \tag{8.223}$$

其中 λ 为动力学黏滞系数. 速度剪切张量为

$$\sigma_{\alpha\beta} = \frac{1}{2}\left(u_{\alpha;\mu}h^\mu_\beta + u_{\beta;\mu}h^\mu_\alpha\right) - \frac{1}{3}\Theta h_{\alpha\beta}, \tag{8.224}$$

其中

$$\Theta \equiv u^\alpha{}_{;\alpha}. \tag{8.225}$$

经过繁杂的计算, 并忽略径向运动, 我们得到

$$\sigma^r{}_\varphi = \frac{A^{3/2}\Delta^{1/2}\gamma_\phi^3}{2r^5}\Omega_{,r}. \tag{8.226}$$

为了简化计算, 这里忽略了径向运动, 这一点以后需要改进. 进一步采用如下的 α 黏滞律:

$$\lambda\Omega_{,r} = -\alpha\frac{p}{r}, \tag{8.227}$$

其中 $\alpha \leqslant 1$ 是黏滞参数. 因此, 我们有

$$t^r{}_\phi = \alpha\frac{A^{3/2}\Delta^{1/2}\gamma_\phi^3}{r^6}p, \tag{8.228}$$

$$W^r{}_\phi = \alpha\frac{A^{3/2}\Delta^{1/2}\gamma_\phi^3}{r^6}W. \tag{8.229}$$

继续讨论能量方程. 能量方程为

$$u_\alpha T^{\alpha\beta}_{;\beta} = 0. \tag{8.230}$$

再加上连续性方程, 我们得到

$$\rho_0 u T\frac{\mathrm{d}s}{\mathrm{d}r} = -\sigma_{\alpha\beta}t^{\alpha\beta} - \frac{1}{3}\Theta t^\alpha{}_\alpha - q^\alpha a_\alpha - q^\alpha{}_{;\alpha}, \tag{8.231}$$

其中 s 为流体元的熵密度. ADAF 为双温吸积流, 离子和电子的温度不相等, 取垂向积分, 它们的能量方程分别为

$$-\dot{M}T_{\mathrm{i}}\frac{\mathrm{d}s_{\mathrm{i}}}{\mathrm{d}r} = -2\pi\alpha(1-\delta)W\frac{\gamma_{\phi}^4 A^2}{r^6}\varOmega_{,r} - 2\pi r\varLambda_{\mathrm{ie}}, \tag{8.232}$$

$$-\frac{\dot{M}}{2\pi r}T_{\mathrm{e}}\frac{\mathrm{d}s_{\mathrm{e}}}{\mathrm{d}r} = -2\pi\alpha\delta W\frac{\gamma_{\phi}^4 A^2}{r^6}\varOmega_{,r} + 2\pi r(\varLambda_{\mathrm{ie}} - F^-), \tag{8.233}$$

其中 $s_{\mathrm{i}}, s_{\mathrm{e}}$ 分别为离子和电子的比熵, 即单位质量的熵. $\varLambda_{\mathrm{ie}}$ 为单位面积离子向电子转移能量的转移率. F^- 为单位面积电子的冷却 (辐射) 率. δ 为黏滞产热加热电子的比例.

最后讨论的是垂向结构平衡方程. 垂向结构平衡本质上是流体在垂向 (z 方向) 的压力梯度与黑洞的引潮力平衡:

$$\frac{1}{\rho}\left(\frac{\partial p}{\partial z}\right)_H = HR^{\alpha}{}_{\beta\gamma\delta}\hat{e}^{\lambda}_{(z)}g_{\lambda\alpha}\hat{e}^{\gamma}_{(z)}u^{\beta}u^{\delta} \approx H\gamma^2 R^{(z)}_{(t)(z)(t)}, \tag{8.234}$$

其中 $\hat{e}^{\lambda}_{(z)}$ 为 z 方向的单位矢量, 是流体元随动观测者所携带的标架矢量之一. 因此有

$$\frac{p}{\rho H^2} = \gamma^2 \frac{M}{r^3}\left[\frac{(r^2+a^2)^2 + 2\Delta a^2}{(r^2+a^2)^2 - \Delta a^2}\right], \tag{8.235}$$

其中 $\gamma = \gamma_r\gamma_{\varphi}$ 为流体元的洛伦兹因子.

8.6.3 状态方程和辐射机制

在几何厚、光学薄的 ADAF 中, 由于气体密度低, 离子和电子温度一般是不相等的, 即吸积流是双温的. 因此, 气体压强有离子和电子的贡献:

$$p_{\mathrm{gas}} = p_{\mathrm{i}} + p_{\mathrm{e}} = \frac{\rho_0 k_{\mathrm{B}}T_{\mathrm{i}}}{\mu_{\mathrm{i}}m_{\mathrm{H}}} + \frac{\rho_0 k_{\mathrm{B}}T_{\mathrm{e}}}{\mu_{\mathrm{e}}m_{\mathrm{H}}}, \tag{8.236}$$

其中 $\mu_{\mathrm{i}}, \mu_{\mathrm{e}}$ 分别为离子和电子的平均分子量. 吸积流中可能存在紊乱的磁场, 一般通过引入一个 β 参数计及磁压的贡献, 其中 β 为气体压强占总压强的比例:

$$p_{\mathrm{mag}} = \frac{B^2}{8\pi} = \frac{1-\beta}{\beta}p_{\mathrm{gas}}. \tag{8.237}$$

考虑了磁压的贡献之后, 气体的总压强为

$$p = p_{\mathrm{gas}} + p_{\mathrm{mag}} = \frac{\rho_0 k_{\mathrm{B}}T_{\mathrm{i}}}{\beta\mu_{\mathrm{i}}m_{\mathrm{H}}} + \frac{\rho_0 k_{\mathrm{B}}T_{\mathrm{e}}}{\beta\mu_{\mathrm{e}}m_{\mathrm{H}}}. \tag{8.238}$$

气体的内能分别由离子、电子和磁场贡献:

$$
\begin{aligned}
\epsilon &= \epsilon_{\text{gas}} + \epsilon_{\text{mag}} \\
&= \frac{1}{\gamma_{\text{i}} - 1} \frac{\rho_0 k_{\text{B}} T_{\text{i}}}{\mu_{\text{i}} m_{\text{H}}} + \frac{1}{\gamma_{\text{e}} - 1} \frac{\rho_0 k_{\text{B}} T_{\text{e}}}{\mu_{\text{e}} m_{\text{H}}} + \frac{B^2}{4\pi} \\
&= \left[\frac{1}{\gamma_{\text{i}} - 1} + \frac{2(1 - \beta)}{\beta} \right] \frac{\rho_0 k_{\text{B}} T_{\text{i}}}{\mu_{\text{i}} m_{\text{H}}} + \left[\frac{1}{\gamma_{\text{e}} - 1} + \frac{2(1 - \beta)}{\beta} \right] \frac{\rho_0 k_{\text{B}} T_{\text{e}}}{\mu_{\text{e}} m_{\text{H}}} \\
&\equiv a_{\text{i}}(T_{\text{i}}) \frac{\rho_0 k_{\text{B}} T_{\text{i}}}{\mu_{\text{i}} m_{\text{H}}} + a_{\text{e}}(T_{\text{e}}) \frac{\rho_0 k_{\text{B}} T_{\text{e}}}{\mu_{\text{e}} m_{\text{H}}},
\end{aligned} \tag{8.239}
$$

其中 $\gamma_{\text{i}}, \gamma_{\text{e}}$ 为离子和电子的绝热指数. 在 ADAF 中, 离子和电子温度都很高, 它们都是相对论性的粒子. 对相对论性的气体, 它们的绝热指数为 (以离子为例)

$$
\gamma_{\text{i}} = 1 + \theta_{\text{i}} \left[\frac{3K_3(1/\theta_{\text{i}}) + K_1(1/\theta_{\text{i}})}{4K_2(1/\theta_{\text{i}})} - 1 \right]^{-1}, \tag{8.240}
$$

其中 $\theta_{\text{i}} = k_{\text{B}} T_{\text{i}} / m_{\text{i}} c^2$ 为无量纲化的温度, K_1, K_2 和 K_3 分别为修正的贝塞尔函数.
    利用热力学第一和第二定律, 有

$$
T \mathrm{d} s = \mathrm{d}\left(\frac{\rho}{\rho_0} \right) + p \, \mathrm{d}\left(\frac{1}{\rho_0} \right) = \frac{1}{\rho_0} \mathrm{d}\epsilon - \frac{\epsilon + p}{\rho_0^2} \mathrm{d}\rho_0. \tag{8.241}
$$

如果气体的多方指数是常数,

$$
\epsilon = \frac{p}{\hat{\gamma} - 1}, \tag{8.242}
$$

则 (8.241) 式可以改写为

$$
T \mathrm{d} s = \frac{p}{\rho_0} \frac{1}{\hat{\gamma} - 1} (\mathrm{d}\ln p - \hat{\gamma} \mathrm{d}\ln \rho_0). \tag{8.243}
$$

利用离子和电子气体的状态方程, 我们也可以引入等价的多方指数, 得到

$$
T_{\text{i}} \mathrm{d} s_{\text{i}} = \frac{p_{\text{i}}}{\rho_0} \frac{1}{\Gamma_{\text{i}} - 1} (\mathrm{d}\ln p_{\text{i}} - \Gamma_{\text{i}} \mathrm{d}\ln \rho_0), \tag{8.244}
$$

$$
T_{\text{e}} \mathrm{d} s_{\text{e}} = \frac{p_{\text{e}}}{\rho_0} \frac{1}{\Gamma_{\text{e}} - 1} (\mathrm{d}\ln p_{\text{e}} - \Gamma_{\text{e}} \mathrm{d}\ln \rho_0), \tag{8.245}
$$

其中等价的多方指数为

$$
\Gamma_{\text{i}} = 1 + \left[a_{\text{i}}(T_{\text{i}}) \left(1 + \frac{\mathrm{d}\ln a_{\text{i}}(T_{\text{i}})}{\mathrm{d}\ln T_{\text{i}}} \right) \right]^{-1}, \tag{8.246}
$$

$$
\Gamma_{\text{e}} = 1 + \left[a_{\text{e}}(T_{\text{e}}) \left(1 + \frac{\mathrm{d}\ln a_{\text{e}}(T_{\text{e}})}{\mathrm{d}\ln T_{\text{e}}} \right) \right]^{-1}. \tag{8.247}
$$

用垂向平均量表示为

$$T_i ds_i = \frac{W_i}{\Sigma_0} \frac{1}{\Gamma_i - 1} \left[d\ln W_i - \Gamma_i d\ln \Sigma_0 + (\Gamma_i - 1) d\ln r \right], \tag{8.248}$$

$$T_e ds_e = \frac{W_e}{\Sigma_0} \frac{1}{\Gamma_e - 1} \left[d\ln W_e - \Gamma_e d\ln \Sigma_0 + (\Gamma_e - 1) d\ln r \right]. \tag{8.249}$$

由于等离子体密度低、光深小, 吸积流中的辐射机制以非热辐射为主, 包括轫致辐射、同步辐射以及逆康普顿辐射, 甚至是多级的逆康普顿辐射, 产生高能辐射.

8.6.4 数值计算结果

为了得到计算结果, 需要给定边界条件. 外边界条件一般取作 $r_{\text{out}} = \tilde{r}_{\text{out}}/r_g = 2 \times 10^4$, r_{out} 为吸积流的外半径, 在外半径处,

$$\Omega = 0.8\Omega_K, \quad T_i = T_e = 0.1T_{\text{vir}}, \tag{8.250}$$

其中 $r_g = GM/c^2$ 为黑洞的引力半径, T_{vir} 为气体的位力化温度, 它的定义是

$$T_{\text{vir}} = (\gamma - 1)\frac{GMm_p}{k_B R} \approx 1.1(\gamma - 1) \times 10^9 \left(\frac{r}{10^4 r_g} \right)^{-1} \text{K}. \tag{8.251}$$

在外半径处, 气体是非相对论的, 绝热指数 $\gamma = 5/3$. 电子和离子在外边界温度相同. 计算结果表明, 外边界条件对吸积流的整体结构影响很小. 给定边界条件之后, 还缺一个未知变量: 黑洞吸积气体的单位质量的角动量 L_{in}. 类似邦迪吸积, L_{in} 可以看作跨声速解的本征值, 只有合适的 L_{in} 的值才会出现跨声速解.

作为一个例子, 我们在图 8.4 和图 8.5 中给出了 ADAF 整体解. 黑洞自转分别为 $a = 0$、$a = 9.5$ 以及 $a = -0.95$, 黑洞的质量取作 $M = 10^8 M_\odot$, 吸积率为 $\dot{M} = 10^{-3}\dot{M}_{\text{Edd}}$, 黏滞系数 $\alpha = 0.1$, $\beta = 0.5$. 从图 8.4 中可以看出, 流体的速度在接近黑洞视界的时候跨声速, 并几乎达到或非常接近光速. 另一个比较明显的特征是由于径向速度比较大, 吸积流是亚开普勒的. 如图 8.5 所示, 吸积流是双温的, 在吸积流的内区, 离子的温度比电子的温度要高 $1 \sim 2$ 个量级.

§8.7 相对论性扁盘理论

本节简单介绍我们关于相对论性扁盘 (slim disk) 的动力学和出射谱的工作[96]. 与几何薄、光学厚的标准盘相比, 扁盘的吸积率更高, 其吸积率一般大于 1 倍爱丁顿吸积率. 在这种情况下, 在吸积盘的内区, 气体黏滞产生的热辐射无法有效地通过表面辐射出去, 大部分热量 (光子) 被流体元囚禁并被带入黑洞, 这就是所谓的光子囚禁效应. 在吸积盘的内区, 由于辐射压比较高, 导致吸积盘变厚, 变成了几何

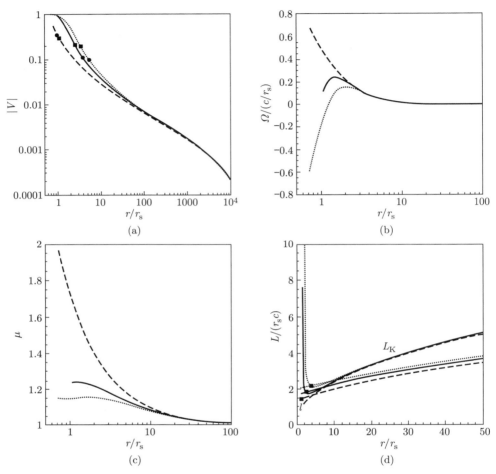

图 8.4　相对论 ADAF 的整体解. (a) 显示了在共转参考系中测量到的流体的径向速度、声速点位置 (实心的正方形) 和最小稳定圆轨道的位置 (实心的圆圈). (b) 显示的是角速度. (c) 显示的是流体的比焓 (单位质量的焓). (d) 为流体的角动量. 作为比较, 图中也显示了开普勒角动量曲线. 实心的正方形显示的是声速点的位置. 图中的实线、虚线和点线分别显示的是不转黑洞 $a = 0$、$a = 9.5$ 以及 $a = -0.95$ 的结果. 其他参数为 $M = 10^8 M_\odot$, $\dot{M} = 10^{-3} \dot{M}_{\text{Edd}}$, $\alpha = 0.1$ 以及 $\beta = 0.5^{[88]}$

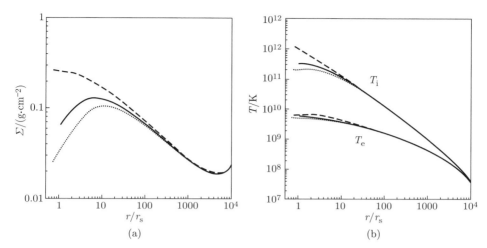

图 8.5 曲线意义同图 8.4. 这里显示的是面密度和温度随着半径的变化[88]

厚、光学厚的吸积流, 而且吸积流的径向速度也非常大, 在这一点上, 与径移占优吸积流 (ADAF) 比较一致. 因此, 不难理解, 相对论性的 ADAF 模型的大部分方程, 形式上也适用于相对论性扁盘, 比如质量守恒方程、径向动量方程. 与 ADAF 最大的不同是能量方程: 首先扁盘是单温的, 其次, 扁盘是光学厚的, 需要考虑垂向的辐射转移[91-93].

扁盘的能量方程为

$$Q_{\text{vis}}^+ = Q_{\text{adv}}^- + F_{\text{rad}}^-, \tag{8.252}$$

其中 Q_{vis}^+ 是单位面积的黏滞加热, F_{rad}^- 是辐射冷却, Q_{adv}^- 是平流造成的等效冷却. 它们各自的形式是

$$Q_{\text{vis}}^+ = -\frac{1}{4\pi r}\frac{\gamma_\phi A^{1/2}}{\Delta^{1/2}r}\dot{M}\left(L - L_{\text{in}}\right)\frac{\mathrm{d}\Omega}{\mathrm{d}r}, \tag{8.253}$$

$$Q_{\text{adv}}^- = -\frac{\dot{M}}{4\pi r}\frac{W}{\Sigma}\frac{1}{\Gamma_3 - 1}\left(\frac{\mathrm{d}\ln W}{\mathrm{d}r} - \Gamma_1\frac{\mathrm{d}\ln \Sigma}{\mathrm{d}r} - (\Gamma_1 + 1)\frac{\mathrm{d}\ln H}{\mathrm{d}r}\right), \tag{8.254}$$

其中 Γ_1 和 Γ_3 的定义参见文献 [76], 而辐射冷却率为

$$F_{\text{rad}}^- = \frac{8acT^4}{3\kappa\rho_0 H}. \tag{8.255}$$

不透明度的罗斯兰德 (Rosseland) 平均值为

$$\kappa = 0.4 + 0.64 \times 10^{23} \rho T^{-7/2}. \tag{8.256}$$

物质总的压力包括气体压和辐射压的贡献:

$$W = \frac{1}{3} a T^4 H + \frac{2 k_{\mathrm{B}}}{m_{\mathrm{p}}} \Sigma T, \tag{8.257}$$

其中 T 是吸积盘的温度, H 是吸积盘的厚度:

$$H = \sqrt{12} \frac{c_{\mathrm{s}}}{\Omega_{\mathrm{K}}} g_{\mathrm{pa}}^{-\frac{1}{2}}. \tag{8.258}$$

这是对原来文献 [93] 中方程的一个修正.

通过求解相对论的动力学方程, 得到吸积盘的整体结构之后, 我们采用光线追踪的方法来计算吸积盘辐射谱. 图 8.6 展示了吸积盘的厚度随半径的变化. 从图中可以看出, 随着吸积率或者黑洞自转的增加, 吸积盘的厚度显著增加. 这将导致来自吸积盘内区的热辐射被吸积盘外区遮蔽而无法被观测到, 我们称之为自遮蔽效应. 图 8.7 展示了不同吸积率和不同黑洞自转情况下吸积盘的出射谱. 从图中明显可以看出, 由于自遮蔽效应, 在高吸积率以及高黑洞自转情况下, 与几何薄的标准盘模型预测的结果相比, 扁盘的热光度显著下降. 在恒星级黑洞处于高吸积态的时候, 如果我们还继续使用薄盘模型, 通过连续谱拟合的方法测量黑洞自转, 将导致测量的结果要比低吸积率状态下测量的值小, 见图 8.8.

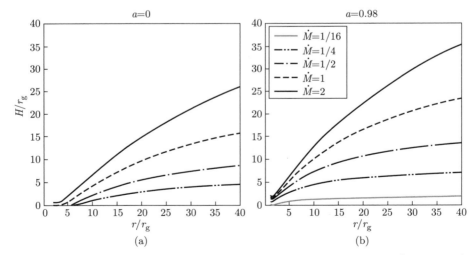

图 8.6　吸积盘厚度和半径的关系. 不同的线型代表吸积率分别为 $1/16 \dot{M}_{\mathrm{edd}}$, $1/4 \dot{M}_{\mathrm{edd}}$, $1/2 \dot{M}_{\mathrm{edd}}$, $1 \dot{M}_{\mathrm{edd}}$, $2 \dot{M}_{\mathrm{edd}}$ 的结果, (a) 显示的是施瓦西黑洞的结果, (b) 显示的是克尔黑洞 ($a = 0.98$) 的结果. 黑洞质量取为 $10 M_{\odot}$[90]

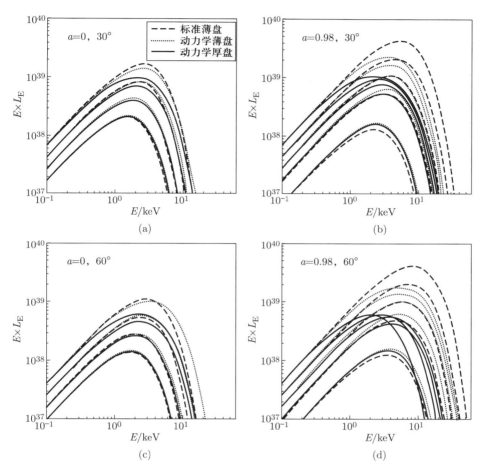

图 8.7 理论计算观测到的辐射谱能量分布. (a), (c) 展示了吸积盘在 30° 时观测到的能谱, (b), (d) 则展示了吸积盘在 60° 时观测到的能谱. (a), (b) 展示了施瓦西黑洞的能谱, (c), (d) 展示了克尔黑洞的能谱. 不同的线型代表不同的模型. 虚线代表相对论标准盘模型, 点线代表相对论的动力学吸积盘, 但是我们不考虑吸积盘的厚度. 实线代表带厚度的相对论动力学吸积盘模型. 黑洞吸积率分别取值 $1/4M_{edd}, 1/2M_{edd}, 1M_{edd}, 2M_{edd}$ (左边, $a = 0$) 和 $1/16M_{edd}, 1/4M_{edd}, 1/2M_{edd}, 1M_{edd}, 2M_{edd}$ (右边, $a = 0.98$). 黑洞质量取值为 $10M_{\odot}$[90]

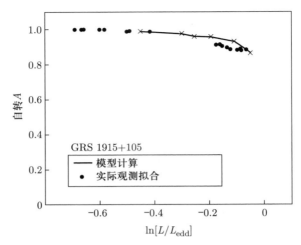

图 8.8　测量到的 GRS1915+105 的黑洞自转和盘的光度的关系. 线和叉号是我们模型的计算[90], 包含了自洽的盘的动力学和盘的自遮蔽. 圆点是实际观测中通过模型拟合得到的数值[94]

第九章 相对论火球 – 激波理论

1963 年, 施密特 (Schmidt) 发现类星体之后, 类星体的能源是什么成了重大的疑难问题. 我们现在知道, 类星体的能源来自星系中心超大质量黑洞的吸积. 当时有一种观点认为类星体中心发生了相对论性的点爆炸, 巨大的能量在星系中心很小的区域爆发, 产生了相对论激波. 因此, 布兰福德 (Blandford) 和麦基 (McKee) 在 1976 年研究了极端相对论流体中的点爆炸, 发现在以下几种情形下存在自相似解[95-96]: (1) 爆炸中心极短时标的能量释放; (2) 爆炸中心持续释放能量; (3) 爆炸环境中的星际介质为非相对论的, 重子数密度按负幂律沿径向减小.

有趣的是, 虽然相对论性的点爆炸不能很好地解释类星体的观测, 却成功地成为了伽马暴火球 – 激波模型最核心的理论基础. 无论是对短伽马暴还是长伽马暴, 在刚暴发的时候, 都会在大约 10 km (中子星半径) 尺度内释放大约 $10^{44} \sim 10^{45}$ J 的能量, 产生高能量密度的火球, 火球碰撞产生洛伦兹因子约为 10^3 的极端相对论性激波. 如果在伽马暴暴发之后, 中心会遗留下一颗磁陀星, 即表面磁场强度高达 10^{11} T 的中子星, 快速转动的磁陀星将持续向相对论性激波注入能量. 长伽马暴一般与高速旋转的大质量恒星演化晚期的塌缩过程有关, 其周围星际介质很可能具有星风的特征: 星际介质的数密度按 –2 幂律沿径向减小. 伽马暴及其周围环境的特征完全符合布兰福德和麦基 1976 年文中研究的情形.

§9.1 相对论性激波间断关系

在平直时空中, 相对论性理想流体的能动张量为

$$T^{\alpha\beta} = hu^{\alpha}u^{\beta} + p\eta^{\alpha\beta}, \tag{9.1}$$

其中 $\eta = \mathrm{diag}\{-1, 1, 1, 1\}$ 为闵可夫斯基度规, e, p 分别为流体元能量密度和压强, $h = e + p$ 为流体的焓密度, u^{α} 为流体元的四速度. $T^{\alpha\beta}$ 各分量的物理含义分别是: T^{00} 为流体元的能量密度, T^{0i}/c 为动量密度, T^{ij} 为动量流密度, cT^{0i} 为能流密度. 各分量的具体表达式为

$$T^{00} = \frac{h}{1 - v^2/c^2} - p = \frac{e + pv^2/c^2}{1 - v^2/c^2}, \tag{9.2}$$

$$T^{0i} = \frac{hv^i}{c\left(1 - v^2/c^2\right)}, \tag{9.3}$$

$$T^{ij} = \frac{h v^i v^j}{c^2 \left(1 - v^2/c^2\right)} + p \delta^{ij}. \tag{9.4}$$

后面我们将取 $c = 1$.

　　类似于非相对论性激波理论分析, 如图 9.1 所示, 通常采用激波静止参考系, 并且使气流在垂直于间断面的方向上 (沿坐标轴 $x^1 \equiv x$) 从 1 侧 (波前) 流向 2 侧 (波后). 粒子流密度、动量流密度和能流密度的连续性条件为

$$[n^x] = [n u^x] = 0, \tag{9.5}$$

$$[T^{xx}] = \left[h \left(u^x\right)^2 + p \right] = 0, \tag{9.6}$$

$$[T^{0x}] = [h u^0 u^x] = 0. \tag{9.7}$$

将四维速度分量值代入 (9.5) ∼ (9.7)式之后, 激波间断条件为

$$\gamma_1 v_1 n_1 = \gamma_2 v_2 n_2 \equiv j, \tag{9.8}$$

$$\gamma_1^2 v_1^2 (e_1 + p_1) + p_1 = \gamma_2^2 v_2^2 (e_2 + p_2) + p_2, \tag{9.9}$$

$$\gamma_1^2 v_1 (e_1 + p_1) = \gamma_2^2 v_2 (e_2 + p_2), \tag{9.10}$$

其中下标 1 表示激波波前量, 下标 2 则表示波后量, 例如 v_1, v_2 分别是波前和波后流体的流速, $\gamma_1 = \left(1 - v_1^2\right)^{-1/2}, \gamma_2 = \left(1 - v_2^2\right)^{-1/2}$.

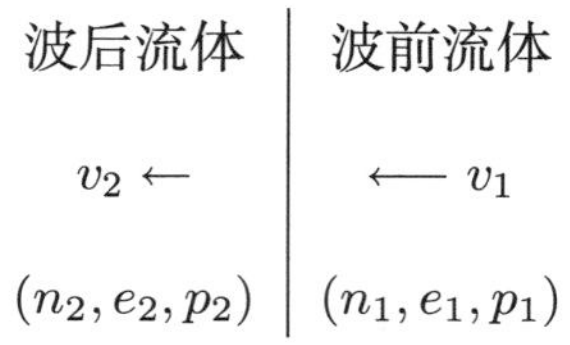

波后流体　｜　波前流体

$v_2 \leftarrow$ ｜ $\leftarrow v_1$

(n_2, e_2, p_2) ｜ (n_1, e_1, p_1)

图 9.1　激波间断关系. 激波从左向右扫过介质. 图中采用激波静止系, 气体从 1 侧 (波前) 流向 2 侧 (波后)

　　由 (9.8) 和 (9.9) 式解得

$$j^2 = \frac{(p_2 - p_1)}{(e_1 + p_1)/n_1^2 - (e_2 + p_2)/n_2^2}. \tag{9.11}$$

利用 (9.8) 式将 (9.10) 式重写为

$$\frac{\gamma_1^2 (e_1 + p_1)^2}{n_1^2} = \frac{\gamma_2^2 (e_2 + p_2)^2}{n_2^2}. \tag{9.12}$$

利用 (9.8) 式将 γ_1^2 和 γ_2^2 表示为 j^2 的函数, 然后把 j^2 的表达式 (9.11) 代入 (9.12) 式, 得到相对论性激波绝热线方程:

$$\frac{(e_1+p_1)^2}{n_1^2} - \frac{(e_2+p_2)^2}{n_2^2} + (p_2-p_1)\left(\frac{e_1+p_1}{n_1^2} + \frac{e_2+p_2}{n_2^2}\right) = 0. \qquad (9.13)$$

我们再来推导间断面两侧气体速度的表达式. 利用 (9.9) 和 (19.10) 式, 解得

$$\frac{v_1}{c} = \left[\frac{(p_2-p_1)(e_2+p_1)}{(e_2-e_1)(e_1+p_2)}\right]^{1/2}, \qquad (9.14)$$

$$\frac{v_2}{c} = \left[\frac{(p_2-p_1)(e_1+p_2)}{(e_2-e_1)(e_2+p_1)}\right]^{1/2}. \qquad (9.15)$$

按照相对论中的速度求和法则, 间断面两侧气体的相对速度为

$$v_{12} = \frac{v_1 - v_2}{1 - v_1 v_2/c^2} = c\left[\frac{(p_2-p_1)(e_2-e_1)}{(e_1+p_2)(e_2+p_1)}\right]^{1/2}. \qquad (9.16)$$

对于极端相对论流体, 例如辐射场, 状态方程 $p = e/3$. 将该状态方程代入 (9.14) 和 (9.15) 式, 得到

$$\frac{v_1}{c} = \left[\frac{3e_2+e_1}{3(3e_1+e_2)}\right]^{1/2}, \qquad (9.17)$$

$$\frac{v_2}{c} = \left[\frac{3e_1+e_2}{3(3e_2+e_1)}\right]^{1/2}. \qquad (9.18)$$

对强激波, 激波的动能转化为波后流体的热能, 波后流体的热能要远远大于波前流体的热能, 即 $(e_2 \to \infty)$, 因此, 我们发现

$$v_1 \to 1, \quad v_2 \to \frac{1}{3}. \qquad (9.19)$$

下面讨论相对论性的激波. 假设在观测者参考系激波的洛伦兹因子为 $\Gamma \gg 1$, 则

$$\Gamma = \frac{1}{\sqrt{1-v_1^2}} = \gamma_1, \qquad (9.20)$$

因此波后流体相对于波前流体的相对速度

$$v_{21} = \frac{v_2 - v_1}{1 - v_1 v_2}, \qquad (9.21)$$

相应的洛伦兹因子为

$$\gamma_{21} = \frac{1}{\sqrt{1-v_{21}^2}} = \frac{1-v_1 v_2}{\sqrt{1-v_1^2}\sqrt{1-v_2^2}} = \frac{\Gamma}{\sqrt{2}}, \qquad (9.22)$$

其中最后一步利用了 (9.19) 式.

为简单起见, 我们采用多方状态方程. 假设多方指数为 $\hat{\gamma}$, 则流体的质能密度 ρ 为

$$e = nm + \varepsilon = nm + \frac{p}{\hat{\gamma} - 1}, \tag{9.23}$$

其中 ε 为流体的内能密度.

根据粒子数密度间断关系 (9.8), 有

$$n_2 = 2\sqrt{2}\,\Gamma n_1 = 2\sqrt{2}\,\Gamma^2 n_1', \tag{9.24}$$

其中利用了 $n_1 = \Gamma n_1'$, n_1' 为星际介质在观测者坐标系中的数密度, 即加撇的物理量表示观测者坐标系中的量. 在观测者坐标系,

$$n_2' = \gamma_{21} n_2 = \frac{\Gamma}{\sqrt{2}} n_2 = 2\Gamma^2 n_1 = 2\Gamma^3 n_1'. \tag{9.25}$$

如果波后流体是相对论性流体, 即 $\hat{\gamma}_2 = 4/3$, 可证

$$\frac{e_2}{n_2} = \gamma_{21} \frac{e_1 + p_1}{n_1}, \tag{9.26}$$

则由 (9.26) 和 (9.24) 式得

$$p_2 = \frac{1}{3} e_2 = \frac{2}{3} \Gamma^2 (e_1 + p_1). \tag{9.27}$$

下面来证明 (9.26) 式. 从 (9.9) 和 (9.10) 式中消去 p_2, 得到

$$(e_1 + p_1) \frac{v_1}{1 - v_1^2} = \left[(e_2 + p_1) + \frac{(e_1 + p_1) v_1^2}{1 - v_1^2} \right] v_2. \tag{9.28}$$

根据强激波条件, 即 $e_2 \gg p_1$, 略去 (9.28) 式右边的 $(e_2 + p_1)$ 中的 p_1, 得到

$$\frac{h_1 v_1}{1 - v_1^2} (1 - v_1 v_2) = v_2 e_2. \tag{9.29}$$

利用 (9.22) 式将 (9.29) 式改写为

$$\frac{h_1 v_1}{\sqrt{1 - v_1^2}} \gamma_{21} = \frac{v_2}{\sqrt{1 - v_2^2}} e_2. \tag{9.30}$$

再利用 (9.8) 式消去 (9.30) 式中的 v_1, v_2 后, 得到

$$\frac{e_2}{n_2} = \gamma_{21} \frac{h_1}{n_1}. \tag{9.31}$$

此即 (9.26) 式的证明. (9.22),(9.24) 和 (9.27) 式是极端相对论流体中的激波关系式, 等价于 (9.8) ∼ (9.10) 式.

对非相对论性激波, 波前和波后流体的密度之比为

$$\frac{n_2}{n_1} = \frac{(\hat{\gamma} + 1)M_1^2}{(\hat{\gamma} - 1)M_1^2 + 2}, \tag{9.32}$$

其中 M_1 为激波的马赫数. 当 $M_1 \to \infty$ 时,

$$\frac{n_2}{n_1} = \frac{\hat{\gamma} + 1}{\hat{\gamma} - 1}, \tag{9.33}$$

故可认为中强相对论性激波满足

$$\frac{n_2}{n_1} = \frac{\hat{\gamma} + 1}{\hat{\gamma} - 1}. \tag{9.34}$$

对于非相对论性激波, $\gamma_{21} \approx 1$, 因此 (9.34) 式可以改写为

$$\frac{n_2}{n_1} = \frac{\hat{\gamma}\gamma_{21} + 1}{\hat{\gamma} - 1}. \tag{9.35}$$

下面我们证明, (9.35) 式也适用于相对性的强激波, 我们只需要在上式中取 $\hat{\gamma} = 4/3$ 即可. 因为在极端相对论流体中,

$$\frac{n_2}{n_1} = 2\sqrt{2}\Gamma = 4\gamma_{21} \gg 1. \tag{9.36}$$

对于非相对论性激波, 有

$$\gamma_{21} \approx 1, \quad \Gamma \approx 1. \tag{9.37}$$

对于极端相对论性激波, 有

$$\gamma_{21} \approx \infty, \quad \hat{\gamma}_2 = \frac{4}{3}, \quad \Gamma^2 \approx 2\gamma_{21}^2. \tag{9.38}$$

故可有经验公式

$$\Gamma^2 = \frac{(\gamma_{21} + 1)\left[\hat{\gamma}_2\left(\gamma_{21} - 1\right) + 1\right]^2}{\hat{\gamma}_2\left(2 - \hat{\gamma}_2\right)\left(\gamma_{21} - 1\right) + 2}, \tag{9.39}$$

即 (9.39) 式适用于非相对论和相对论性强激波.

小结如下. 对非相对论和相对论性的强激波, 激波间断关系统一写为

$$\frac{e_2}{n_2} = \gamma_{21}\frac{e_1 + p_1}{n_1}, \tag{9.40}$$

$$\frac{n_2}{n_1} = \frac{\hat{\gamma}_2\gamma_{21} + 1}{\hat{\gamma}_2 - 1}, \tag{9.41}$$

$$\Gamma^2 = \frac{(\gamma_{21} + 1)\left[\hat{\gamma}_2\left(\gamma_{21} - 1\right) + 1\right]^2}{\hat{\gamma}_2\left(2 - \hat{\gamma}_2\right)\left(\gamma_{21} - 1\right) + 2}. \tag{9.42}$$

§9.2　相对论性点爆炸: 火球 – 激波理论

接下来我们就开始介绍相对论性点爆炸的激波动力学.

9.2.1　相对论性激波动力学

当巨大能量 E 在很小的区域释放, 将产生强激波. 假设某时刻 t 激波扫过的体积为 V, 如果 $E \gg (M + \rho V)c^2$, 其中 M 为爆炸产生的总质量, ρV 为激波扫过的周围介质的总质量, 则激波是相对论性的, 它的速度接近光速. 采用以爆炸中心为坐标原点的球坐标. 令 $\beta = v/c = v$ (令 $c = 1$) 是流体沿径向的速度, $\gamma = 1/\sqrt{1 - \beta^2}$ 是其洛伦兹因子, 则相对论流体力学基本方程为

$$\frac{\partial (n\gamma)}{\partial t} + \frac{1}{r^2} \frac{\partial}{\partial r} \left(r^2 n\gamma\beta \right) = 0, \tag{9.43}$$

$$\frac{\partial}{\partial t} \frac{(e + \beta^2 p)}{1 - \beta^2} + \frac{1}{r^2} \frac{\partial}{\partial r} \left[r^2 \frac{(e + p)\beta}{(1 - \beta^2)} \right] = 0, \tag{9.44}$$

$$\frac{\partial}{\partial t} \frac{(e + p)\beta}{1 - \beta^2} + \frac{1}{r^2} \frac{\partial}{\partial r} \left[r^2 \frac{(e + p)\beta^2}{1 - \beta^2} \right] + \frac{\partial p}{\partial r} = 0. \tag{9.45}$$

对相对论性的气体, 其状态方程为 $e = 3p$, 将该状态方程代入 (9.44) 和 (9.45) 式, 得到

$$\frac{\mathrm{d}}{\mathrm{d}t} \left(p\gamma^4 \right) = \gamma^2 \frac{\partial p}{\partial t}, \tag{9.46}$$

$$\frac{\mathrm{d}}{\mathrm{d}t} \ln \left(p^3 \gamma^4 \right) = -\frac{4}{r^2} \frac{\partial}{\partial r} \left(r^2 \beta \right), \tag{9.47}$$

其中

$$\frac{\mathrm{d}}{\mathrm{d}t} \equiv \frac{\partial}{\partial t} + \beta \frac{\partial}{\partial r}. \tag{9.48}$$

由方程 (9.46) ～ (9.47) 以及 (9.43) 式, 易得

$$\frac{\mathrm{d}}{\mathrm{d}t} \left(p/n^{4/3} \right) = 0. \tag{9.49}$$

(9.49) 式的物理含义是, 极端相对论流体沿着流线运动时熵守恒.

根据 (9.2) 式, 以及相对论流体的状态方程, 在固定坐标系中, 流体的能量密度为

$$T^{00} = \frac{(3 + \beta^2)p}{1 - \beta^2} = \left(4\gamma^2 - 1 \right) p, \tag{9.50}$$

故在半径从 R_0 到 R_1 之间, 爆炸波包含的总能量为

$$E(R_0, R_1, t) = \int_{R_0}^{R_1} 4\pi p \left(4\gamma^2 - 1 \right) r^2 \mathrm{d}r. \tag{9.51}$$

对于相对论性的激波, $\gamma \gg 1$, 故在忽略 $O\left(1/\gamma^2\right)$ 小量之后, (9.51) 式近似为

$$E\left(R_0, R_1, t\right) = 16\pi \int_{R_0}^{R_1} p\gamma^2 r^2 \mathrm{d}r. \tag{9.52}$$

(9.46) 和 (9.47) 式是关于 p 和 β 的微分方程, 存在一个明显的相似性解

$$\beta = \frac{r}{t}, \quad p = \left(\frac{\gamma}{t}\right)^4. \tag{9.53}$$

直接将 (9.53) 式代入 (9.46) 和 (9.47) 式就可以得到验证. 将 (9.53) 式代入 (9.43) 式得

$$n = t^{-3}\phi(\beta), \tag{9.54}$$

其中 $\phi(\beta)$ 是 β 的任意函数. 由 (9.53) 式第一式可以看出, 火球内流体质点保持常速率 β, 而且在共动系中压力是均匀的, 这种特解当然需要在特殊的初始条件下才可能实现.

9.2.2 绝热激波

在很多情况下, 激波的运动, 波后的压强变化、速度并不明显依赖爆发的细节, 而仅依赖于爆发的总能量以及波前介质的性质, 这样一种解称为自相似解. 对于绝热激波, 我们将讨论它可能的近似的相似性解. 这里绝热的意思只是指星际介质并没有通过激波面向激波后的介质注入能流. 在下面的讨论中, 绝热解包括火球存在持续能量注入 (从爆发中心) 的情形.

谢多夫 (Sedov) (1969 年) 给出了非相对论点爆炸的相似性解, 其特征速度是 $\left(E/\rho_0 t^3\right)^{1/5}$, 这里 E 是爆炸能量, ρ_0 是周围介质的密度, t 是时间. 但是在相对论流体力学中, 由于已经存在一个特征速度, 即光速 c, 故要构造相似性解就不那么容易了.

先估算一下激波的厚度. 由 (9.24) 式可知, 波后密度是波前密度的 Γ^2 倍量级, 若某时刻激波波前的半径是 R, 则该时刻激波扫过的星际介质的总粒子数为 $4\pi R^3 n_1'/3$. 假设波后粒子数分布均匀, 则波后的粒子数为 $4\pi R^2 l n_2'$, 其中 l 为激波厚度. 根据粒子数守恒, 易得 (见图 9.2)

$$l \sim \frac{R}{\Gamma^2}, \tag{9.55}$$

即被激波扫过的粒子集中在波后厚度为 R/Γ^2 的球壳内.

从 (9.24) 和 (9.27) 式可见, 波后每个粒子的能量比波前要增加 Γ^2 倍, 并且波后每单位体积有 Γ^2 倍于波前的粒子数, 故每单位体积的能量波后比波前增 Γ^4 倍.

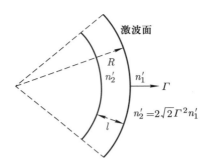

图 9.2　相对论性激波的厚度. 在观测者坐标系, 激波的洛伦兹因子为 Γ. 假设未被激波扫过的星际介质的密度为 n', 则波后流体的数密度为 $n_2' = 2\sqrt{2}\Gamma^2 n_1'$. 根据粒子数守恒, 激波的厚度 $l \sim \dfrac{R}{\Gamma^2}$

另一方面, 波后粒子集中在厚度为 $\dfrac{R}{\Gamma^2}$ 的球壳之内, 因此波后总能量约与 $\Gamma^2 R^3$ 成比例, 即

$$E \sim \Gamma^2 R^3. \tag{9.56}$$

根据以上分析, 可以引进相似性变量 ξ:

$$\xi = \left(1 - \frac{r}{R}\right)\Gamma^2 \geqslant 0. \tag{9.57}$$

由 (9.57) 式可见, 在激波面上 $\xi = 0$, 而如果要保持 ξ 为 $O(1)$ 量级, r 必须满足

$$r \approx R - \frac{R}{\Gamma^2}, \tag{9.58}$$

即 r 在前面所提到的激波球附近薄球壳范围之内.

若波后总能量不随时间变化, 即波后总能量守恒, 则由 (9.56) 式,

$$\Gamma^2 R^3 = 常数. \tag{9.59}$$

由于激波接近以光速运动, 即

$$R(t)/t = 常数, \tag{9.60}$$

因此有

$$\Gamma^2 \propto t^{-3}. \tag{9.61}$$

现假设更一般的情形, 令

$$\Gamma^2 \propto t^{-m} \quad (m > -1), \tag{9.62}$$

这样的假设可以允许我们讨论存在能量持续注入的情形 (随时间的幂律变化). 此时有

$$\frac{1}{1 - v_1^2} = \Gamma^2 = at^{-m} \quad (a > 0, \text{ 常数}). \tag{9.63}$$

不妨令 $a = 1$, 即 a 可以吸收到 t 中, 则有

$$v_1 = \sqrt{1 - t^m} \quad (0 \leqslant t^m \ll 1). \tag{9.64}$$

积分 (9.64) 式可以得到激波半径 $R(t)$ 的表达式:

$$R = \int_0^t v_1 \mathrm{d}t = \int_0^t \sqrt{1 - t'^m} \mathrm{d}t'. \tag{9.65}$$

对于极端相对论流体, $v_1 \approx 1, \Gamma \gg 1$, 即 $t^m \ll 1$, (9.65) 式可近似表示为

$$R = t \left[1 - \frac{1}{2(m+1)\Gamma^2} \right]. \tag{9.66}$$

由 (9.66) 式可见, 将 (9.57) 式中的相似性变量 ξ 替换成如下的 χ 可能更方便:

$$\chi \equiv 1 + 2(m+1)\xi = 1 + 2(m+1)\left(1 - \frac{r}{R}\right)\Gamma^2. \tag{9.67}$$

利用 (9.66) 式, 将 (9.67) 式改写为

$$\chi = \left[1 + 2(m+1)\Gamma^2\right]\left(1 - \frac{r}{t}\right). \tag{9.68}$$

参照极端相对论流体的激波间断关系 (9.22), (9.24) 和 (9.27), 我们假设激波中流体元的物理量随时间和距离的变化存在自相似解, 解的形式为

$$p = \frac{2}{3}h_1 \Gamma^2 f(\chi), \tag{9.69}$$

$$\gamma_{21}^2 = \frac{1}{2}\Gamma^2 g(\chi), \tag{9.70}$$

$$n' = 2n_1 \Gamma^2 h(\chi), \tag{9.71}$$

其中 $\chi \geqslant 1$. 在激波面上, 激波间断关系为

$$f(1) = g(1) = h(1) = 1, \tag{9.72}$$

此即自相似解的边界条件. 用 Γ^2 和 χ 代替自变量 t 和 r, 则有

$$\frac{\partial}{\partial \ln t} = -m\frac{\partial}{\partial \ln \Gamma^2} + \left[(m+1)\left(2\Gamma^2 - \chi\right) + 1\right]\frac{\partial}{\partial \chi}, \tag{9.73}$$

$$t\frac{\partial}{\partial r} = -\left[1 + 2(m+1)\Gamma^2\right]\frac{\partial}{\partial \chi}, \tag{9.74}$$

$$\frac{\mathrm{d}}{\mathrm{d}\ln t} = -m\frac{\partial}{\partial \ln \Gamma^2} + (m+1)\left(\frac{2}{g} - \chi\right)\frac{\partial}{\partial \chi}. \tag{9.75}$$

由于流体和激波都是极端相对论性的, 上面的推导中已展开到了 $O\left(\Gamma^{-2}\right)$ 及 $O\left(\gamma_{21}^{-2}\right)$ 量级.

最终激波流体基本方程组 (9.43), (9.46) 以及 (9.47) 可以化为以下常微分方程组:

$$\frac{1}{g}\frac{\mathrm{d}\ln f}{\mathrm{d}\chi} = \frac{8(m-1)-(m-4)g\chi}{(m+1)\left(4-8g\chi+g^2\chi^2\right)}, \tag{9.76}$$

$$\frac{1}{g}\frac{\mathrm{d}\ln g}{\mathrm{d}\chi} = \frac{(7m-4)-(m+2)g\chi}{(m+1)\left(4-8g\chi+g^2\chi^2\right)}, \tag{9.77}$$

$$\frac{1}{g}\frac{\mathrm{d}\ln h}{\mathrm{d}\chi} = \frac{2(9m-8)-2(5m-6)g\chi+(m-2)g^2\chi^2}{(m+1)\left(4-8g\chi+g^2\chi^2\right)(2-g\chi)}. \tag{9.78}$$

边界条件是 (9.72) 式.

假使开始时刻一个流体质点在激波面上, 在运动过程中该质点必须保持在相似性解的范围之内, 该限制要求

$$\frac{\mathrm{d}\chi}{\mathrm{d}t} \geqslant 0. \tag{9.79}$$

由 (9.75) 式可得

$$\frac{\mathrm{d}\chi}{\mathrm{d}t} = \frac{1}{t}\frac{\mathrm{d}\chi}{\mathrm{d}\ln t} = \frac{m+1}{t}\left[\frac{2}{g(\chi)}-\chi\right], \tag{9.80}$$

因此有

$$1 \leqslant \chi \leqslant \chi_{\mathrm{c}} = \frac{2}{g\left(\chi_{\mathrm{c}}\right)}. \tag{9.81}$$

χ_{c} 是 χ 的极大值, 因此 (9.76)$\sim$(9.78) 式的解限制在自变量 χ 满足不等式 (9.81) 的范围以内.

9.2.3 绝热脉冲能量注入解

如果火球突然产生, 即能量在远小于 R 的尺度注入, 之后系统的总能量保持常数, 即 $m = 3$, 则方程组 (9.76)$\sim$(9.78) 以及边界条件 (9.72) 存在如下的特解:

$$f = \chi^{-17/12}, \quad g = \chi^{-1}, \quad h = \chi^{-7/4}. \tag{9.82}$$

此时激波球内部能量守恒, 并从 (9.52) 式具体计算得到

$$E = 8\pi h_1 t^3 \Gamma^2/17. \tag{9.83}$$

这就给出了 (9.61) 式中的比例因子, 即

$$\Gamma^2 = \frac{17E}{8\pi h_1}t^{-3}. \tag{9.84}$$

(9.83) 式的证明如下. 由 (9.52) 及 (9.69), (9.70) 式可得

$$
\begin{aligned}
E &= 16\pi \int_0^R p\gamma^2 r^2 \mathrm{d}r = \frac{16}{3}\pi h_1 \Gamma^4 \int_0^R fg r^2 \mathrm{d}r \\
&= \frac{16}{3}\pi h_1 \Gamma^4 \int_0^R \chi^{\frac{-29}{12}} r^2 \mathrm{d}r \\
&= \frac{16}{3}\pi h_1 \Gamma^4 \frac{t^3}{[1+2(m+1)\Gamma^2]^{29/12}} \int_0^{R/t} \left(1-\frac{r}{t}\right)^{-\frac{29}{12}} \left(\frac{r}{t}\right)^2 \mathrm{d}\left(\frac{r}{t}\right).
\end{aligned} \quad (9.85)
$$

由于 $\Gamma^2 \gg 1$, 因此当 $m > -1$ 时, 有

$$
1 + 2(m+1)\Gamma^2 \approx 2(m+1)\Gamma^2, \quad (9.86)
$$

由此得

$$
\begin{aligned}
\int_0^{R/t} \left(1-\frac{r}{t}\right)^{-29/12} \left(\frac{r}{t}\right)^2 \mathrm{d}\left(\frac{r}{t}\right) &= \int_{\frac{1}{2(m+1)\Gamma^2}}^1 \frac{1-2\xi+\xi^2}{\xi^{29/12}}\mathrm{d}\xi \\
&\approx \int_{\frac{1}{2(m+1)\Gamma^2}}^1 \xi^{-29/12}\mathrm{d}\xi = \frac{12}{17}\left[2(m+1)\Gamma^2\right]^{17/12}.
\end{aligned} \quad (9.87)
$$

将 (9.87) 式代入 (9.85) 式右边, 就得到了 (9.83) 式:

$$
E = \frac{8}{17}\pi h_1 t^3 \Gamma^2. \quad (9.88)
$$

近似解 (9.82) 成立的前提是 $v_1 \approx 1$, 即

$$
\gamma_{21} \approx \frac{1}{\sqrt{2}}\frac{1}{\sqrt{1-v_1^2}} \gg 1, \quad (9.89)
$$

故当 $1 - v^2 = O(1)$ 时, 此解将失效. 由 (9.70) 式可见, 当 $\gamma_{21}^2 \approx 1/2$ 时此解失效, 亦即当 $\chi \approx \Gamma^2$ 时近似解 (9.82) 将会失效, 故 (9.82) 式的适用范围是 $\chi \ll \Gamma^2$ 和 $\Gamma^2 \gg 1$. 设波后每个粒子的平均能量是

$$
\varepsilon = \frac{e}{n} = \frac{e}{\sqrt{1-v^2}n'} = \frac{3p\gamma}{n'}, \quad (9.90)
$$

利用 (9.69)～(9.71) 和 (9.82) 式, 得到

$$
\varepsilon = \frac{h_1 \Gamma}{\sqrt{2}n_1 \chi^{1/6}}. \quad (9.91)
$$

根据激波面随时间的演化方程 (9.66), 可以算出激波的运动速度为

$$
\frac{\mathrm{d}R(t)}{\mathrm{d}t} = 1 - \frac{2t^3}{(m+1)\sigma}, \quad (9.92)
$$

其中 σ 是 (9.62) 式中的比例因子:

$$\Gamma^2 = \sigma t^{-m} \quad (\sigma > 0). \tag{9.93}$$

因为 $m > -1$, 所以 (9.92) 式说明激波球面做减速膨胀运动. 又从 (9.56), (9.62) 和 (9.66) 式可以计算出波后总能量随时间的变化率

$$\frac{\mathrm{d}E}{\mathrm{d}t} = \frac{\mathrm{d}}{\mathrm{d}t}\left(\Gamma^2 R^3\right) = \frac{\mathrm{d}}{\mathrm{d}t}\left\{t^{3-m}\left[1 - \frac{1}{2(m+1)\Gamma^2}\right]^3\right\} \tag{9.94}$$

或

$$\frac{\mathrm{d}E}{\mathrm{d}t} \approx (3-m)t^{2-m}, \tag{9.95}$$

故当 $m = 3$ 时, 激波后总能量守恒, 当 $-1 < m < 3$ 时, 激波后总能量随时间不断增加, 这意味着爆炸中心须持续向激波注入能量, 而当 $m = 3$ 时, 初始时刻从中心有一脉冲式的瞬时能量释放, 以后就不再有新的能量输入了.

9.2.4 能量持续注入激波解

在中心不断供给能量的情形下, 外激波波后流体的洛伦兹因子可能显著超过 Γ, 导致内激波的形成, 如图 9.3 所示. 在内外激波之间, 有一层接触间断面将两部分流体分隔开来. 如果这部分解也是自相似的, 则内激波位于 $\chi = \chi_\mathrm{s}$ 为常数的位置. 根据 (9.68) 式, 我们有

$$\Gamma_\mathrm{s}^2 = \Gamma^2/\chi_\mathrm{s}. \tag{9.96}$$

然而, 对于强的内激波, 受激波影响的内部流体相对于内部激波的运动速度为 $c/3$, 因此在固定参考系中的洛伦兹因子为

$$\gamma^2 = 2\Gamma_\mathrm{s}^2. \tag{9.97}$$

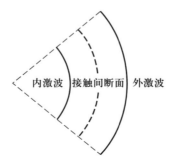

图 9.3 持续的能量注入导致内激波的形成. 内外激波之间, 一层接触间断面把两部分流体分隔开来

由 (9.70) 式可知, χ_s 由下式决定:

$$g\left(\chi_s\right)\chi_s = 4. \tag{9.98}$$

因此, 内激波位于由 (9.81) 式给出的分离两种流体的接触间断面之内.

我们还必须考虑穿过内激波的能量和动量通量守恒. 假设激波是强的和相对论的, 在激波静止系, 从爆炸中心向激波连续注入的能流 F_s 由下式给出:

$$F_s = \Gamma_s^2\left(1-\beta_s\right)^2\frac{L}{4\pi t^2} \approx \frac{L\chi_s}{16\pi\Gamma^2 t^2}, \tag{9.99}$$

这里 L 是爆炸中心的注入功率. 在 (9.49) 式中, 我们已经利用了 (9.96) 式. 在激波波后, 能流为 $3p\left(\chi_s\right)/2$. 根据能量守恒, 得到

$$L = 16\pi h_1\Gamma^4 t^2 f_s \chi_s^{-1}, \tag{9.100}$$

其中 $f_s = f\left(\chi_s\right)$. 激波中 $(1 \leqslant \chi \leqslant \chi_s)$ 包含的总能量由 (9.52) 式给出:

$$E = 8\pi h_1\alpha\Gamma^2 t^3/3(m+1), \tag{9.101}$$

其中

$$\alpha = \int_1^{x_s} f g \mathrm{d}\chi. \tag{9.102}$$

激波中的总能量的增长来自爆炸中心持续的能量注入, 根据自相似解可以反推爆炸中心的能量注入功率, 或称光度:

$$L\left(1-\beta_s\right) \approx \frac{L}{2\Gamma_s^2} = \frac{\mathrm{d}E}{\mathrm{d}t}. \tag{9.103}$$

因此有

$$\alpha = [3(m+1)/(3-m)]f_s. \tag{9.104}$$

假设光度 L 在爆炸中心随辐射时间 t_e 的幂次演化, 即

$$L = L_0 t_e^q, \tag{9.105}$$

那么, 如果它以速度 c 有效地传播, 即洛伦兹因子远远大于 Γ_s, 我们从 (9.68) 式得到

$$t_e = \frac{1}{2}t\chi_s/\Gamma^2(m+1), \tag{9.106}$$

于是 $\Gamma^2 \propto t^{(q-2)/(q+2)}$, 或

$$m = (2-q)/(2+q). \tag{9.107}$$

利用 (9.103) 式, 得到

$$\Gamma^2 = K\left(\frac{3L_0}{16\pi h_1}\right)^{1/(q+2)} t^{(q-2)/(q+2)}, \tag{9.108}$$

其中

$$K = [2^q(m+1)^q(q+1)\alpha]^{-1/(q+2)} \chi_{\mathrm{s}}^{(q+1)/(q+2)}. \tag{9.109}$$

只要能量 E 随时间的幂次而增加 (即 $q > -1$), (9.108) 式就是基本正确的, 因此对 m 的限制是 $-1 < m < 3$. 如果 L 随 t_{e} 的衰减比 t_{e}^{-1} 的衰减快, 那么大部分能量在早期就注入激波, 绝热脉冲解适用.

9.2.5　存在密度梯度的星际介质中的激波

第三种情况是假设激波外面星际介质的粒子数密度不是常数, 而是随着半径的增加按幂律下降:

$$n_1 \propto r^{-k}. \tag{9.110}$$

例如, 在星风环境中 $k \approx 2$. 此时类时方程组 (9.76) ~ (9.78) 的动力学方程组是

$$\frac{1}{g}\frac{\mathrm{d}\ln f}{\mathrm{d}\chi} = \frac{4[2(m-1)+k]-(m+k-4)g\chi}{(m+1)(4-8g\chi+g^2\chi^2)}, \tag{9.111}$$

$$\frac{1}{g}\frac{\mathrm{d}\ln g}{\mathrm{d}\chi} = \frac{(7m+3k-4)-(m+2)g\chi}{(m+1)(4-8g\chi+g^2\chi^2)}, \tag{9.112}$$

$$\frac{1}{g}\frac{\mathrm{d}\ln h}{\mathrm{d}\chi} = \frac{2(9m+5k-8)-2(5m+4k-6)g\chi+(m+k-2)g^2\chi^2}{(m+1)(2-g\chi)(4-8g\chi+g^2\chi^2)}. \tag{9.113}$$

对于 $m = 3-k > -1$ 的特殊情形有以下简单的解析解:

$$f = \chi^{-(17-4k)/(12-3k)}, \tag{9.114}$$

$$g = \chi^{-1}, \tag{9.115}$$

$$h = \chi^{-(7-2k)/(4-k)}. \tag{9.116}$$

此时波后总能量为

$$E = \frac{8\pi\rho_1\Gamma^2 t^3}{(17-4k)}. \tag{9.117}$$

对于 $-1 < m < 3 - k$ 的一般情形, 请参见文献 [95], 这里不再赘述.

激波后 f, g, h 在不同参数条件下依赖于 χ 变化的数值计算曲线见图 9.4、图 9.5 和图 9.6, 其中点线表示存在持续能量注入, 即存在内激波时接触间断面的位置. 虚线表示内激波的位置, 图中凡未标出 k 值而只标出 m 值的曲线, 其 k 值均为零.

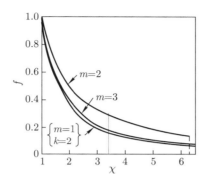

图 9.4 激波波后流体的无量纲化的压力 $f(\chi)$. $\chi = 1$ 处为激波面, $\chi > 1$ 为激波内部. $m = 3$ 表示均匀介质中脉冲式能量注入, 即恒定能量爆炸; $m = 2$ 表示均匀介质中爆炸中心能量持续注入, $L \propto t_e^{-2/3}$; $m = 1, k = 2$ 表示非相对论性的, 星风环境中脉冲式能量注入. 其中压力用激波面上的压力归一化, 参见 (9.69) 式, 激波后的距离 $(\chi - 1)$ 以 $R / \left[2(m+1)\Gamma^2 \right]$ 为单位, 参见 (9.68) 式. $m = 2$ 曲线上的点线表示外激波扫过的流体与注入的相对论性流体之间接触间断面的位置, 虚线表示内激波的位置

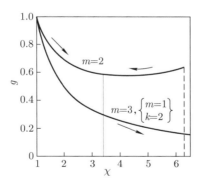

图 9.5 激波波后流体的速度在激波内的变化. 三种不同的情况与图 9.4 一致. $g(\chi)$ 的定义请见 (9.70) 式. 箭头表示流动方向: 当有内激波时, 流体流向接触间断面, 当没有内激波时, 则远离激波

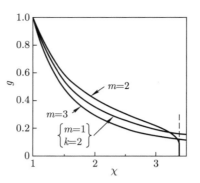

图 9.6　激波内部流体的归一化密度 $h(\chi)$. 所讨论的三种情况与图 9.4 一致. $h(\chi)$ 的定义见 (9.71) 式

附录 A　正交坐标系中的梯度、旋度和散度

在 $\mathbb{R}^3$ 空间中的梯度、旋度和散度本质都是对微分形式的外微分. 梯度是对零次微分形式, 即标量函数的外微分, 即普通的全微分. 旋度就是对一次微分形式的外微分, 给出 2 形式. 在 $\mathbb{R}^3$ 流形中, 2 形式独立的分量只有三个与空间的维数相同, 可以通过霍奇 (Hodge) 映射将 2 形式映射到 1 形式, 即对偶矢量. 散度的本质是先将 1 形式 (对偶矢量) 通过霍奇映射对应到 2 形式, 然后对其做外微分, 得到一个 3 形式. 3 形式只有一个独立的分量, 又可以映射到标量函数, 即散度值.

A.1　正交坐标系

我们经常用到的笛卡儿坐标系、柱坐标系和球坐标系都是正交坐标系, 即度规函数没有交叉项. 下面从外微分角度推导正交坐标系中的梯度、旋度和散度的统一表达式. 假设坐标系选为 $x^i = (x^1, x^2, x^3)$, 则切空间的自然基底就是 $\partial_\mu = (\partial_1, \partial_2, \partial_3)$. 在该坐标系中, 欧几里得空间两点之间的空间线元平方为

$$\mathrm{d}s^2 = h_1^2 \left(\mathrm{d}x^1\right)^2 + h_2^2 \left(\mathrm{d}x^2\right)^2 + h_3^2 \left(\mathrm{d}x^3\right)^2, \tag{A.1}$$

其中 $h_i(x^j)(ij = 1, 2, 3)$ 为度规函数, 即

$$g_{ij} = \begin{bmatrix} h_1^2 & 0 & 0 \\ 0 & h_2^2 & 0 \\ 0 & 0 & h_3^2 \end{bmatrix}, \quad g^{ij} = \begin{bmatrix} \dfrac{1}{h_1^2} & 0 & 0 \\ 0 & h_2^2 & 0 \\ 0 & 0 & \dfrac{1}{h_3^2} \end{bmatrix}. \tag{A.2}$$

自然基底及其对偶基底 ∂_i 和 $\tilde{\mathrm{d}}x^i$ 都不是归一的 (笛卡儿坐标系除外), 即

$$\boldsymbol{g}(\partial_i, \partial_i) = g_{ii} = h_i^2 \neq 1. \tag{A.3}$$

因此, 我们引入正交归一的基底:

$$\bar{\boldsymbol{e}}_i = \frac{1}{h_i}\partial_i, \quad \tilde{\omega}^i = h_i \tilde{\mathrm{d}}x^i. \tag{A.4}$$

在流形中体积的良定义是

$$\begin{aligned}
\tilde{\omega} &= \tilde{\omega}^1 \wedge \tilde{\omega}^2 \wedge \tilde{\omega}^3 = \sqrt{g}\tilde{\mathrm{d}}x^1 \wedge \tilde{\mathrm{d}}x^2 \wedge \tilde{\mathrm{d}}x^3 \\
&= h_1 h_2 h_3 \tilde{\mathrm{d}}x^1 \wedge \tilde{\mathrm{d}}x^2 \wedge \tilde{\mathrm{d}}x^3.
\end{aligned} \tag{A.5}$$

例如, 如果选取柱坐标系 (ρ, ϕ, z), 则时空线元平方为

$$\mathrm{d}s^2 = (\mathrm{d}\rho)^2 + \rho^2(\mathrm{d}\phi)^2 + (\mathrm{d}z)^2, \tag{A.6}$$

即在柱坐标系中,

$$h_1 = 1, \quad h_2 = \rho, \quad h_3 = 1. \tag{A.7}$$

如果选取球坐标系 (r, θ, φ), 则时空线元平方为

$$\mathrm{d}s^2 = (\mathrm{d}r)^2 + r^2(\mathrm{d}\theta)^2 + r^2\sin^2\theta(\mathrm{d}\varphi)^2, \tag{A.8}$$

即在球坐标系中

$$h_1 = 1, \quad h_2 = r, \quad h_3 = r\sin\theta. \tag{A.9}$$

A.2   梯   度

下面先讨论梯度. 标量函数 f 的梯度就是对标量函数 f 求外微分:

$$\begin{aligned}
\tilde{\mathrm{d}}f &= \frac{\partial f}{\partial x^1}\tilde{\mathrm{d}}x^1 + \frac{\partial f}{\partial x^2}\tilde{\mathrm{d}}x^2 + \frac{\partial f}{\partial x^3}\tilde{\mathrm{d}}x^3 \\
&= \frac{1}{h_1}\frac{\partial f}{\partial x^1}\tilde{\omega}^1 + \frac{1}{h_2}\frac{\partial f}{\partial x^2}\tilde{\omega}^2 + \frac{1}{h_3}\frac{\partial f}{\partial x^3}\tilde{\omega}^3.
\end{aligned} \tag{A.10}$$

根据 (A.10) 式, 可以读出梯度在正交归一基中的三个分量为

$$\nabla f = \left(\frac{1}{h_1}\frac{\partial f}{\partial x^1}, \frac{1}{h_2}\frac{\partial f}{\partial x^2}, \frac{1}{h_3}\frac{\partial f}{\partial x^3}\right). \tag{A.11}$$

因此, 在柱坐标系中有

$$\nabla f = \left(\frac{\partial f}{\partial \rho}, \frac{1}{\rho}\frac{\partial f}{\partial \phi}, \frac{\partial f}{\partial z}\right), \tag{A.12}$$

在球坐标系中有

$$\nabla f = \left(\frac{\partial f}{\partial r}, \frac{1}{r}\frac{\partial f}{\partial \theta}, \frac{1}{r\sin\theta}\frac{\partial f}{\partial \varphi}\right). \tag{A.13}$$

A.3   旋   度

继续讨论旋度. 先给定一个矢量 $\boldsymbol{A}$, 通过度规函数将其映射到一个对偶矢量 $\tilde{A}$, 即

$$\boldsymbol{A} = \left(A^1, A^2, A^3\right) = A^i\bar{e}_i, \tag{A.14}$$

$$\widetilde{A} = (A_1, A_2, A_3) = A_i\tilde{\omega}^i. \tag{A.15}$$

容易证明, 在正交归一基中有 $A_i = A^i$, 该结果在笛卡儿坐标系中是很显然的. 因此有

$$\tilde{A} = A^1 h_1 \tilde{\mathrm{d}} x^1 + A^2 h_2 \tilde{\mathrm{d}} x^2 + A^3 h_3 \tilde{\mathrm{d}} x^3. \tag{A.16}$$

对 1 形式 $\tilde{A}$ 求外微分, 得到

$$\begin{aligned}
\tilde{\mathrm{d}}\tilde{A} &= \left[\partial_2 \left(A^3 h_3 \right) - \partial_3 \left(A^2 h_2 \right) \right] \tilde{\mathrm{d}} x^2 \wedge \tilde{\mathrm{d}} x^3 \\
&\quad + \left[\partial_3 \left(A^1 h_1 \right) - \partial_1 \left(A^3 h_3 \right) \right] \tilde{\mathrm{d}} x^3 \wedge \tilde{\mathrm{d}} x^1 \\
&\quad + \left[\partial_1 \left(A^2 h_2 \right) - \partial_2 \left(A^1 h_1 \right) \right] \tilde{\mathrm{d}} x^1 \wedge \tilde{\mathrm{d}} x^2 \\
&= \frac{1}{h_2 h_3} \left[\partial_2 \left(A^3 h_3 \right) - \partial_3 \left(A^2 h_2 \right) \right] \tilde{\omega}^2 \wedge \tilde{\omega}^3 \\
&\quad + \frac{1}{h_3 h_1} \left[\partial_3 \left(A^1 h_1 \right) - \partial_1 \left(A^3 h_3 \right) \right] \tilde{\omega}^3 \wedge \tilde{\omega}^1 \\
&\quad + \frac{1}{h_1 h_2} \left[\partial_1 \left(A^2 h_2 \right) - \partial_2 \left(A^1 h_1 \right) \right] \tilde{\omega}^1 \wedge \tilde{w}^2.
\end{aligned} \tag{A.17}$$

从上式可以读出矢量场的旋度:

$$\begin{aligned}
\nabla \times \boldsymbol{A} = &\left\{ \frac{1}{h_2 h_3} \left[\partial_2 \left(A^3 h_3 \right) - \partial_3 \left(A^2 h_2 \right) \right], \frac{1}{h_3 h_1} \left[\partial_3 \left(A^1 h_1 \right) - \partial_1 \left(A^3 h_3 \right) \right], \right. \\
&\left. \frac{1}{h_1 h_2} \left[\partial_1 \left(A^2 h_2 \right) - \partial_2 \left(A^1 h_1 \right) \right] \right\}.
\end{aligned} \tag{A.18}$$

因此, 在柱坐标系中有

$$\nabla \times \boldsymbol{A} = \left\{ \frac{1}{\rho} \frac{\partial A_z}{\partial \phi} - \frac{\partial A_\phi}{\partial z}, \frac{\partial A_\rho}{\partial z} - \frac{\partial A_z}{\partial \rho}, \frac{1}{\rho} \left[\frac{\partial (\rho A_\phi)}{\partial \rho} - \frac{\partial A_\rho}{\partial \phi} \right] \right\}, \tag{A.19}$$

在球坐标系中有

$$\begin{aligned}
&\nabla \times \boldsymbol{A} \\
&= \left\{ \frac{1}{r \sin\theta} \left[\frac{\partial (\sin\theta A_\varphi)}{\partial \theta} - \frac{\partial A_\theta}{\partial \varphi} \right], \frac{1}{r} \left[\frac{1}{\sin\theta} \frac{\partial A_r}{\partial \varphi} - \frac{\partial (r A_\varphi)}{\partial r} \right], \frac{1}{r} \left[\frac{\partial (r A_\theta)}{\partial r} - \frac{\partial A_r}{\partial \theta} \right] \right\}.
\end{aligned} \tag{A.20}$$

A.4　散　　　度

最后讨论一下散度. 先给定一个矢量 $\boldsymbol{A} = (A^1, A^2, A^3)$, 通过度规函数将其映射到对偶矢量 $\tilde{A}$, 即 1 形式, 再通过霍奇映射将其映射到 2 形式, 容易证明

$$\begin{aligned}
\tilde{A} &= A^1 \tilde{\omega}^2 \wedge \tilde{\omega}^3 + A^2 \tilde{\omega}^3 \wedge \tilde{\omega}^1 + A^3 \tilde{\omega}^1 \wedge \tilde{\omega}^2 \\
&= A^1 h_2 h_3 \tilde{\mathrm{d}} x^2 \wedge \tilde{\mathrm{d}} x^3 + A^2 h_3 h_1 \tilde{\mathrm{d}} x^3 \wedge \tilde{\mathrm{d}} x^1 + A^3 h_1 h_2 \tilde{\mathrm{d}} x^1 \wedge \tilde{\mathrm{d}} x^2.
\end{aligned} \tag{A.21}$$

对 2 形式 $\widetilde{A}$ 求外微分, 得到

$$
\begin{aligned}
\mathrm{d}\widetilde{A} &= \left[\partial_1 \left(A^1 h_2 h_3 \right) + \partial_2 \left(A^2 h_3 h_1 \right) + \partial_3 \left(A^3 h_1 h_2 \right) \right] \mathrm{d}x^1 \wedge \mathrm{d}x^2 \wedge \mathrm{d}x^3 \\
&= \frac{1}{h_1 h_2 h_3} \left[\partial_1 \left(A^1 h_2 h_3 \right) + \partial_2 \left(A^2 h_3 h_1 \right) + \partial_3 \left(A^3 h_1 h_2 \right) \right] \widetilde{\omega}^1 \wedge \widetilde{\omega}^2 \wedge \widetilde{\omega}^3 \\
&\equiv (\nabla \cdot \boldsymbol{A}) \widetilde{w}^1 \wedge \widetilde{w}^2 \wedge \widetilde{w}^3,
\end{aligned} \tag{A.22}
$$

即根据上式读出矢量场 $\boldsymbol{A}$ 散度的表达式为

$$
\nabla \cdot \boldsymbol{A} = \frac{1}{h_1 h_2 h_3} \left[\partial_1 \left(A^1 h_2 h_3 \right) + \partial_2 \left(A^2 h_3 h_1 \right) + \partial_3 \left(A^3 h_1 h_2 \right) \right]. \tag{A.23}
$$

因此在柱坐标中有

$$
\nabla \cdot \boldsymbol{A} = \frac{1}{\rho} \frac{\partial (\rho A_\rho)}{\partial \rho} + \frac{1}{\rho} \frac{\partial A_\phi}{\partial \phi} + \frac{\partial A_z}{\partial z}, \tag{A.24}
$$

在球坐标中有

$$
\nabla \cdot \boldsymbol{A} = \frac{1}{r^2} \frac{\partial (r^2 A_r)}{\partial r} + \frac{1}{r \sin \theta} \frac{\partial (\sin \theta A_\theta)}{\partial \theta} + \frac{1}{r \sin \theta} \frac{\partial A_\varphi}{\partial \varphi}. \tag{A.25}
$$

A.5　拉普拉斯算符

拉普拉斯算符的定义为 $\nabla^2 \equiv \nabla \cdot \nabla$, 即对标量函数先求梯度再求散度, 有

$$
\nabla^2 f = \frac{1}{h_1 h_2 h_3} \left[\partial_1 \left(\frac{h_2 h_3}{h_1} \frac{\partial f}{\partial x^1} \right) + \partial_2 \left(\frac{h_3 h_1}{h_2} \frac{\partial f}{\partial x^2} \right) + \partial_3 \left(\frac{h_1 h_2}{h_3} \frac{\partial f}{\partial x^3} \right) \right]. \tag{A.26}
$$

因此在柱坐标中有

$$
\nabla^2 f = \frac{1}{\rho} \frac{\partial}{\partial \rho} \left(\rho \frac{\partial f}{\partial \rho} \right) + \frac{1}{\rho^2} \frac{\partial^2 f}{\partial \phi^2} + \frac{\partial^2 f}{\partial z^2}, \tag{A.27}
$$

在球坐标中有

$$
\nabla^2 f = \frac{1}{r^2} \frac{\partial}{\partial r} \left(r^2 \frac{\partial f}{\partial r} \right) + \frac{1}{r^2 \sin \theta} \frac{\partial}{\partial \theta} \left(\sin \theta \frac{\partial f}{\partial \theta} \right) + \frac{1}{r^2 \sin^2 \theta} \frac{\partial^2 f}{\partial \varphi^2}. \tag{A.28}
$$

附录 B　非相对论流体力学基本方程组

为方便读者, 这里罗列非相对论性流体力学的基本方程组. 详细讨论请参考相关的教科书. 为了确定流体性质, 我们需要知道它的质量密度场 $\rho(\boldsymbol{r},t)$、速度场 $\boldsymbol{v}(\boldsymbol{r},t)$, 以及单位质量的内能密度场 $\varepsilon(\boldsymbol{r},t)$, 内能也经常用温度场 $T(\boldsymbol{r},t)$ 或者熵场 $S(\boldsymbol{r},t)$ 来替代. 流体的压强等其他热力学量由流体的状态方程决定. 对非理想流体, 流体内部还存在内摩擦, 需要知道流体的黏滞系数. 流体动力学方程主要由三个守恒方程构成, 它们是质量守恒方程、动量守恒方程和能量守恒方程:

$$\frac{\partial \rho}{\partial t} = -\nabla \cdot (\rho \boldsymbol{v}), \tag{B.1}$$

$$\rho \frac{\mathrm{d}\boldsymbol{v}}{\mathrm{d}t} = \rho \left[\frac{\partial \boldsymbol{v}}{\partial t} + (\boldsymbol{v}\cdot\nabla)\boldsymbol{v} \right] = \rho \boldsymbol{F} + \nabla \cdot \boldsymbol{\mathcal{P}}, \tag{B.2}$$

$$\rho \frac{\mathrm{d}\varepsilon}{\mathrm{d}t} = \rho \left[\frac{\partial \varepsilon}{\partial t} + (\boldsymbol{v}\cdot\nabla)\varepsilon \right] = \boldsymbol{\mathcal{P}} : \boldsymbol{\mathcal{S}} + \nabla \cdot (\kappa \nabla T) + \rho q. \tag{B.3}$$

我们可以简单将这三个动力学方程分别看作关于质量密度 $\rho(\boldsymbol{r},t)$、速度 $\boldsymbol{v}(\boldsymbol{r},t)$, 以及内能 $\varepsilon(\boldsymbol{r},t)$ 的动力学方程. 其中 $\boldsymbol{F}$ 为单位质量流体元受到的外力, $\boldsymbol{\mathcal{P}}$ 为应力张量, $\boldsymbol{\mathcal{S}}$ 为变形速度张量, $\kappa(T)$ 为热传导系数, 一般是温度的函数. q 为单位时间之内传入单位质量流体元的热量分布函数. 如果 $q < 0$ 则表示冷却过程, 方程中的应力张量

$$\boldsymbol{\mathcal{P}} = -p\boldsymbol{\delta} + \boldsymbol{\sigma} = -p\boldsymbol{\delta} + 2\eta \left[\boldsymbol{\mathcal{S}} - \frac{1}{3}(\nabla\cdot\boldsymbol{v})\boldsymbol{\delta} \right] + \zeta(\nabla\cdot\boldsymbol{v})\boldsymbol{\delta}. \tag{B.4}$$

该方程也称为流体的本构方程. 方程右边第一项 $-p\boldsymbol{\delta}$ 为各向同性的压强张量, $\boldsymbol{\delta}$ 为单位张量. 第二项 σ_{ij} 为内应力张量, 它反映了流体内部存在摩擦 (黏滞), 属于 "内压强", 它与流体内部的速度剪切成正比, 比例系数 η, ζ 分别称为剪切黏滞系数和体黏滞系数. 对于不可压缩流体, 体黏滞系数为零. 为了使得方程封闭, 我们还需要知道流体的状态方程

$$p = p(\rho, T). \tag{B.5}$$

根据状态方程, 可以通过热力学理论得到流体的内能和熵.

内应力张量 σ_{ij} 的表达式主要是从理论上得到的. 最容易想到的是 $\sigma_{ij} = \eta \partial_i v_k$, 但是对刚体转动, 如果刚体的角速度为 Ω_i, 则

$$\partial_i v_j = \epsilon_{ijk}\Omega_k \neq 0. \tag{B.6}$$

流体做刚体转动时并没有内摩擦, 但是从 (B.6) 式明显可见, 对刚体运动, 它导致的速度剪切是反对称的. 另外, 对刚体运动,

$$\partial_i v^i = \partial_i \epsilon^{ijk} \Omega_j x_k = \epsilon^{ijk} \Omega_j \delta_{ik} = 0, \tag{B.7}$$

因此内应力张量的一般形式应为

$$\sigma_{ij} = \eta(\partial_i v_j + \partial_j v_i) + \chi(\partial_k v_k)\delta_{ij}. \tag{B.8}$$

对于不可压缩流体, 其内应力张量需要满足的条件是: 它的迹必须为零, 即它对总压强没有贡献. 据此易得 $\chi = -2/3\eta$, 因此, 我们可以将内应力张量分为无迹的部分和有迹的体膨胀项:

$$\sigma_{ij} = 2\eta \left[S_{ij} - \frac{1}{3}(\partial_k v_k)\delta_{ij} \right] - \zeta(\partial_k v_k)\delta_{ij}, \tag{B.9}$$

其中 S_{ij} 为对称的变形速度张量, 定义为

$$S_{ij} = \frac{1}{2}\left(\frac{\partial v^j}{\partial x^i} + \frac{\partial v^j}{\partial x^i} \right). \tag{B.10}$$

我们经常用到的是动力学黏滞系数, 它的定义是 $\nu \equiv \eta\rho$, 量纲为 $[长度]^2[时间]^{-1}$.

能量方程 (B.3) 右边的第一项为内摩擦导致的单位体积单位时间里的产热率, 即黏滞产热项. 说明如下. 压力是表面力, 对某流体元, 压力做功为

$$\oiint \boldsymbol{v} \cdot \boldsymbol{\mathcal{P}} \cdot \mathrm{d}\boldsymbol{S} = \iiint \nabla \cdot (\boldsymbol{v} \cdot \boldsymbol{\mathcal{P}})\mathrm{d}V, \tag{B.11}$$

即单位时间单位体积压力做功为

$$\begin{aligned} \nabla \cdot (\boldsymbol{v} \cdot \boldsymbol{\mathcal{P}}) &= \partial_i(P_{ij} v_j) = v_j \partial_i P_{ij} + P_{ij} \partial_i v_j \\ &= v_j \partial_i P_{ij} + P_{ij} \frac{1}{2}(\partial_i v_j + \partial_j v_i) \\ &= v_j \partial_i P_{ij} + P_{ij} S_{ij}. \end{aligned} \tag{B.12}$$

上式右边的第一项是由于面力改变所做的功 $\boldsymbol{v} \cdot \nabla\boldsymbol{\mathcal{P}}$, 它的效果是改变流体元的整体动量, 第二项 $P_{ij} S_{ij} = \boldsymbol{\mathcal{P}} : \boldsymbol{S}$ 是流体元形变之后面力所做的功, 是黏滞产热项. 如果体黏滞为零, 黏滞产热项为

$$\boldsymbol{\mathcal{P}} : \boldsymbol{S} = P_{ij} S_{ij} = \sigma_{ij} S_{ij} = 2\eta S_{ij} S_{ij} = 2\eta \boldsymbol{S} : \boldsymbol{S}. \tag{B.13}$$

附录 C 相对论流体力学基本方程

流体动力学方程主要由粒子数和能动量守恒方程构成. 假设流体由单一成分的粒子组成, 则粒子流矢量为 $n^\mu = nu^\mu$, 因此相对论性的连续性方程为

$$n^\mu_{\ ;\mu} = \frac{1}{\sqrt{-g}}\left[\sqrt{-g}nu^\mu\right]_{,\mu} = 0. \tag{C.1}$$

流体的能量 – 应力张量为

$$T^{\mu\nu} = (\rho + p)u^\mu u^\nu + pg^{\mu\nu} + \sigma^{\mu\nu} + q^\mu u^\nu + u^\mu q^\nu, \tag{C.2}$$

其中右边第一项和第二项为理想流体的能动张量. q^μ 为传入单位面积流体元的热量流. 它包含两部分, 一部分为热传导项 q^μ_c, 其他项都归入加热项 q^μ_h. 热传导项为

$$q^\mu_c = kh^{\mu\lambda}\left(T_{,\lambda} - Ta_\lambda\right), \quad k > 0, \tag{C.3}$$

其中 k 为热传导系数, $a^\mu = \mathrm{D}u^\mu/\mathrm{d}\tau$ 为流体元的四加速度. 该式为非相对论性的傅里叶定律的广义相对论推广.

$\sigma^{\mu\nu}$ 为黏滞应力张量, 由相对论性的本构方程给出:

$$\sigma^{\mu\nu} = -2\eta S^{\mu\nu} - \zeta\Theta h^{\mu\nu}, \tag{C.4}$$

其中 η 为剪切黏滞系数, ζ 为体黏滞系数. 变形速度张量 $S_{\mu\nu}$ 为

$$S_{\mu\nu} = \frac{1}{2}h^\alpha_\mu h^\beta_\nu\left(u_{\alpha;\beta} + u_{\beta;\alpha}\right) - \frac{1}{3}\Theta h_{\mu\nu} = \frac{1}{2}\left(u_{\mu;\alpha}h^\alpha_\nu + u_{\nu;\alpha}h^\alpha_\mu\right) - \frac{1}{3}\Theta h_{\mu\nu}, \tag{C.5}$$

其中 $h^{\mu\nu} = g^{\mu\nu} + u^\mu u^\nu$ 为空间投影算符, Θ 为体积膨胀:

$$\Theta \equiv u^\alpha_{\ ;\alpha}. \tag{C.6}$$

为简单起见, 下面以理想流体为例, 推导广义相对论的基本方程组. 理想流体的能动量守恒方程为

$$0 = T^{\mu\nu}_{\ ;\nu} = \left[(\rho + p)_{,\nu}u^\nu\right]u^\mu + (\rho + p)a^\mu + (\rho + p)\Theta u^\mu + P_{,\nu}g^{\mu\nu}. \tag{C.7}$$

将 (C.7) 式投影到空间方向, 就得到了相对论性的动量方程:

$$0 = h_{\mu\alpha}T^{\mu\nu}{}_{;\nu} = (\rho+p)h_{\mu\alpha}a^{\mu} + h^{\nu}{}_{\alpha}p_{,\nu}$$
$$= (\rho+p)a_{\alpha} + P_{,\alpha} + u_{\alpha}p_{,\beta}u^{\beta}, \tag{C.8}$$

推导中利用了 $u_{\mu}h^{\mu\nu} = 0$, 即时间方向和空间方向正交.

将 (C.7) 式投影到时间方向就得到了能量方程:

$$0 = u_{\mu}T^{\mu\nu}{}_{;\nu} = -\rho_{,\nu}u^{\nu} - (\rho+p)u^{\nu}{}_{;\nu}. \tag{C.9}$$

利用连续性方程式 (C.1), 我们得到

$$u^{\mu}{}_{;\mu} = -\frac{1}{n}n_{,\mu}u^{\mu}. \tag{C.10}$$

将 (C.10) 式代入 (C.9) 式, 得到

$$0 = \frac{\mathrm{d}p}{\mathrm{d}\tau} - \frac{\rho+p}{n}\frac{\mathrm{d}n}{\mathrm{d}\tau} = nT\frac{\mathrm{d}s}{\mathrm{d}\tau}, \tag{C.11}$$

其中 s 为单粒子的熵. (C.11) 式的结论正是我们预期的: 对理想流体, 流体沿着流线熵守恒. 这是伯努利原理的广义相对论推广. 在 (C.11) 式的证明过程中, 我们利用了热力学第一和第二定律:

$$T\mathrm{d}s = \mathrm{d}\left(\frac{\rho}{n}\right) + p\mathrm{d}\left(\frac{1}{n}\right) = \frac{1}{n}\mathrm{d}p - \frac{\rho+p}{n^2}\mathrm{d}n. \tag{C.12}$$

附录 D   相对论磁流体力学基本方程

在本小节中, 我们以著名的 HARM (High-Accuracy Relativistic Magnetohydro-dynamics) 程序为例, 列出用于广义相对论磁流体力学模拟的基本方程.

第一个基本方程为粒子数守恒方程:

$$(nu^\mu)_{;\mu} = \frac{1}{\sqrt{-g}} \partial_\mu (\sqrt{-g}\, \rho_0 u^\mu) = 0. \tag{D.1}$$

第二个方程为能动量守恒方程:

$$T^\mu{}_{\nu;\mu} = 0. \tag{D.2}$$

在坐标基中,

$$\partial_t \left(\sqrt{-g}\, T^t{}_\nu \right) = -\partial_i \left(\sqrt{-g}\, T^i{}_\nu \right) + \sqrt{-g}\, T^\kappa{}_\lambda \, \Gamma^\lambda{}_{\nu\kappa}, \tag{D.3}$$

其中 $T^{\mu\nu}$ 包含两部分的贡献: 流体的能动张量以及电磁场的能动张量, 它们分别是

$$T^{\mu\nu}_{\text{fluid}} = (\rho + p)u^\mu u^\nu + pg^{\mu\nu}, \tag{D.4}$$

$$T^{\mu\nu}_{\text{EM}} = F^{\mu\alpha} F^\nu{}_\alpha - \frac{1}{4} g^{\mu\nu} F_{\alpha\beta} F^{\alpha\beta}. \tag{D.5}$$

这里 $F^{\mu\nu}$ 是电磁场的场强张量.

如果我们采用理想的 MHD 近似, 则能量 – 应力张量的电磁部分可以大大简化: 由于等离子体的高导电性, 电场在流体随动静止系等于零 ($\boldsymbol{E} + \boldsymbol{v} \times \boldsymbol{B} = 0$), 等价于作用在带电粒子上的洛伦兹力在流体静止系中等于零:

$$u_\mu F^{\mu\nu} = 0. \tag{D.6}$$

引入电磁场的四矢量

$$b^\mu \equiv \frac{1}{2} \epsilon^{\mu\nu\kappa\lambda} u_\nu F_{\lambda\kappa}, \tag{D.7}$$

其中 ϵ 是莱维 – 齐维塔张量 $\epsilon^{\mu\nu\lambda\delta} = -\frac{1}{\sqrt{-g}}[\mu\nu\lambda\delta]$, 这里 $[\mu\nu\lambda\delta]$ 是完全反对称的莱维 – 齐维塔符号, 它等于 $0, 1$ 或者 -1. 因此有

$$F^{\mu\nu} = \epsilon^{\mu\nu\kappa\lambda} u_\kappa b_\lambda. \tag{D.8}$$

根据电磁场张量, 易得电磁场的能动张量

$$T_{\text{EM}}^{\mu\nu} = b^2 u^\mu u^\nu + \frac{1}{2} b^2 g^{\mu\nu} - b^\mu b^\nu. \tag{D.9}$$

因此磁流体的总的能动张量为

$$T_{\text{MHD}}^{\mu\nu} = (\rho + p + b^2) u^\mu u^\nu + (p + \frac{1}{2} b^2) g^{\mu\nu} - b^\mu b^\nu. \tag{D.10}$$

电磁场的演化方程包括麦克斯韦方程的无源部分的方程

$$F_{\mu\nu,\lambda} + F_{\lambda\mu,\nu} + F_{\nu\lambda,\mu} = 0, \tag{D.11}$$

以及有源 (电流) 部分的方程

$$J^\mu = F^{\mu\nu}{}_{;\nu}. \tag{D.12}$$

对方程 (D.11) 做对偶映射, 得到麦克斯韦方程组可以写成守恒的形式

$$F^{*\mu\nu}{}_{;\nu} = 0, \tag{D.13}$$

其中对偶的电磁场张量为 $F_{\mu\nu}^* = \frac{1}{2} \epsilon_{\mu\nu\kappa\lambda} F^{\kappa\lambda}$. 对理想磁流体力学,

$$F^{*\mu\nu} = b^\mu u^\nu - b^\nu u^\mu. \tag{D.14}$$

对方程 (D.8) 做对偶映射就可以证明上式.

b^μ 的分量不是独立的, 因为 $b^\mu u_\mu = 0$. 定义如下三分量磁场是有用的: $B^i = F^{*it}$. 用 B^i 表示,

$$b^t = B^i u^\mu g_{i\mu}, \tag{D.15}$$

$$b^i = (B^i + b^t u^i)/u^t. \tag{D.16}$$

于是, 磁感应方程的时间分量方程为

$$\partial_t(\sqrt{-g} B^i) = -\partial_j(\sqrt{-g}\,(b^j u^i - b^i u^j)), \tag{D.17}$$

空间分量方程为

$$\frac{1}{\sqrt{-g}} \partial_i(\sqrt{-g}\,B^i) = 0. \tag{D.18}$$

上式本质上是无磁单极子导致的磁场的约束方程.

综上所述, 在 HARM 中使用的基本方程是粒子数守恒方程加四个能动量方程 (D.3)、用坐标表示并采用 MHD 能量 – 应力张量的方程 (D.10)、磁感应方程 (D.17), 再加上约束方程 (D.18). 这些双曲方程是以守恒形式写成的, 因此可以用成熟的数值计算方法求解.

附录 E 李导数

假设流形上定义了一个矢量场 $\boldsymbol{V}$, 它的所有积分曲线构成了一个线汇, 它们互不相交且布满流形或流形的一部分. 如果 λ 是这些曲线参数, 即 $\boldsymbol{V} = \mathrm{d}/\mathrm{d}\lambda$, 则 $\Delta\lambda$ 定义了一个映射, 它将每一点映射到同一根曲线上的另一点, 例如:

$$x_P^\mu(\lambda_0) \mapsto x_Q^\mu(\lambda_0 + \Delta\lambda). \tag{E.1}$$

这种映射称为沿该线汇的一个李拉曳 (见图 E.1). 通过李拉曳, 可以将一个点"拉"到另一点, 也可以将某个矢量 $\boldsymbol{U}$ 从 P 点拉到 Q 点. 假设 P 点有一个矢量 $\boldsymbol{U} = \mathrm{d}/\mathrm{d}\mu$, 即 $\boldsymbol{U}$ 是该曲线 μ 的切矢量, 通过李拉曳将曲线 μ 拉到经过 Q 点的新位置, 新曲线的切矢量就可以理解为从 P "拉" 过来的矢量:

$$\frac{\mathrm{d}}{\mathrm{d}\mu}(\lambda_0) \mapsto \frac{\mathrm{d}}{\mathrm{d}\mu^*}(\lambda_0 + \Delta\lambda). \tag{E.2}$$

通过李拉曳可以得到一个新的矢量场 $\boldsymbol{U}^* = \mathrm{d}/\mathrm{d}\mu^*$. 不难理解, $\boldsymbol{V}$ 与 $\boldsymbol{U}^*$ 是对易的, 即

$$\left[\frac{\mathrm{d}}{\mathrm{d}\lambda}, \frac{\mathrm{d}}{\mathrm{d}\mu^*}\right] = 0. \tag{E.3}$$

以 2 维流形为例,$\{\lambda, \mu^*\}$ 可以选为流形的坐标系, 上式可以理解为坐标基是对易的.

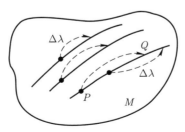

图 E.1　李拉曳: 流形 M 到其自身的映射, 它把每一点映射到线汇中同一曲线的另一点

基于李拉曳可以定义李导数. 先讨论标量函数 f 的李导数. 将曲线上 Q 点的

函数值拉回到点 P, 再求该值与函数 f 在 P 点原来的函数值之间的微分:

$$
\begin{aligned}
\mathscr{L}_{\boldsymbol{V}} f &\equiv \lim_{\Delta\lambda\to0} \frac{f^*(\lambda_0) - f(\lambda_0)}{\Delta\lambda} \\
&= \lim_{\Delta\lambda\to0} \frac{f(\lambda_0+\Delta\lambda) - f(\lambda_0)}{\Delta\lambda} \\
&= \left.\frac{\mathrm{d}f}{\mathrm{d}\lambda}\right|_{\lambda_0}.
\end{aligned}
\tag{E.4}
$$

从 (E.4) 式可以看出, 标量函数的李导数就是通常的沿曲线的方向导数.

再讨论矢量场 $\boldsymbol{U} = \mathrm{d}/\mathrm{d}\mu$ 的李导数. 用 $\boldsymbol{U}$ 对任意函数 f 的作用来定义 $\boldsymbol{U}$, 即

$$
\boldsymbol{U}: \forall f \mapsto \left.\frac{\mathrm{d}f}{\mathrm{d}\mu}\right|_{\lambda_0}.
\tag{E.5}
$$

$\boldsymbol{U}$ 的李拉曳 $\boldsymbol{U}^* = \mathrm{d}/\mathrm{d}\mu^*$ 可以根据下式定义:

$$
[\boldsymbol{V}, \boldsymbol{U}^*] = 0, \quad \boldsymbol{U}^*(\lambda_0+\Delta\lambda) = \boldsymbol{U}(\lambda_0+\Delta\lambda),
\tag{E.6}
$$

即

$$
\left.\frac{\mathrm{d}}{\mathrm{d}\mu^*}\right|_{\lambda_0+\lambda} = \left.\frac{\mathrm{d}}{\mathrm{d}\mu}\right|_{\lambda_0+\Delta\lambda}.
\tag{E.7}
$$

因此有

$$
\begin{aligned}
\left[\frac{\mathrm{d}}{\mathrm{d}\mu^*}f\right]_{\lambda_0} &= \left[\frac{\mathrm{d}}{\mathrm{d}\mu^*}f\right]_{\lambda_0+\Delta\lambda} - \Delta\lambda\left[\frac{\mathrm{d}}{\mathrm{d}\lambda}\left(\frac{\mathrm{d}}{\mathrm{d}\mu^*}f\right)\right]_{\lambda_0} + O\left(\Delta\lambda^2\right) \\
&= \left[\frac{\mathrm{d}}{\mathrm{d}\mu}f\right]_{\lambda_0+\Delta\lambda} - \Delta\lambda\left[\frac{\mathrm{d}}{\mathrm{d}\mu^*}\left(\frac{\mathrm{d}}{\mathrm{d}\lambda}f\right)\right]_{\lambda_0} + O\left(\Delta\lambda^2\right) \\
&= \left[\frac{\mathrm{d}}{\mathrm{d}\mu}f\right]_{\lambda_0} + \Delta\lambda\left[\frac{\mathrm{d}}{\mathrm{d}\lambda}\left(\frac{\mathrm{d}}{\mathrm{d}\mu}f\right)\right]_{\lambda_0} \\
&\quad - \Delta\lambda\left[\frac{\mathrm{d}}{\mathrm{d}\mu^*}\left(\frac{\mathrm{d}}{\mathrm{d}\lambda}f\right)\right]_{\lambda_0} + O\left(\Delta\lambda^2\right).
\end{aligned}
\tag{E.8}
$$

李导数 (见图 E.2) 为

$$
\begin{aligned}
[\mathscr{L}_{\boldsymbol{V}}\boldsymbol{U}](f) &= \lim_{\Delta\lambda\to0}\left[\frac{\boldsymbol{U}^*(\lambda_0) - \boldsymbol{U}(\lambda_0)}{\Delta\lambda}\right](f) \\
&= \lim_{\Delta\lambda\to0}\left[\left(\frac{\mathrm{d}}{\mathrm{d}\mu^*}f\right)_{\lambda_0} - \left(\frac{\mathrm{d}}{\mathrm{d}\mu}f\right)_{\lambda_0}\right]\bigg/\Delta\lambda \\
&= \lim_{\Delta\lambda\to0}\left(\frac{\mathrm{d}}{\mathrm{d}\lambda} - \frac{\mathrm{d}}{\mathrm{d}\mu}f - \frac{\mathrm{d}}{\mathrm{d}\mu^*}\frac{\mathrm{d}}{\mathrm{d}\lambda}f\right).
\end{aligned}
\tag{E.9}
$$

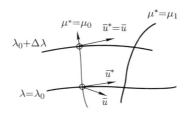

图 E.2 矢量 $\boldsymbol{U}$ 的李拉曳和李导数. 将在 Q 点的矢量 $\boldsymbol{U}(\lambda_0 + \Delta\lambda)$ 李拉曳到 P 点, 并与 P 点原有的矢量 $\boldsymbol{U}(\lambda_0)$ 做差分

μ^* 与 μ 的差别显然是 $\Delta\lambda$ 的一次项, 因此在 (E.9) 式中, 令 $\mu^* = \mu$, 最终有

$$\mathscr{L}_{\boldsymbol{V}}\boldsymbol{U} = \frac{\mathrm{d}}{\mathrm{d}\lambda}\boldsymbol{U} - \frac{\mathrm{d}}{\mathrm{d}\mu}\boldsymbol{V} = [\boldsymbol{V}, \boldsymbol{U}]. \tag{E.10}$$

若矢量场 $\boldsymbol{U}$ 是李拉曳的, 则有

$$\mathscr{L}_{\boldsymbol{V}}\boldsymbol{U} = [\boldsymbol{V}, \boldsymbol{U}] = 0. \tag{E.11}$$

下面不加证明地列出李导数的一些性质:

$$\mathscr{L}_{\boldsymbol{V}}\boldsymbol{U} = -\mathscr{L}_{\boldsymbol{U}}\boldsymbol{V}, \tag{E.12}$$

$$[\mathscr{L}_{\boldsymbol{V}}, \mathscr{L}_{\boldsymbol{W}}] = \mathscr{L}_{[\boldsymbol{V}, \boldsymbol{W}]}, \tag{E.13}$$

$$0 = [[\mathscr{L}_{\boldsymbol{X}}, \mathscr{L}_{\boldsymbol{Y}}], \mathscr{L}_{\boldsymbol{Z}}] + [[\mathscr{L}_{\boldsymbol{Y}}, \mathscr{L}_{\boldsymbol{Z}}], \mathscr{L}_{\boldsymbol{X}}] + [[\mathscr{L}_{\boldsymbol{Z}}, \mathscr{L}_{\boldsymbol{X}}], \mathscr{L}_{\boldsymbol{Y}}], \tag{E.14}$$

$$\mathscr{L}_{\boldsymbol{V}}(f\boldsymbol{U}) = (\mathscr{L}_{\boldsymbol{V}}f)\boldsymbol{U} + f\mathscr{L}_{\boldsymbol{V}}\boldsymbol{U}. \tag{E.15}$$

李导数在坐标基 $\{\partial_\mu\}$ 下的分量表达式为

$$(\mathscr{L}_{\boldsymbol{V}}\boldsymbol{U})^\mu = \boldsymbol{V}^\nu\frac{\partial}{\partial x^\nu}\boldsymbol{U}^\mu - \boldsymbol{U}^\nu\frac{\partial}{\partial x^\nu}\boldsymbol{V}^\mu. \tag{E.16}$$

李导数在非坐标基 $\{\boldsymbol{e}_\mu\}$ 下的分量表达式为

$$(\mathscr{L}_{\boldsymbol{V}}\boldsymbol{U})^\mu = V^\nu\boldsymbol{e}_\nu(U^\mu) - U^\nu\boldsymbol{e}_\nu(V^\mu) + V^\nu U^\lambda(\mathscr{L}_{\boldsymbol{e}_\nu}\boldsymbol{e}_\lambda)^\mu, \tag{E.17}$$

其中 $\boldsymbol{e}_\nu(U^\mu)$ 是函数 U^μ 关于矢量场 $\boldsymbol{e}_\nu$ 的导数.

继续讨论 1 形式 $\tilde{\omega}$ 的李导数. 1 形式 $\tilde{\omega}$ 是矢量 $\boldsymbol{W}$ 的函数: $\tilde{\omega}(\boldsymbol{W}) \in R^1$, 因此可由矢量 $\boldsymbol{W}$ 和函数的李导数推导出 1 形式 $\tilde{\omega}$ 的李导数:

$$\mathscr{L}_{\boldsymbol{V}}[\tilde{\omega}(\boldsymbol{W})] = (\mathscr{L}_{\boldsymbol{V}}\tilde{\omega})(\boldsymbol{W}) + \tilde{\omega}(\mathscr{L}_{\boldsymbol{V}}\boldsymbol{W}). \tag{E.18}$$

在坐标基下的分量表达式为

$$(\mathscr{L}_{\boldsymbol{V}}\tilde{\omega})_\mu = \boldsymbol{V}^\nu\frac{\partial}{\partial x^\nu}\tilde{\omega}_\mu + \tilde{\omega}_\nu\frac{\partial}{\partial x^\mu}\boldsymbol{V}^\nu. \tag{E.19}$$

可以很自然地将李导数推广到高阶张量, 容易发现, 张量的李导数满足如下性质:

$$\mathscr{L}_{\boldsymbol{V}}(\boldsymbol{A} \otimes \boldsymbol{B}) = (\mathscr{L}_{\boldsymbol{V}} \boldsymbol{A}) \otimes \boldsymbol{B} + \boldsymbol{A} \otimes (\mathscr{L}_{\boldsymbol{V}} \boldsymbol{B}), \tag{E.20}$$

以及

$$\mathscr{L}_{\boldsymbol{V}}(\boldsymbol{T}(\tilde{\omega}, \cdots ; \boldsymbol{U}, \cdots)) = (\mathscr{L}_{\boldsymbol{V}} \boldsymbol{T})(\tilde{\omega}, \cdots ; \boldsymbol{U}, \cdots) + \boldsymbol{T}(\mathscr{L}_{\boldsymbol{V}} \tilde{\omega}, \cdots ; \boldsymbol{U}, \cdots)$$
$$+ \cdots + \boldsymbol{T}(\tilde{\omega}, \cdots ; \mathscr{L}_{\boldsymbol{V}} \boldsymbol{U}, \cdots) + \cdots. \tag{E.21}$$

用分量表示为

$$\mathscr{L}_{\boldsymbol{V}} T^{\alpha_1 \cdots \alpha_k}{}_{\beta_1 \cdots \beta_\ell} = V^\mu \frac{\partial}{\partial x^\mu} T^{\alpha_1 \cdots \alpha_k}{}_{\beta_1 \cdots \beta_\ell} - \sum_{i=1}^{k} T^{\alpha_1 \cdots \sigma \cdots \alpha_k}{}_{\beta_1 \cdots \beta_\ell} \frac{\partial V^{\alpha_i}}{\partial x^\sigma}$$
$$+ \sum_{i=1}^{\ell} T^{\alpha_1 \cdots \alpha_k}{}_{\beta_1 \cdots \sigma \cdots \beta_\ell} \frac{\partial V^\sigma}{\partial x^{\beta_i}}. \tag{E.22}$$

注意, 方程 (E.22) 中的偏导数可以用任何无挠联络代替, 例如与度量 $\boldsymbol{g}$ 相关联的莱维 – 齐维塔联络 ∇:

$$\mathscr{L}_{\boldsymbol{V}} T^{\alpha_1 \cdots \alpha_k}{}_{\beta_1 \cdots \beta_\ell} = V^\mu \nabla_\mu T^{\alpha_1 \cdots \alpha_k}{}_{\beta_1 \cdots \beta_\ell} - \sum_{i=1}^{k} T^{\alpha_1 \cdots \sigma \cdots \alpha_k}{}_{\beta_1 \cdots \beta_\ell} \nabla_\sigma V^{\alpha_i}$$
$$+ \sum_{i=1}^{\ell} T^{\alpha_1 \cdots \alpha_k}{}_{\beta_1 \cdots \sigma \cdots \beta_\ell} \nabla_{\beta_i} V^\sigma. \tag{E.23}$$

参 考 文 献

[1] 陈斌. 广义相对论 [M]. 北京: 北京大学出版社, 2018.

[2] Weinberg S. Gravitation and Cosmology: Principles and Applications of the General Theory of Relativity [M]. Wiley, 1972.

[3] Schutz B F. Geometrical Methods of Mathematical Physics [M]. Cambridge University Press, 1980.

[4] Einstein A. Die Feldgleichungen der Gravitation [J]. Sitzungsberichte der Königlich Preußischen Akademie der Wissenschaften, 1915: 844.

[5] Misner C W, Thorne K S, Wheeler J A. Gravitation [M]. W. H. Freeman and Company, 1973.

[6] Wald R M. General Relativity [M]. The University of Chicago Press, 1984.

[7] Carroll S M. Spacetime and Geometry: An Introduction to General Relativity [M]. Addion-Wesley, 2004.

[8] d'Inverno R. Introducing Einstein's Relativity [M]. Oxford University Press, 1992.

[9] Schwarzschild K. On the gravitational field of a mass point according to Einstein's theory[J]. arXiv: physics/9905030.

[10] Hilbert D. Die grundlagen der physik. (erste mitteilung.) [J]. Nachrichten von der Gesellschaft der Wissenschaften zu G.ttingen, Mathematisch-Physikalische Klasse, 1915, 1915: 395.

[11] Chandrasekhar S. The Mathematical Theory of Black Holes [M]. Oxford University Press, 1983.

[12] Teukolsky S A. The Kerr metric [J]. Classical and Quantum Gravity, 2015, 32(12): 124006.

[13] Bardeen J M, Press W H, Teukolsky S A. Rotating black holes: locally nonrotating frames, energy extraction, and scalar synchrotron radiation [J]. ApJ, 1972, 178: 347.

[14] Wilkins D C. Bound geodesics in the Kerr metric [J]. Phys. Rev. D, 1972, 5(4): 814.

[15] Čadež A, Fanton C, Calvani M. Line emission from accretion discs around black holes: the analytic approach [J]. New. Astron., 1998, 3(8): 647.

[16] Cunningham C T, Bardeen J M. The optical appearance of a star orbiting an extreme Kerr black hole [J]. ApJ, 1973, 183: 237.

[17] Carter B. Global structure of the Kerr family of gravitational fields [J]. Phys. Rev., 1968, 174(5): 1559.

[18]   Fabian A C, Iwasawa K, Reynolds C S, et al. Broad iron lines in active galactic nuclei
       [J]. PASP, 2000, 112(775): 1145.

[19]   Tanaka Y, Nandra K, Fabian A C, et al. Gravitationally redshifted emission imply-
       ing an accretion disk and massive black hole in the active galaxy MCG-6-30-15 [J].
       Nature, 1995, 375(6533): 659.

[20]   Fabian A C, Rees M J, Stella L, et al. X-ray fluorescence from the inner disc in
       Cygnus X-1 [J]. MNRAS, 1989, 238: 729.

[21]   Yuan Y, Cao X, Huang L, et al. Images of the radiatively inefficient accretion flow
       surrounding a Kerr black hole: application in sgrA* [J]. ApJ, 2009, 699: 722.

[22]   Li L X, Zimmerman E R, Narayan R, et al. Multitemperature blackbody spectrum of
       a thin accretion disk around a Kerr black hole: model computations and comparison
       with observations [J]. ApJ, 2005, 157(2): 335.

[23]   Li L X, Narayan R, McClintock J E. Inferring the inclination of a black hole accretion
       disk from observations of its polarized continuum radiation [J]. ApJ, 2009, 691: 847.

[24]   Walker M, Penrose R. On quadratic first integrals of the geodesic equations for type
       {22} spacetimes [J]. Communications in Mathematical Physics, 1970, 18(4): 265.

[25]   Yuan Y F, Narayan R, Rees M J. Constraining alternate models of black holes: type
       I X-ray bursts on accreting fermion-fermion and boson-fermion stars [J]. ApJ, 2004,
       606(2): 1112.

[26]   Chandrasekhar S. The maximum mass of ideal white dwarfs [J]. ApJ, 1931, 74: 81.

[27]   Oppenheimer J R, Volkoff G M. On massive neutron cores [J]. Phys. Rev., 1939,
       55(4): 374.

[28]   袁业飞. 热力学与统计物理导论 [M]. 合肥: 中国科学技术大学出版社, 2024.

[29]   Landau L. On the theory of stars[J]. Phys. Z. Sowjetunion, 1932, 1: 285.

[30]   Yakovlev D G, Haensel P, Baym G, et al. Lev Landau and the concept of neutron
       stars [J]. Physics-Uspekhi, 2013, 56(3): 289.

[31]   Yuan Y, Heyl J S. Rotational evolution of protoneutron stars with hyperons: spin
       up or not? [J]. MNRAS, 2005, 360: 1493.

[32]   Shapiro S L, Teukolsky S A. Black Holes, White Dwarfs, and Neutron Stars: The
       Physics of Compact Objects [M]. Wiley, 1983.

[33]   Weber F. Strangeness in neutron stars [J]. J. Phys. G, 2001, 27: 465.

[34]   Yuan Y. Electron-positron capture rates and a steady state equilibrium condition for
       an electron-positron plasma with nucleons [J]. Phys. Rev. D, 2005, 72(1): 013007.

[35]   Wiringa R B, Fiks V, Fabrocini A. Equation of state for dense nucleon matter [J].
       Phys. Rev. C, 1988, 38(2): 1010.

[36]   Walecka J D. A theory of highly condensed matter [J]. Annals of Physics, 1974, 83: 491.

[37]   Glendenning N K. Compact Stars: Nuclear Physics, Particle Physics, and General Relativity [M]. Springer, 1997.

[38]   Boguta J, Bodmer A R. Relativistic calculation of nuclear matter and the nuclear surface [J]. Nucl. Phys. A, 1977, 292(3): 413.

[39]   Zimanyi J, Moszkowski S A. Nuclear equation of state with derivative scalar coupling [J]. Phys. Rev. C, 1990, 42(4): 1416.

[40]   Yuan Y F, Zhang J L. The effect of interior magnetic field on the modified URCA process and the cooling of neutron stars [J]. A&A, 1998, 335: 969.

[41]   Chakrabarty S, Bandyopadhyay D, Pal S. Dense nuclear matter in a strong magnetic field [J]. Phys. Rev. Lett., 1997, 78(15): 2898.

[42]   Yuan Y F, Zhang J L. The effects of interior magnetic fields on the properties of neutron stars in the relativistic mean-field theory [J]. ApJ, 1999, 525: 950.

[43]   Cheng K S, Dai Z G, Yao C C. Properties of neutron stars in the relativistic mean-field theory [J]. ApJ, 1996, 464: 348.

[44]   Kaup D J. Klein-Gordon geon [J]. Phys. Rev., 1968, 172(5): 1331.

[45]   Ruffini R, Bonazzola S. Systems of self-gravitating particles in general relativity and the concept of an equation of state [J]. Phys. Rev., 1969, 187(5): 1767.

[46]   Colpi M, Shapiro S L, Wasserman I. Boson stars: gravitational equilibria of selfinter-acting scalar fields [J]. Phys. Rev. Lett., 1986, 57(20): 2485.

[47]   Witten E. Cosmic separation of phases [J]. Phys. Rev. D, 1984, 30(2): 272.

[48]   Haensel P, Zdunik J L, Schaefer R. Strange quark stars [J]. A&A, 1986, 160(1): 121.

[49]   Alcock C, Farhi E, Olinto A. Strange stars [J]. ApJ, 1986, 310: 261.

[50]   Farhi E, Jaffe R L. Strange matter [J]. Phys. Rev. D, 1984, 30(11): 2379.

[51]   Huang Y F, Lu T. Strange stars: how dense can their crust be?[J]. A&A, 1997, 325: 189.

[52]   Dai Z, Peng Q, Lu T. The conversion of two-flavor to three-flavor quark matter in a supernova core [J]. ApJ, 1995, 440: 815.

[53]   Yu Y W, Zheng X P. Cooling of a rotating strange star in the color superconducting phase with a crust [J]. A&A, 2006, 450(3): 1071.

[54]   Yuan Y F, Zhang J L. Cooling of a rotating strange star with a crust [J]. A&A, 1999, 344: 371.

[55]   Xu R X, Qiao G J, Zhang B. PSR 0943+10: a bare strange star? [J]. ApJL, 1999, 522(2): L109.

[56] Wang Q D, Lu T. The damping effects of the vibrations in the core of a neutron star [J]. Phys. Lett. B, 1984, 148(1-3): 211.

[57] Haensel P, Zdunik J L. A submillisecond pulsar and the equation of state of dense matter [J]. Nature, 1989, 340(6235): 617.

[58] Xu R X. Solid quark stars? [J]. ApJL, 2003, 596(1): L59.

[59] Dai Z, Wu X, Lu T. The conversion from neutron stars to strange stars and its implications [J]. ApSS, 1995, 232(1): 131.

[60] Gourgoulhon E. 3+1 Formalism in General Relativity: Bases of Numerical Relativity [M]. Springer, 2012.

[61] Alcubierre M. Introduction to 3+1 Numerical Relativity [M]. Oxford University Press, 2008.

[62] Shibata M. Numerical Relativity [M]. World Scientific Publishing, 2015.

[63] Baumgarte T W, Shapiro S L. Numerical Relativity: Solving Einstein's Equations on the Computer[M]. Cambridge University Press, 2010.

[64] Baumgarte T W, Shapiro S L. General relativistic magnetohydrodynamics for the numerical construction of dynamical spacetimes [J]. ApJ, 2003, 585(2): 921.

[65] Rezzolla L, Zanotti O. Relativistic Hydrodynamics [M]. Oxford University Press, 2013.

[66] Arnowitt R, Deser S, Misner C W. The dynamics of general relativity [M]//Witten L. Gravitation: An Introduction to Current Research. John Wiley & Sons Inc., 1962.

[67] Regge T, Teitelboim C. Role of surface integrals in the Hamiltonian formulation of general relativity [J]. Annals of Physics, 1974, 88(1): 286.

[68] York J W. Kinematics and dynamics of general relativity [C]//Smarr L L. Sources of Gravitational Radiation. 1979.

[69] Maggiore M. Gravitational Waves: Volume 1: Theory and Experiments[M]. Oxford University Press, 2008.

[70] Maggiore M. Gravitational Waves: Volume 2: Astrophysics and Cosmology [M]. Oxford University Press, 2018.

[71] Teukolsky S A. Rotating black holes: separable wave equations for gravitational and electromagnetic perturbations [J]. Phys. Rev. Lett., 1972, 29(16): 1114.

[72] Regge T, Wheeler J A. Stability of a schwarzschild singularity [J]. Phys. Rev., 1957, 108(4): 1063.

[73] Thorne K S. Multipole expansions of gravitational radiation [J]. Rev. Mod. Phys., 1980, 52 (2): 299.

[74] Teukolsky S A. Perturbations of a rotating black hole. I. fundamental equations for gravitational, electromagnetic, and neutrino-field perturbations [J]. ApJ, 1973, 185:

635.

[75]   Frank J, King A, Raine D J. Accretion Power in Astrophysics [M]. 3rd ed. Cambridge University Press, 2002.

[76]   Kato S, Fukue J, Mineshige S. Black-Hole Accretion Disks: Towards a New Paradigm [M]. Kyoto University Press, 2008.

[77]   Yuan F, Narayan R. Hot accretion flows around black holes [J]. ARA&A, 2014, 52: 529.

[78]   汪定雄. 黑洞系统的吸积与喷流 [M]. 北京: 科学出版社, 2018.

[79]   Bondi H. On spherically symmetrical accretion [J]. MNRAS, 1952, 112: 195.

[80]   Michel F C. Accretion of Matter by Condensed Objects [J]. ApSS, 1972, 15(1): 153.

[81]   Shakura N I, Sunyaev R A. Black holes in binary systems. Observational appearance. [J]. A&A, 1973, 24: 337.

[82]   Novikov I D, Thorne K S. Astrophysics of black holes [C]//Black Holes (Les Asteres Occlus), 1973.

[83]   Page D N, Thorne K S. Disk-Accretion onto a black hole. Time-averaged structure of accretion disk [J]. ApJ, 1974, 191: 499.

[84]   Zhang S N, Cui W, Chen W. Black hole spin in X-ray binaries: observational consequences [J]. ApJL, 1997, 482(2): L155.

[85]   Reynolds C S. Observational constraints on black hole spin [J]. ARA&A, 2021, 59(1): 117.

[86]   Gammie C F, Popham R. Advection-dominated accretion flows in the Kerr metric. I. Basic equations [J]. ApJ, 1998, 498(1): 313.

[87]   Popham R, Gammie C F. Advection-dominated accretion flows in the Kerr metric. II. Steady state global solutions [J]. ApJ, 1998, 504(1): 419.

[88]   Manmoto T. Advection-dominated accretion flow around a Kerr black hole [J]. ApJ, 2000, 534(2): 734.

[89]   Li Y, Yuan Y, Wang J, et al. Spins of supermassive black holes in M87. II. Fully general relativistic calculations [J]. ApJ, 2009, 699: 513.

[90]   Li G, Yuan Y, Cao X. Emergent spectra from disks surrounding Kerr black holes: effect of photon trapping and disk self-shadowing [J]. ApJ, 2010, 715: 623.

[91]   Abramowicz M A, Czerny B, Lasota J P, et al. Slim accretion disks [J]. ApJ, 1988, 332: 646.

[92]   Beloborodov A M. Super-Eddington accretion discs around Kerr black holes [J]. MNRAS, 1998, 297(3): 739.

[93]   Shimura T, Manmoto T. Radiation spectrum from relativistic slim accretion discs: an effect of photon trapping [J]. MNRAS, 2003, 338(4): 1013.

[94]   McClintock J E, Shafee R, Narayan R, et al. The spin of the near-extreme Kerr black
        hole GRS 1915+105 [J]. ApJ, 2006, 652(1): 518.

[95]   Blandford R D, McKee C F. Fluid dynamics of relativistic blast waves [J]. Physics
        of Fluids, 1976, 19: 1130.

[96]   是长春. 相对论流体力学[M]. 北京: 科学出版社, 1992.

索　引